中文版

Photoshop CS4 特效演绎

金鸿视觉 / 编著

- 本书实例涉及的相关素材，以及保留原始图层的PSD最终效果文件，便于读者分析各种参数和制作过程
- 附赠长达6小时的中文版Photoshop CS4基础视频教学，让您轻松跨越软件使用的障碍

北京希望电子出版社
Beijing Hope Electronic Press
www.bhp.com.cn

内 容 简 介

本书全面系统地介绍了如何利用中文版 Photoshop CS4 软件来制作各种风格的视觉特效作品，实例丰富、特色鲜明、讲解细致，特别适合那些希望在 Photoshop 应用技术方面进一步提高的读者。

本书共分 5 章，包括万法初试、文字特效技法、纹理特效技法、图形特效技法和创意特效技法。精心安排了 37 个精彩实例，通过对实例制作过程的详尽剖析和深入讲解，使读者真正解决实际工作和学习中的难题。

随书附赠 1 张 DVD 光盘，内容包括本书实例所需素材和实例最终效果图文件，以及长达 6 小时的 Photoshop CS4 软件基础教学视频文件，以方便读者参考和练习。

本书可作为使用 Photoshop 进行图像设计的初中级读者、电脑美术爱好者，以及平面、网页、广告设计人员的自学教材，也可作为平面设计培训班和大中专院校相关专业的使用教材。

需要本书或技术支持的读者，请与北京清河 6 号信箱（邮编：100085）发行部联系，电话：010-62978181（总机）转发行部、82702675（邮购），传真：010-82702698，E-mail：tbd@bhp.com.cn。

图书在版编目（CIP）数据

中文版 Photoshop CS4 特效演绎 / 金鸿视觉编著. —北京：科学出版社，2009

ISBN 978-7-03-024366-9

Ⅰ. 中… Ⅱ. 金… Ⅲ. 图形软件，Photoshop CS4 Ⅳ. TP391.41

中国版本图书馆 CIP 数据核字（2009）第 052722 号

责任编辑：冯彩茹 /责任校对：高 雅
责任印刷：天 时 /封面设计：曲 直

科学出版社 出版
北京东黄城根北街 16 号
邮政编码：100717
http://www.sciencep.com

北京天时彩色印刷有限公司印制

科学出版社发行 各地新华书店经销

*

2009 年 6 月第 1 版 开本：787mm×1092mm 1/16
2009 年 6 月第 1 次印刷 印张：23（全彩印刷）
印数：1-3 000 册 字数：545 000

定价：65.00 元（配 1 张 DVD 光盘）

第1章01
光芒四射的飞凤

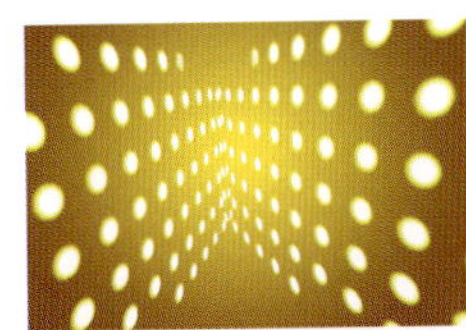

第2章04
闪电中的塑胶文字

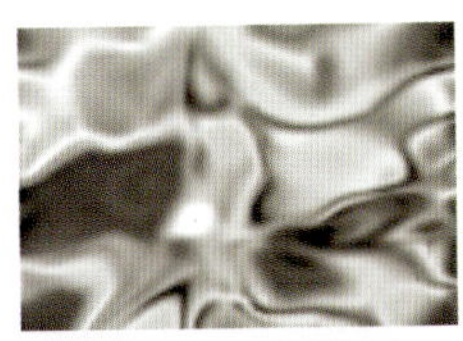

第1章02
蝶化石

第2章05
花与土构筑的文字

第1章03
艺术的三维空间

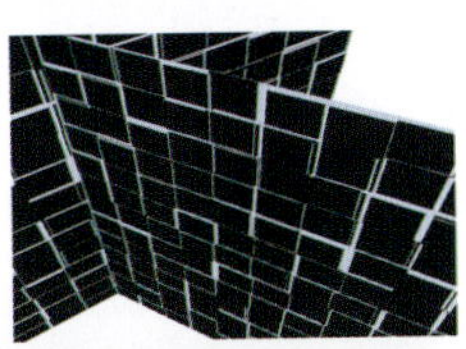

第2章06
水渍与水文字

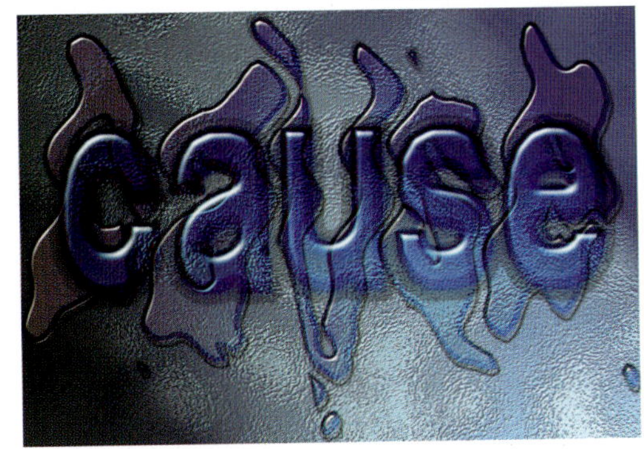

第2章07
火文字

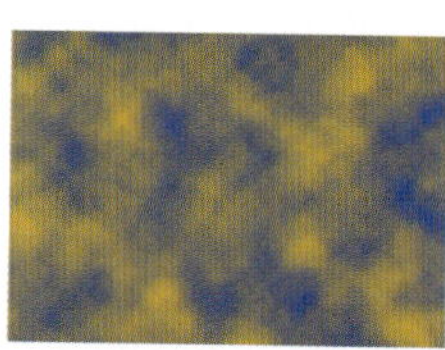

第2章08
七彩文字

第2章09
发光的水晶苹果字

第2章10
网点文字的光与影

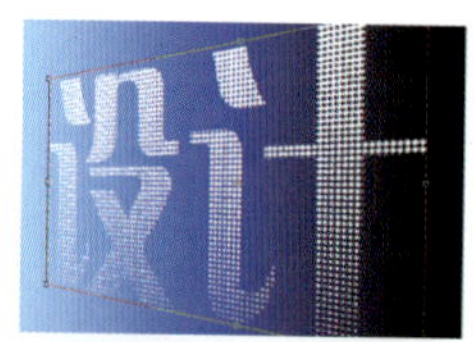

第2章
中华武魂之石文字

第3章12
北国冰花雾凇八卦

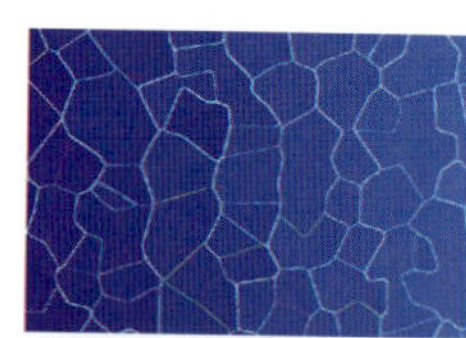

第3章13

铁艺彩纹图腾

第3章17

光的冲击波

第3章14

龙纹古壁

第3章18

微观世界中的细胞板

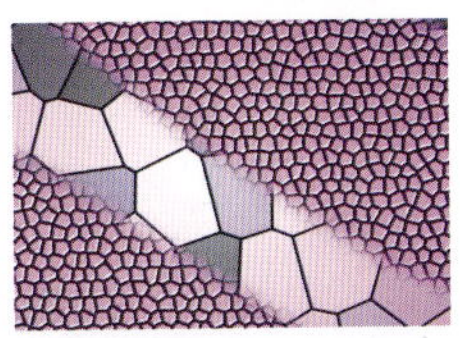

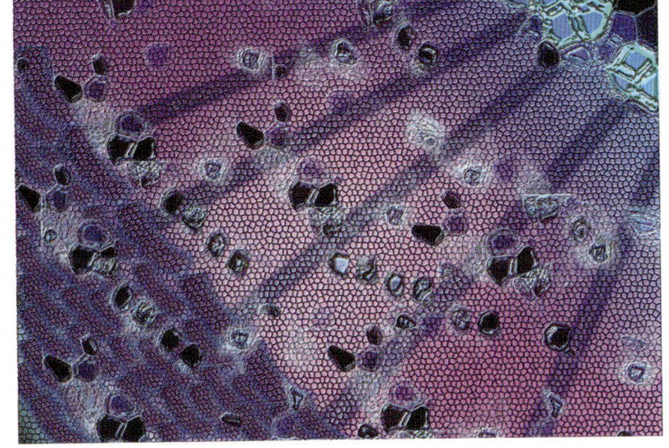

第3章16

腐蚀斑驳的金属

第3章19

金属板上的水珠

第3章20
炫光特效

第3章21
烈日荒土

第4章22
海星之梦

第4章23
杯中冲浪

第4章24
数码重阵

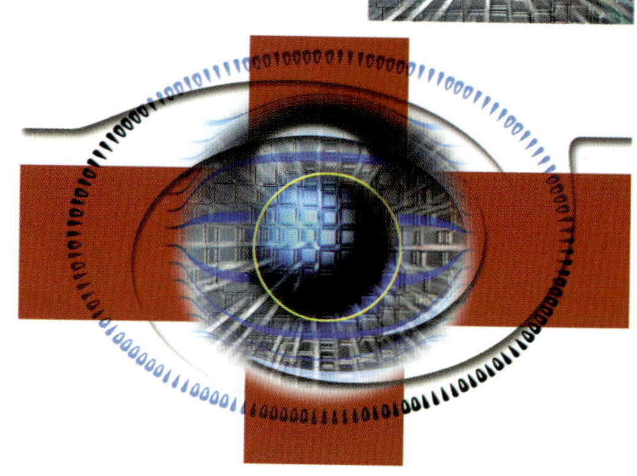

第4章25
宝石神器

第4章26

宇宙星云

第4章27

梦幻星球

第4章28

燃烧效果

第4章29

金手指

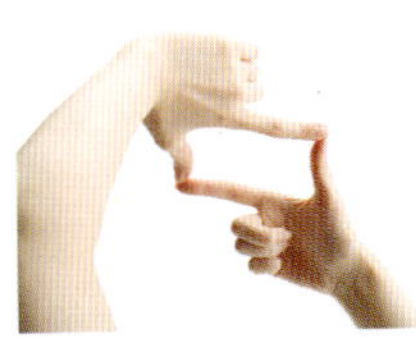

第5章30

年轮的时钟

第5章31

阳光与绿叶的恋语

第5章32
时间隧道

第5章33
e时代

第5章34
二维中的立体

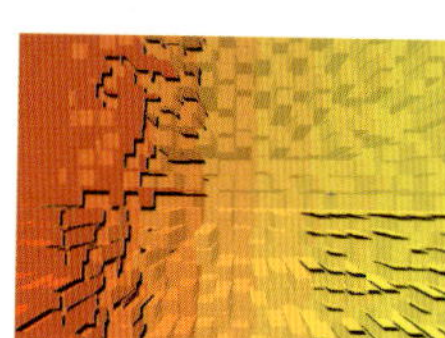

第5章35
闪烁的灵感

第5章36
抽象的视觉意境

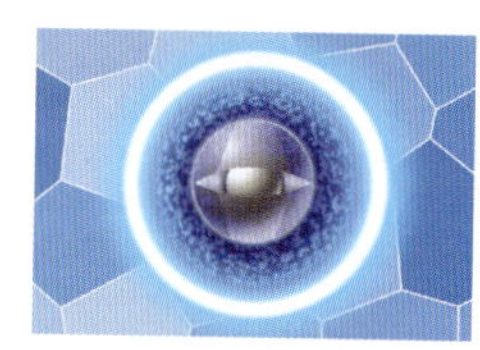

第5章37
光与火的开拓

PREFACE

前 言 →

Photoshop CS4是Adobe公司最新推出的一个版本，主要应用于平面设计和图像处理等领域。Photoshop是目前全世界应用范围最广、用户群最大的图形图像软件之一，很多平面设计师在利用该软件进行设计时，遇到的最大瓶颈并不是软件的操作方法，而是能否激发出完美的创意，并灵活应用各项功能进行设计，从而创作出优秀的作品。本书将创意思路与操作方法完美结合，旨在全面提高读者的设计和制作能力。

本书主要介绍的是Photoshop CS4特效制作方面的技术知识。书中精选了大量Photoshop特效制作方面的精彩实例，详细讲解了特效制作的创意分析和技术操作。本书以实例的形式，向读者展示软件的操作方法和实际工作中的应用技巧，教会读者以最简便的方法处理最复杂的问题，可以提高读者在实际工作中的工作效率，起到事半功倍的效果。

全书共分5章，由37个精彩实例组成，包括万法初试、纹理特效、文字特效、图形特效和创意特效5类常用的特效类型，同过对这些实例制作过程的详尽剖析和深入讲解，使读者通过本书的学习能真正解决实际工作和学习中的难题。

本书创意独特、效果精美，从最基本的特效制作开始讲起，到创意特效的制作和技法的综合运用，结合精彩的实例，由浅入深地详细讲述了Photoshop CS4在特效制作方面的操作技法。

由于作者水平有限，书中疏漏之处在所难免，敬请读者提出批评和建议，以便我们及时改正，也可以发E-mail至bhpbangzhu@163.com与我们联系。

编 者

目录

中文版 Photoshop CS4 特效演绎

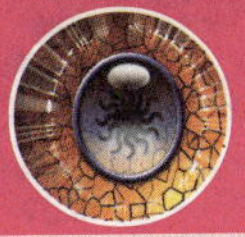

Contents

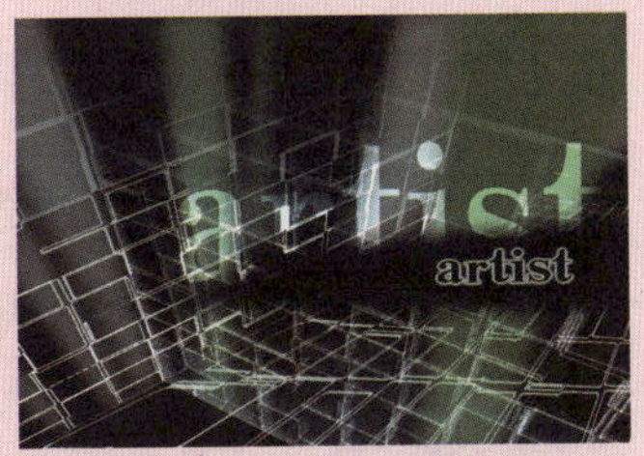

目 录

中文版 Photoshop CS4 特效演绎

Chapter01

第1章 万法初试

Photoshop CS4

01 光芒四射的飞凤

让观者产生强悍的视觉效果是特效设计的关键，本例特效以展翅飞翔的凤凰为抽象图像，运用色彩的强烈对比拉大空间的距离，孕育了强大的生命力，展示了排山倒海的动感能量。

操作步骤如下：

01 创建新文件。启动Photoshop CS4，选择菜单“文件”|“新建”命令（或按Ctrl+N组合键），在弹出的对话框中将“宽度”设置为15 厘米，“高度”设置为10.5 厘米，如图1－1 所示，单击“确定”按钮，创建一个新文件。

新建

名称(N): 未标题-1
预设(P): 自定
大小(I):
宽度(W): 15 厘米
高度(H): 10.5 厘米
分辨率(R): 300 像素/英寸
颜色模式(M): RGB 颜色 8 位
背景内容(C): 白色
高级

确定
取消
存储预设(S)...
删除预设(D)...
Device Central(E)...
图像大小:
6.29M

图1－1

02 为像素化效果填充颜色。单击“图层”面板下方的“创建新图层”按钮，新建一个图层并命名为“01”，如图1－2所示。更改前景色为黄色，按Alt+Delete组合键填充该图层，如图1－3所示。

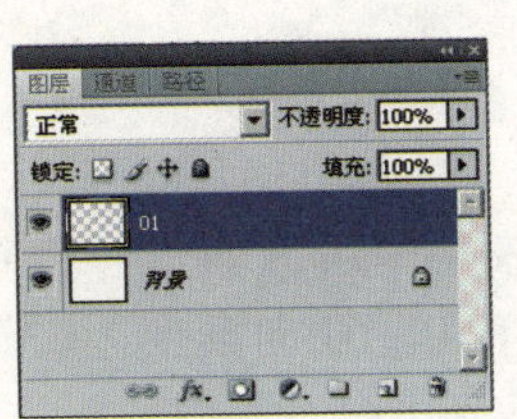

图1－2

图1－3

03 制作像素化效果。选择菜单“滤镜”｜“像素化”｜“彩色半调”命令，对话框设置如图1－4所示，单击“确定”按钮，得到如图1－5所示的效果。

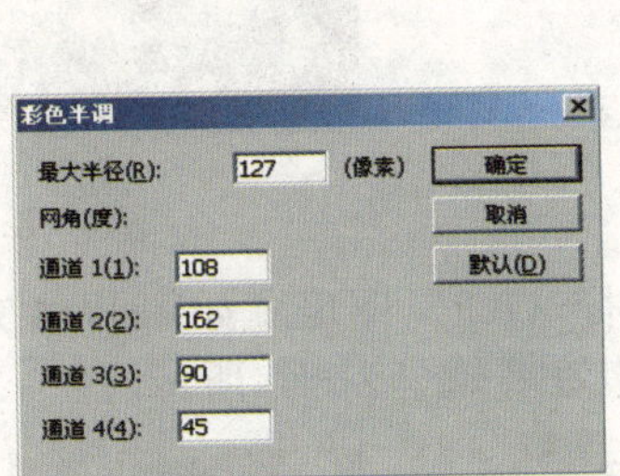

图1－4

图1－5

04 使用魔棒工具选择范围。选择“魔棒工具”，工具栏设置如图1－6所示，点选画面中的黄色，然后按Delete键删除，效果如图1－7所示。

图1－6

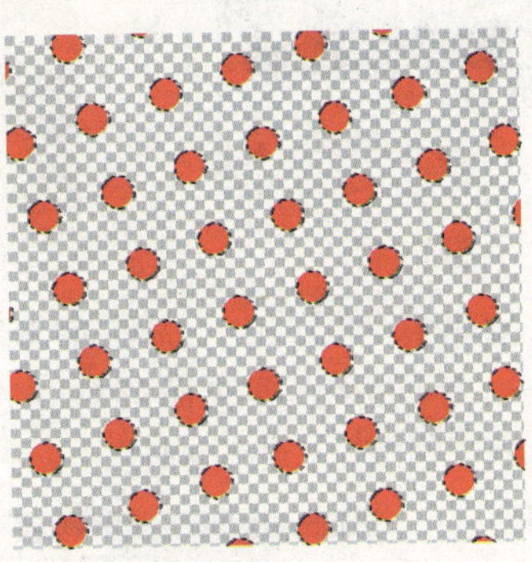
图1－7

05 改变图像色相。选择菜单“图像”｜“调整”｜“色相／饱和度”命令，对话框设置如图1－8所示，单击“确定”按钮，得到如图1－9所示的效果。

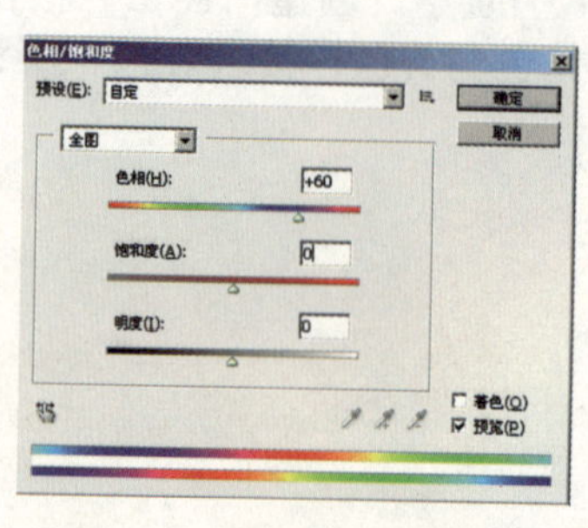

图1-8

图1-9

06 拉出径向渐变颜色。在“图层”面板中选择“背景”图层，如图1-10所示。选择“渐变工具”，设置渐变颜色由中黄色到深黄色，单击“径向渐变”按钮，如图1-11所示，在“背景”图层的画面中央拉出渐变效果，如图1-12所示。

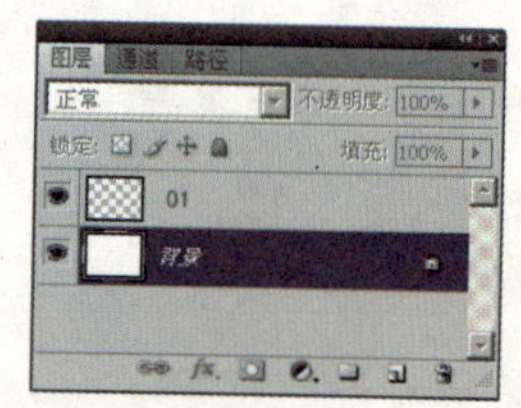

图1-10

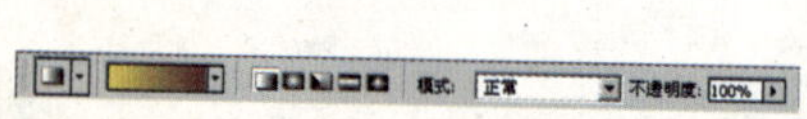

图1-11

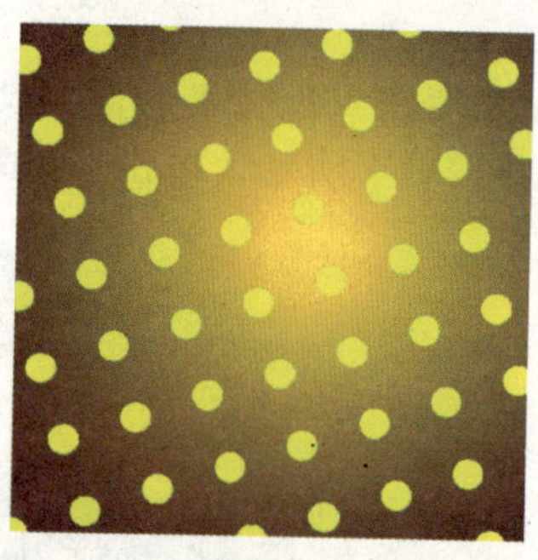

图1-12

07 载入图层选区填充颜色。在“图层”面板中选择“01”图层，如图1-13所示，载入该图层的选区，如图1-14所示，填充白色后的效果如图1-15所示。

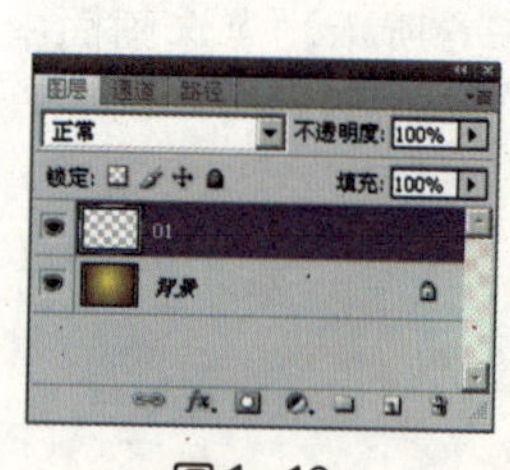

图1-13

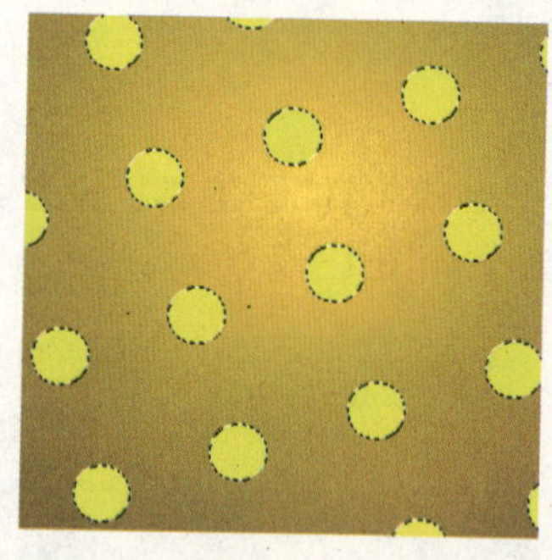

图1-14

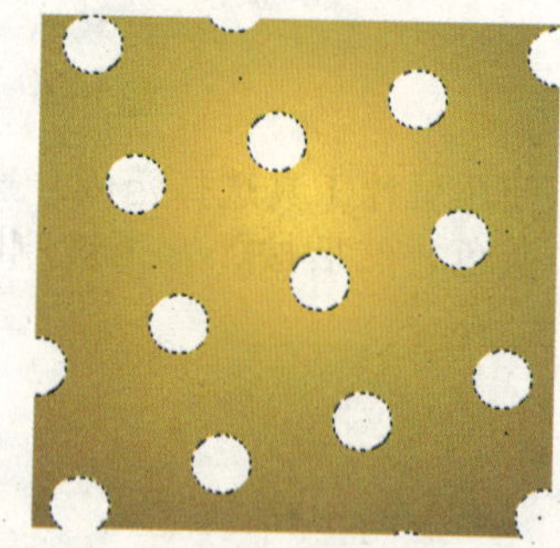

图1-15

08 扩展选区并羽化。选择菜单“选择”|“修改”|“扩展”命令，对话框设置如图1-16所示。再选择菜单“选择”|“修改”|“羽化”命令，对话框设置如图1-17所示，对选区进行羽化。

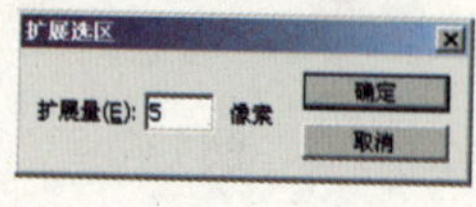

图1-16

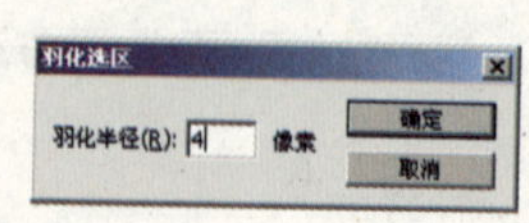

图1-17

09 增加白点的光晕。更改前景色的颜色值为R：255/G：246/B：0，如图1-18所示，然后在“图层”面板中新建“图层1”，并将此图层放在“01”图层下方，如图1-19所示，填充前景色衬托光环的效果，如图1-20所示。

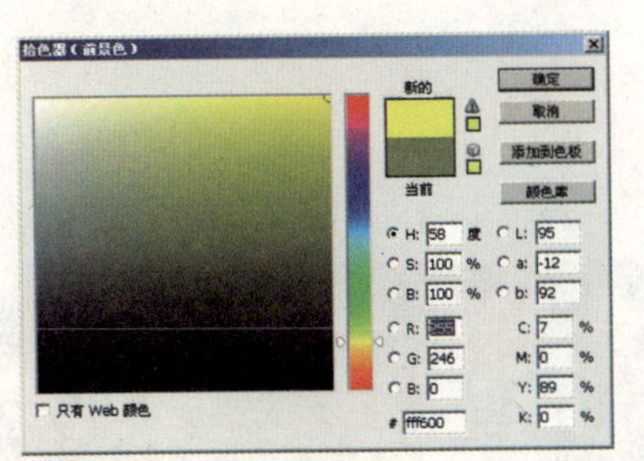
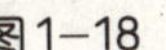
图1-18

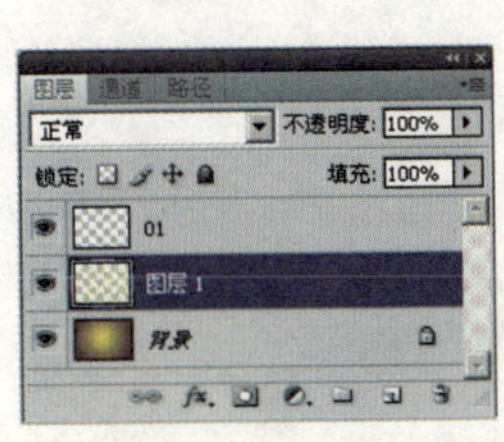
图1-19

图1-20

10 模糊处理白点的光晕。在“图层”面板中选择“01”图层，如图1-21所示，再选择菜单“滤镜”|“模糊”|“高斯模糊”命令，对话框设置如图1-22所示，单击“确定”按钮，得到如图1-23所示的效果。

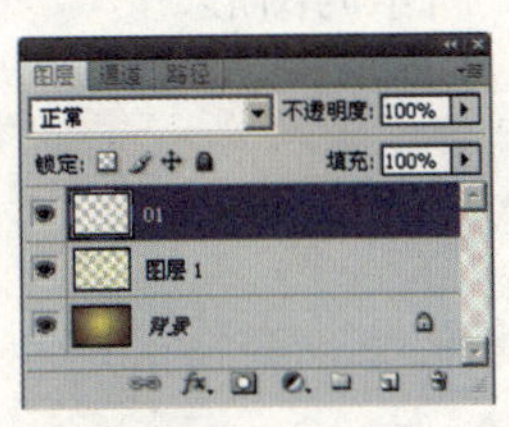
图1-21

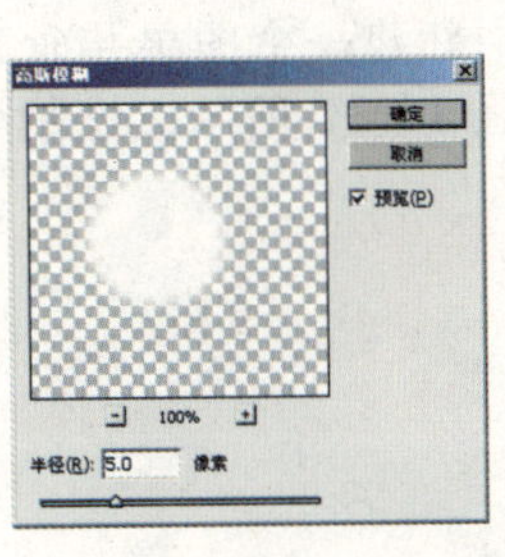
图1-22

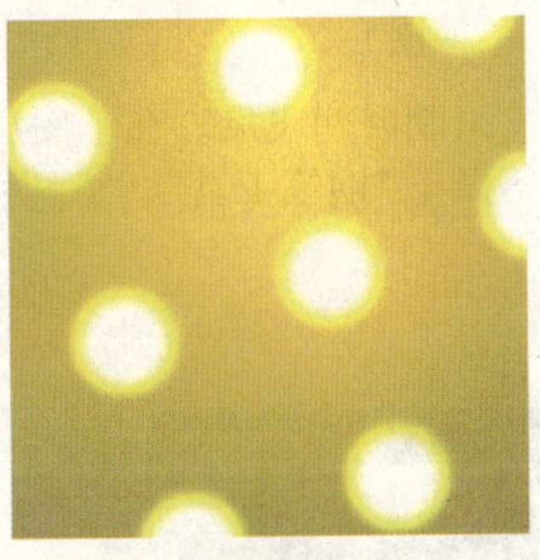
图1-23

11 对图像透视变形。单击“图层”面板右侧的小三角按钮，在弹出的菜单中选择“向下合并”命令，如图1-24所示。选择“01”图层，如图1-25所示，按Ctrl+T组合键调出自由变换控制框，按住Ctrl键的同时单击控制手柄，对图形进行变形，如图1-26所示。

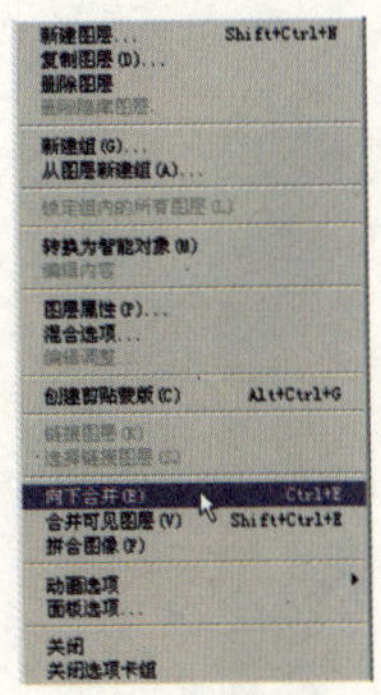
图1-24

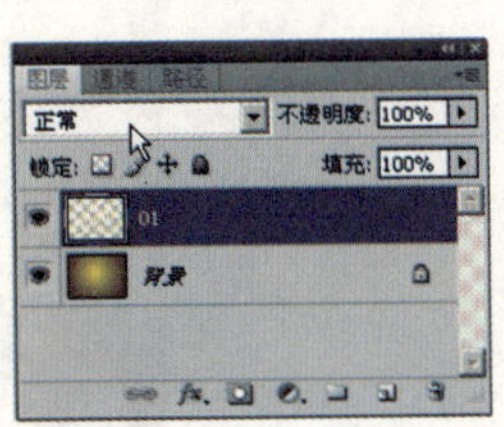
图1-25

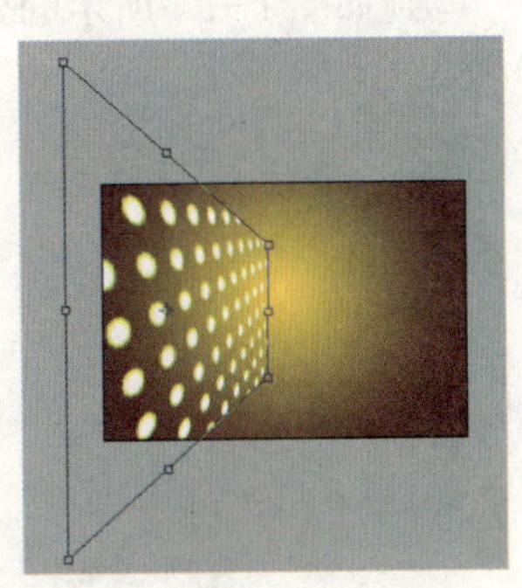
图1-26

12 水平翻转图像。在“图层”面板中复制“01”图层，得到“01 副本”图层，如图1-27所示。选择菜单“编辑”|“变换”|“水平翻转”命令，如图1-28所示，参照如图1-29所示将翻转的图像放在对应的一侧。

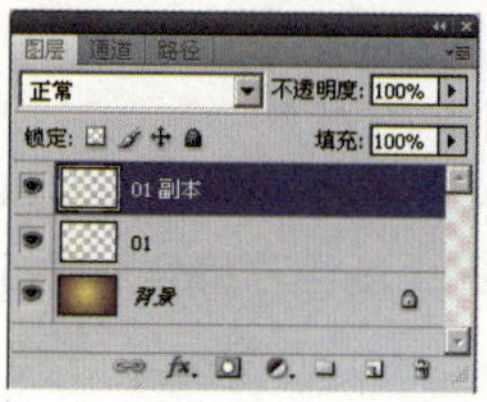

图1-27

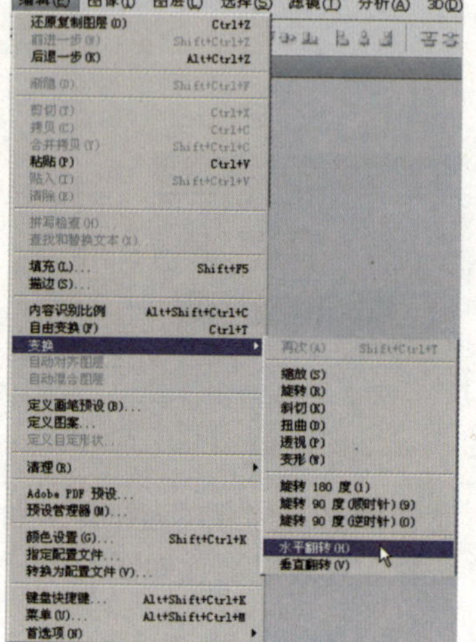

图1-28

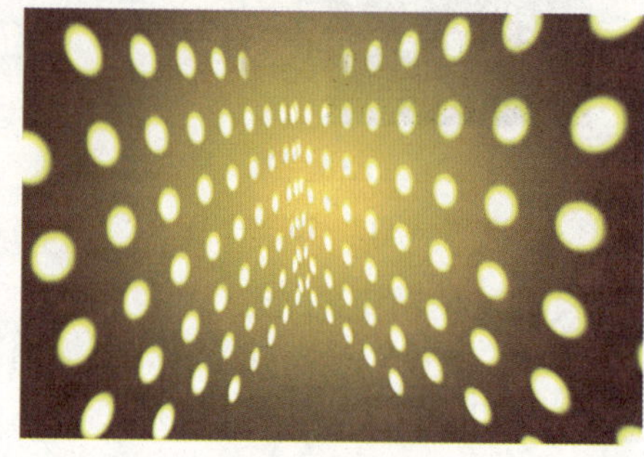

图1-29

13 绘制展翅飞凤。在“图层”面板中新建一个图层并命名为“02”，如图1-30所示，选择“钢笔工具”，工具栏设置如图1-31所示，绘制如图1-32所示的图形。

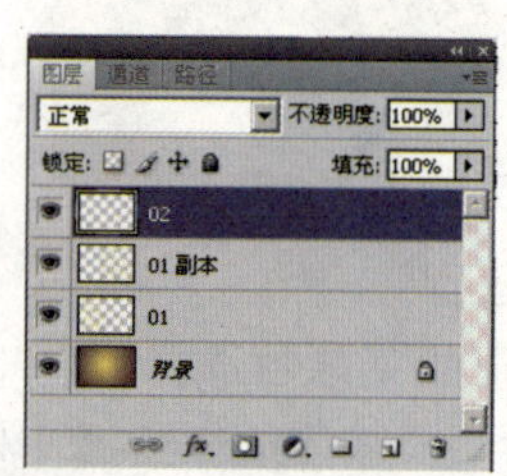

图1-30

图1-31

图1-32

14 复制矢量图形。选择“路径工具”，如图1-33所示，按住 Alt 键的同时拖拽图形，得到如图1-34所示的效果。

图1-33

图1-34

15 水平翻转矢量图像。选择菜单“编辑”|“变换”|“水平翻转”命令，如图1－35所示，将图形翻转并摆放在另一侧，如图1－36所示。

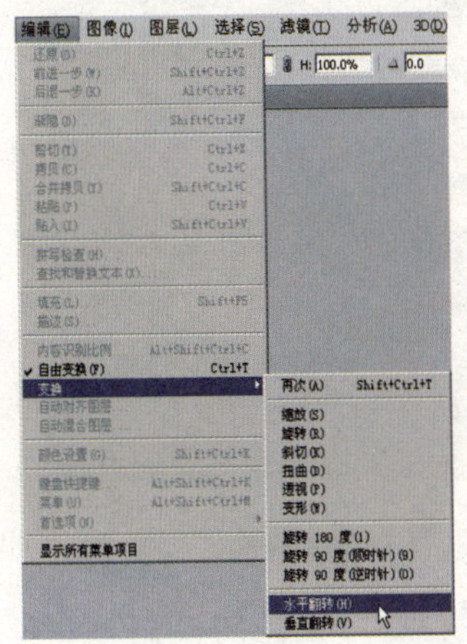

图1-35

图1-36

16 复制图层并载入图像选区。在“图层”面板中选择图层“02”并单击鼠标右键，在弹出的快捷菜单中选择“栅格化图层”命令，如图1－37所示。复制“02”图层，得到“02副本”图层，如图1－38所示。将此图层作为选区载入，如图1－39所示。

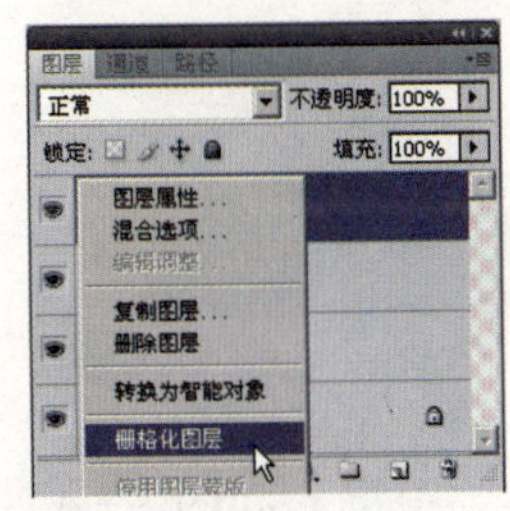

图1-37

图1-38

图1-39

17 将图像形成透明效果。选择菜单“选择”|“反向”，如图1－40所示，填充前景色，效果如图1-41所示。更改“02副本”图层的“不透明度”值为39%，如图1-42所示。

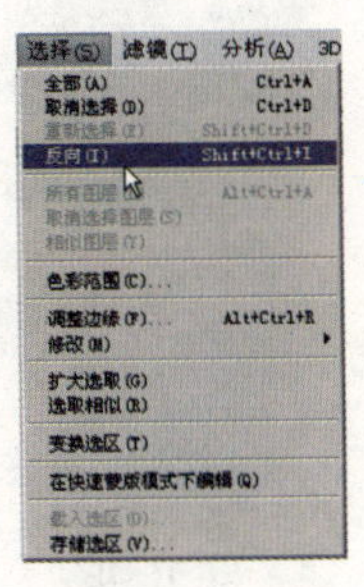

图1-40

图1-41

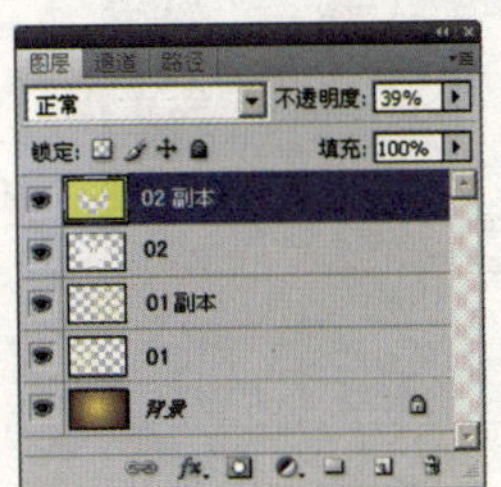

图1-42

18 缩小图像。在“图层”面板中选择“02”图层，如图1－43所示，按Ctrl+T组合键调出自由变换控制框，按住 Shift 键的同时单击右上角的控制手柄，等比例缩小图形，如图 1-44 所示。

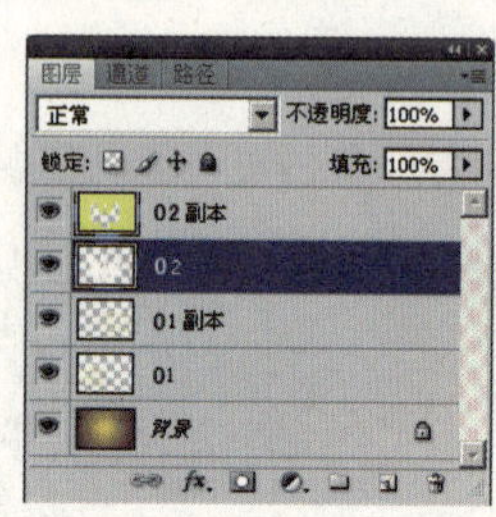

图1-43

图1-44

19 对图像进行径向模糊处理。选择菜单“滤镜”|“模糊”|“径向模糊”命令，对话框设置如图 1-45 所示，单击“确定”按钮，得到如图 1-46 所示的效果。

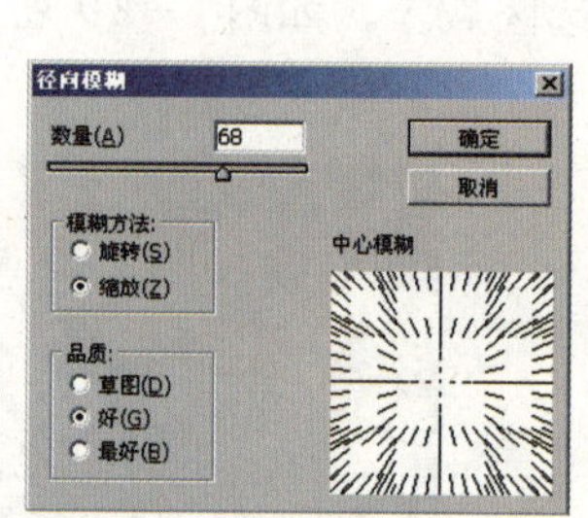

图1-45

图1-46

20 将选区反选确定选区范围。在“图层”面板中选择“02 副本”图层，如图 1-47 所示，在该图层中绘制如图 1-48 所示的图形选区，然后选择菜单“选择”|“反向”命令，如图 1-49 所示，选中选区的外围。

图1-47

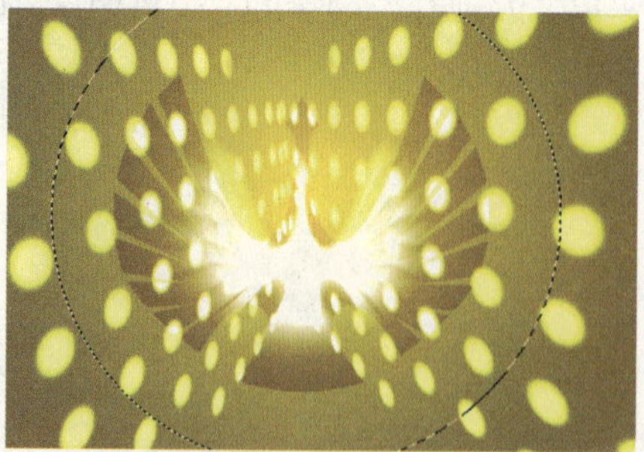

图1-48

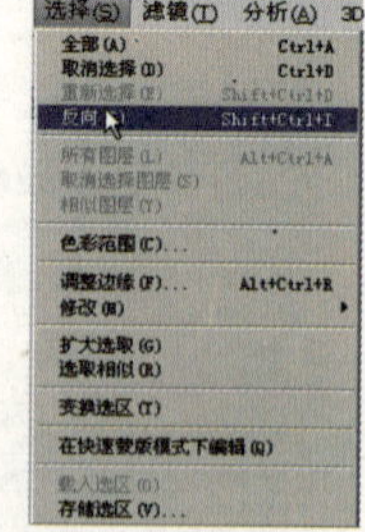

图1-49

21 制作素描图像。选择菜单“滤镜”|“素描”|“半调图案”命令，对话框设置如图 1-50 所示，单击“确定”按钮，得到如图 1-51 所示的选区。

图1—50

22 制作图像的渐变颜色。选择"渐变工具"，设置渐变颜色由朱红色到透明色，工具栏设置如图1—52所示，在图层中由上到下拖拽出渐变效果，如图1—53所示。更改渐变颜色由灰色到透明色，如图1—54所示，在图层中由左到右拖拽出渐变效果，如图1—55所示。

图1—51

图1—52

图1—53

图1-54

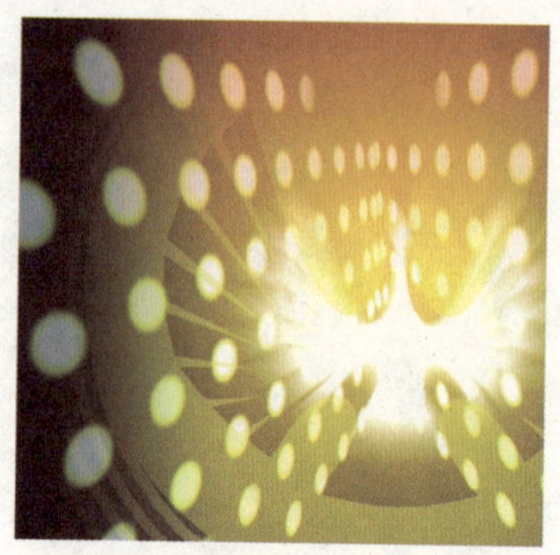

图1-55

23 制作羽化选区。在“图层”面板中选择“背景”图层，如图1-56所示，选择◯“椭圆选框工具”，工具栏设置如图1-57所示，绘制如图1-58所示的选区。

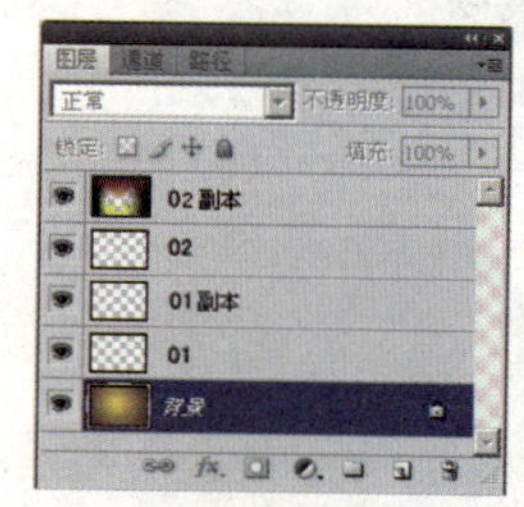

图1-56

图1-57

图1-58

24 调整图像的亮度和对比度。选择菜单“图像”|“调整”|“亮度/对比度”命令，对话框设置如图1-59所示，单击“确定”按钮，得到如图1-60所示的效果。

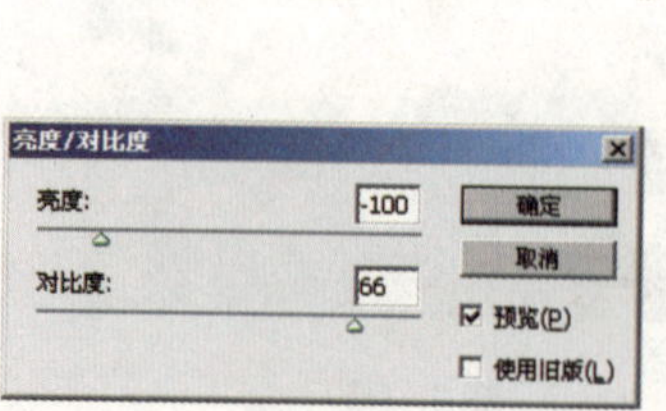

图1-59

图1-60

25 调整图层关系。在“图层”面板中选择“01副本”图层，如图1-61所示，单击面板右侧的▶小三角按钮，在弹出的菜单中选择“向下合并”命令，如图1-62所示，得到“01”

图层，如图1-63所示。复制此图层，得到“01副本”图层，如图1-64所示。

图1-61

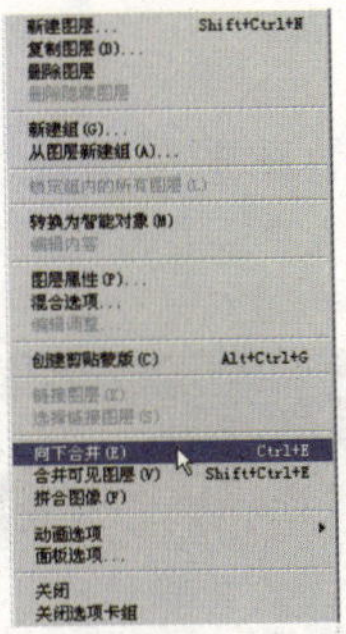

图1-62

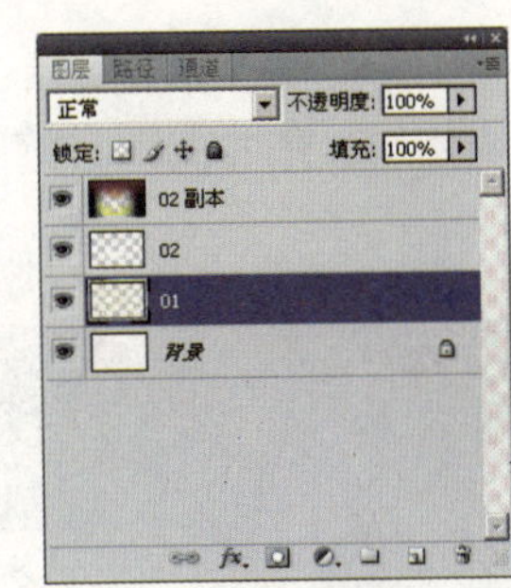

图1-63

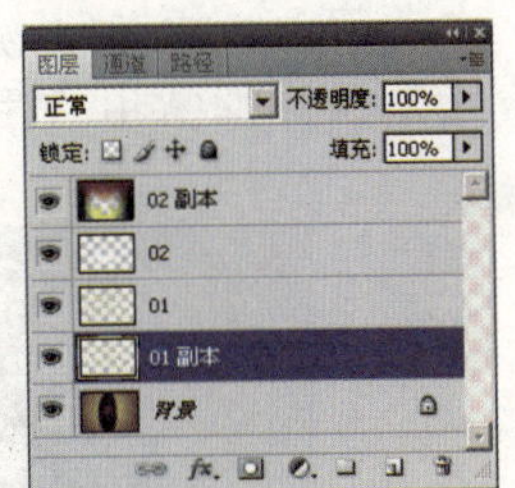

图1-64

26 对图像进行径向模糊并更改图层的混和模式。选择菜单“滤镜”|“模糊”|“径向模糊”命令，对话框设置如图1-65所示，得到如图1-66所示的效果。更改“01”图层的混合模式为“叠加”，如图1-67所示。

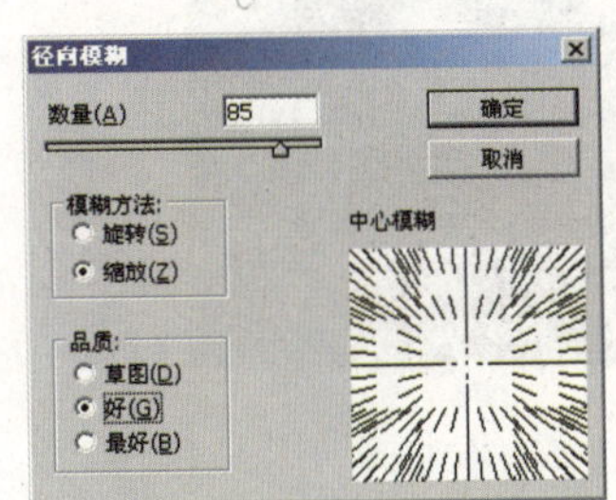

图1-65

图1-66

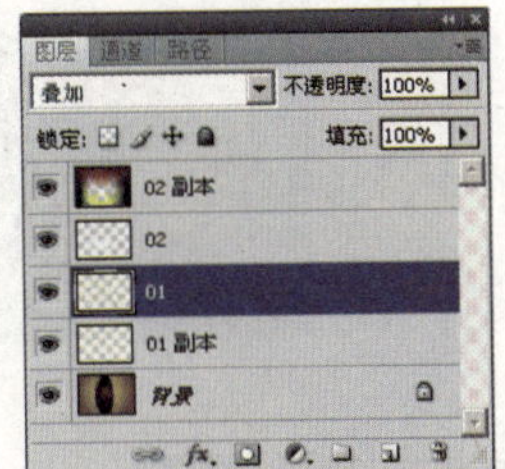

图1-67

最终效果如图1-68所示。

图1-68

02 蝶化石

运用自然的奇幻物体设计出蕴育远古气息的特效图形，借助现代电脑绘图技术表现自然万物是设计师常用的手法。

操作步骤如下：

01 创建新文件。启动Photoshop CS4，选择菜单“文件”|“新建”命令（或按Ctrl+N组合键），在弹出的对话框中将“宽度”设置为15厘米，“高度”设置为10.5厘米，如图2-1所示，创建一个新文件。

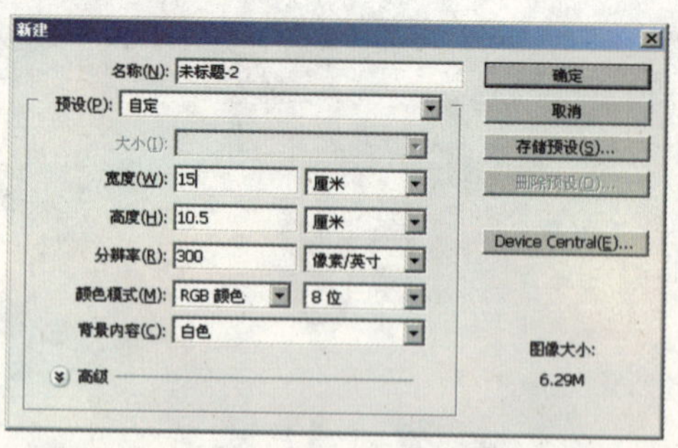

图2-1

02 设置前景色和背景色。单击“图层”面板下方的“创建新图层”按钮，新建一个图层并命名为“01”，如图2-2所示。更改前景色和背景色为深绿色和藕荷色，如图2-3所示。

03 制作云彩效果并调整图像的亮度。选择菜单“滤镜”|“渲染”|“云彩”命令，如图2-4所示，效果如图2-5所示。选择菜单“图像”|“调整”|“阴影/高光”命令，对话框设

置如图2－6所示，单击“确定”按钮，得到如图2－7所示的效果。

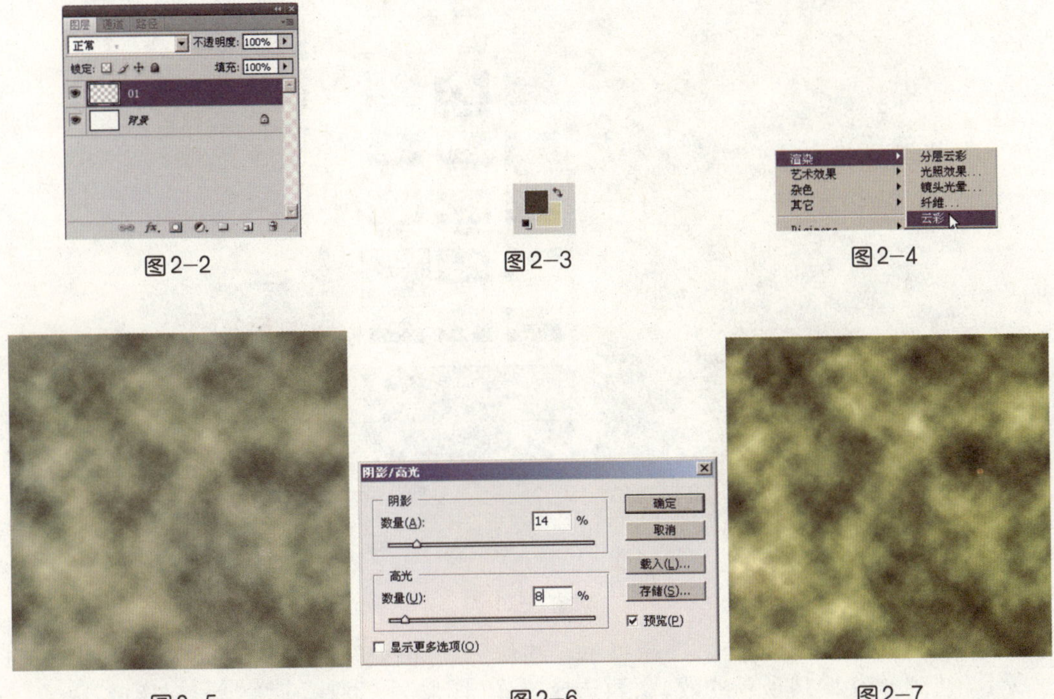

图2–2 图2–3 图2–4

图2–5 图2–6 图2–7

04 制作光照效果图像使图像产生立体感。选择菜单“滤镜”|“渲染”|“光照效果”命令，对话框设置如图2–8所示，单击“确定”按钮，得到如图2–9所示的效果。

05 制作霓虹灯图像。复制“01”图层，得到“01副本”图层，如图2－10所示。选择菜单“滤镜”|“艺术效果”|“霓虹灯光”命令，对话框设置如图2–11所示，单击“确定”按钮，得到如图2–12所示的效果。

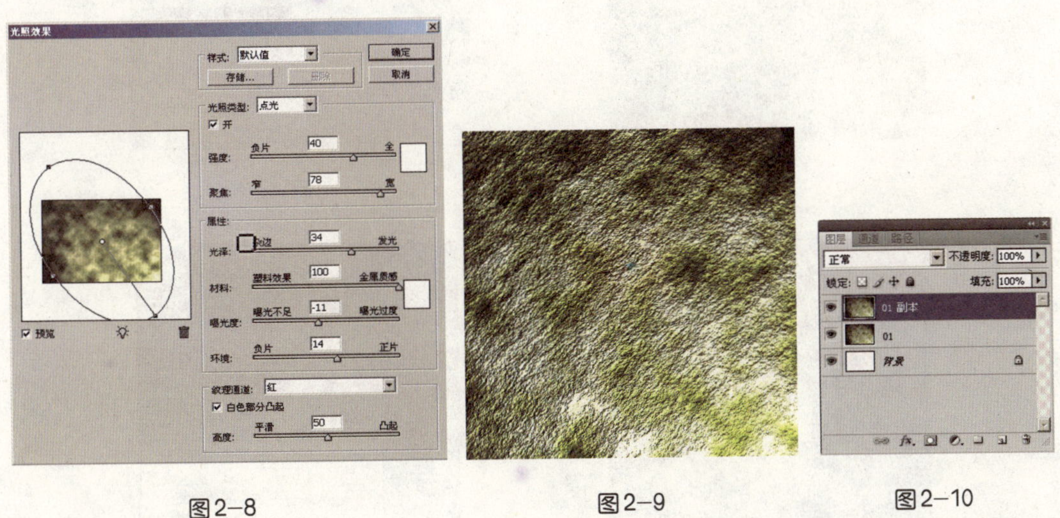

图2–8 图2–9 图2–10

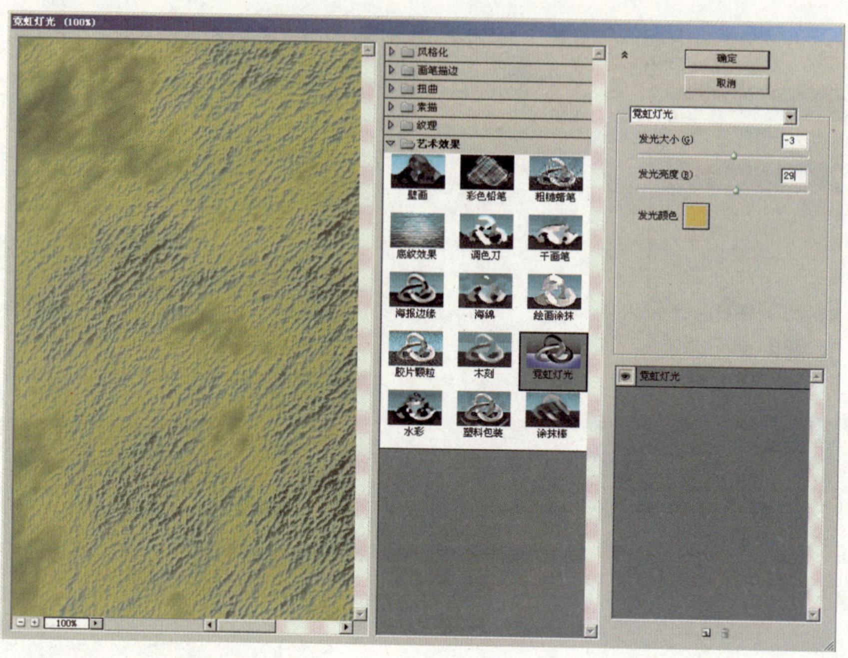

图2-11

06 调整图像的色彩和对比度。选择菜单“图像”|“调整”|“反相”命令，如图2-13所示，得到如图2-14所示的效果。再选择菜单“图像”|“调整”|“亮度/对比度”命令，对话框设置及效果如图2-15所示。

图2-12

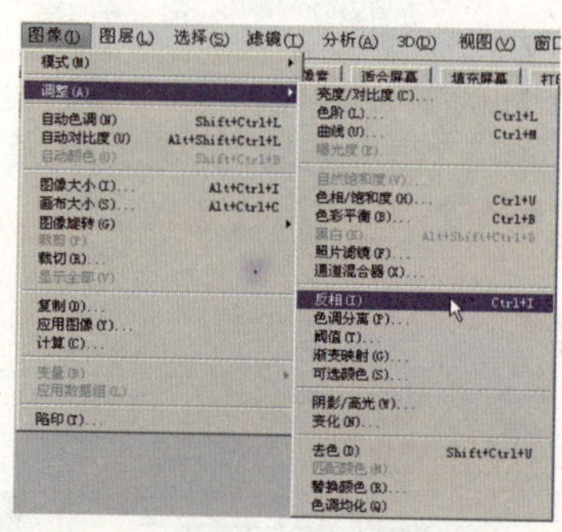

图2-13

图2-14

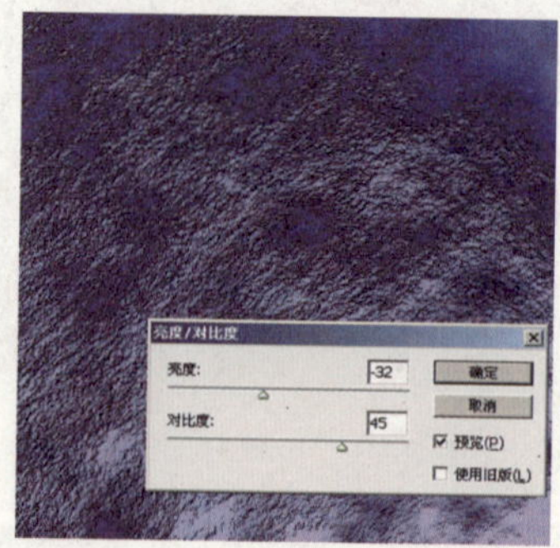

图2-15

07 制作艺术调色刀图像。选择菜单“滤镜”|“艺术效果”|“调色刀”命令，对话框设置如图2-16所示，单击“确定”按钮，得到如图2-17所示的效果。

08 更改图层的混合模式。更改“01副本”图层的混合模式为“差值”，并更改“不透明度”的值为75%，如图2-18所示，效果如图2-19所示。

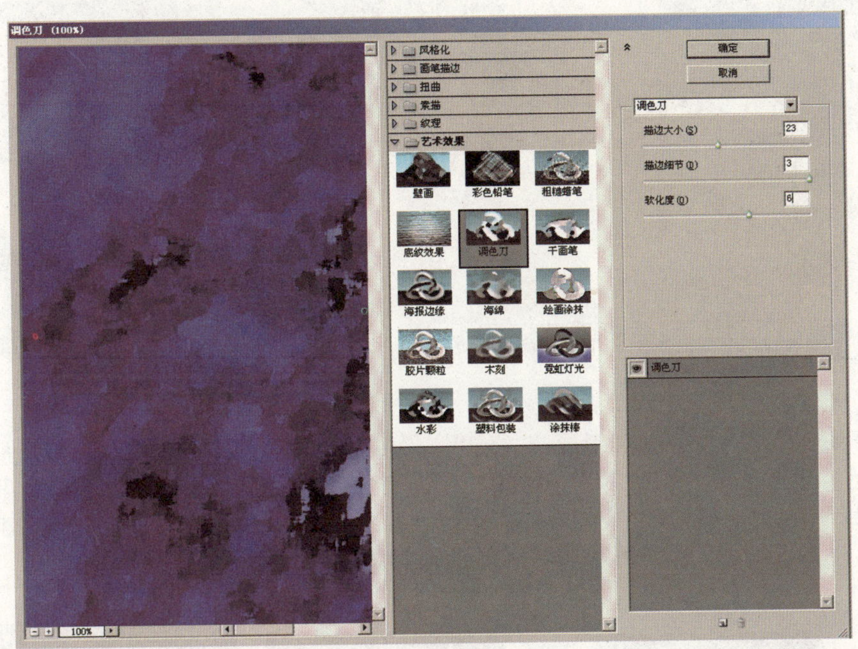

图2-16

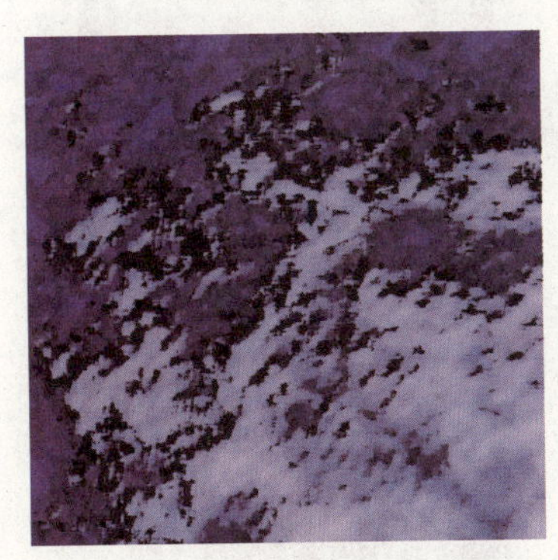

图2-17

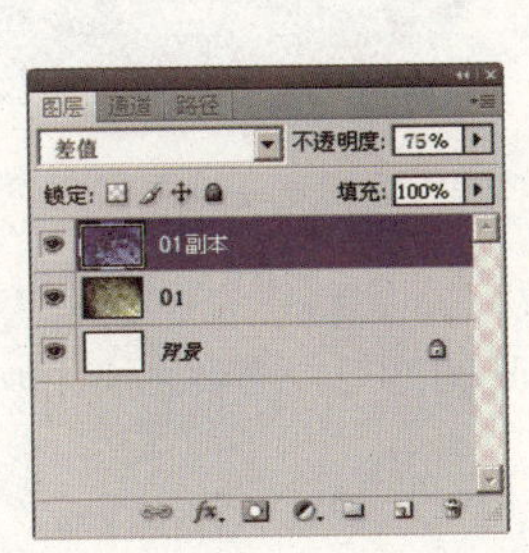

图2-18

图2-19

09 向下合并图层。在“图层”面板中选择“01副本”图层，如图2-20所示。单击面板右侧的小三角按钮，在弹出的菜单中选择“向下合并”命令，如图2-21所示，将“01副本”图层和“01”图层合并为一个图层，如图2-22所示。

10 塑造石头的基本形状。选择“多边形套索工具”，工具栏设置如图2-23所示，在图形中框选出几个角后反选，按Delete键删除，如图2-24所示的效果。

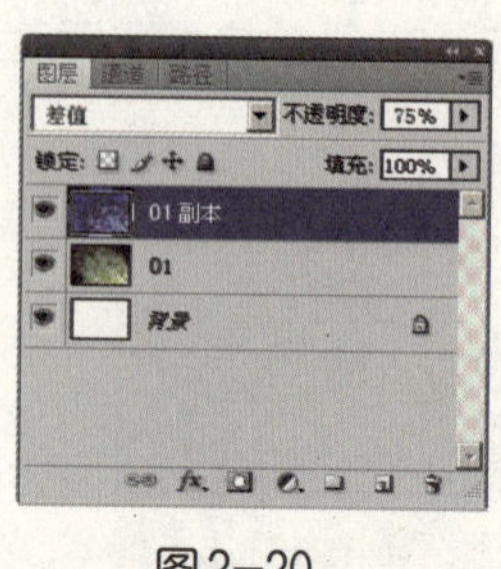

图2-20

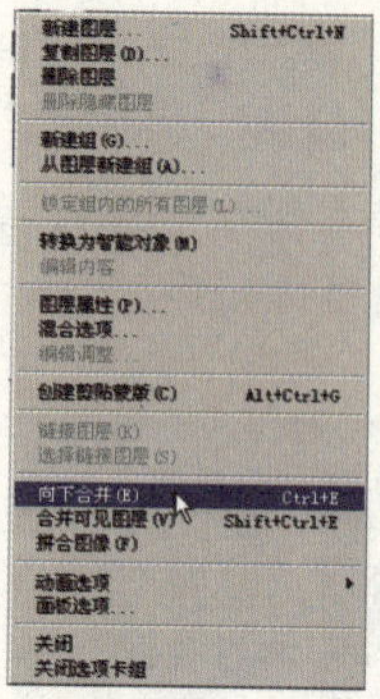

图2-21

图2-22

图2-23

图2-24

11 调整石头各个部分的亮度和对比度。使用“多边形套索工具”在图形的左上角框选出一个选区，选择菜单“图像”|“调整”|“亮度/对比度”命令，对话框设置及效果如图2-25所示。将选区调整成图形的背光区，参照如图2-26所示，调整图形左下角的受光部分。再更改如图2-27所示的对话框设置，调整图形右下角的背光部分。

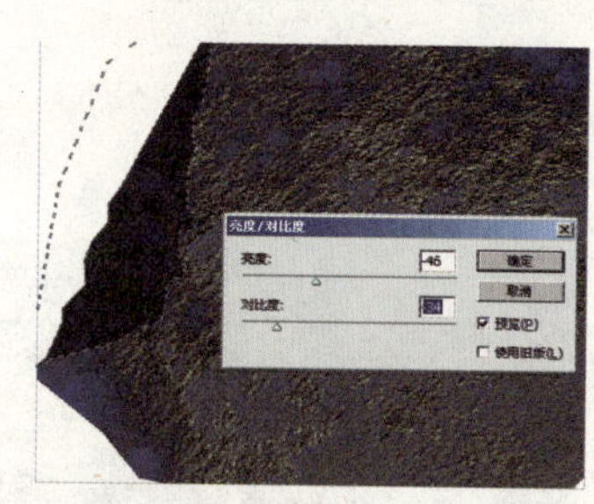

图2-25

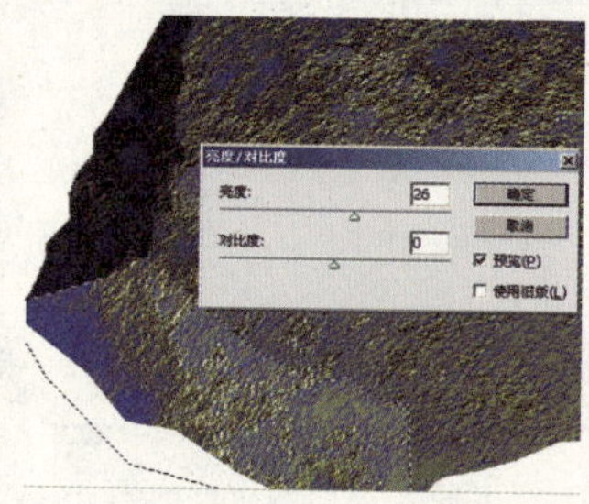

图2-26

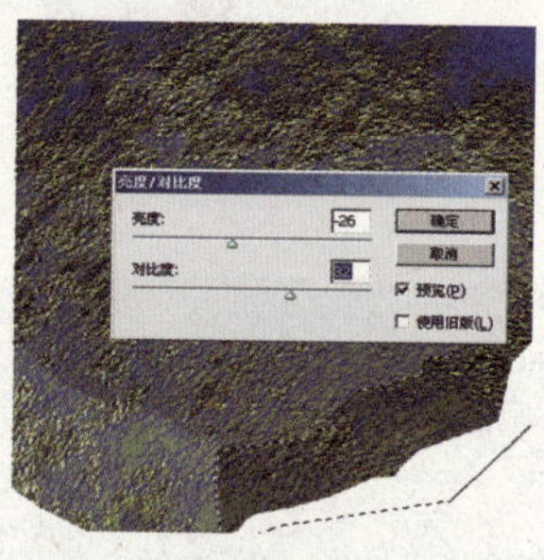

图2-27

12 调整图像色彩。选择菜单“图像”|“调整”|“色彩平衡”命令，对话框设置如图2-28所示，单击“确定”按钮，得到如图2-29所示的效果。

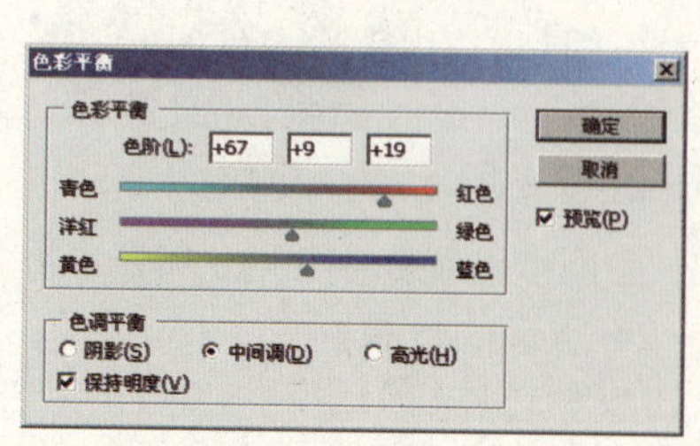

图2-28

图2-29

13 加深所选区域的暗色调。继续使用“多边形套索工具”框选如图2-30所示的选区，然后选择“加深工具”，工具栏设置如图2-31所示，在选区内涂抹，效果如图2-32所示。

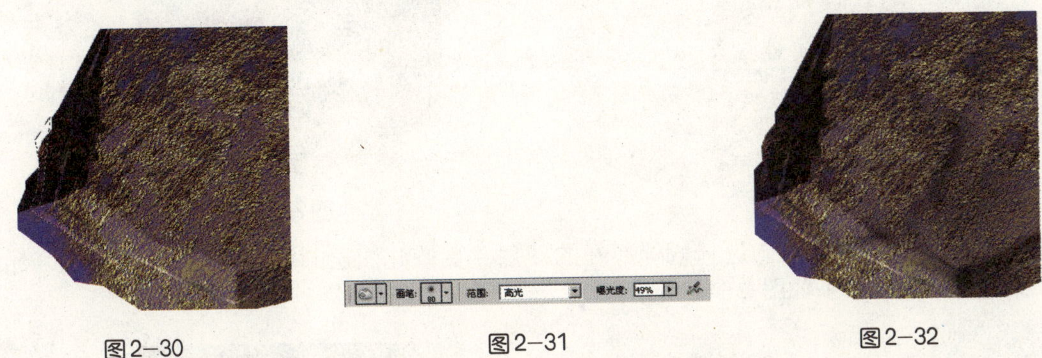

图2-30　图2-31　图2-32

14 加亮所选区域的色调。选择“减淡工具”，工具栏设置如图2-33所示，涂抹出受光部分，效果如图2-34所示。

图2-33　图2-34

15 选择载入的图片。打开随书光盘中“外用图\201.tif”的文件，如图2-35所示。选择“魔棒工具”，工具栏设置如图2-36所示，点选蝴蝶图形的空白选区，如图2-37所示。

图2-35　图2-36　图2-37

16 将图形载入特效图中。选择菜单“选择”|“反向”命令，如图2-38所示，将蝴蝶图形拖入蝶化石特效图中，按Ctrl+T组合键调出自由变换控制框调整蝴蝶，效果如图2-39所示。

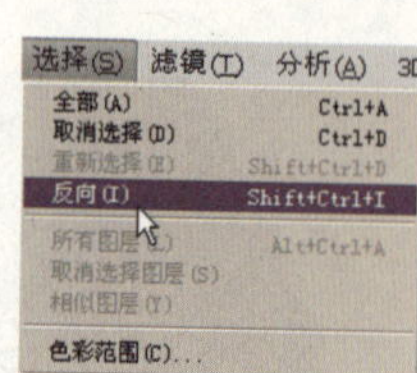

图2-38

图2-39

17 更改图层的混合模式。选择蝴蝶所在的图层并更改此图层的混合模式为“亮光”，如图2-40所示，效果如图2-41所示。

图2-40

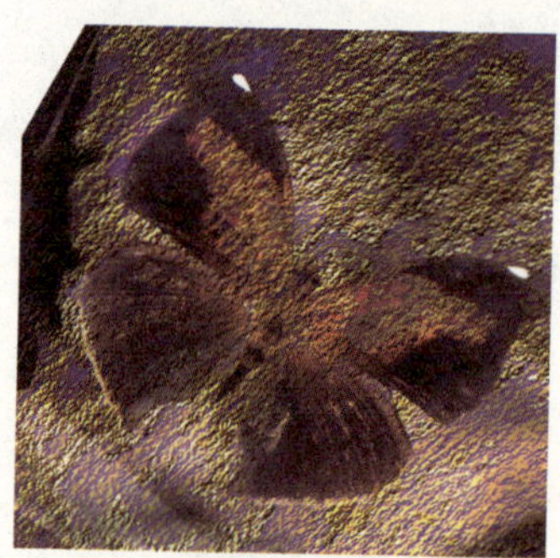

图2-41

18 制作扩散亮光效果。选择菜单“滤镜”|“扭曲”|“扩散亮光”命令，对话框设置如图2-42所示，单击“确定”按钮，得到如图2-43所示的效果。

图2-42

19 在背景中拉出渐变色。在“图层”面板中选择“背景”图层，如图2-44所示，再选择“渐变工具”，设置渐变颜色由深灰色到黑色，工具栏设置如图2-45所示，在“背景”图层中从左上到右下拖拽出渐变效果，得到如图2-46所示的效果。

20 为图像制作投影。在“图层”面板中选择“01”图层，如图2-47所示。单击“图层”面板下方的 fx “添加图层样式”按钮，在弹出的下拉菜单中选择“投影”命令，对话框设置如图2-48所示，为图形添加投影效果。

图2-43

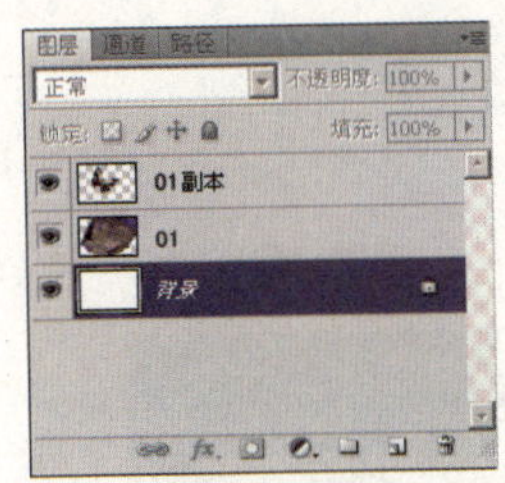

图2-44

图2-45

图2-46

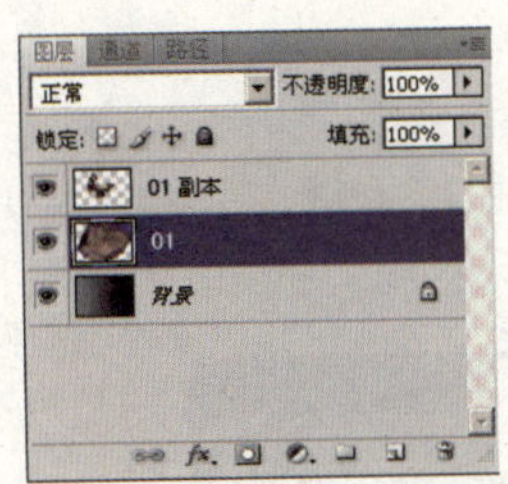

图2-47

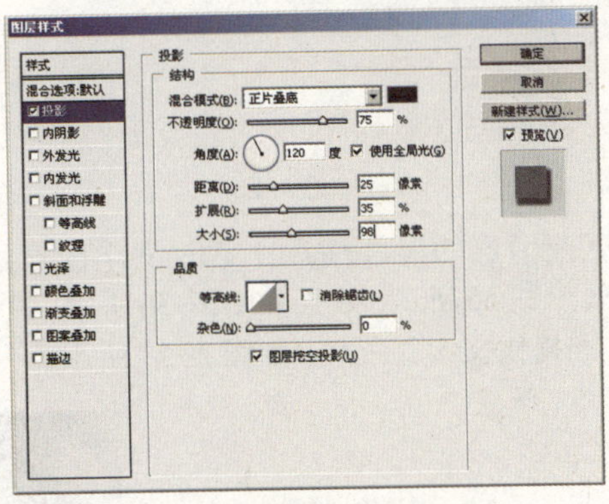

图2-48

21 输入文字。选择 T “横排文字工具”，工具栏设置如图2-49所示，在图中输入“化石”，如图2-50所示。

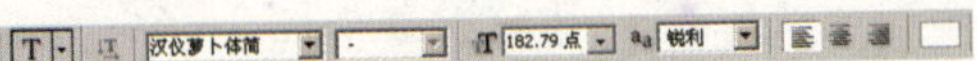

图2-49

图2-50

第1章 万法初试

22 制作文字立体效果。单击“图层”面板下方的 fx.“添加图层样式”按钮，在弹出的下拉菜单中依次选择“斜面和浮雕”、“内阴影”和“颜色叠加”命令，对话框设置如图 2−51 至图 2−53 所示，应用后的效果如图 2−54 所示。

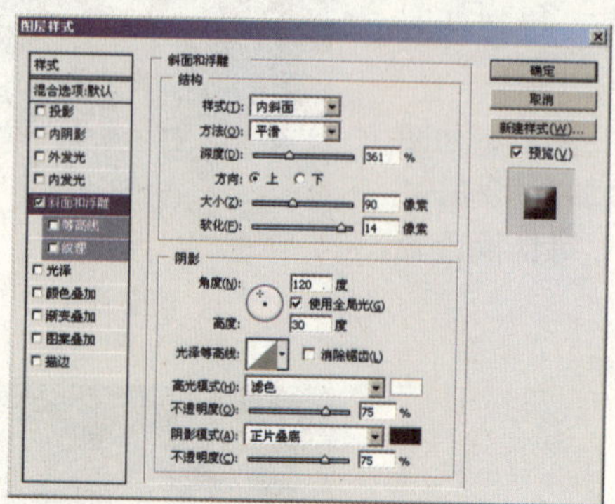

图2−51

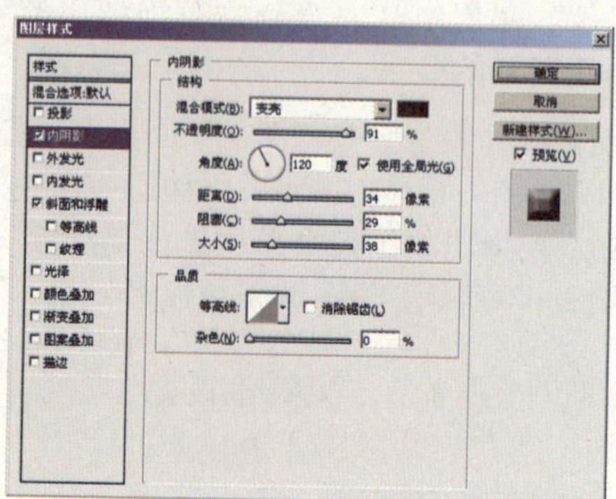

图2−52

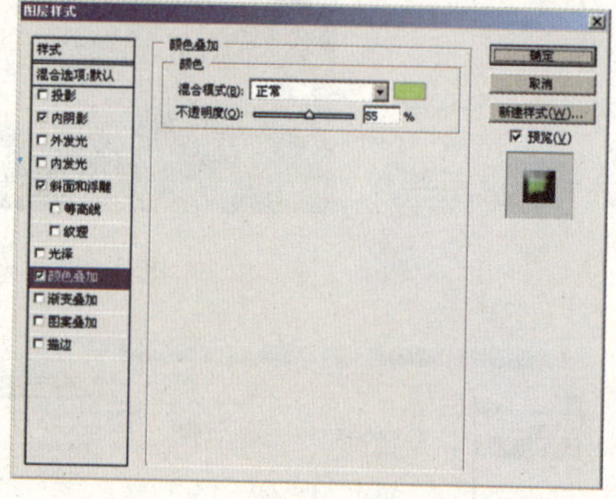

图2−53

图2−54

23 更改图层的混合模式。更改文字图层的混合模式为“叠加”，“不透明度”值为 83%，如图2−55所示，效果如图2−56所示。在该图层上单击鼠标右键，在弹出的快捷菜单中选择“栅格化文字”命令，如图2−57所示。

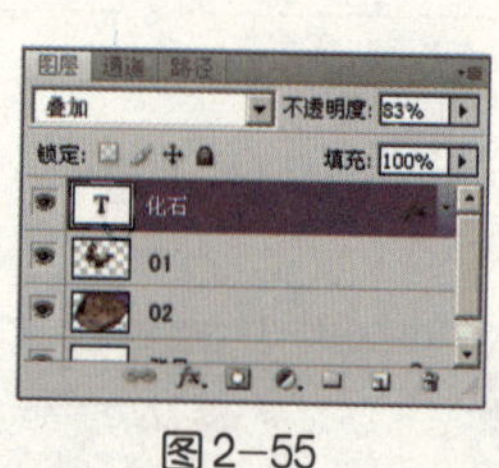

图2−55

图2−56

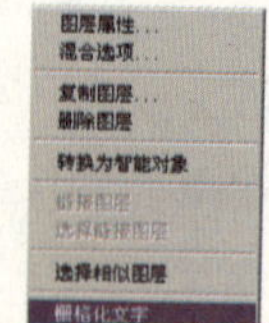

图2−57

24 调整文字的大小。使用“多边形套索工具”框选“石”字，选择“移动工具”，按→箭头，选中“石”选区，随后按Ctrl+T组合键调出自由变换控制框调整大小，如图 2−58 所示的效果。

25 制作渐变色彩效果。在“图层”面板中新建一个图层并命名为“02”，如图 2−59 所示。选择“渐变工具”，设置渐变颜色由浅灰色到透明色，工具栏设置如图 2−60 所示，然后在该图层中由左到右拖拽出渐变效果，如图 2−61 所示。

图2-58

图2-59

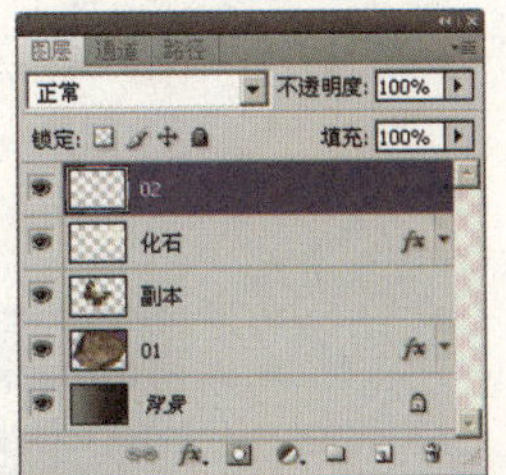

图2-60

26 制作半调图案并缩小图像。选择菜单“滤镜”|“素描”|“半调图案”命令，对话框设置如图2-62所示，单击“确定”按钮，得到如图2-63所示的效果。按Ctrl+T组合键调出自由变换控制框对图形进行缩放，效果如图2-64所示。

27 制作素描炭笔效果并更改图层混合模式。选择菜单“滤镜”|“素描”|“炭笔”命令，对话框设置如图2-65所示，单击“确定”按钮，得到如图2-66所示的效果。更改此图层的混合模式为“亮光”，如图2-67所示。

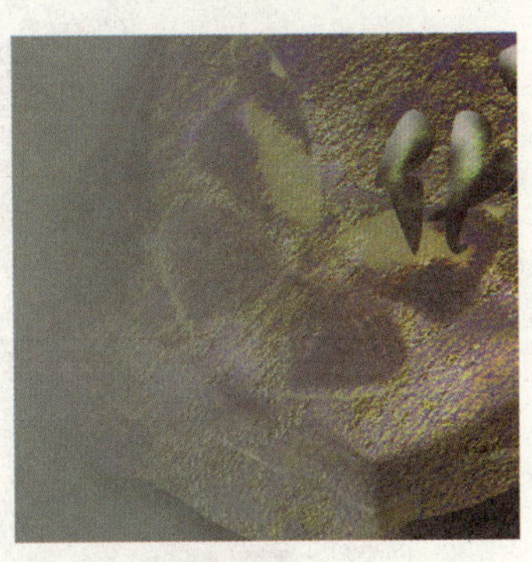

图2-61

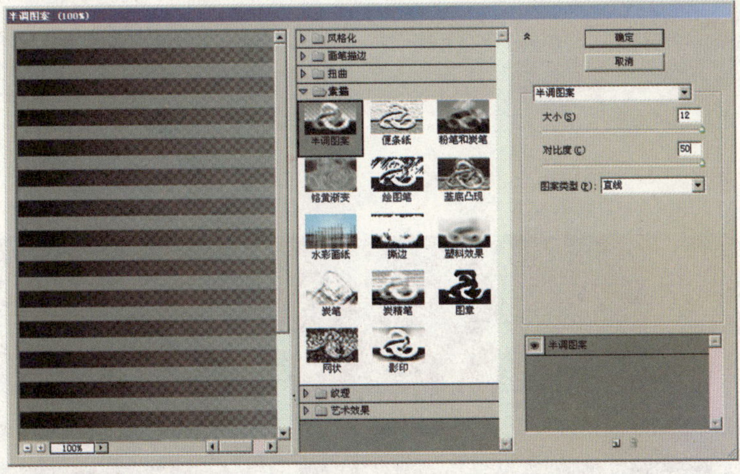

图2-62

图2-63

图2-64

图2-65

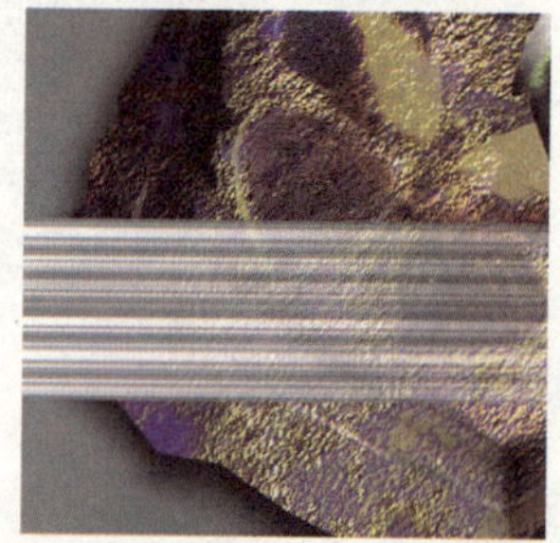

图2-66

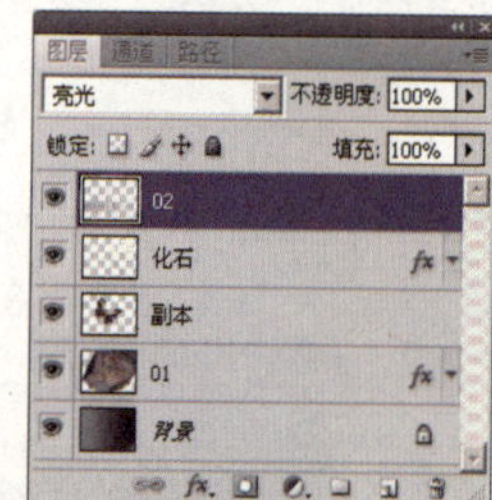

图2-67

最终效果如图 2-68 所示。

图2-68

03 艺术的三维空间

运用网格模拟万物的复杂关系，并形成立体的空间结构，冲天而起的光柱显示了无穷的魅力，散发出艺术之光。

操作步骤如下：

01 创建新文件。启动Photoshop CS4，选择菜单“文件”|“新建”命令（或按Ctrl+N组合键），在弹出的对话框中将“宽度”设置为15厘米，“高度”设置为10.5厘米，如图3-1所示，创建一个新文件。

新建
名称(N): 未标题-1
预设(P): 自定
大小(I):
宽度(W): 15 厘米
高度(H): 10.5 厘米
分辨率(R): 300 像素/英寸
颜色模式(M): RGB 颜色 8 位
背景内容(C): 白色
高级
确定
取消
存储预设(S)...
删除预设(D)...
Device Central(E)...
图像大小:
6.29M

图3-1

02 填充颜色。单击“图层”面板下方的“创建新图层”按钮，新建一个图层并重命名为“01”，如图3-2所示。更改前景色的颜色值为R：18/G：43/B：54，如图3-3所示，选择“矩形选框工具”，在画面中框选出一个长方形并填充前景色，如图3-4所示。

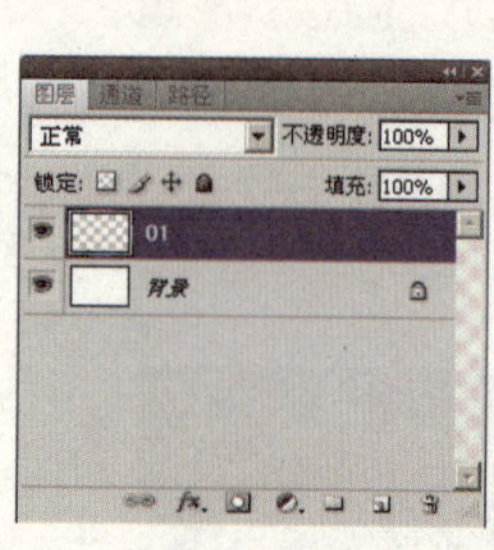
图3-2

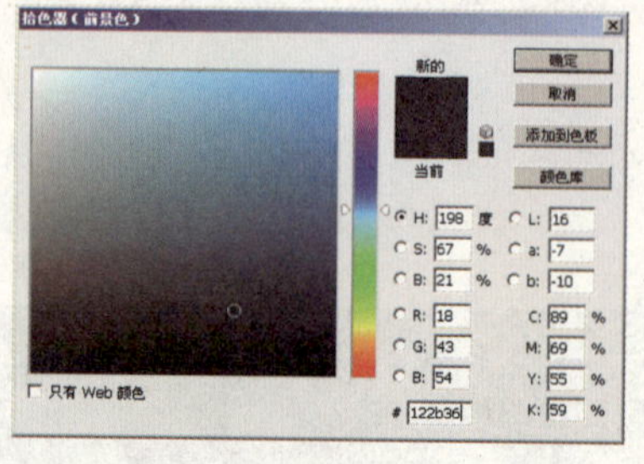
图3-3

图3-4

03 制作拼贴网格图形。将背景色改为浅蓝色，选择菜单“滤镜”|“风格化”|“拼贴”命令，对话框设置如图3-5所示，单击“确定”按钮，得到如图3-6所示的效果。按Ctrl+T组合键调出自由变换控制框，按住Ctrl键的同时单击控制手柄，对图形进行变形调整，如图3-7所示。

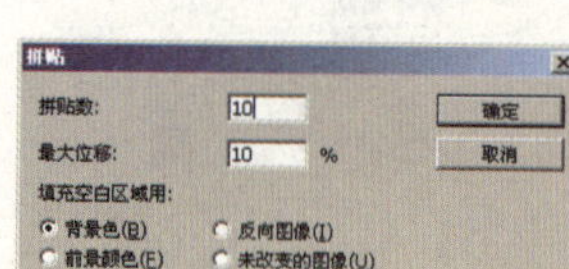
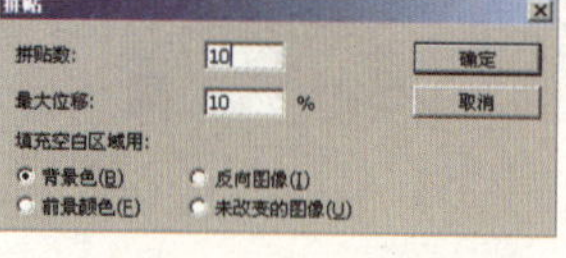
图3-5

图3-6

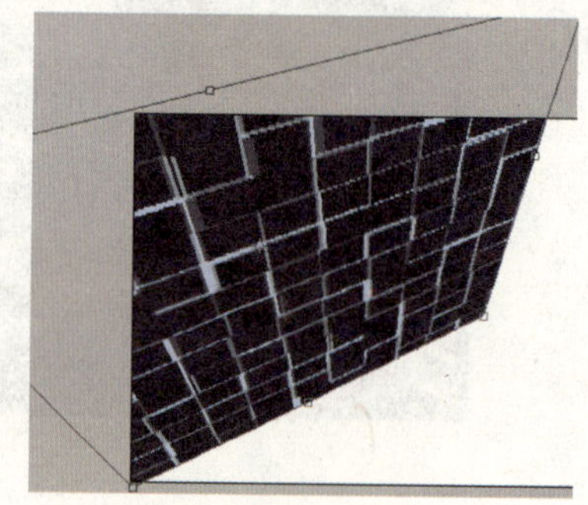
图3-7

04 将图形摆放成墙壁形状。在“图层”面板中复制“01”图层，得到“01副本”图层，如图3-8所示。选择菜单“编辑”|“变换”|“水平翻转”命令，如图3-9所示，对图形进行翻转，并将翻转的图形参照如图3-10所示进行摆放。

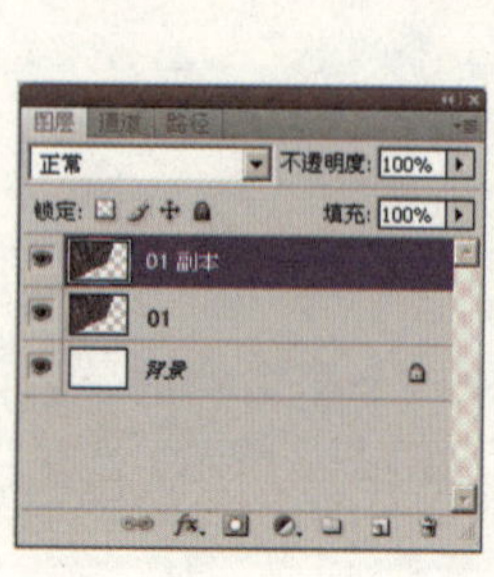
图3-8

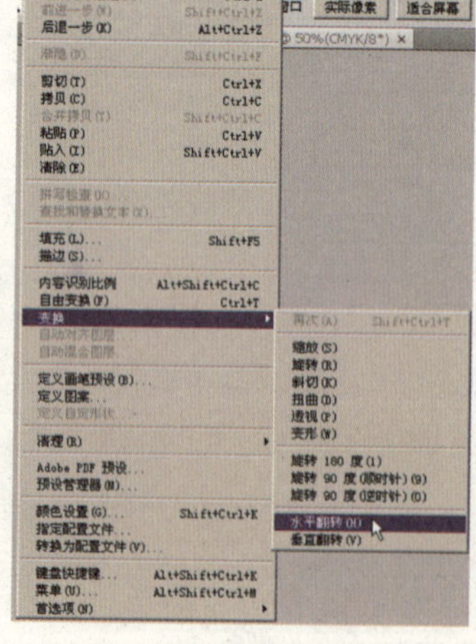
图3-9

图3-10

05 填充背景颜色。在“图层”面板中选择“背景”图层，如图3－11所示。填充黑色，如图3-12所示。

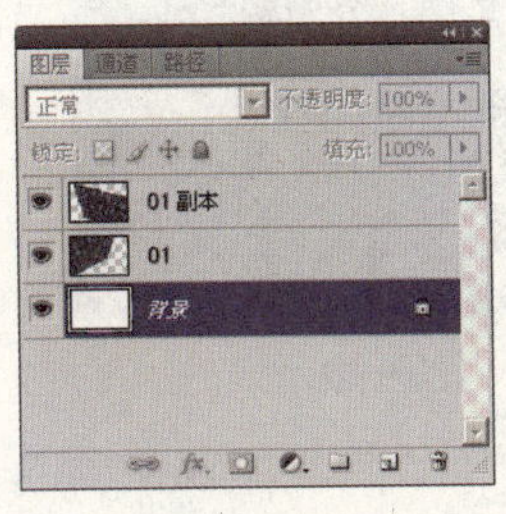

图3-11

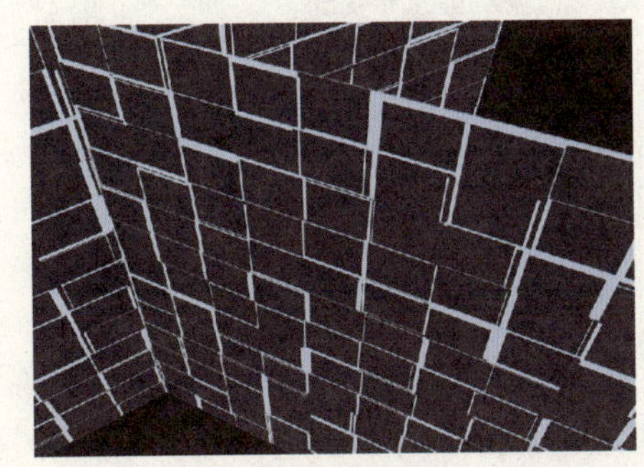

图3-12

06 为网格制作遮罩效果。选择“01”图层，单击“图层”面板下方的“添加图层蒙版”按钮，如图3-13所示。选择“渐变工具”，设置渐变颜色由浅黑色到浅灰色，工具栏设置如图3-14所示，在图层中从上到下拖拽出渐变效果，如图3-15所示。

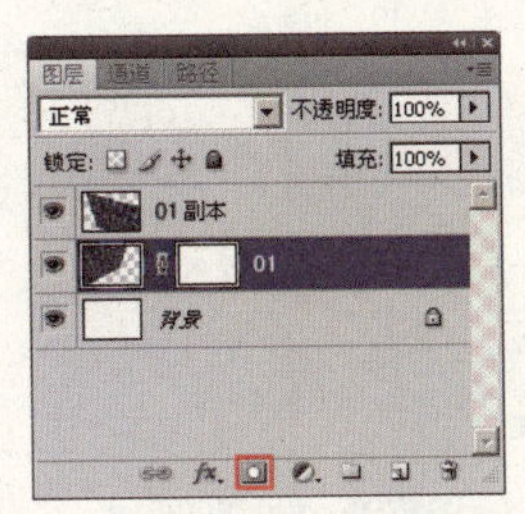

图3-13

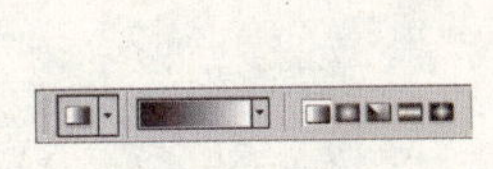

图3-14

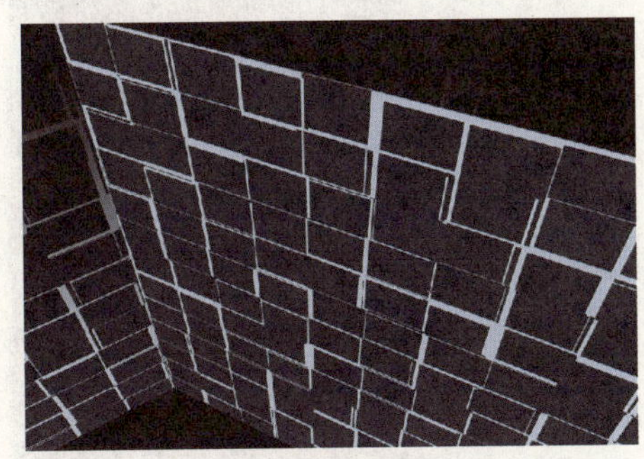

图3-15

07 为另一侧的网格再制作遮罩效果。选择“01 副本”图层，单击“图层”面板下方的“添加图层蒙版”按钮，如图3-16所示。选择“渐变工具”，工具栏设置如图3-17所示，在图层中从上到下拖拽出渐变效果，如图3-18所示。

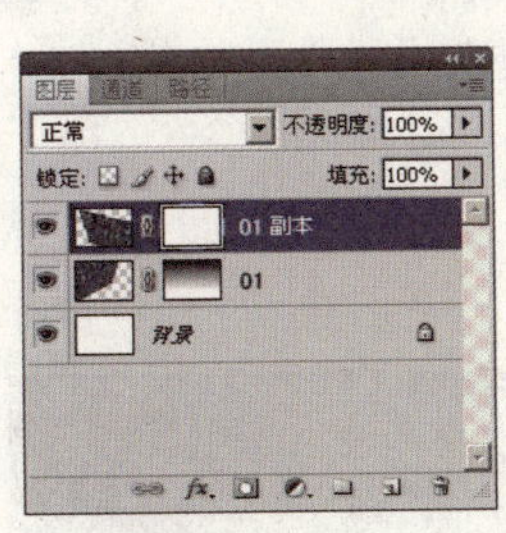

图3-16

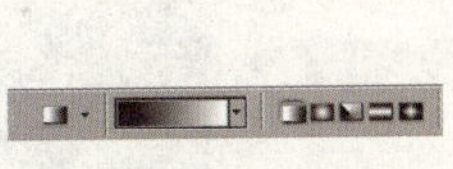

图3-17

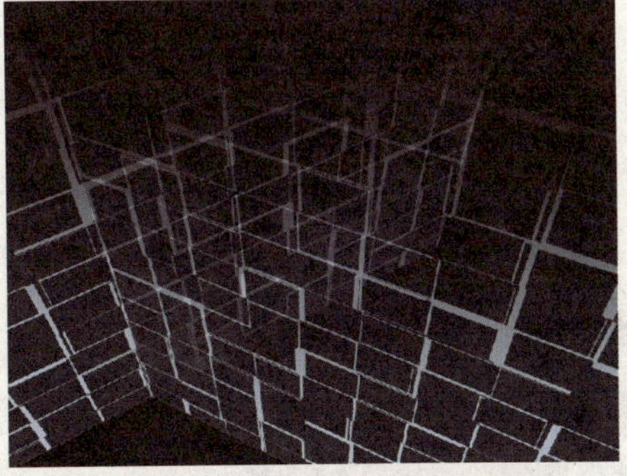

图3-18

08 制作网格墙壁。单击“图层”面板下方的“创建新图层”按钮，新建一个图层并重命名为“02”，如图3-19所示，参照制作网格墙壁的方法制作出一小块网格墙壁图形，效果如图3-20所示。

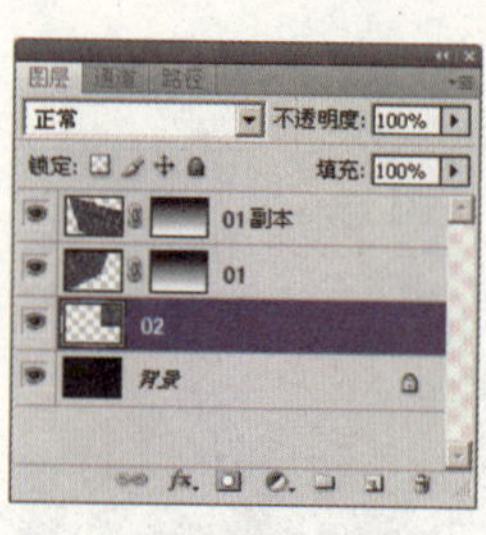

图3-19

图3-20

09 制作照亮边缘图像效果。选择菜单“滤镜”|“风格化”|“照亮边缘”命令，对话框设置如图3-21所示，单击“确定”按钮，得到如图3-22所示的效果。

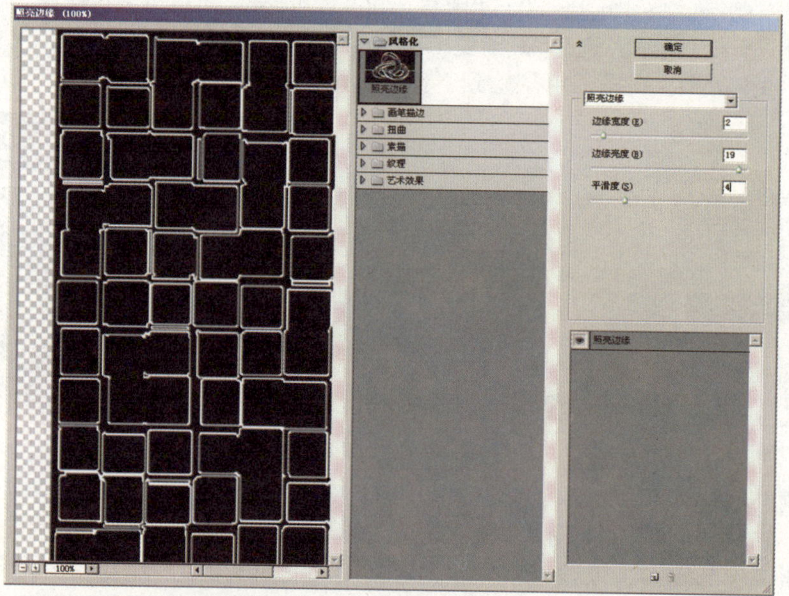

图3-21

10 为另一侧网格墙壁图形制作照亮边缘效果。选择“01”图层，如图3-23所示。选择“多边形套索工具”，框选如图3-24所示的选区，选择菜单“滤镜”|“风格化”|“照亮边缘”命令，如图3-25所示，保持默认参数，单击“确定”按钮，得到如图3-26所示的效果。

图3-22

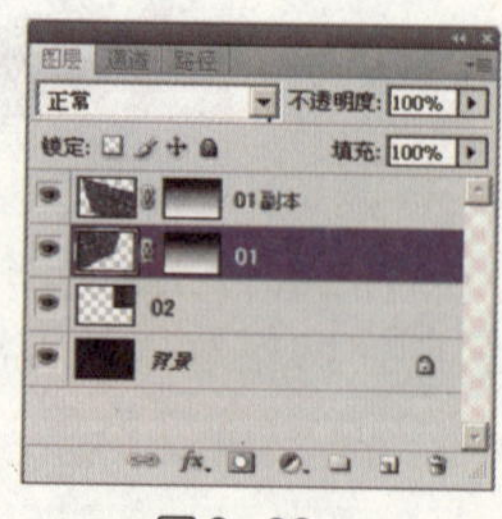

图3-23

图3-24

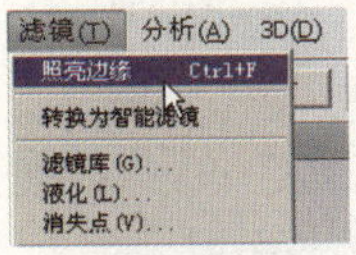

图3-25

图3-26

11 制作光柱。单击“图层”面板下方的“创建新图层”按钮，新建一个图层并重命名为“03”，如图3-27所示。选择“多边形套索工具”，工具栏设置如图3-28所示。参照如图3-29所示勾选出光柱选区并填充白色。根据上述方法再拉出几道浅绿色光柱，效果如图3-30所示。

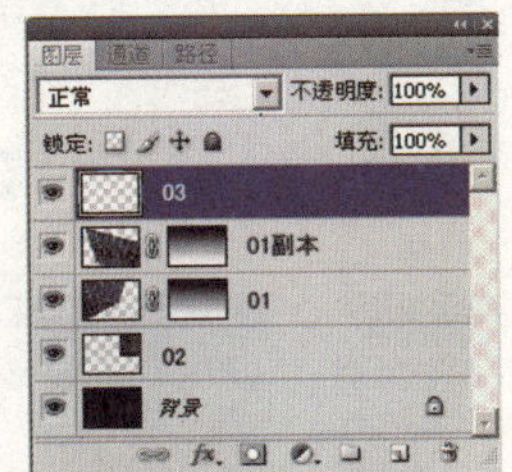

图3-27

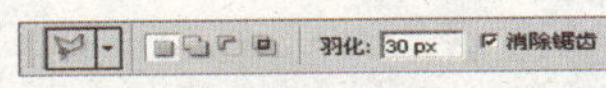

图3-28

图3-29

图3-30

12 制作粗糙彩笔效果。选择菜单“滤镜”|“艺术效果”|“粗糙蜡笔”命令，对话框设置如图3-31所示，单击“确定”按钮，得到如图3-32所示的效果。

13 将地面方格透视变形。选择“02”图层，如图3-33所示，按Ctrl+T组合键调出自由变换控制框，按住Ctrl键将方块格底变形，调整摆放后的效果如图3-34所示。

14 降低图像透明度。选择“03”图层，更改“不透明度”的值为39%，如图3-35所示，得到如图3-36所示的效果。

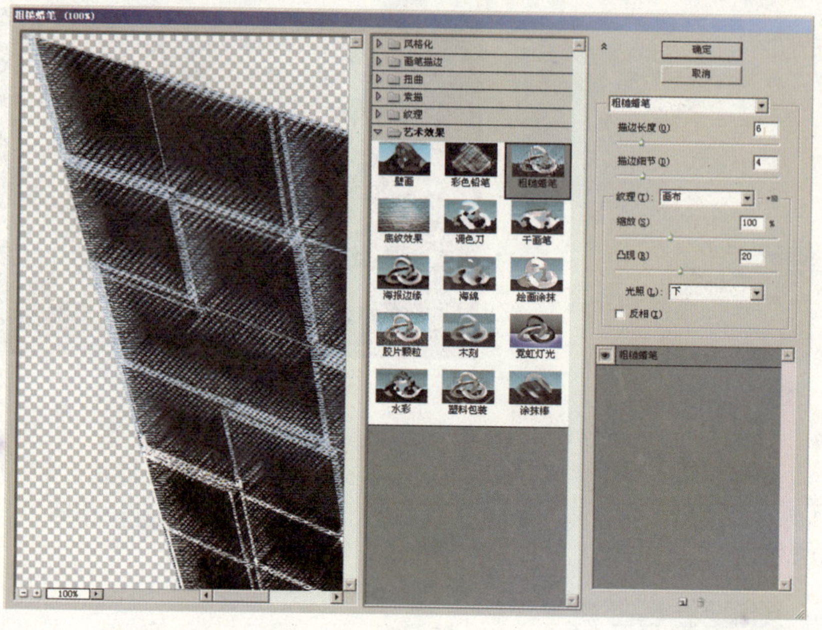

图3-31

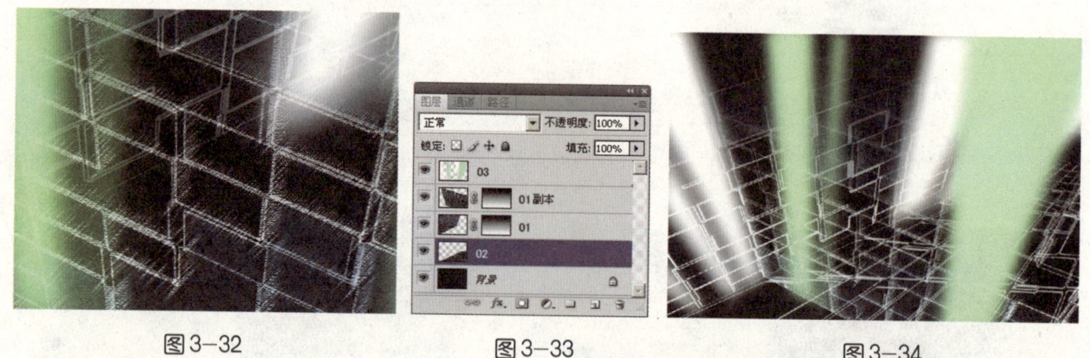

图3-32　　图3-33　　图3-34

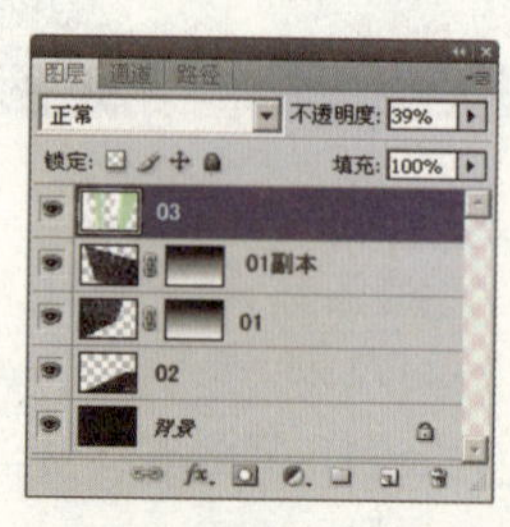

图3-35

图3-36

15 输入文字选区。选择"横排文字蒙版工具"，工具栏设置如图 3-37 所示。在"图层"面板中新建一个图层并重命名为"04"，如图 3-38 所示，用设置好的文本选区工具在画面中输入文字，如图3-39所示。

16 使选区扩边和羽化。选择菜单“选择”|“修改”|“边界”命令，对话框设置如图 3-40 所示。选择菜单“选择”|“修改”|“羽化”命令，对话框设置如图 3-41 所示，单击“确定”按钮，得到如图 3-42 所示的效果。

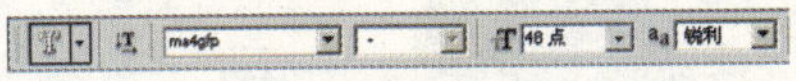

图 3-37

图 3-38

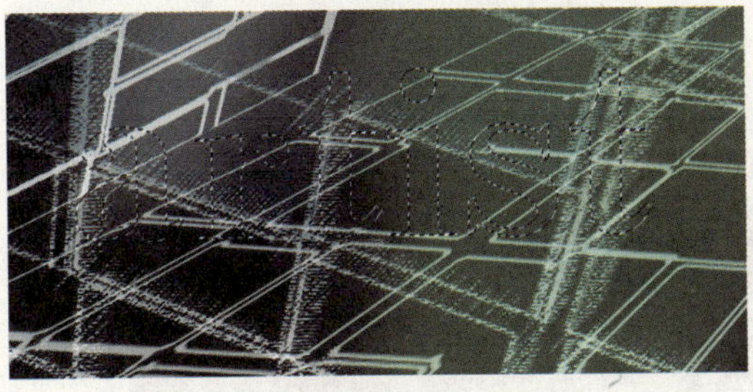

图 3-39

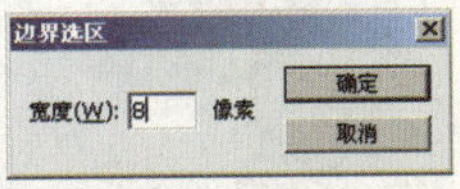

图 3-40

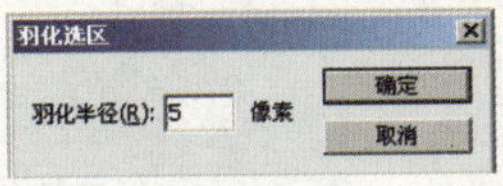

图 3-41

图 3-42

17 形成文字效果。使用“横排文字蒙版工具”，工具栏设置如图 3-43 所示，在原来的位置上再输入相同的文字选区，按Delete键把选区内的颜色删除，如图 3-44 所示，在文字下方加一个条形暗色阴影，如图 3-45 所示的效果。

图 3-43

图 3-44

18 更改图层混合模式形成最终效果。使用T“横排文字工具”在画面中输入文字，按Ctrl+T组合键对文字进行放大操作，如图3-46所示。更改文字图层的混合模式为“叠加”，如图3-47所示。

图3-45

图3-46

图3-47

最终效果如图3-48所示。

图3-48

Chapter02

第2章 文字特效技法

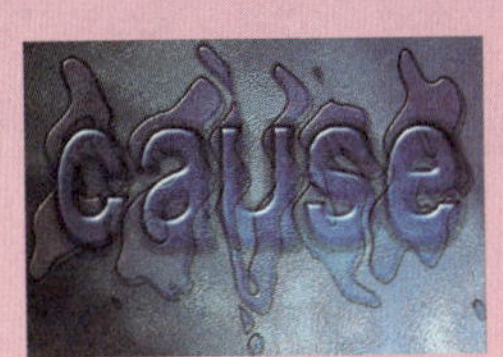

Photoshop CS4

04 闪电中的塑胶文字

在雷雨中傲然屹立的竹林像不食人间烟火的世外文人和奇人异士， 在这种意境中创作出的特效图像既具有大自然古朴的气息又不失惊艳之美。

操作步骤如下：

01 创建新文件。启动Photoshop CS4，选择菜单“文件”|“新建”命令（或按Ctrl+N组合键），在弹出的对话框中将“宽度”设置为15 厘米，“高度”设置为10.5 厘米，如图4-1所示，创建一个新文件。

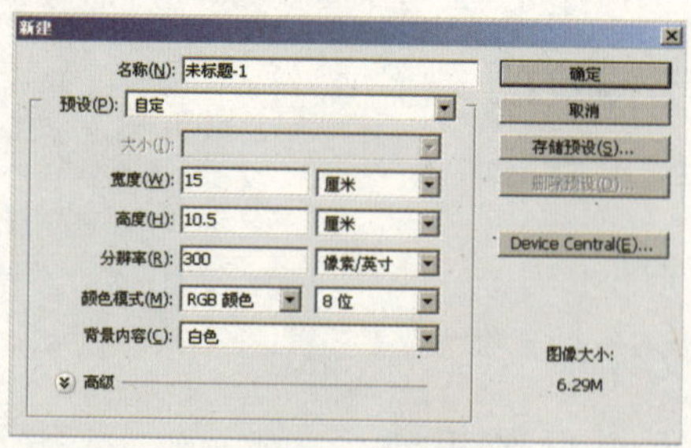

图4-1

02 填充颜色。单击“图层”面板下方的“创建新图层”按钮，新建一个图层并命名为“01”，如图4-2 所示。更改前景色的颜色值为R：73/G：31/B：31，对话框设置如图4-3所示，为图层填充颜色，效果如图4-4所示。

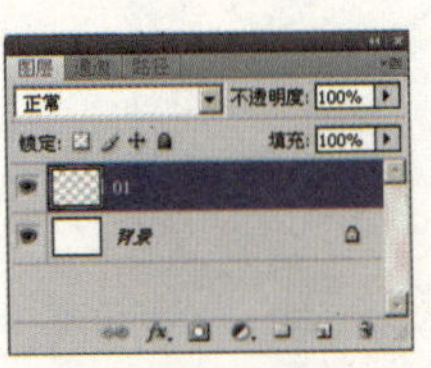

图4-2

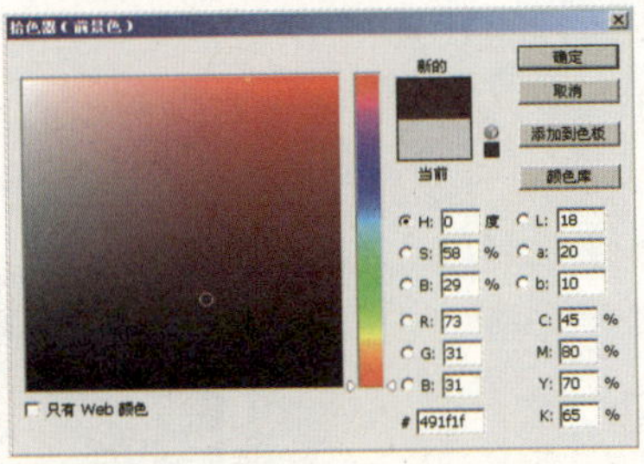

图4-3

图4-4

03 创建图案效果。单击“图层”面板下方的“创建新的填充或调整图层”按钮，在弹出的下拉菜单中选择“图案”命令，如图4-5所示，弹出“图案填充”对话框，参数设置如图4-6所示，给图层添加图案。选择此图层并单击鼠标右键，在弹出的快捷菜单中选择“栅格化图层”命令，将图层栅格化，如图4-7所示，得到如图4-8所示的效果。

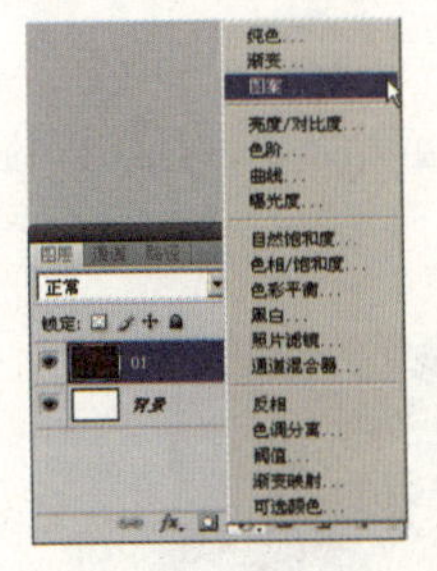

图4-5

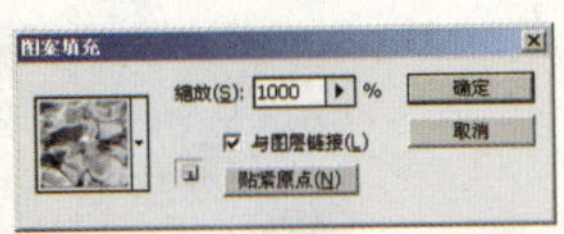

图4-6

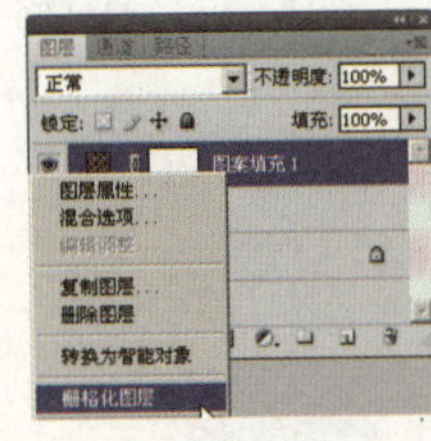

图4-7

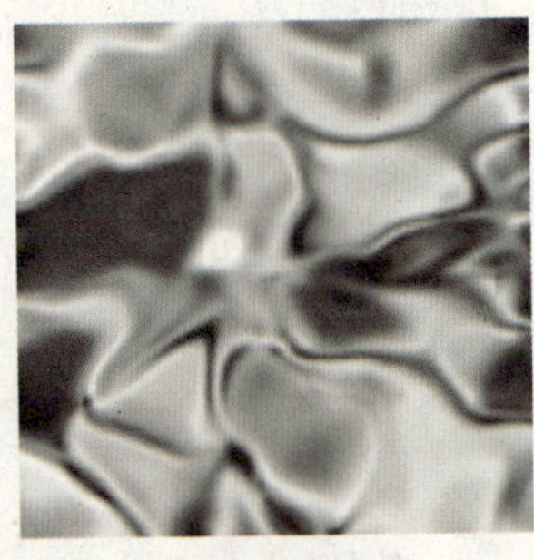

图4-8

04 制作马赛克拼贴图形。选择“01”图层，如图4-9所示。选择菜单“滤镜”|“纹理”|“马赛克拼贴”命令，对话框设置如图4-10所示，给图层添加马赛克拼贴效果。

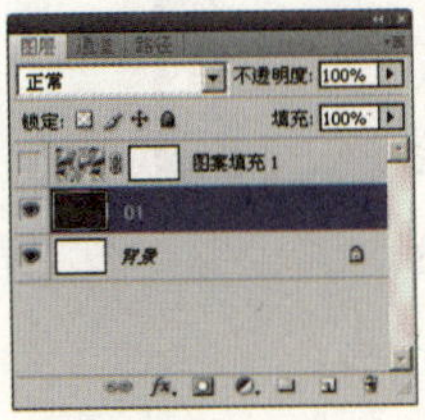

图4-9

图4-10

05 更改图层的混合模式。选择“图案填充 1”图层，更改此图层的混合模式为“变亮”，如图4-11所示，得到如图4-12所示的效果。

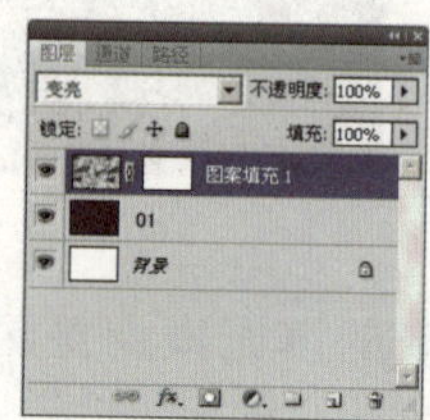

图4-11

图4-12

06 调整图像色彩。选择菜单“图像”|“调整”|“反相”命令，如图4-13所示，反衬出下层的效果，如图4-14所示。选择菜单“图像”|“调整”|“色彩平衡”命令，对话框设置及调整效果如图4-15所示。

07 调整图像的亮度和对比度。选择菜单“图像”|“调整”|“亮度/对比度”命令，对话框设置及调整效果如图4-16所示。

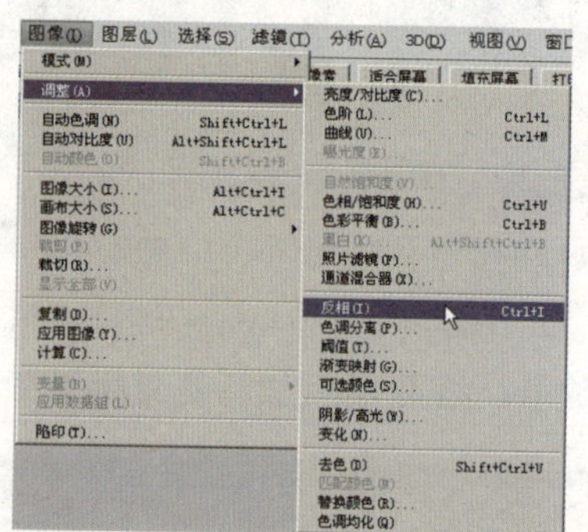

图4-13

图4-14

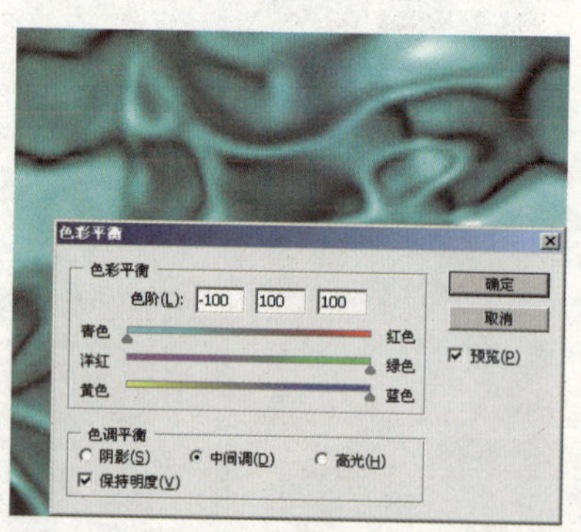

图4-15

图4-16

08 创建文字。选择T“横排文字工具”，工具栏设置如图4－17所示，在图中输入文字，如图4－18所示。选择文字图层，单击鼠标右键，在弹出的快捷菜单中选择“栅格化文字”命令，如图4－19所示，将图层栅格化，并将此图层载入选区。

09 制作渐变色彩。选择“渐变工具”，工具栏及颜色设置如图4－20和图4－21所示，在文本图层中由上到下拖拽出渐变效果，如图4－22所示。

图4－17

图4－18

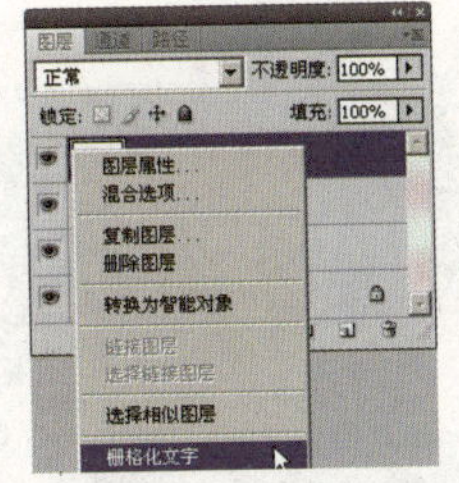

图4－19

图4－20

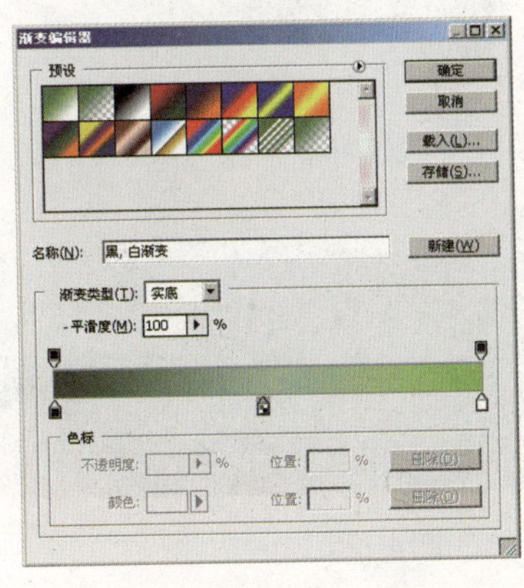

图4－21

图4－22

10 制作塑料包装图像。选择菜单“滤镜”｜“艺术效果”｜“塑料包装”命令，对话框设置如图4－23所示，调整文字图像的立体效果，如图4－24所示。按Ctrl+F组合键，再执行三次“塑料包装”命令，得到如图4－25所示的效果。

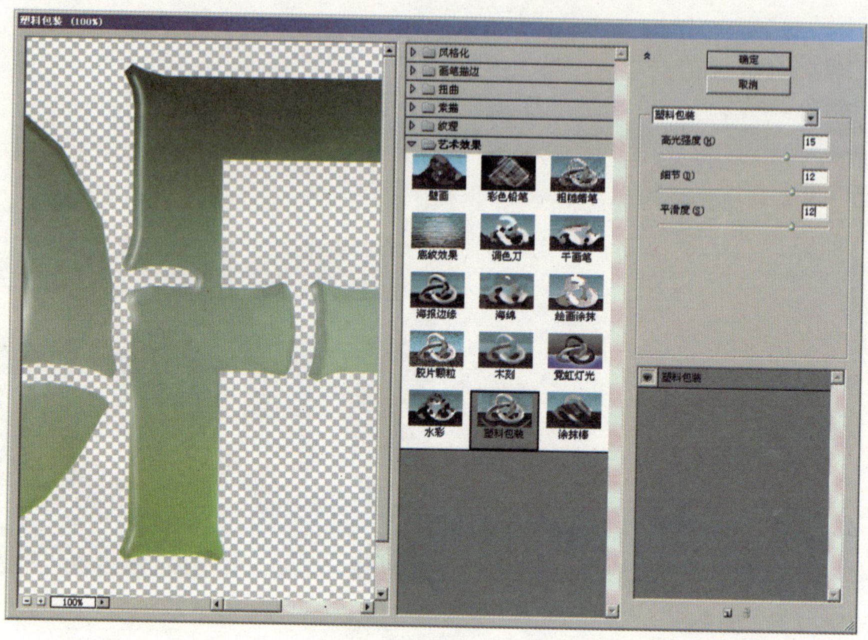

图4-23

图4-24

图4-25

11 更改图层混合模式。选择文字图层，更改此图层的混合模式为“线性光”，如图4-26所示，得到如图4-27所示的效果。

12 制作波浪图像。在“图层”面板中新建一个图层并命名为“02”，如图4-28所示。选择“矩形选框工具”，在图层中框选出一个细长条选区，并填充白色，如图4-29所示。选择菜单“滤镜”|“扭曲”|“波浪”命令，对话框设置如图4-30所示，单击“确定”按钮，得到如图4-31所示的效果。

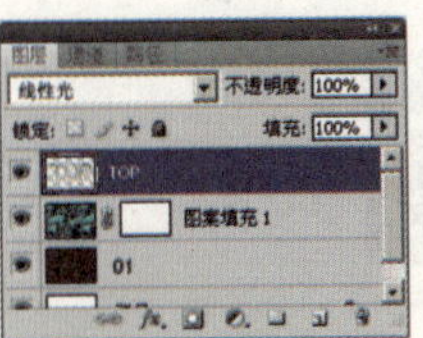

图4-26

图4-27

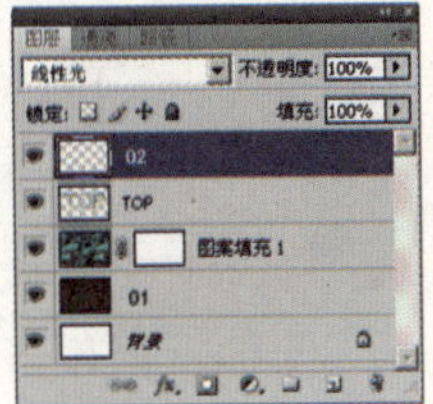

图4-28

图4-29

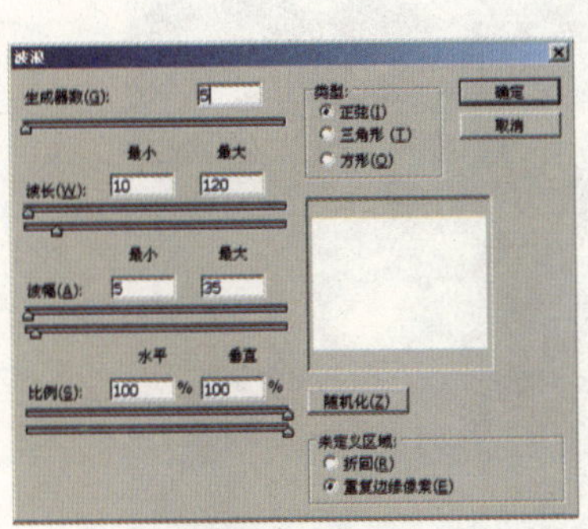

图4-30

图4-31

13 复制图形并更改图层的混合模式。按Ctrl+T组合键调出自由变换控制框，调整变形波浪线，如图4-32所示。复制“02”图层，并进行变形调整，如图4-33所示。更改“02”图层的混合模式为“叠加”，如图4-34所示。

图4-32

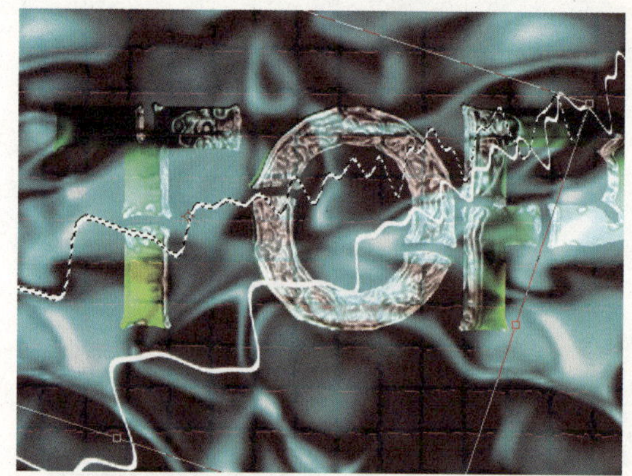

图4-33

图4-34

最终效果如图 4-35 所示。

图4-35

05 花与土构筑的文字

大地哺育万物众生，在文字中插花是一种更巧妙的图文设计方式。文字采用土质的立体形式，背景以花为图案，这种搭配即美妙又和谐。

操作步骤如下：

01 创建新文件。启动Photoshop CS4，选择菜单“文件”|“新建”命令（或按Ctrl+N组合键），在弹出的对话框中将“宽度”设置为15厘米，“高度”设置为10.5厘米，如图5-1所示，创建一个新文件。

图5-1

02 输入文字。单击“图层”面板下方的“创建新图层”按钮，新建一个图层并命名为“01”，如图5-2所示。选择T“横排文字工具”，工具栏设置如图5-3所示，输入如图5-4所示的文字。

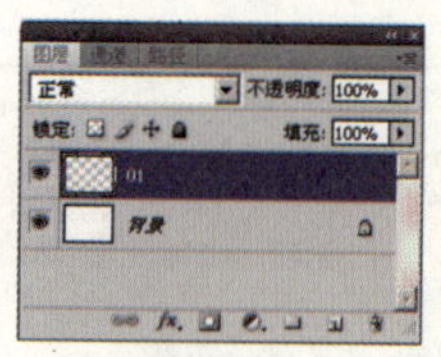

图5-2

图5-3

图5-4

03 形成文字选区。选择“01”图层，单击鼠标右键，在弹出的快捷菜单中选择“栅格化文字”命令，将图层栅格化，如图5-5所示。按Ctrl+T组合键调出自由变换控制框调整文字大小，如图5-6所示。然后载入此图层的文字选区，并按Delete键将选区删除，得到空白的文字选区。

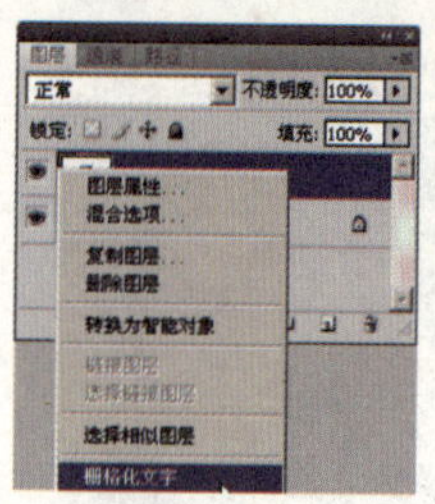

图5-5

图5-6

04 制作云彩图像。选择菜单“滤镜”|“渲染”|“云彩”命令，如图5-7所示，得到如图5-8所示的效果。

图5-7

图5-8

05 制作干画笔图像并调整亮度和对比度。选择菜单“滤镜”|“艺术效果”|“干画笔”命令，对话框设置如图5-9所示，单击“确定”按钮。再选择菜单“图像”|“调整”|“亮度/对比度”命令，对话框设置及效果如图5-10所示。

06 制作光照效果。复制“01”图层，得到“01副本”图层，如图5-11所示。选择菜单“滤镜”|“渲染”|“光照效果”命令，对话框设置如图5-12所示，单击“确定”按钮，得到如图5-13所示的效果。

07 调整图像的亮度和对比度并更改颜色。选择菜单“图像”|“调整”|“亮度/对比度”命令，对话框设置及效果如图5-14所示。然后选择菜单“图像”|“调整”|“色彩平衡”命令，对话框设置如图5-15所示，单击“确定”按钮，得到如图5-16所示的效果。

08 再次调整图像的亮度和对比度。在“图层”面板中将图层“01”放到图层“01副本”的上方，并选择图层“01”，如图5-17所示。选择菜单“图像”|“调整”|“亮度/对比度”命令，对话框设置及效果如图5-18所示。

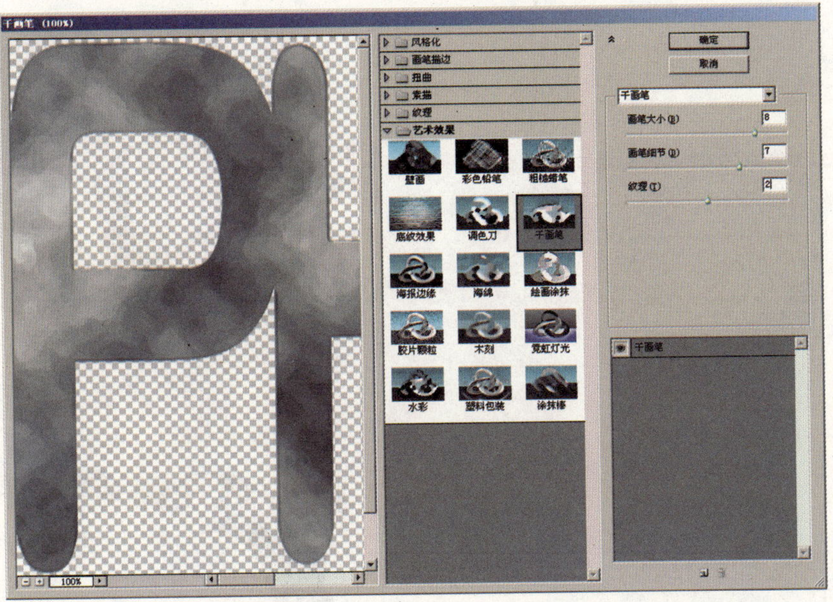

图5-9

图5-10

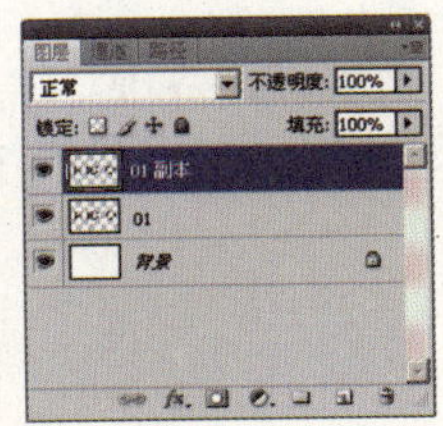

图5-11

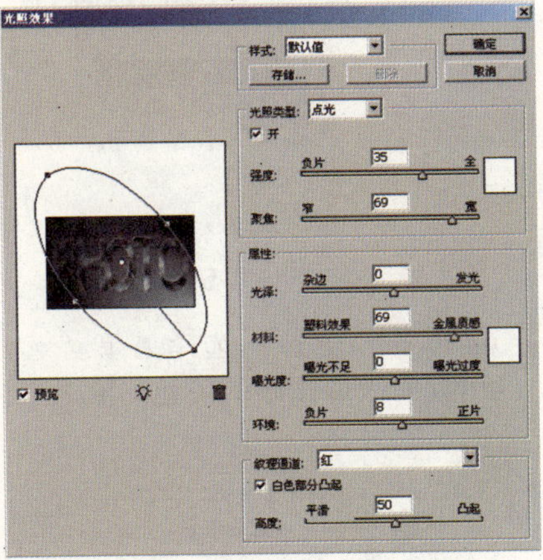

图5-12

图5-13

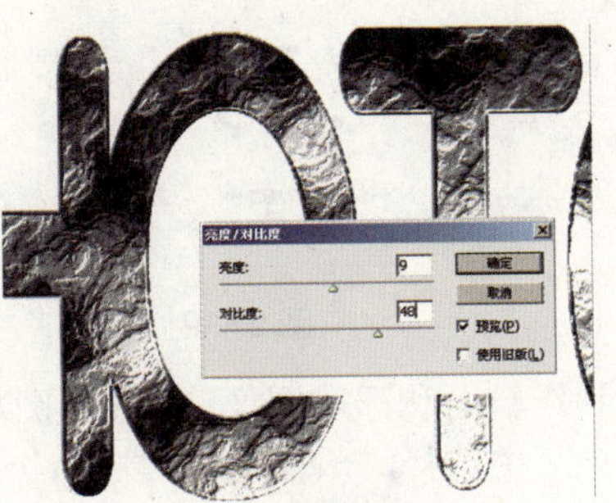

图5-14

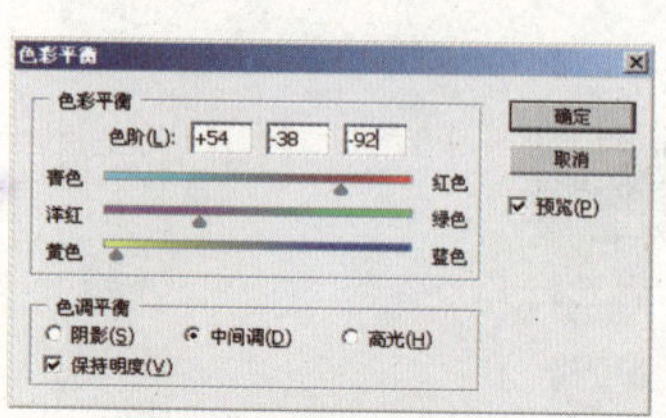

图 5–15

图 5–16

图 5–17

图 5–18

09 选择色彩范围。选择菜单“选择”|“色彩范围”命令，对话框设置如图 5–19 所示，用吸管吸取图中的黑色，单击“确定”按钮，然后按Delete键将选区删除，得到如图 5–20 所示的效果。

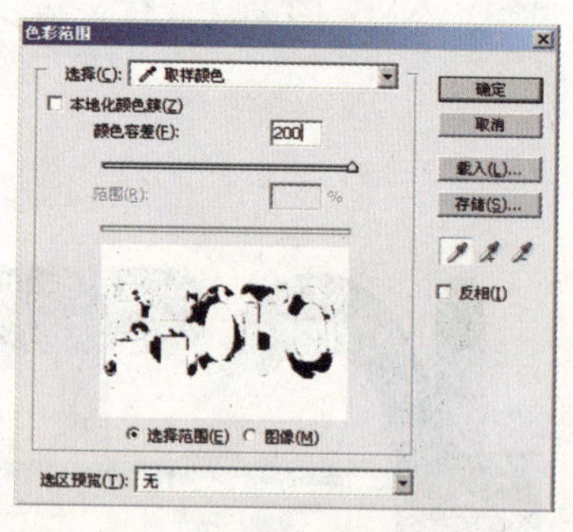

图 5–19

图 5–20

10 制作斜面和浮雕图像。单击“图层”面板下方的 fx.“添加图层样式”按钮，在弹出的下拉菜单中选择“斜面和浮雕”命令，对话框设置如图 5–21 所示，单击“确定”按钮，得到如图 5–22 所示的效果。

11 更改图层的混合模式。更改图层“01”的混合模式为“颜色减淡”，如图 5–23 所示，得到如图 5–24 所示的效果。

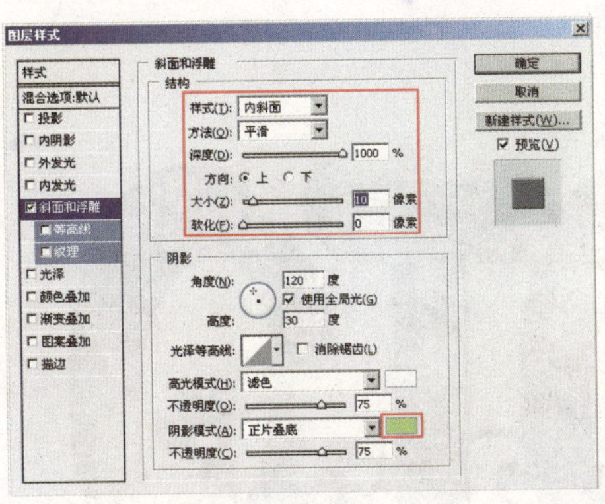

图 5-21

图 5-22

图 5-24

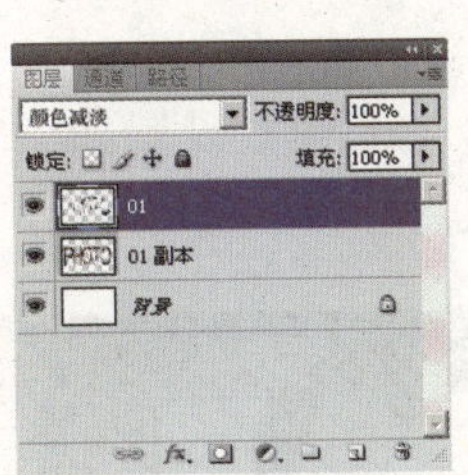

图 5-23

12 制作立体效果。选择“01 副本”图层，如图 5-25 所示。选择“移动工具”，按住 Alt 键的同时多次按 ↓ 和 ← 键，直至达到如图 5-26 所示的立体效果。

13 制作自定义图形。新建一个图层并命名为“02”，如图 5-27 所示。选择“自定形状工具”，工具栏设置如图 5-28 所示，绘制如图 5-29 所示的效果。

图 5-25

图 5-26

图 5-27

图 5-28

图 5-29

14 修改图形形状。载入文字选区，选择“橡皮擦工具”，工具栏设置如图 5-30 所示，涂抹文字图层上的树叶，得到如图 5-31 所示的效果。

图 5-30

图 5-31

15 涂抹图像的明度和暗色调的颜色。选择“减淡工具”，工具栏设置如图 5-32 所示，在图中涂抹出树叶的亮色部位，得到如图 5-33 所示的效果。再选择“加深工具”，工具栏设置如图 5-34 所示，涂抹出叶子及花朵的暗色部位，得到如图 5-35 所示的效果。

图 5-32

图 5-33

图5-34

图5-35

16 拉出渐变颜色。选择“背景”图层，如图5-36所示。选择“渐变工具”，工具栏设置如图5-37所示，在“背景”图层中从上到下拖拽出渐变效果，如图5-38所示。

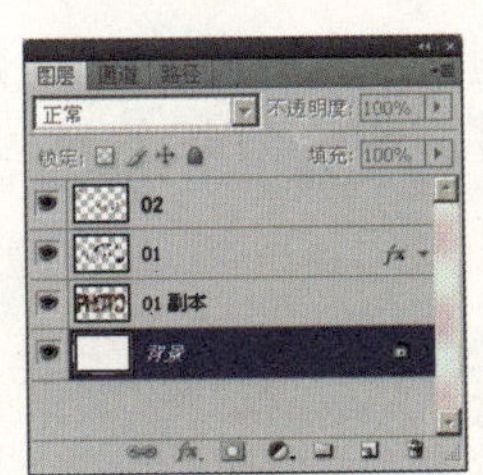

图5-36

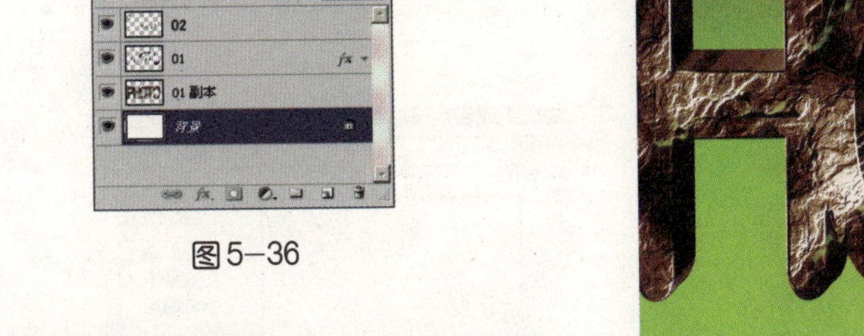

图5-37

图5-38

17 制作五角图形。新建一个图层并命名为“03”，如图5-39所示。选择“自定形状工具”，工具栏设置如图5-40所示，在图层中拖拽出海星图形。选择“渐变工具”，工具栏设置如图5-41所示，在五角图形中从中央向周边拖拽出渐变颜色，效果如图5-42所示。

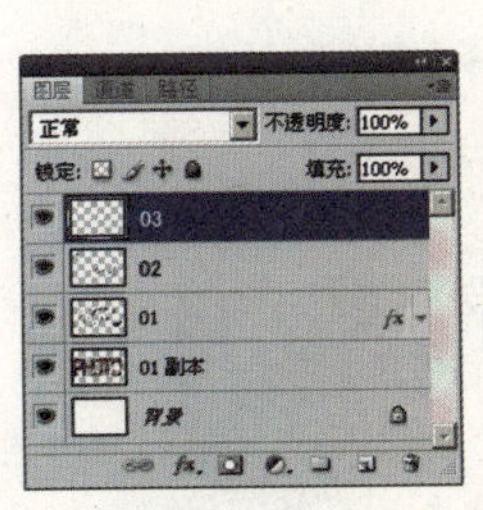

图5-39

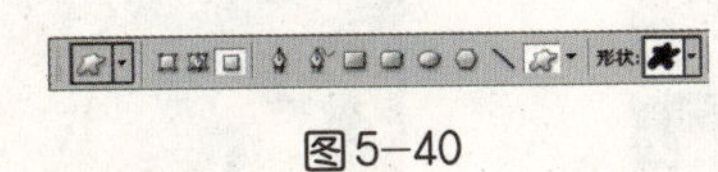

图5-40

图5-41

图5-42

18 运用液化滤镜修改图形。选择菜单“滤镜”|“液化”命令，对话框设置如图5-43所示，选择左边工具栏中的“涂抹工具”在图中进行涂抹，得到如图5-44所示的效果。

图5-43

19 调整图形颜色并复制图形。选择菜单“图层”|“新建调整图层”|“曲线”命令，参照如图5-45所示调整曲线，单击“确定”按钮，得到如图5-46所示的效果。多次复制该图层并调整摆放，效果如图5-47所示。

图5-44

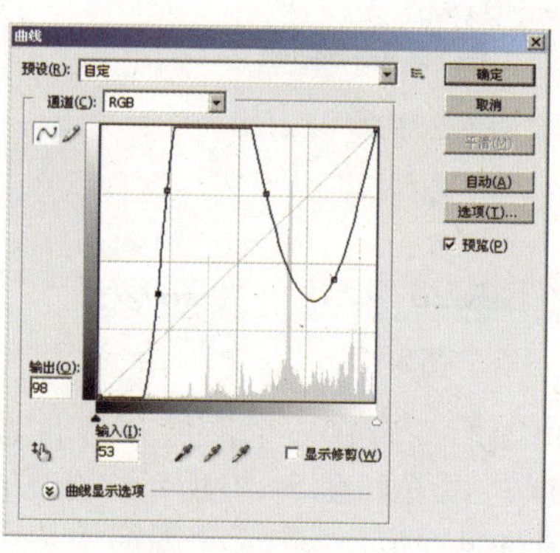

图5-45

图5-46

图5-47

20 复制图层。将“03”图层放在“背景”图层上方，并复制该图层，此时的“图层”面板如图 5-48 所示，图像效果如图 5-49 所示。

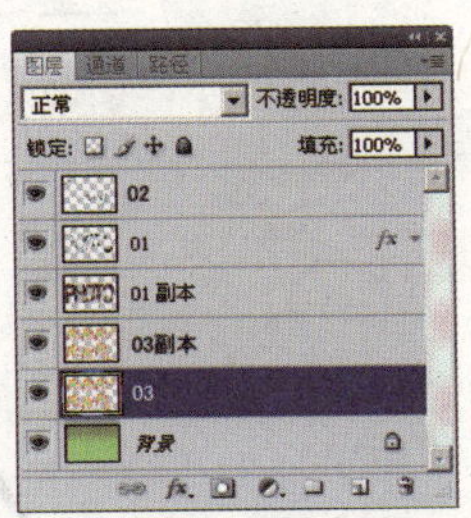

图5-48

图5-49

21 将图像模糊处理。选择菜单“滤镜”|“模糊”|“高斯模糊”命令，对话框设置如图 5-50 所示，单击“确定”按钮，得到如图 5-51 所示的效果。

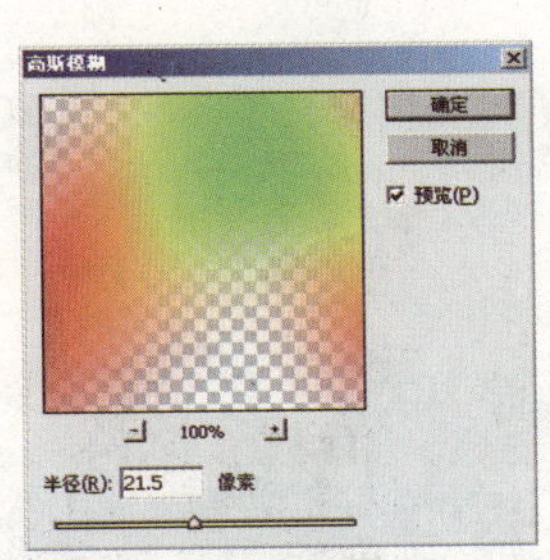

图5-50

图5-51

22 更改图层的混合模式。选择“03 副本”图层并更改此图层的混合模式为“叠加”，如图 5-52 所示，得到如图 5-53 所示的效果。

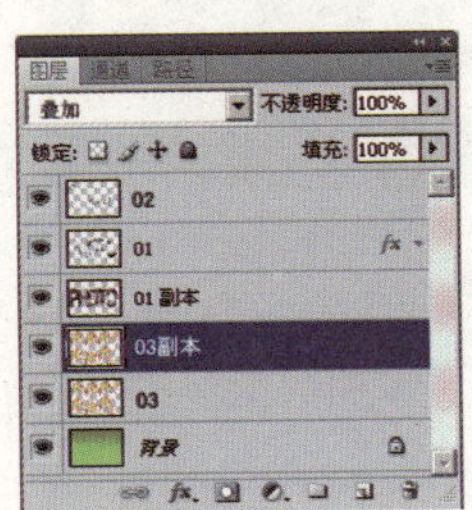

图5-52

图5-53

23 制作投影效果。选择“01”图层，如图5-54所示。单击“图层”面板下方的 fx “添加图层样式”按钮，在弹出的下拉菜单中选择“投影”命令，对话框设置如图5-55所示，单击“确定”按钮。

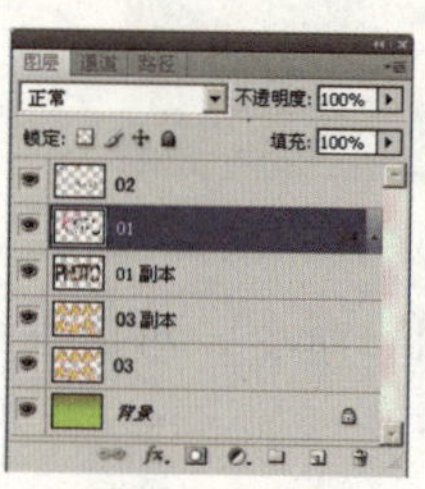

图5-54

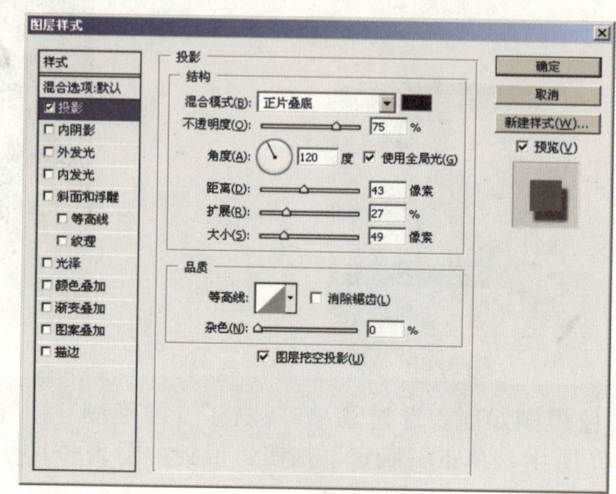

图5-55

最终效果如图5-56所示。

图5-56

06 水渍与水文字

将用于表现水珠的图层样式添加到当前图层中的图像上，即可表现出晶莹剔透的水珠效果。

操作步骤如下：

01 创建新文件。启动Photoshop CS4，选择菜单“文件”|“新建”命令（或按Ctrl+N组合键），在弹出的对话框中将“宽度”设置为15厘米，“高度”设置为10.5厘米，如图6-1所示，创建一个新文件。

02 输入文字。单击“图层”面板下方的“创建新图层”按钮，新建一个图层并命名为“01”，如图6-2所示。选择T.“横排文字工具”，工具栏设置如图6-3所示，输入文字，如图6-4所示。

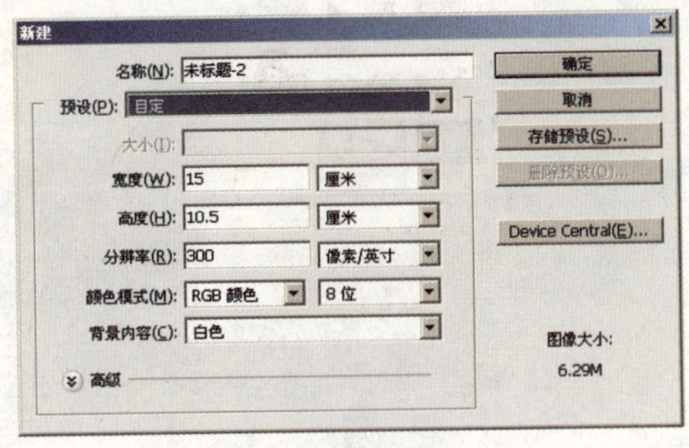

图6-1

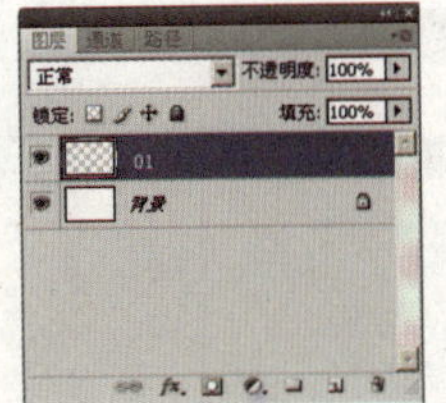

图6-2

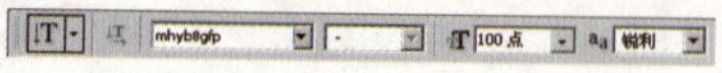

图6-3

图6-4

03 为文字拉出渐变颜色。载入文字图层，按Ctrl+T组合键调出自由变换控制框将文字拉长，如图6-5所示。在文字图层上单击鼠标右键，在弹出的快捷菜单中选择“栅格化文字”命令，将文本图层栅格化，如图6-6所示。载入此图层的选区将文字颜色删除，形成文字空框选区。选择“渐变工具”，设置渐变颜色由深蓝色到天蓝色，单击“线性渐变”按钮，如图6-7所示，在文字图层中由上到下拖拽出渐变颜色，效果如图6-8所示。

图6-5

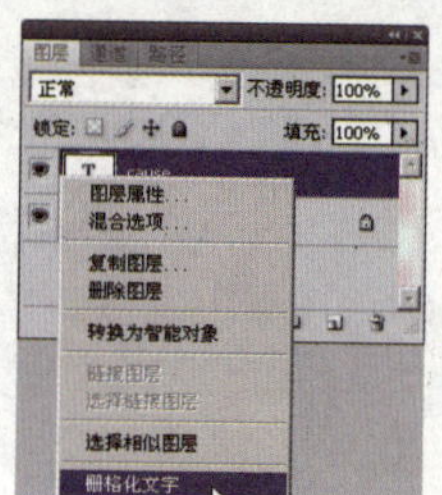

图6-6

图6-7

图6-8

04 制作素描副本图像。复制“01”图层，得到“01 副本”图层，如图6-9所示。选择菜单“滤镜”|“素描”|“影印”命令，对话框设置如图6-10所示，单击“确定”按钮，得到如图6-11所示的效果。

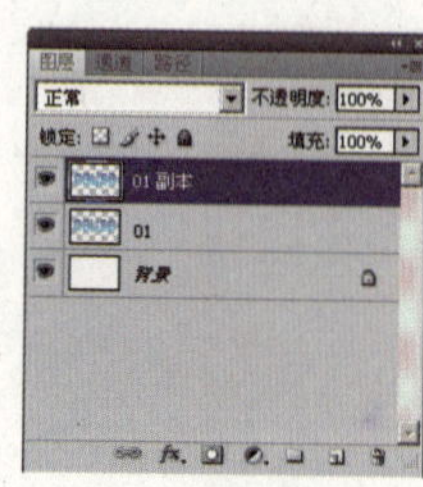

图6-9

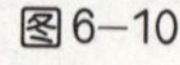

图6-10

05 制作波浪图像。复制“01”图层，得到“01 副本 2”图层，如图6－12所示。选择菜单“滤镜”|“扭曲”|“波浪”命令，对话框设置如图6-13所示，单击“确定”按钮，得到如图6－14所示的效果。此时的图像效果如图6－15所示。

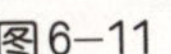

图6-11

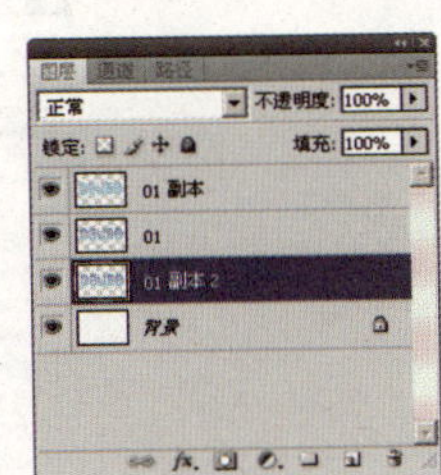

图6-12

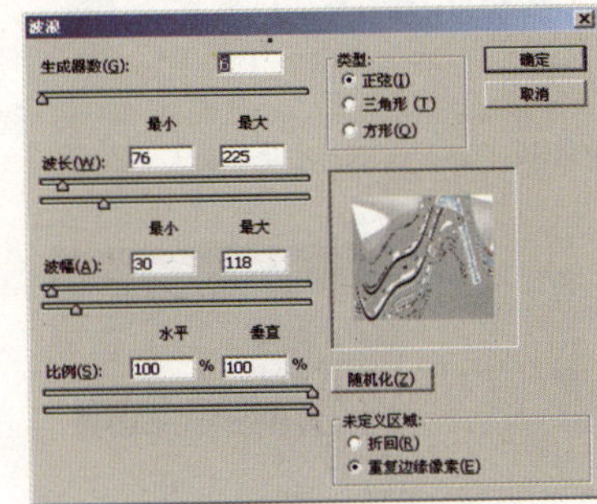

图6-13

图6-14

图6-15

06 为背景拉出渐变颜色。选择“背景”图层，如图6－16所示。选择“渐变工具”，设置渐变颜色由浅蓝色到深蓝色，单击“线性渐变”按钮，如图6-17所示，在“背景”图层中从左向右拖拽出渐变效果，如图6-18所示。

图6-16

图6-17

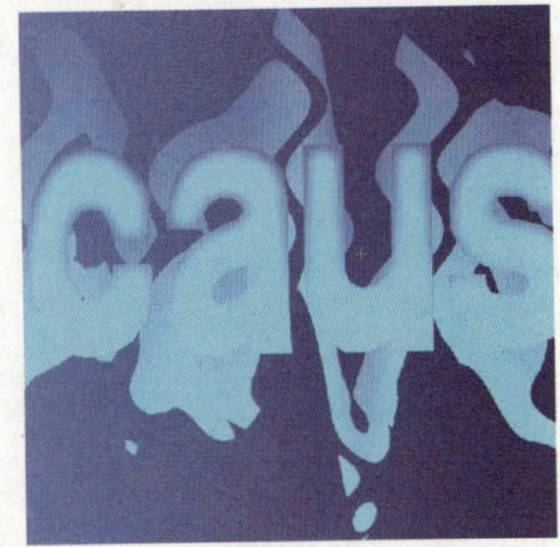

图6-18

07 为图像添加图层样式。选择“01”图层，如图6－19所示，单击“图层”面板下方的 fx “添加图层样式”按钮，在弹出的下拉菜单中选择“投影”命令，对话框设置如图6－20所示，制作图形的投影效果。在“图层样式”对话框的左侧列表中选择“内阴影”选项，对话框设置如图6－21所示，单击“确定”按钮。

08 制作图像的内发光和浮雕效果。在“图层样式”对话框的左侧列表中分别选择“内发光”和“斜面和浮雕”选项，对话框设置如图6-22和6-23所示。再单击“等高线”选项，在“等高线”对话框中单击“等高线”图标，打开“等高线编辑器”对话框，参数设置如图6-24所示，单击“确定”按钮。

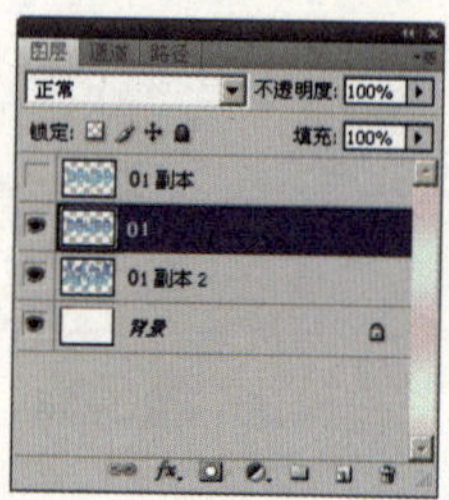

图6-19

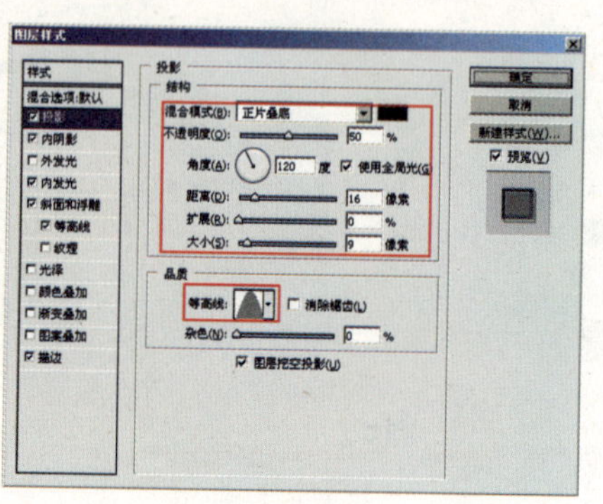

图6-20

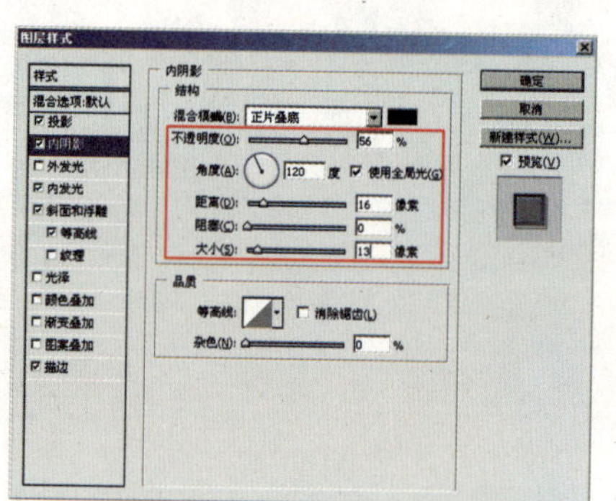

图6-21

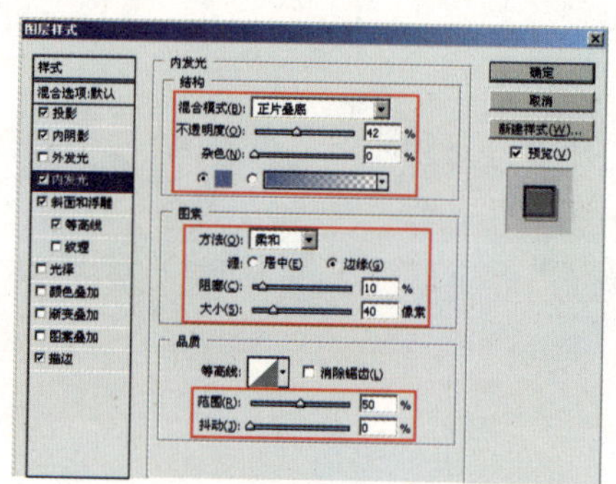

图6-22

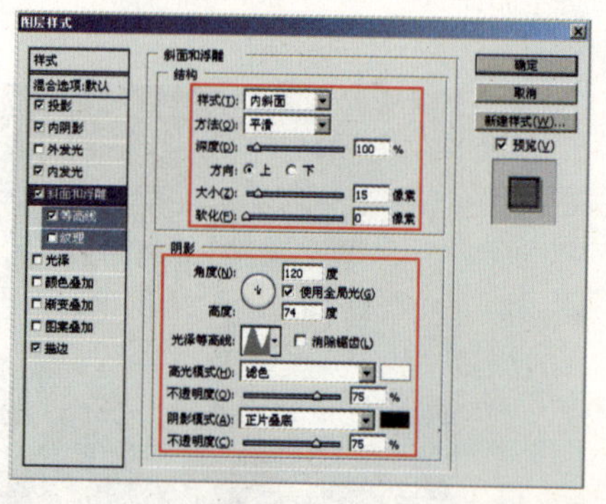

图6-23

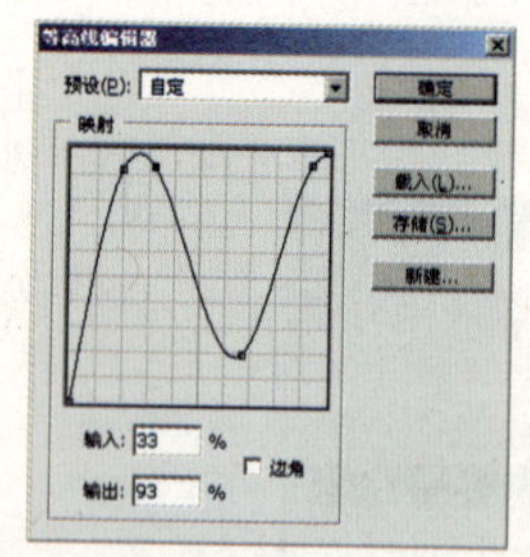

图6-24

09 调整等高线参数。在“图层样式”对话框的左侧列表中再次选择“斜面和浮雕”选项，再单击“等高线”选项，在弹出的对话框中设置参数，如图6-25所示。单击“等高线”图标打开“等高线编辑器”对话框，设置如图6-26所示。

10 给文字描边。在“图层样式”对话框的左侧列表中选择“描边”选项，参数设置如图6-27所示，单击“确定”按钮，得到如图6-28所示的效果。

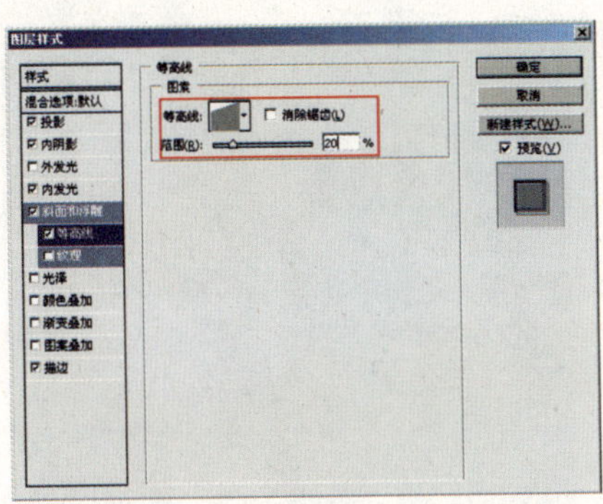

图6-25

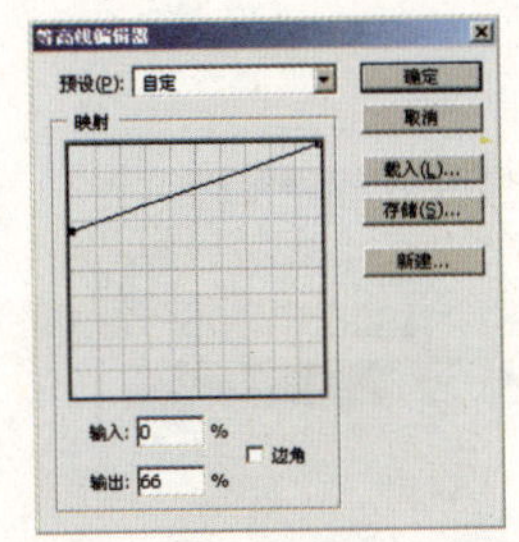

图6-26

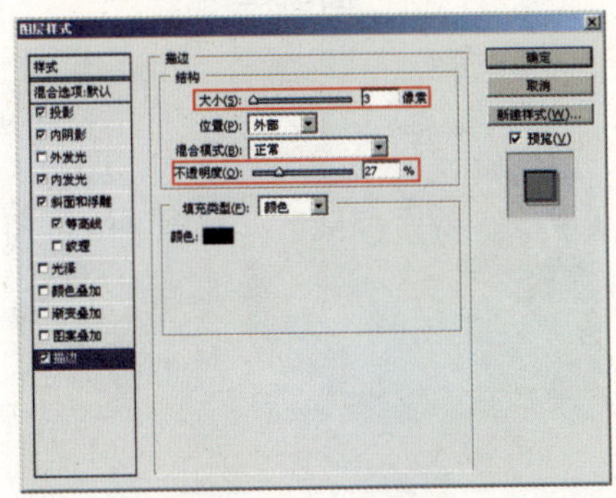

图6-27

图6-28

11 制作模糊图像。选择菜单“滤镜”｜“模糊”｜“高斯模糊”命令，对话框设置如图6-29所示，单击“确定”按钮，得到如图6-30所示的效果。

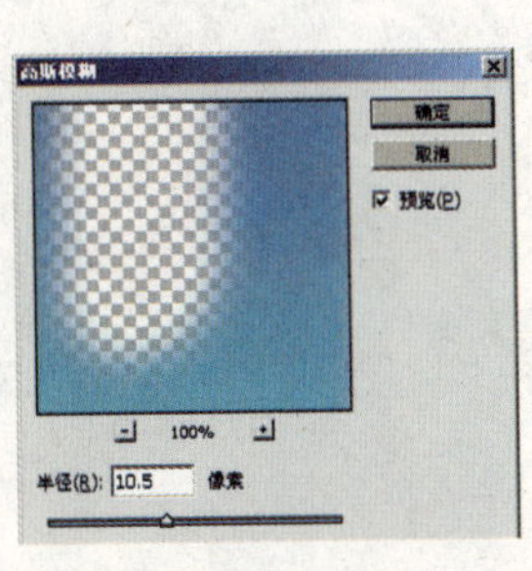

图6-29

图6-30

12 更改图层的混合模式。选择“01”图层，并更改图层的混合模式为“线性加深”，如图6-31所示，得到如图6-32所示的效果。更改“01 副本”图层的混合模式为“颜色加深”，如图6-33所示，得到如图6-34所示的效果。

13 复制图层样式。选择“01”图层并单击鼠标右键，在弹出的快捷菜单中选择“拷贝图层样式”命令，如图6-35所示。再选择“01 副本2”图层并单击鼠标右键，在弹出的快捷菜单中选择“粘贴图层样式”命令，如图6-36所示，得到如图6-37所示的效果。

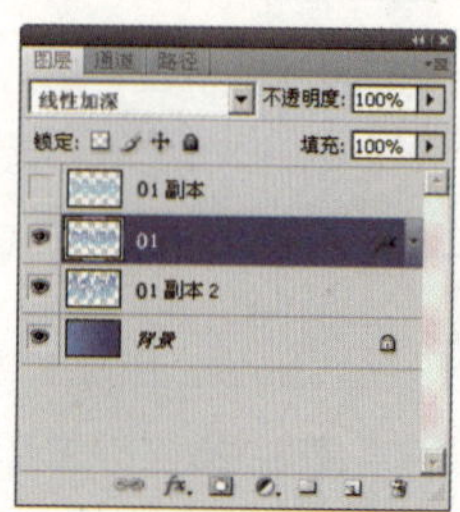

图6-31

图6-32

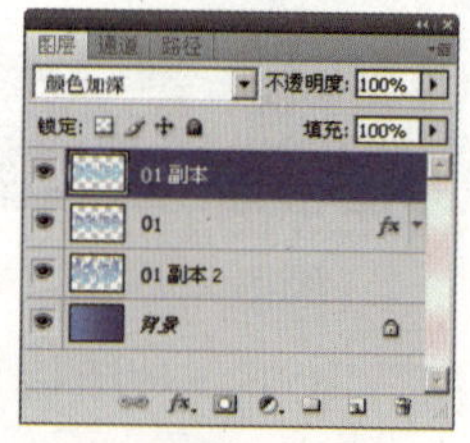

图6-33

图6-34

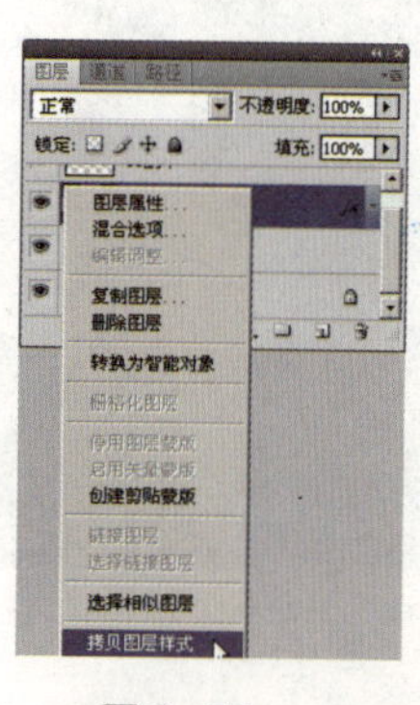

图6-35

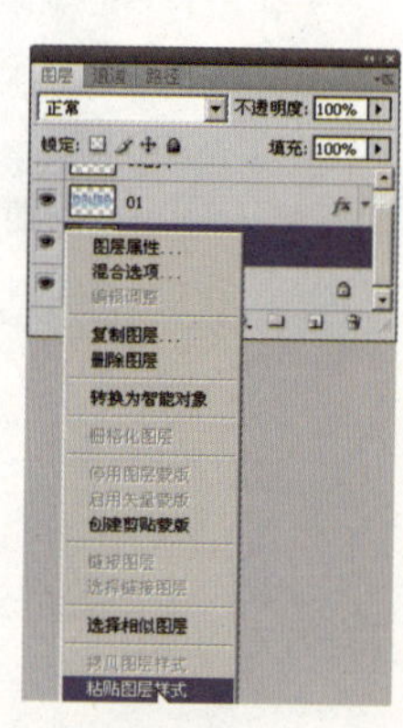

图6-36

图6-37

14 制作云彩图像。在“图层”面板中新建一个图层并命名为“02”，如图6-38所示。更改前景色和背景色的颜色为浅蓝色和深蓝色，如图6-39所示，然后选择菜单“滤镜”|“渲染”|“云彩”命令，如图6-40所示。

15 制作胶片颗粒图像。选择菜单“滤镜”|“艺术效果”|“胶片颗粒”命令，对话框设置如图6-41所示，单击“确定”按钮，给图层增添颗粒效果。

图6-38　　图6-39　　图6-40

图6-41

16 将图像扭曲为海洋波纹效果。选择菜单“滤镜”|“扭曲”|“海洋波纹”命令，对话框设置如图6-42所示，单击“确定”按钮，得到如图6-43所示的效果。

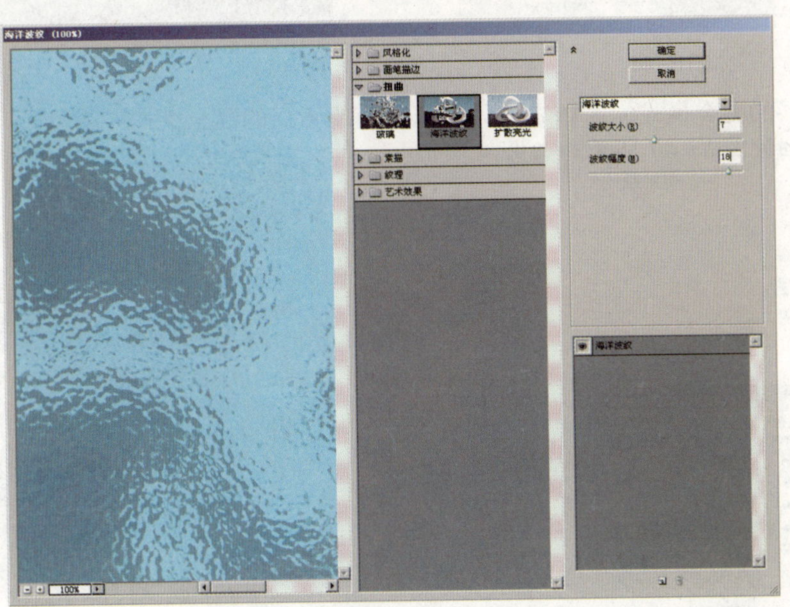

图6-42

图6-43

17 制作光照效果图像。选择菜单“滤镜”|“渲染”|“光照效果”命令，对话框设置如图6-44所示，单击“确定”按钮，得到如图6-45所示的效果。

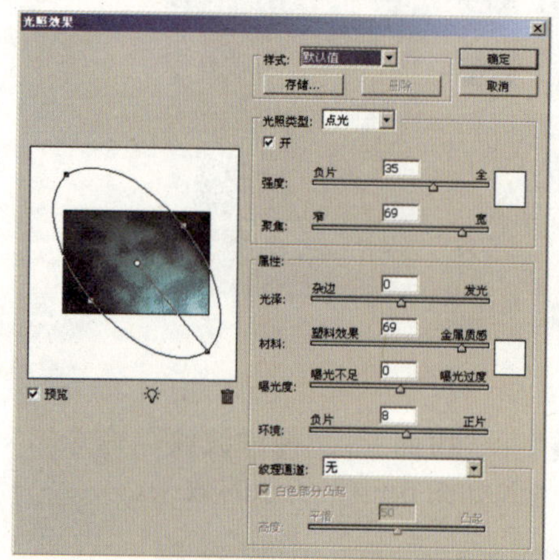

图6-44

图6-45

18 更改图层的混合模式。选择“02”图层，更改图层的混合模式“滤色”，如图6-46所示，得到如图6-47所示的效果。

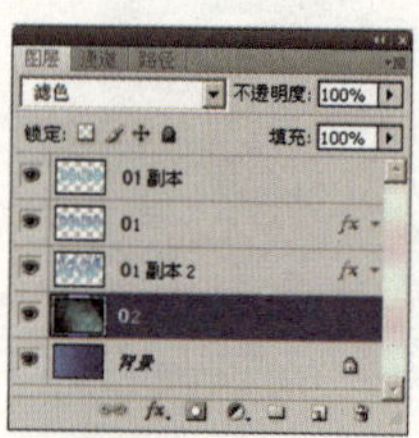

图6-46

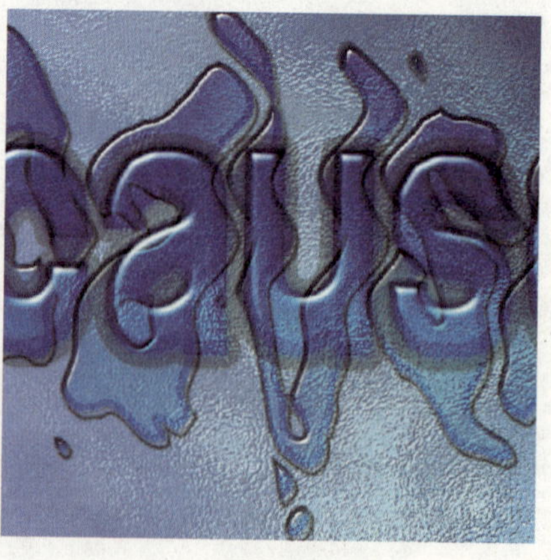

图6-47

19 为图像拉出渐变颜色。选择“背景”图层，如图6-48所示。选择“渐变工具”，工具栏设置如图6-49所示，在背景图层中从左到右拖拽出渐变效果。

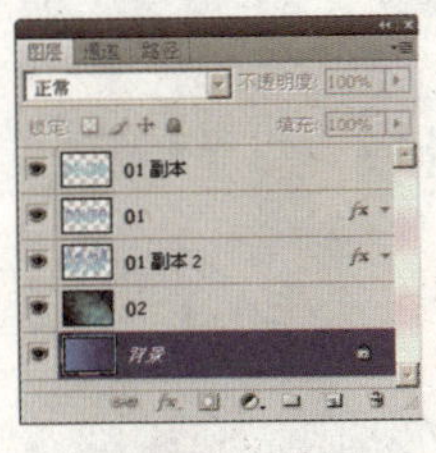

图6-48

图6-49

最终效果如图6-50所示。

图6-50

07 火文字

在很多书籍中都介绍过火文字的制作方法，但是单独的文字并不能形成很好的视觉效果，设计的关键问题就是要综合表现画面，充分发挥想像力使文字与背景形成和谐的效果。在色调上使文字与背景统一为红黄色，形式上像是烧焦的古文纸，而文字采用的是霓虹灯样式，使古典与现代同时体现在特效设计的画面中。

操作步骤如下：

01 创建新文件。启动Photoshop CS4，选择菜单“文件”|“新建”命令（或按Ctrl+N组合键），在弹出的对话框中将“宽度”设置为15厘米，“高度”设置为10.5厘米，如图7-1所示，创建一个新文件。

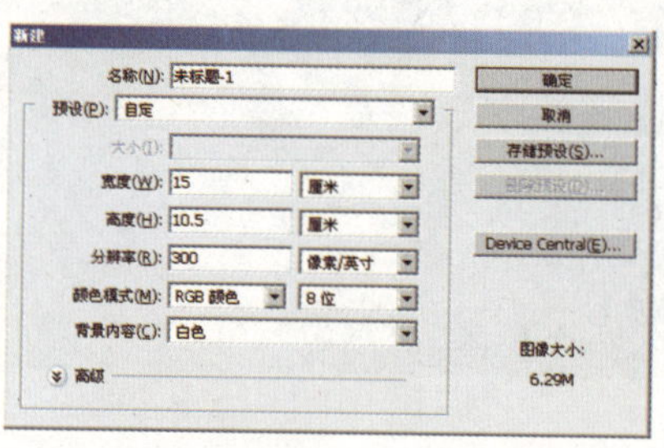

图7-1

02 拉出渐变颜色。单击“图层”面板下方的“创建新图层”按钮，新建一个图层并命名为“01”，如图7-2所示。选择“渐变工具”，设置渐变颜色由桔黄色到深褐色，如图7-3所示，在图层中从左到右拖拽出渐变效果，如图7-4所示。

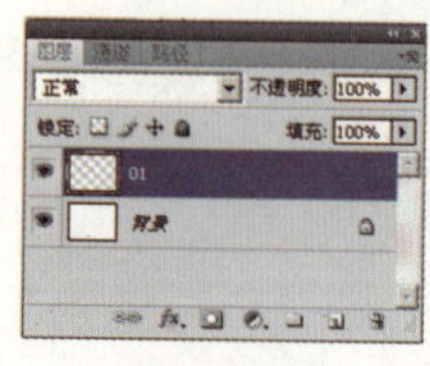

图7-2

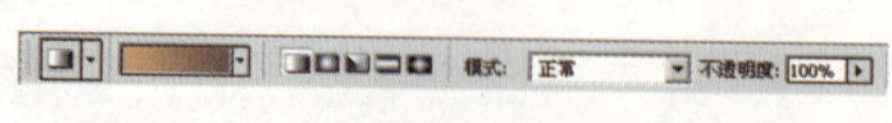

图7-3

图7-4

03 输入文字。新建一个图层并命名为“02”，如图 7－5 所示。选择 T “横排文字工具”，工具栏设置如图 7－6 所示，在图层中输入文字，如图 7－7 所示。

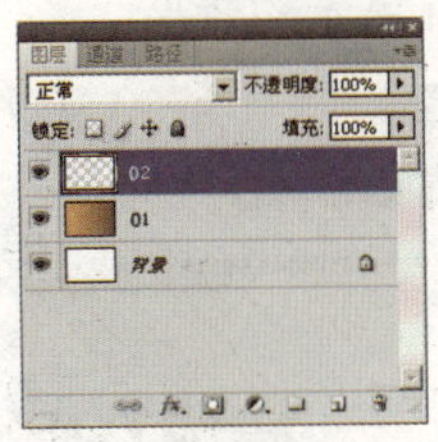
图7－5

图7－6

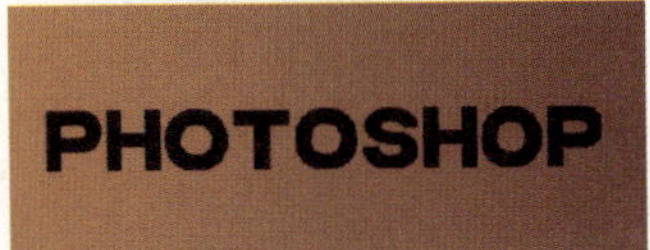

图7－7

04 复制并编排文字。选择“02”图层并单击鼠标右键，在弹出的快捷菜单中选择“栅格化文字”命令，如图 7－8 所示，将图层栅格化。载入文字图层选区，选择 “移动工具”，按住 Alt 键的同时拖动鼠标移动并复制文字，如图 7－9 所示。按 Ctrl + T 组合键调出自由变换控制框缩小文字，如图 7－10 所示。用同样的方法复制多个文字，形成如图 7－11 所示的效果。

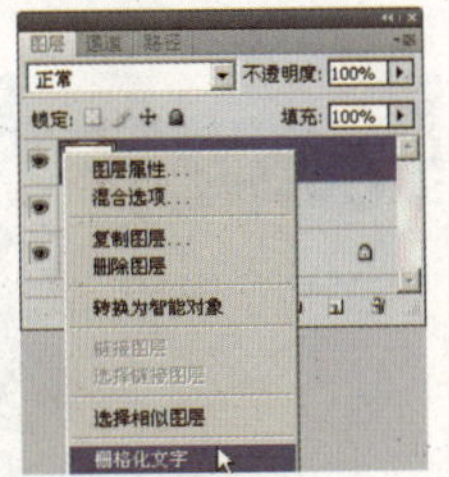
图7－8

图7－9

图7－10

图7－11

05 制作杂色图像。选择“01”图层，如图 7－12 所示。复制“01”图层，得到“01 副本”图层，如图 7－13 所示。选择菜单“滤镜”|“杂色”|“添加杂色”命令，对话框设置如图 7－14 所示，单击“确定”按钮，为图层添加杂色效果。

图7－12

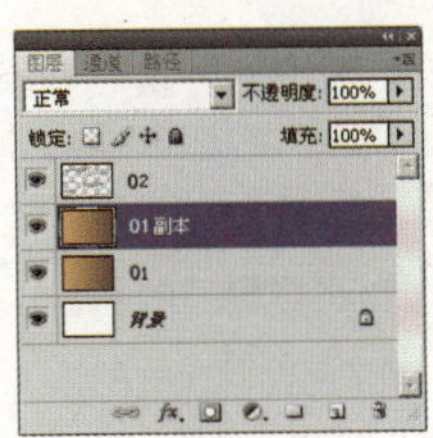
图7－13

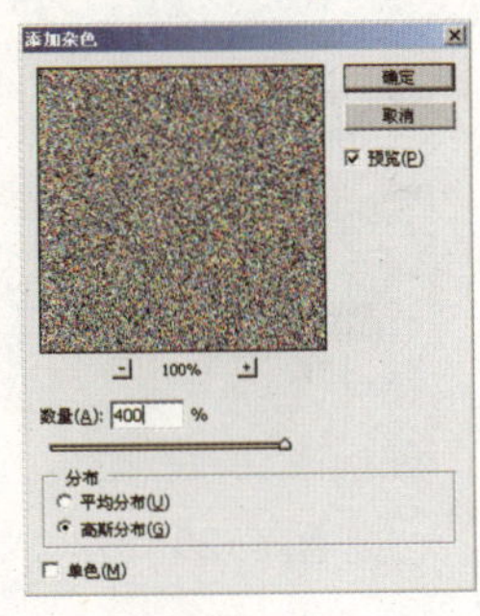
图7－14

06 对图像动态模糊处理并调整颜色。选择菜单“滤镜”|“模糊”|“动感模糊”命令，对话框设置如图7–15所示，单击“确定”按钮。再选择菜单“图像”|“调整”|“阈值”命令，对话框设置如图7–16所示，单击“确定”按钮，得到如图7–17所示的效果。

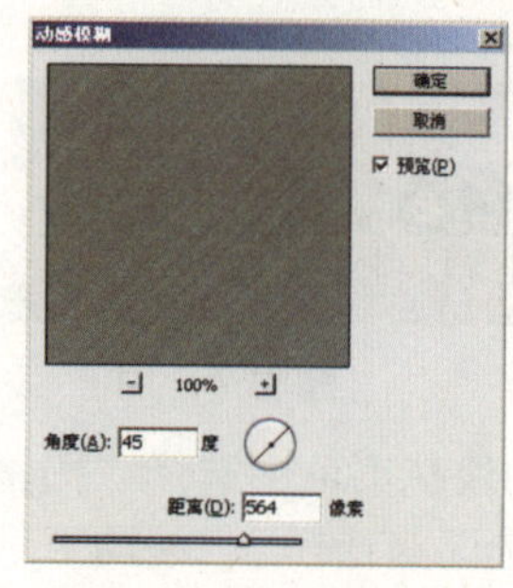

图7–15

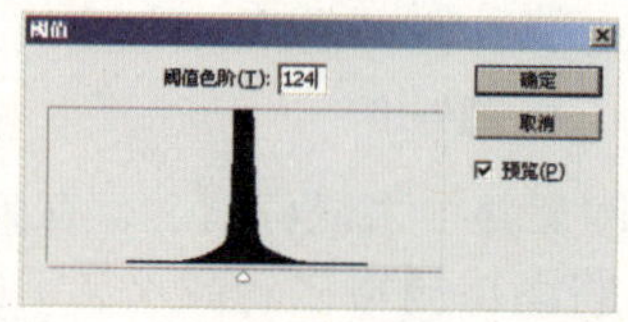

图7–16

图7–17

07 更改图层的混合模式。选择“01 副本”图层，并更改此图层的混合模式为“叠加”，如图7–18所示，效果如图7–19所示。

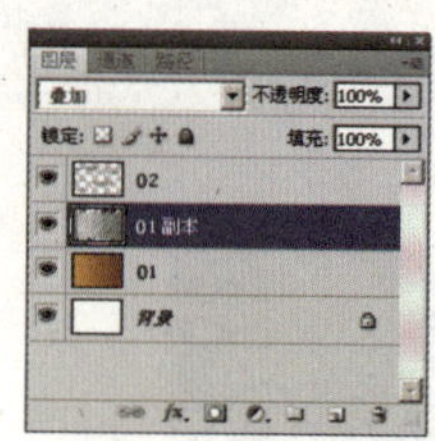

图7–18

图7–19

08 制作烧焦效果的圆形。选择“01”图层，如图7–20所示。选择“椭圆选框工具”，工具栏设置如图7–21所示，在图层中拉出正圆选区，如图7–22所示。再选择菜单“图像”|“调整”|“亮度/对比度”命令，对话框设置如图7–23所示，单击“确定”按钮，得到如图7–24所示的效果。用同样的方法再制作几个圆形烧焦效果，如图7–25所示的效果。

图7–20

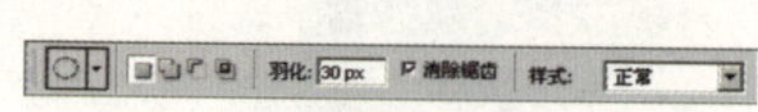

图7–21

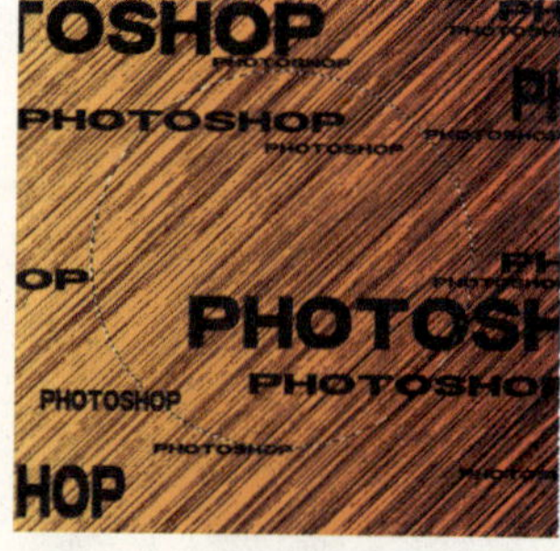

图7–22

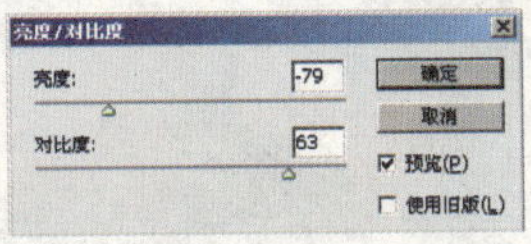

图7-23

图7-24

09 输入文字。新建一个图层并命名为“03”，如图7-26所示。选择“横排文字蒙版工具”，工具栏设置如图7-27所示，输入文字，得到文字选区，如图7-28所示。

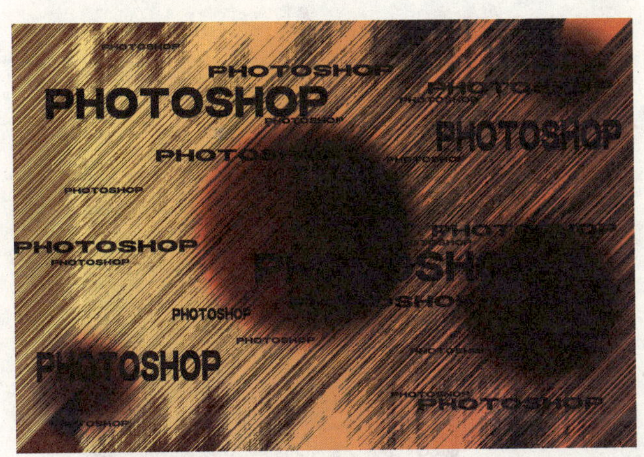

图7-25

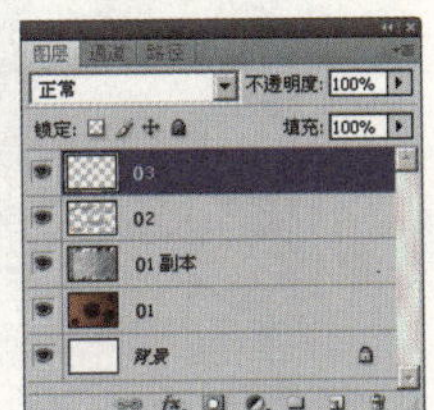

图7-26

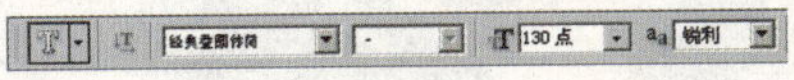

图7-27

图7-28

10 制作渐变颜色。选择“渐变工具”，工具栏设置如图7-29所示，打开“渐变编辑器”对话框，对话框设置如图7-30所示，单击“确定”按钮，在文字选框中从上到下拖拽出渐变色彩，效果如图7-31所示。

图7-29

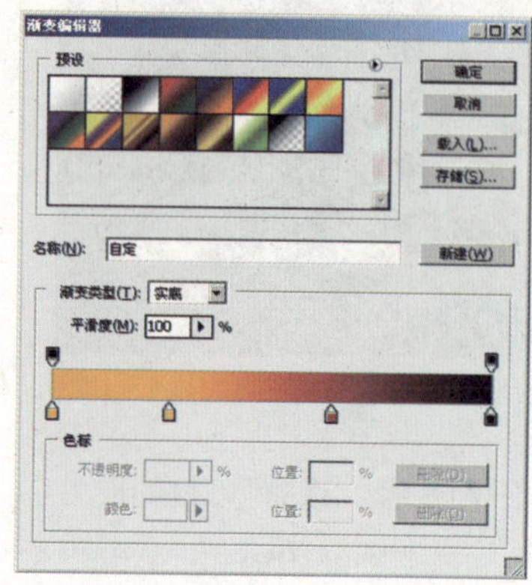

图7-30

图7-31

11 旋转图像。选择菜单“编辑”|“变换”|“旋转90度（顺时针）”命令，如图7-32所示，将图形顺时针旋转90度，得到如图7-33所示的效果。

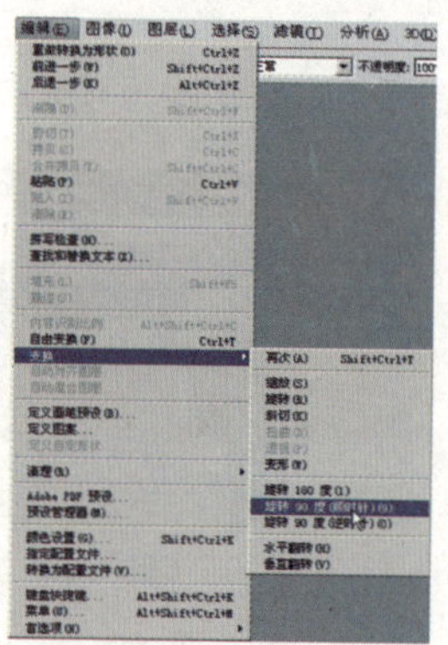

图7-32

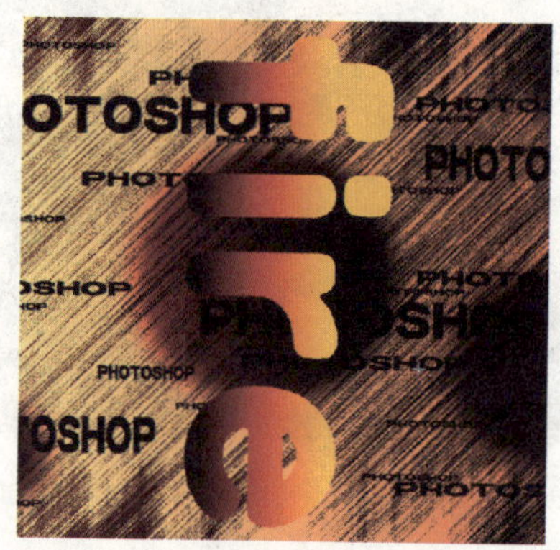

图7-33

12 将图像制作成风效果。选择菜单“滤镜”|“风格化”|“风”命令，对话框设置如图7-34所示，单击“确定”按钮。再选择菜单“编辑”|“变换”|“旋转90度（逆时针）”命令，如图7-35所示，得到如图7-36所示的效果。

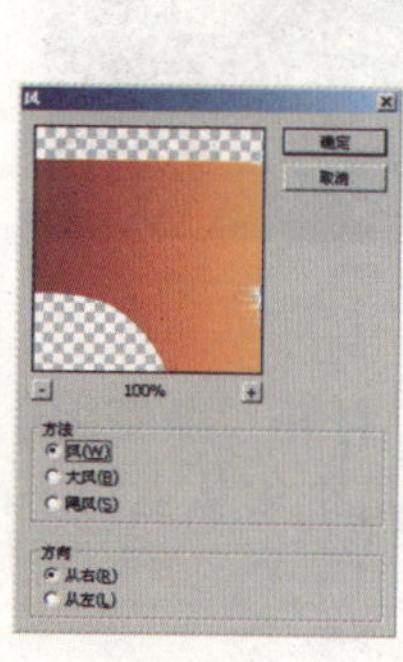

图7-34

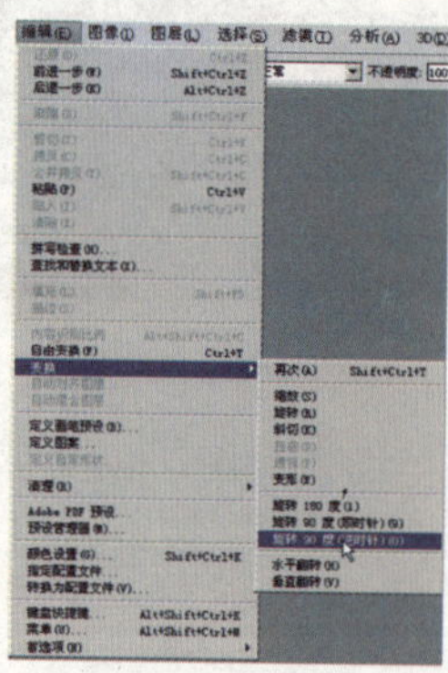

图7-35

图7-36

13 再次输入文字。新建一个图层并命名为“04”，如图7-37所示。选择T“横排文字工具”，工具栏设置如图7-38所示。在上层文字的位置上再输入文字，如图7-39所示。

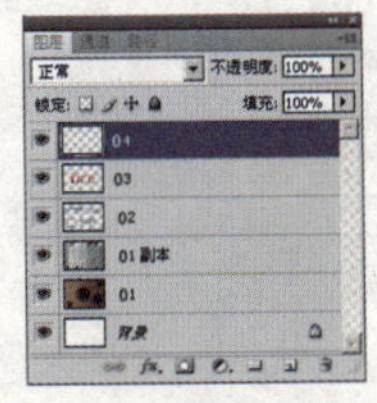

图7-37

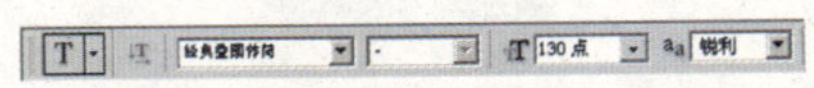

图7-38

图7-39

14 为图像边缘描边。选择菜单“编辑”|“描边”命令，对话框设置如图7-40所示，单击“确定”按钮，得到如图7-41所示的效果。

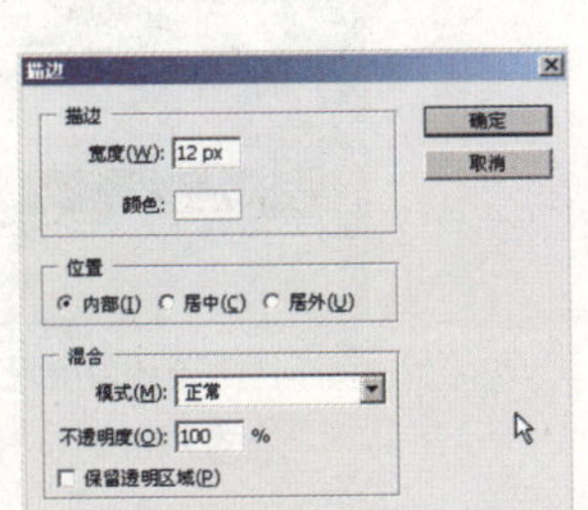

图7-40

图7-41

15 用魔术棒工具点选选区。选择“魔棒工具”，工具栏设置如图7-42所示，在图层中点选文字选区，如图7-43所示。

图7-42

图7-43

16 对选区内的图像进行径向模糊处理。选择菜单“选择”|“反向”命令，如图7-44所示，反选选区。再选择菜单“滤镜”|“模糊”|“径向模糊”命令，对话框设置如图7-45所示，单击“确定”按钮，得到如图7-46所示的效果。

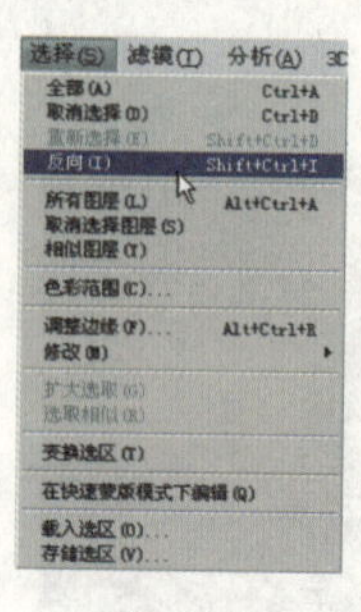
图7-44

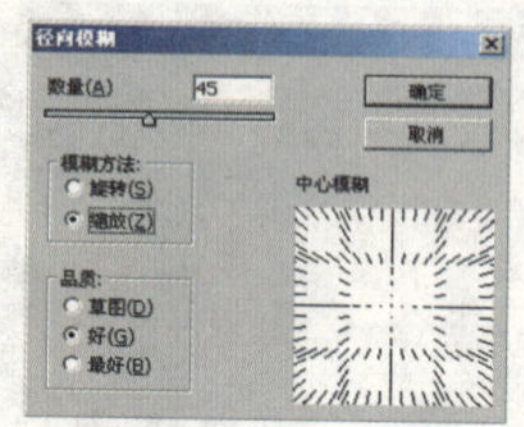
图7-45

图7-46

17 向下合并图层。选择“02”图层，如图7-47所示，单击“图层”面板右侧的小三角按钮，在弹出的菜单中选择“合并可见图层”命令，如图7-48所示，向下合并图层，此时的“图层”面板如图7-49所示。

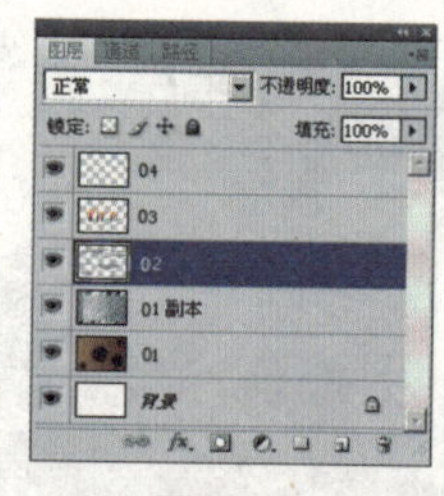
图7-47

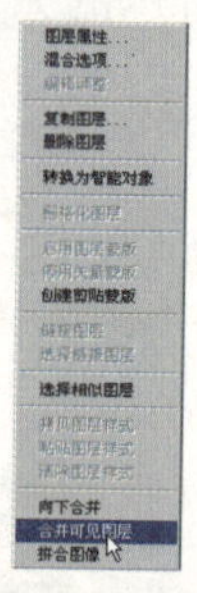
图7-48

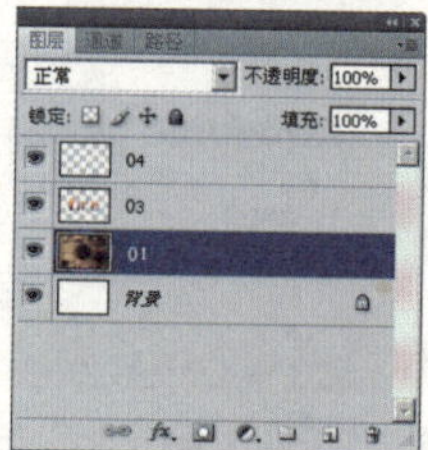
图7-49

18 制作羽化圆形选区。选择“椭圆选框工具”，工具栏设置如图7-50所示，在图形中央拉出一个正圆选框，如图7-51所示。

19 制作球面化扭曲图像。选择菜单“滤镜”|“扭曲”|“球面化”命令，对话框设置如图7-52所示，单击“确定”按钮，得到如图7-53所示的效果。

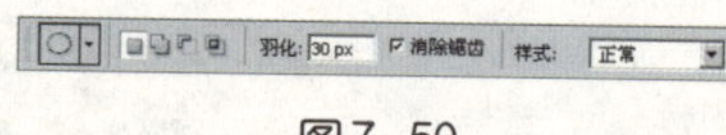
图7-50

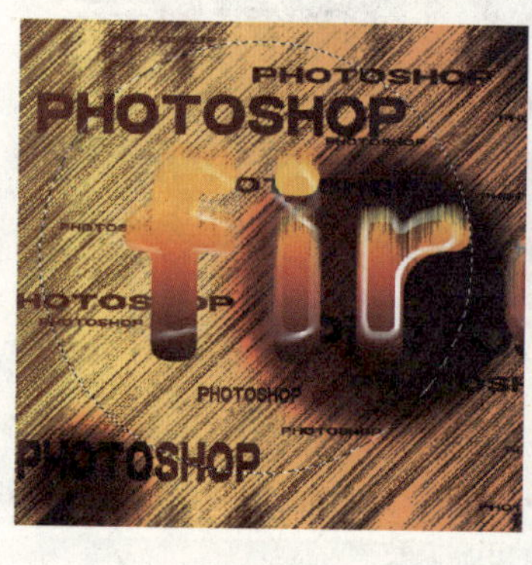
图7-51

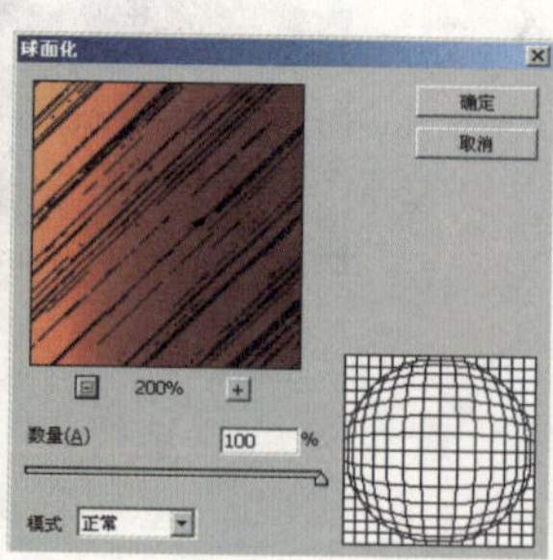
图7-52

图7-53

最终效果如图 7－54 所示。

图7－54

08 七彩的文字

在一个文字上采用虹一般的七彩颜色，不仅增加文字的亮丽效果，又能表现出不同凡响的视觉效果，用深色调作为背景更能衬托出七彩之色。

操作步骤如下：

01 创建新文件。启动Photoshop CS4，选择菜单“文件”|“新建”命令（或按Ctrl+N组合键），在弹出的对话框中将“宽度”设置为15厘米，“高度”设置为10.5厘米，如图8-1所示，创建一个新文件。

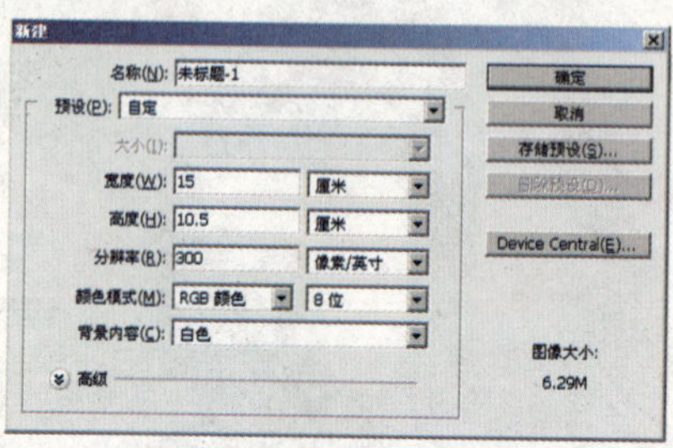

图8-1

02 新建一个图层。单击“图层”面板下方的“创建新图层”按钮，新建一个图层并命名为“01”，如图8-2所示。更改前景色和背景色为蓝色和桔黄色，如图8-3所示。

03 制作云彩效果图像。选择菜单“滤镜”|“渲染”|“云彩”命令，如图8-4所示，得到如图8-5所示的效果。

04 制作干画笔效果图像。选择菜单“滤镜”|“干画笔”命令，对话框设置如图8-6所示，单击“确定”按钮，得到如图8-7所示的效果。

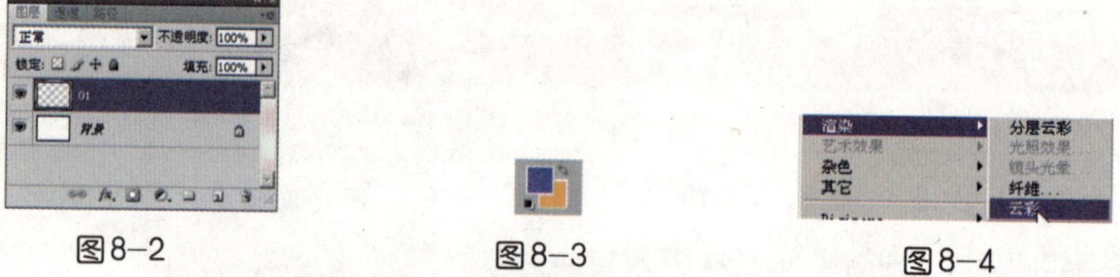

图8-2 图8-3 图8-4

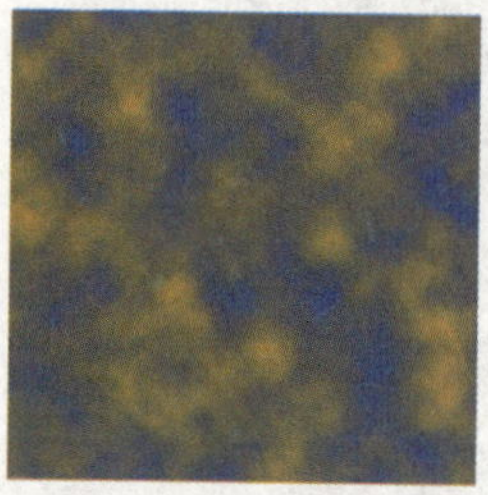

图8-5

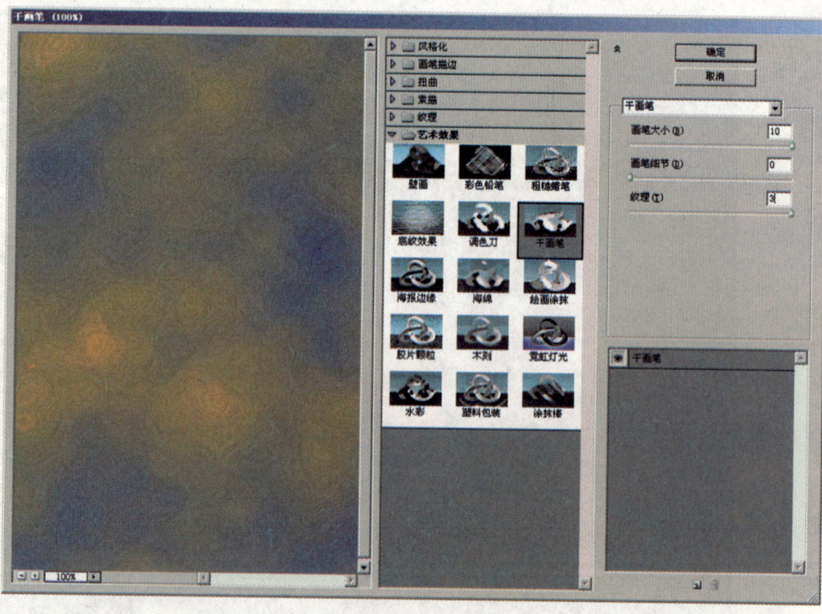

图8-6

05 调整图像的色彩。选择菜单“图像”|“调整”|“色相／饱和度”命令，对话框设置如图8－8所示，单击“确定”按钮。

图8-7

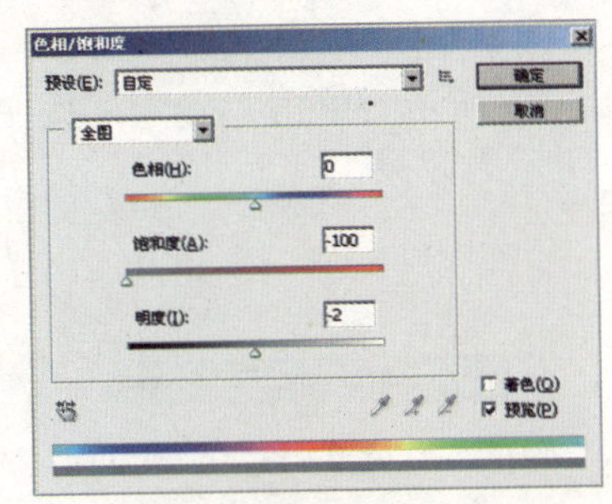

图8-8

06 调整图像的亮度和对比度。选择菜单“图像”|“调整”|“亮度／对比度”命令，对话框设置如图8-9所示，单击“确定”按钮，得到如图8-10所示的效果。

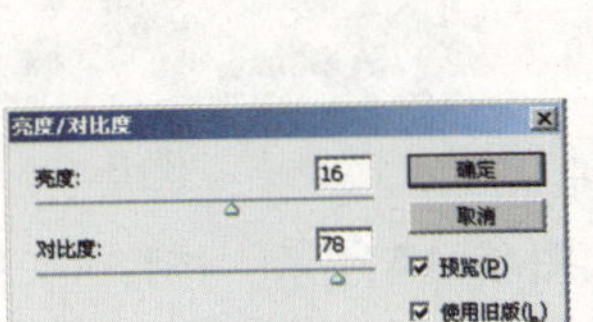

图8-9

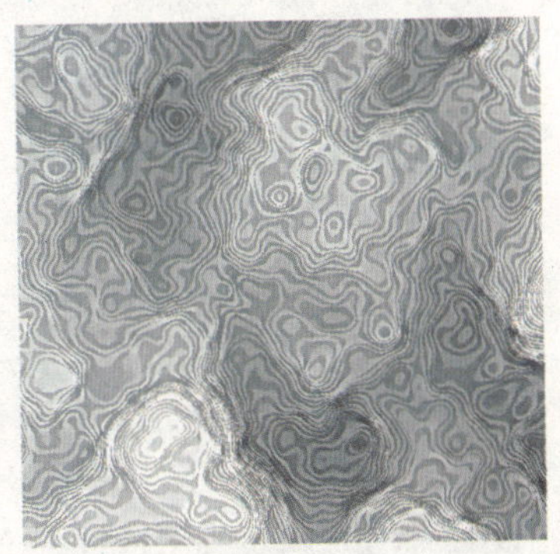

图8-10

07 制作图像光照凹凸效果。选择菜单“滤镜”|“渲染”|“光照效果”命令，对话框设置如图8-11所示，单击“确定”按钮，得到如图8-12所示的效果。

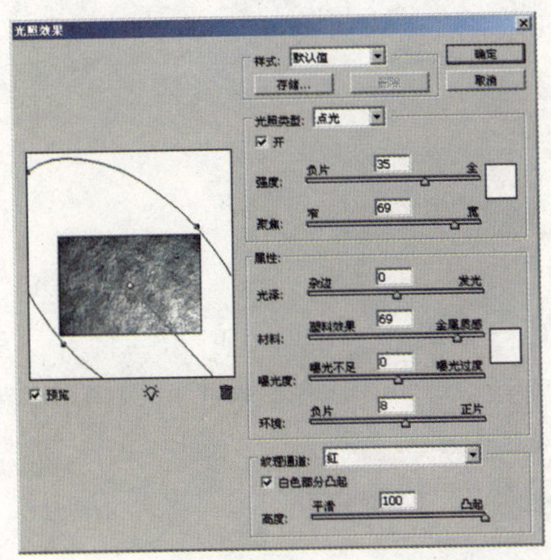

图8-11

图8-12

08 调整选区内的色彩。选择"多边形套索工具"，工具栏设置如图 8-13 所示，在图层中框选出多个多边形选区，如图 8-14 所示。选择菜单"图像"|"调整"|"色彩平衡"命令，对话框设置如图 8-15 所示，单击"确定"按钮，得到如图 8-16 所示的效果。

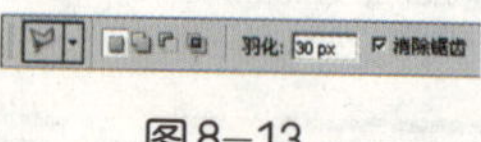

图8-13

图8-14

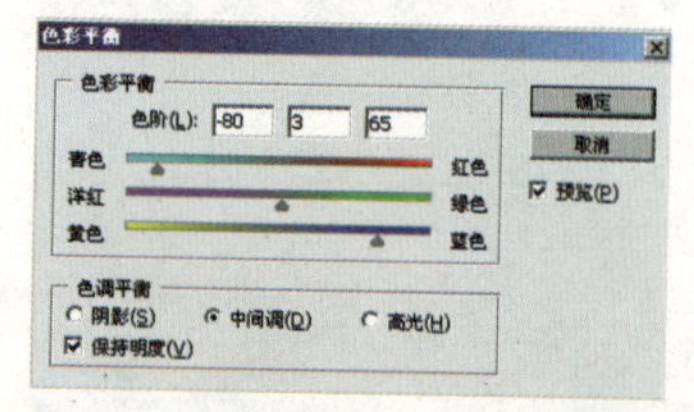

图8-15

图8-16

09 输入文字选区。新建一个图层并命名为"02"，如图 8-17 所示。选择"横排文字工具"，工具栏设置如图 8-18 所示，输入文字并转换为选框的形式，如图 8-19 所示。

图8-17

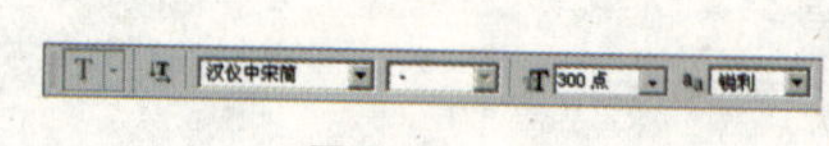

图8-18

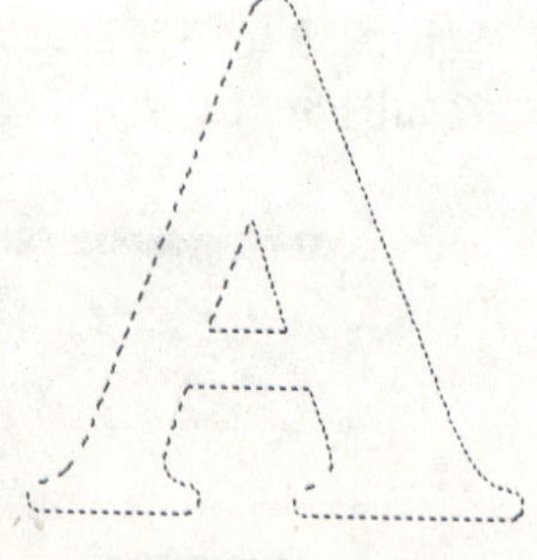

图8-19

10 制作渐变颜色。选择"渐变工具"，工具栏设置如图 8-20 所示，打开"渐变编辑器"对话框，设置渐变颜色如图 8-21 所示，在图层中从上往下拖拽出渐变效果，如图 8-22 所示。

图8-20

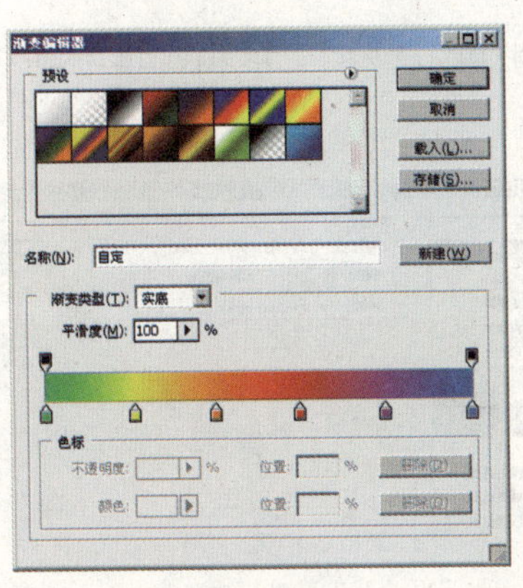

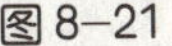

图 8–21

图 8–22

11 运用色调分离命令调整图像色彩。选择菜单“图像”|“调整”|“色调分离”命令，对话框设置如图 8–23 所示，单击“确定”按钮，得到如图 8–24 所示的效果。

图 8–23

图 8–24

12 添加投影和外阴影图层样式。单击“图层”面板下方的 fx “添加图层样式”按钮，在弹出的下拉菜单中选择“投影”命令，对话框设置如图 8–25 所示。再选择“外发光”命令，对话框设置如图 8–26 所示，单击“确定”按钮。

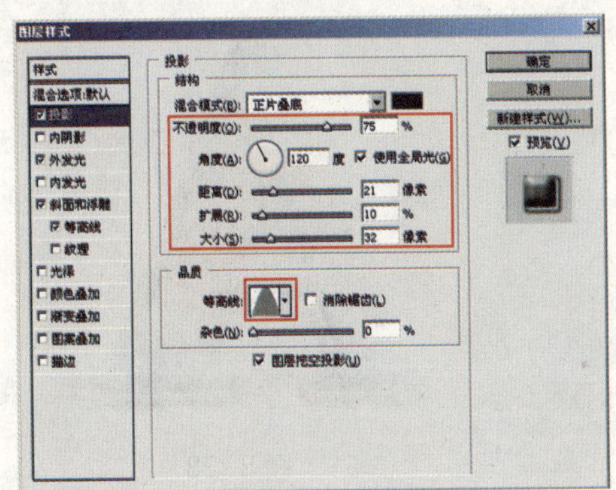

图 8–25

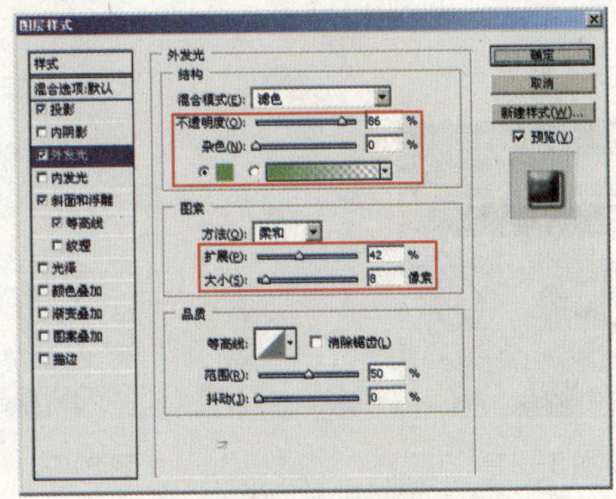

图 8–26

13 添加斜面和浮雕图层样式。单击“图层”面板下方的 fx “添加图层样式”按钮，在弹出的下拉菜单中选择“斜面和浮雕”命令，对话框设置如图 8–27 所示。再单击“等高线”选项，对话框设置如图 8–28 所示。然后单击“等高线”图标打开“等高线编辑器”

对话框，如图 8-29 所示，调整曲线形态，单击“确定”按钮，得到如图 8-30 所示的效果。

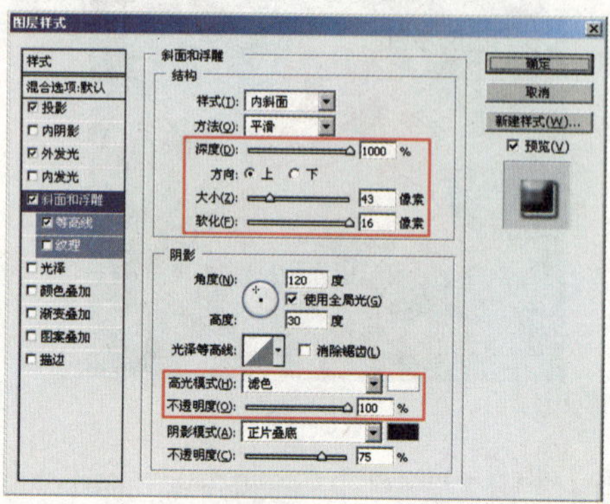

图 8-27

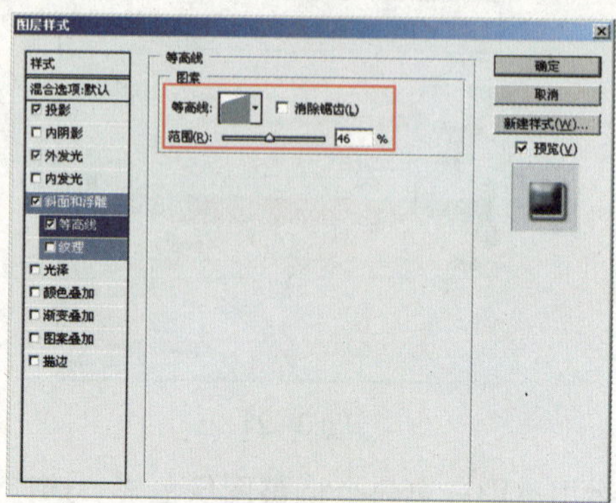

图 8-28

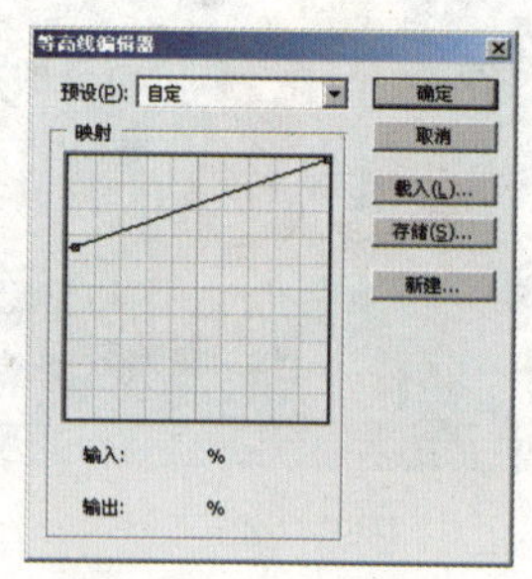

图 8-29

图 8-30

14 绘制路径。新建一个图层并命名为“03”，如图 8-31 所示。选择“钢笔工具”，工具栏设置如图 8-32 所示，绘制如图 8-33 所示的路径。

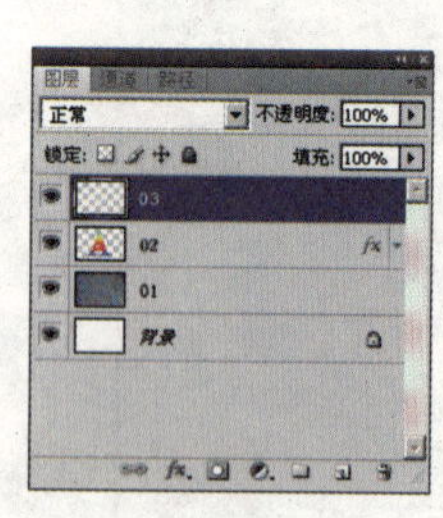

图 8-31

图 8-32

图 8-33

15 制作路径文字。选择“横排文字工具”，工具栏设置如图 8-34 所示，在上一步绘制的路径中输入文字，效果如图 8-35 所示。

图 8-34

16 制作文字的选区范围。选择“03”图层并单击鼠标右键，在弹出的快捷菜单中选择“栅格化文字”命令，将文字栅格化，如图8-36所示。将文字作为选区载入，并按Delete键删除文字的颜色，得到如图8-37所示的效果。

图8-35

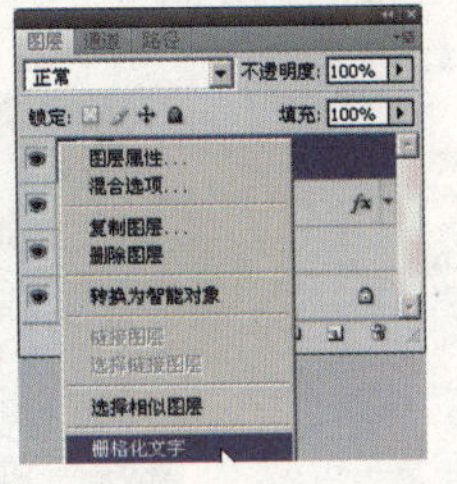
图8-36

图8-37

17 制作荧光效果的文字。选择菜单“选择”|“修改”|“扩展”命令，对话框设置如图8-38所示。选择菜单“选择”|“修改”|“羽化”命令，对话框设置如图8-39所示，单击“确定”按钮，给文字选区填充黄色，效果如图8-40所示。按Delete键删除选区内的颜色，形成荧光效果的文字，如图8-41所示。

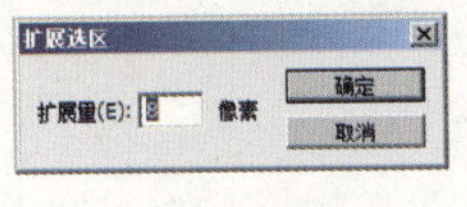

图8-38

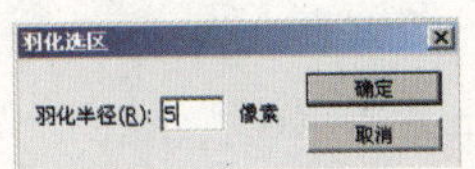

图8-39

图8-40

图8-41

18 绘制五角星图形。新建一个图层并命名为“04”，如图8-42所示。选择“画笔工具”，工具栏设置如图8-43所示，更改“主直径”的值为175px，面板设置如图8-44所示，在图中绘制五角星图形，如图8-45所示。

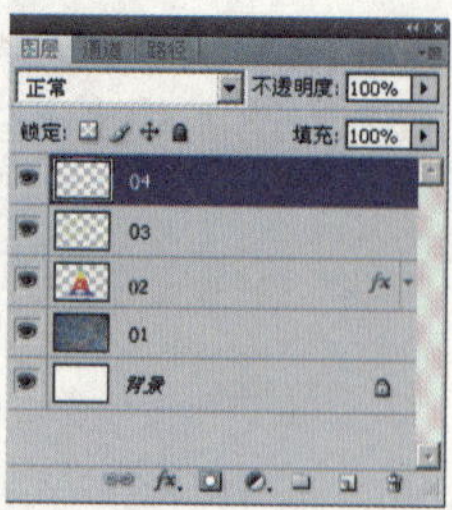

图8-42

图8-43

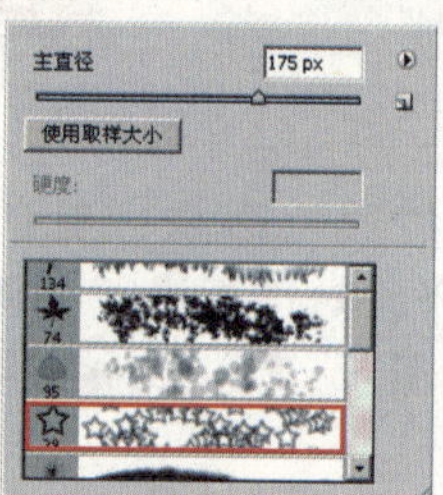

图8-44

图8-45

最终效果如图 8-46 所示。

图8-46

09 发光的水晶苹果字

晶莹剔透的苹果图形和苹果文字，引领着最具前卫的图形文化。使用图层样式能制作出多种特殊的效果。

操作步骤如下：

01 创建新文件。启动Photoshop CS4，选择菜单“文件”｜“新建”命令（或按Ctrl+N组合键），在弹出的对话框中将“宽度”设置为15 厘米，“高度”设置为10.5 厘米，如图9-1 所示，创建一个新文件。

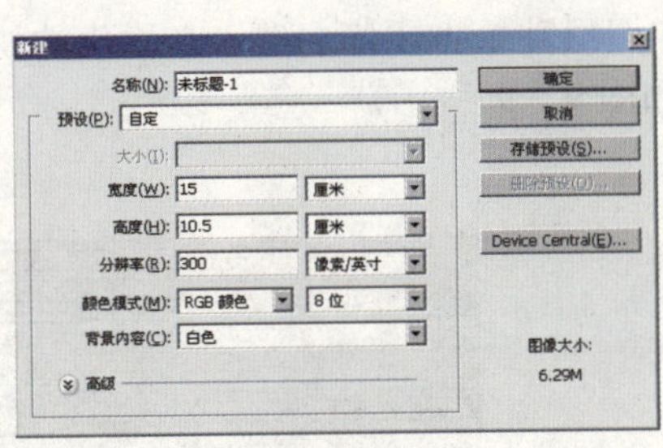

图9-1

02 新建图层并填充颜色。单击“图层”面板下方的“创建新图层”按钮，新建一个图层并命名为“01”，如图9-2所示。更改前景色的颜色值为R：153/G：77/B：47，对话框设置如图9-3 所示，给图像填充颜色，效果如图9-4 所示。

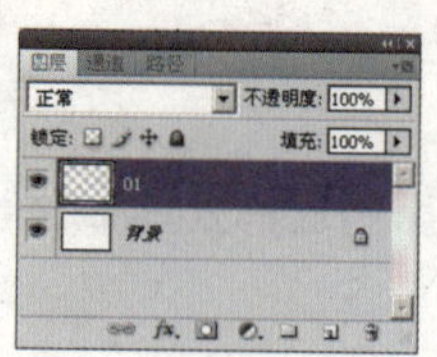

图9-2

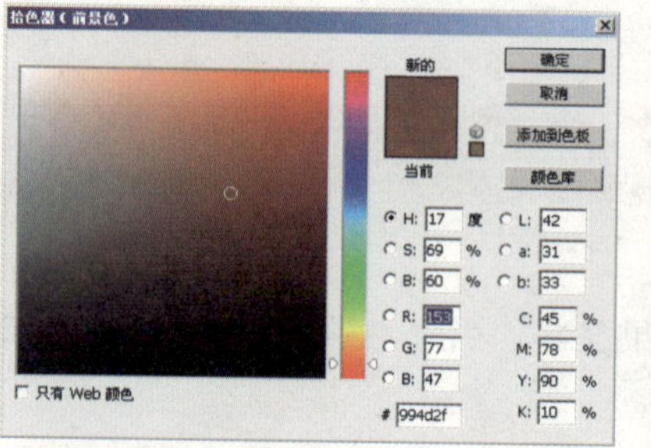

图9-3

图9-4

03 为图像制作拼缀图纹理。复制“01”图层，得到“01 副本”图层，如图9－5所示。选择菜单“滤镜”｜“纹理”｜“拼缀图”命令，对话框设置如图9-6所示，为图层添加块状纹理效果。

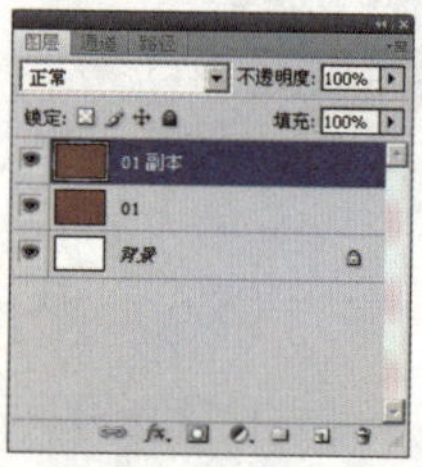

图9-5

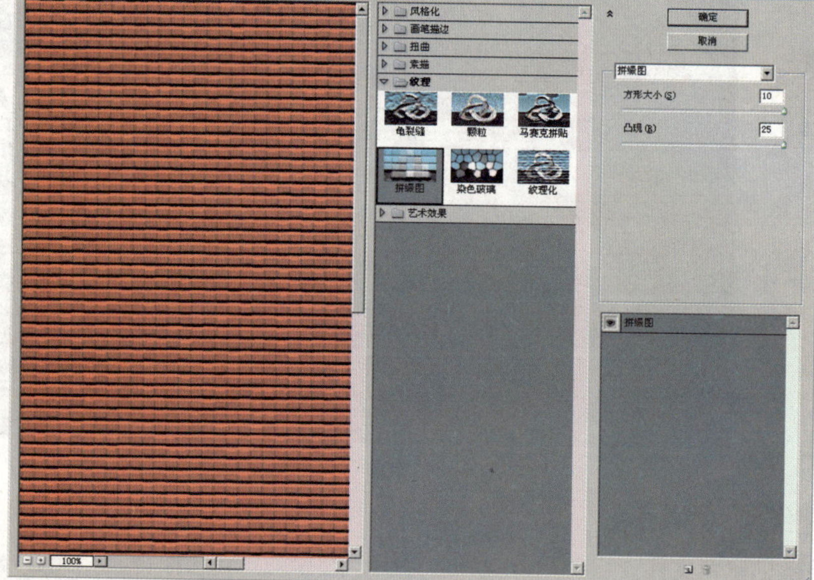

图9-6

04 输入文字。选择T“横排文字工具”，工具栏设置如图9－7所示，在图层中输入文字，如图9－8所示。选择文字图层并单击鼠标右健，在弹出的快捷菜单中选择“栅格化文字”命令，将文字栅格化，如图9－9所示。

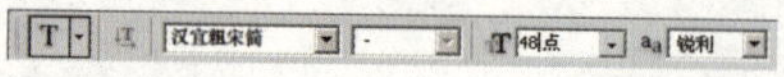

图9-7

图9-8

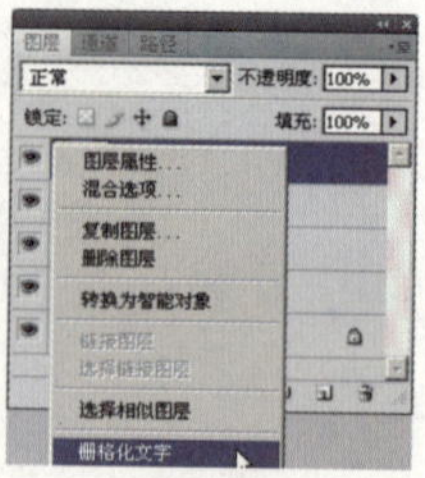

图9-9

05 创建通道图层。将文字载入选区，如图9-10所示，按Ctrl+C组合键复制此文字。进入“通道”面板，单击面板下方的“创建新通道”按钮，新建“Alpha1”通道，如图9-11所示，然后按Ctrl+V组合键将复制的文字粘贴到此通道中，效果如图9-12所示。

图9-10

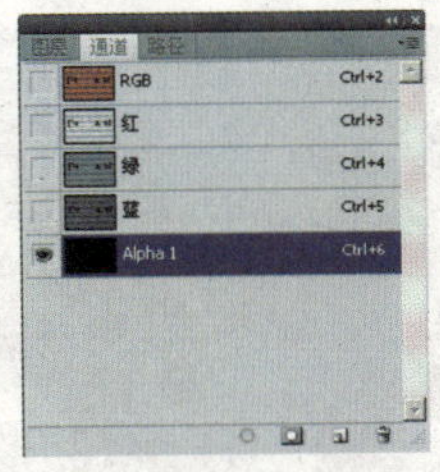

图9-11

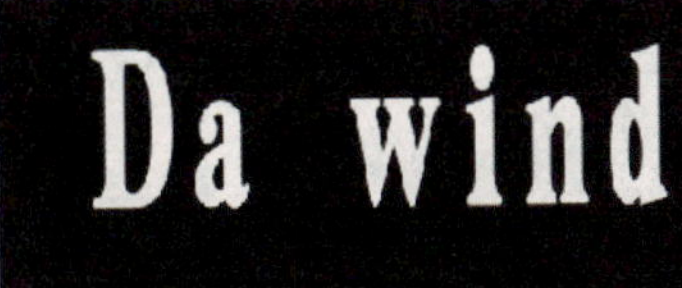

图9-12

06 模糊处理图像并制作浮雕效果。选择菜单“滤镜”｜“模糊”｜“高斯模糊”命令，对话框设置如图9-13所示，单击“确定”按钮制作图像的模糊效果。选择菜单“滤镜”｜“风格化”｜“浮雕效果”命令，对话框设置如图9-14所示，单击“确定”按钮，为通道添加浮雕效果。

07 制作光照效果图像。选择“01 副本”图层，如图9-15 所示。选择菜单“滤镜”｜“渲染”｜“光照效果”命令，对话框设置如图9-16所示，单击“确定”按钮，得到如图9-17所示的效果。

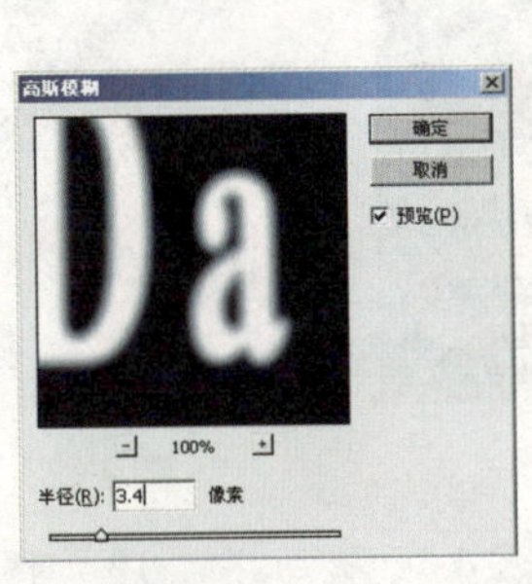

图9-13

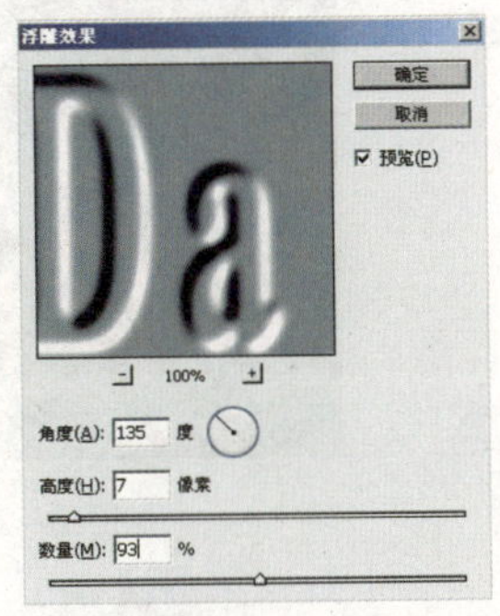

图9-14

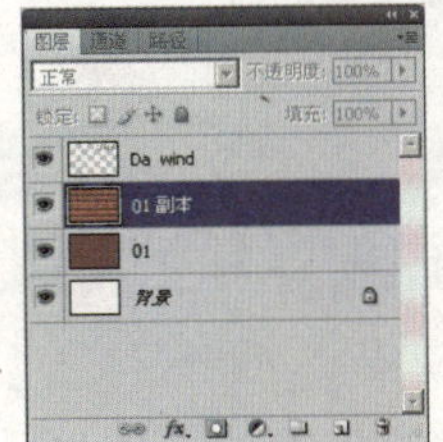

图9-15

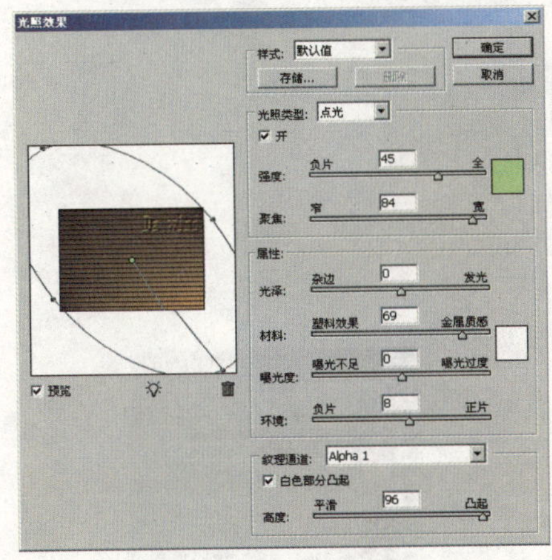

图9-16

图9-17

08 更改图层的混合模式。在“图层”面板中选择文字图层，更改此图层的混合模式为“线性加深”，如图9-18所示，得到如图9-19所示的效果。新建一个图层并命名为“02”，如图9-20所示。

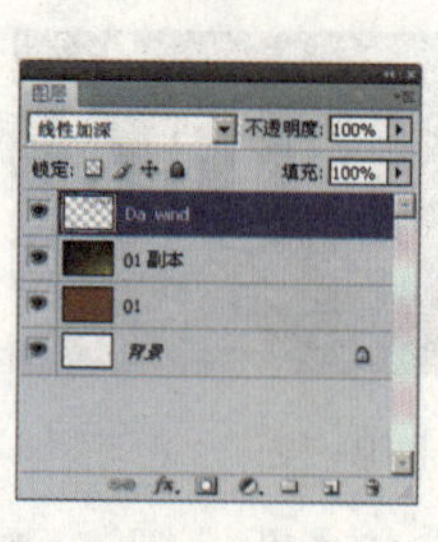
图9-18

图9-19

图9-20

09 输入文字。选择T.“横排文字工具”，工具栏设置如图9-21所示，在“02”图层中输入文字，如图9-22所示。在“图层”面板中新建一个图层并命名为“03”，如图9-23所示。

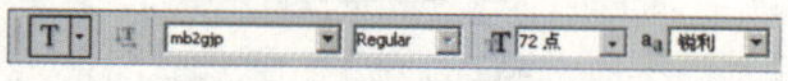

图9-21

图9-22

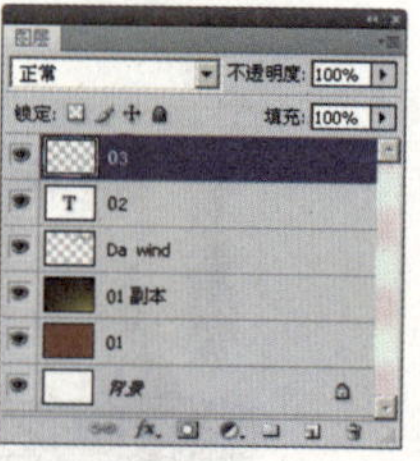
图9-23

10 绘制苹果图形。选择“钢笔工具”，工具栏设置如图9-24所示，在“03”图层中绘出苹果的图形，如图9-25所示。在此图层上单击鼠标右键，在弹出的快捷菜单中选择“栅格化图层”命令，将图层栅格化，如图9-26所示，然后更改此图层的名称为“03”。

图9-24

图9-25

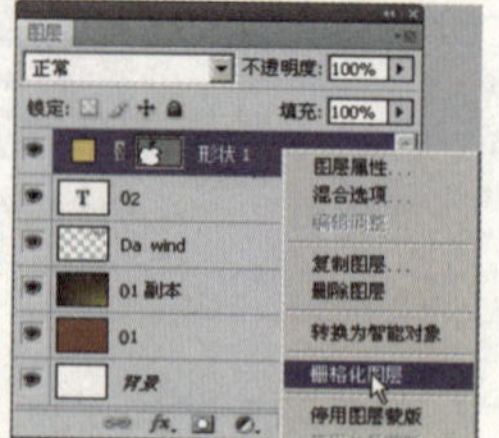
图9-26

11 栅格化文字。选择“02”图层并单击鼠标右键，在弹出的快捷菜单中选择“栅格化文字”命令，将文字栅格化，如图9-27所示。选择“02”图层，如图9-28所示。

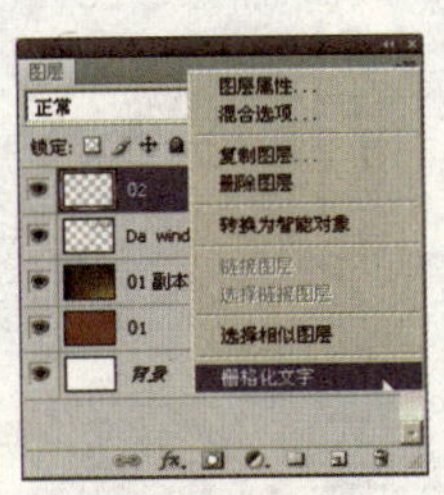

图9-27

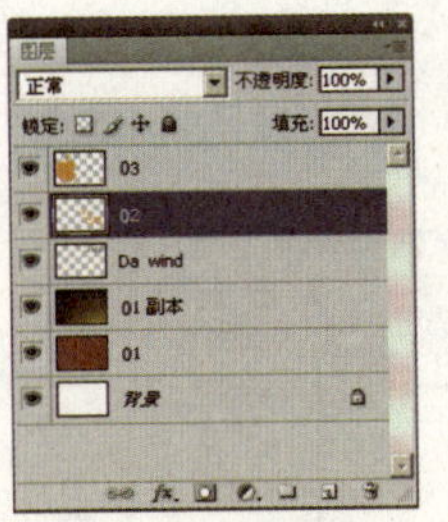

图9-28

12 制作图像的投影和内阴影效果。单击“图层”面板下方的 fx. “添加图层样式”按钮，在弹出的下拉菜单中选择“投影”命令，对话框设置如图9-29所示，为文字增添投影效果。再选择“内发光”命令，对话框设置如图9-30所示，单击“确定”按钮，此时文字图层的内侧因受到光照而变得更亮。

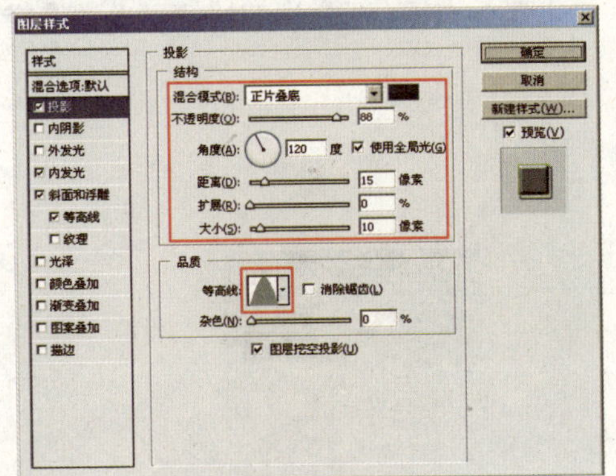

图9-29

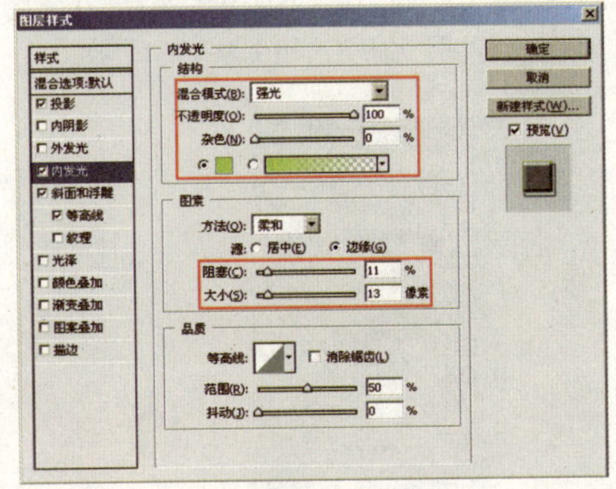

图9-30

13 制作图像的斜面和浮雕效果。在“图层样式”对话框的左侧列表中选择“斜面和浮雕”选项，对话框设置如图9-31所示。再单击左侧列表中的“等高线”选项，对话框设置如图9-32所示，单击“确定”按钮。

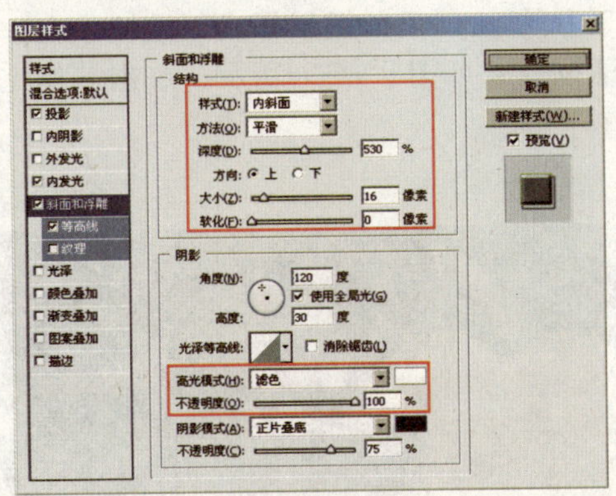

图9-31

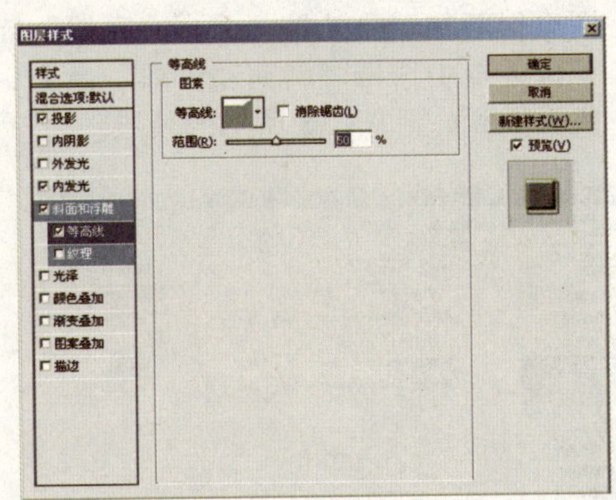

图9-32

14 修改曲线形态。单击“等高线”图标打开“等高线编辑器”对话框，对话框设置如图9-33所示，单击“确定”按钮，得到如图9-34所示的效果。

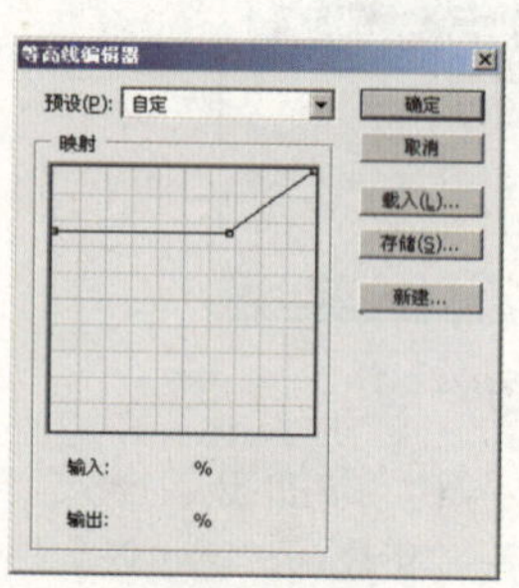

图9-33

图9-34

15 复制图层样式。选择“02”图层并单击鼠标右键，在弹出的快捷菜单中选择“拷贝图层样式”命令，如图9-35所示。选择“03”图层并单击鼠标右键，在弹出的快捷菜单中选择“粘贴图层样式”命令，如图9-36所示。

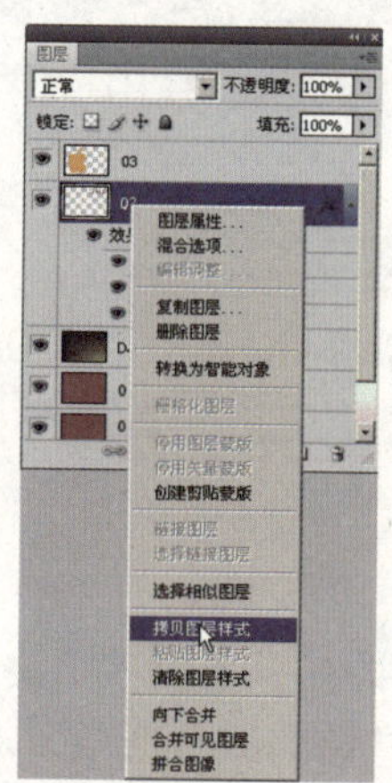

图9-35

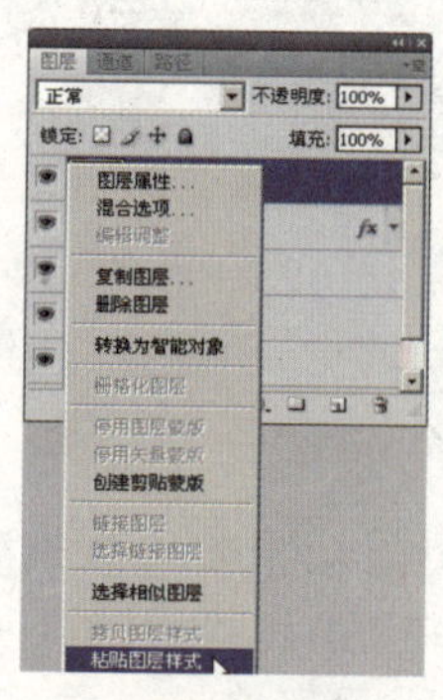

图9-36

16 调整斜面和浮雕效果。单击“图层”面板下方的 fx “添加图层样式”按钮，在弹出的下拉菜单中选择“斜面和浮雕”命令，对话框设置如图9-37所示，单击“确定”按钮，得到如图9-38所示的效果。

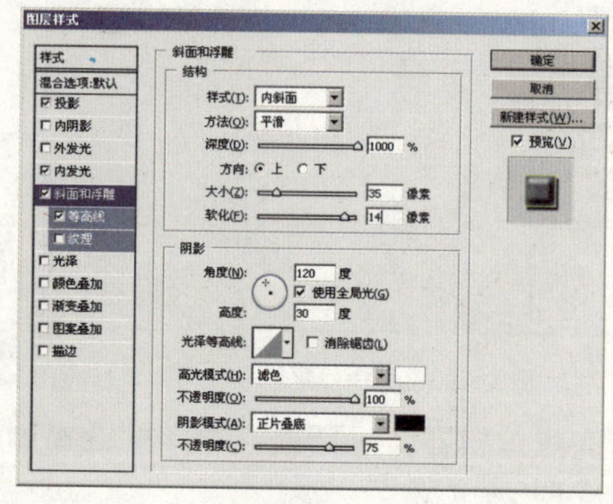

图9-37

图9-38

17 更改图层的混合模式。选择“03”图层，更改此图层的混合模式为“叠加”，如图9-39所示，得到如图9-40所示的效果。

图9-39

图9-40

18 复制图层并放大图像。复制“03”图层，得到“03副本”图层，将其放在文字图层的下方，如图9-41所示。载入图层，再按Ctrl+T组合键调出自由变换控制框，将此图像拉大，如图9-42所示。

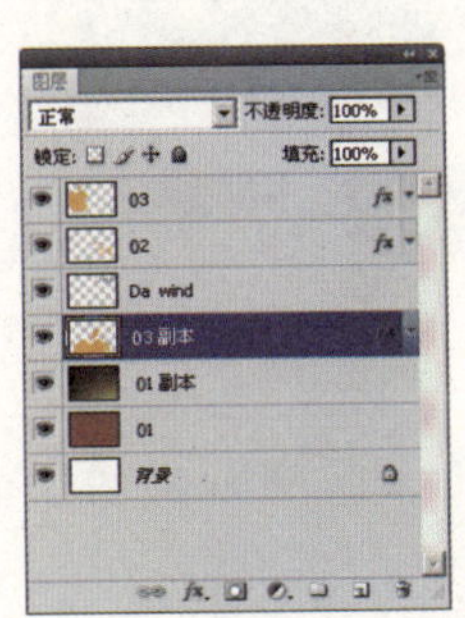

图9-41

图9-42

19 更改图层的混合模式。选择“03副本”图层，更改其混合模式为“变暗”，如图9-43所示，得到如图9-44所示的效果。

图9-43

图9-44

20 载入图像并将此图像拉大。打开随书光盘中“外用图\901.tif”的文件，如图9-45所示，将此图像拖入制作文件中，得到“图层1”，如图9-46所示。按Ctrl+T组合键调出自由变换控制框，将此图像拉大，如图9-47所示。

21 更改图层的混合模式形成最终效果。选择“图层1”，更改此图层的混合模式为“颜色加深”，如图9-48所示。

图9-45

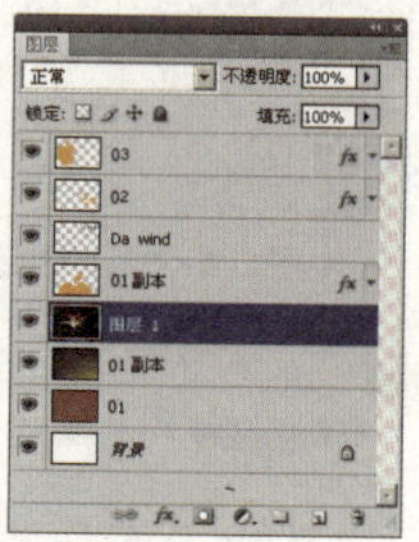

图9-46

图9-47

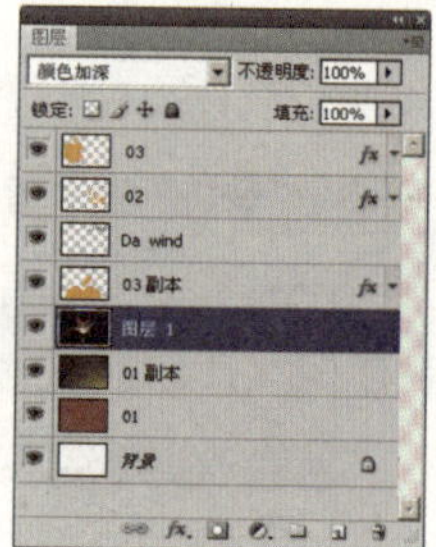

图9-48

最终效果如图9-49所示。

图9-49

10 网点文字的光与影

从传统的印刷中演变出网点特效技法来模拟报纸效果，以文字的形态和空间结构逐渐扩充到艺术领域。

操作步骤如下：

01 创建新文件。启动Photoshop CS4，选择菜单“文件”|“新建”命令（或按Ctrl+N组合键），在弹出的对话框中将“宽度”设置为15厘米，“高度”设置为10.5厘米，如图10-1所示，创建一个新文件。

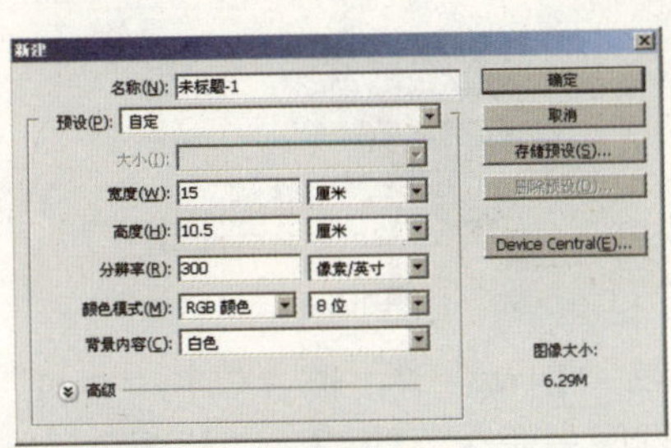

图10-1

02 新建一个图层并输入文字。单击“图层”面板下方的“创建新图层”按钮，新建一个图层并命名为“01”，如图10-2所示。选择T“横排文字工具”，工具栏设置如图10-3所示，输入“设计”，如图10-4所示。

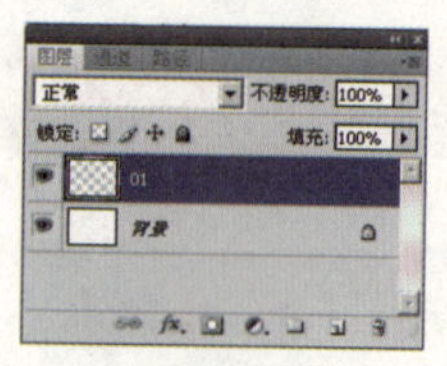

图 10-2

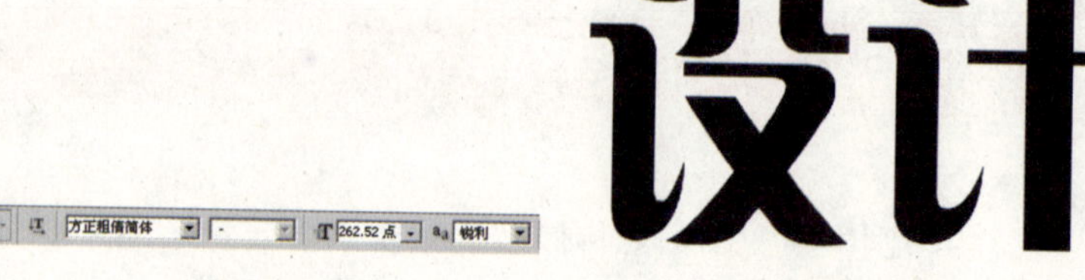

图 10-3

图 10-4

03 确定文字选区并拖拽出渐变颜色。选择文字图层并单击鼠标右键，在弹出的快捷菜单中选择"栅格化文字"命令，将文字栅格化，如图 10-5 所示。载入此图层的选区删除文字的黑色，选择"渐变工具"，设置渐变颜色由灰色到透明色，工具栏设置如图 10-6 所示，在图中由上到下拖拽出渐变效果，如图 10-7 所示。

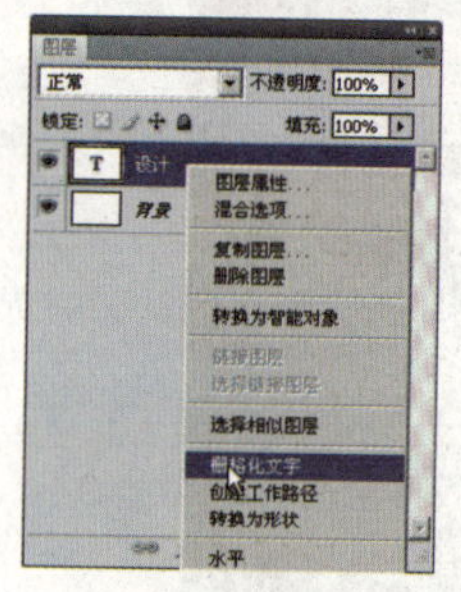

图 10-5

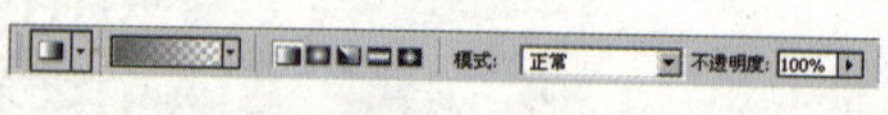

图 10-6

图 10-7

04 转化图像模式并制作网点。选择菜单"图像"|"模式"|"灰度"命令，如图 10-8 所示，由于所用的文件包含多个图层，此时弹出一个是否拼合图层的提示对话框，单击"拼合"按钮，并在弹出的"信息"对话框中单击"扔掉"按钮，如图10-9所示，转换图像模式。再执行同一命令下的"位图"命令，如图 10-10 所示，对话框设置如图 10-11 所示，单击"确定"按钮，增加文字的网点效果，如图 10-12 所示。

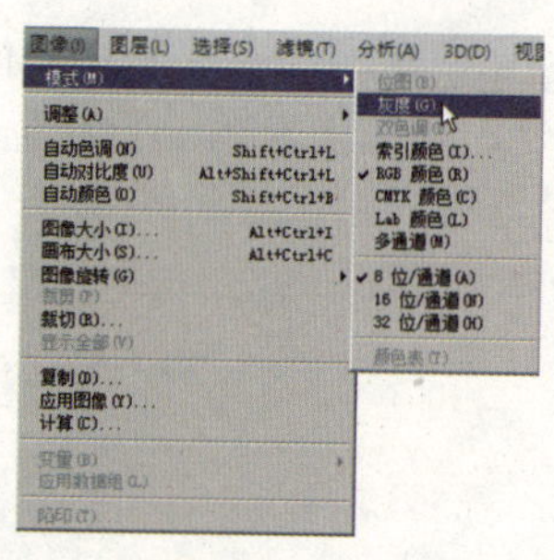

图 10-8

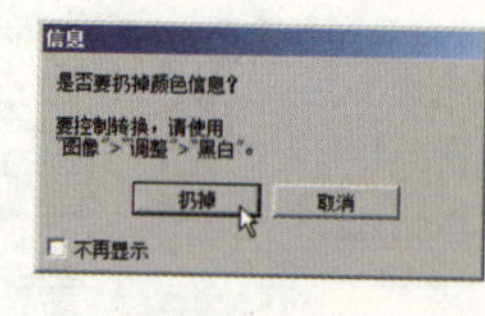

图 10-9

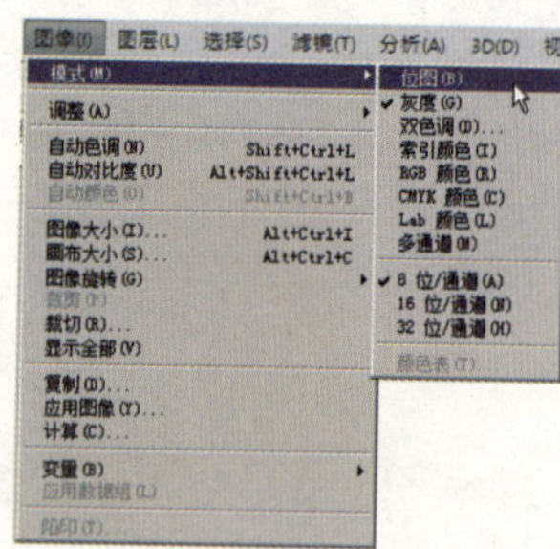

图 10-10

05 转化图像模式。选择菜单"图像"|"模式"|"灰度"命令，转换图像模式，如图10-13所示。然后再执行同一命令下的"CMYK颜色"命令，再次转换图像模式，如图 10-14 所示。

06 使用色彩范围工具。复制"背景"图层，得到"背景副本"图层。在"图层"面板中选择"背景"图层并填充纯白色。然后再选择"背景副本"图层将其更名为"01"。选择菜单"选择"|"色彩范围"命令，对话框设置如图 10-15 所示，用吸管选择黑色并按 Delete 键将黑色删除。

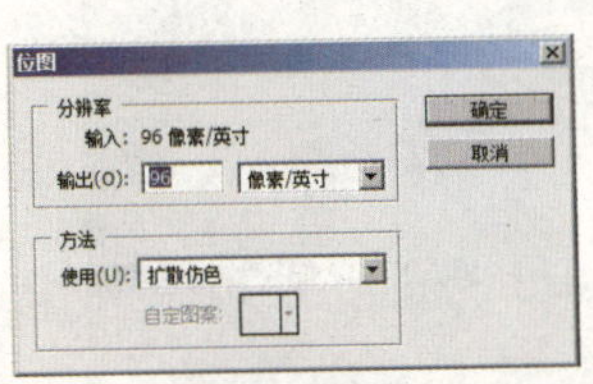

图10-11

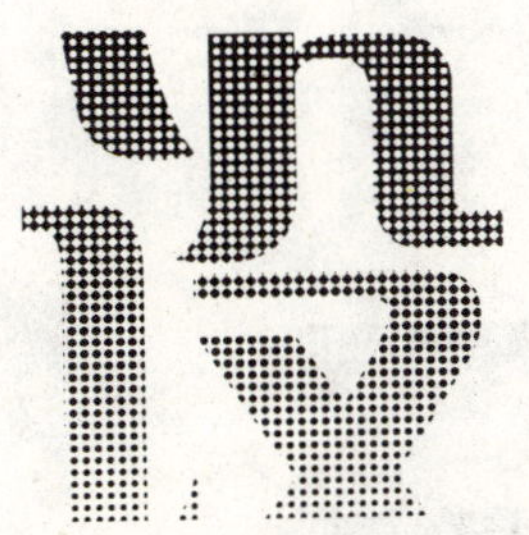

图10-12

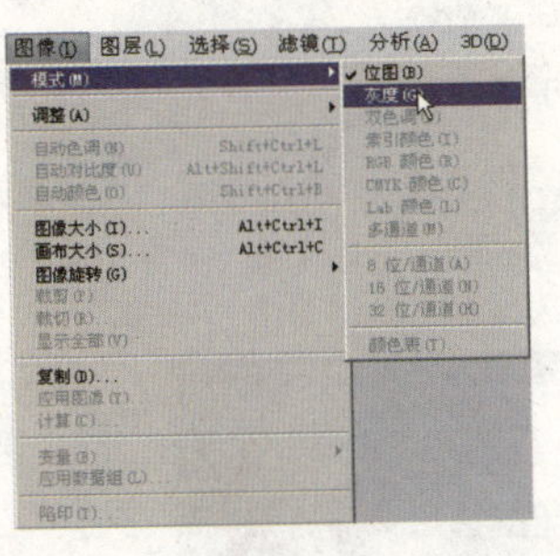

图10-13

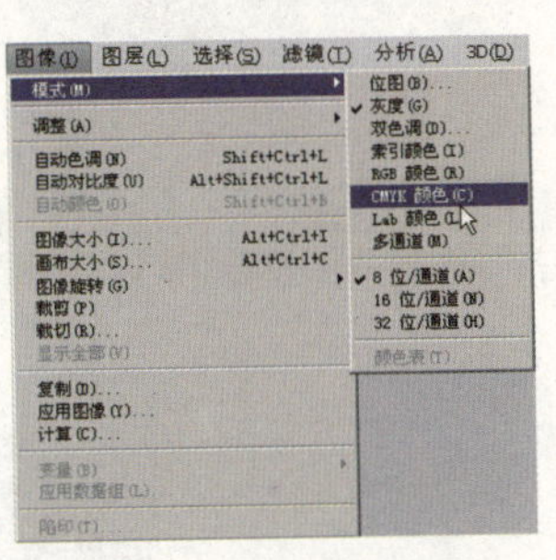

图10-14

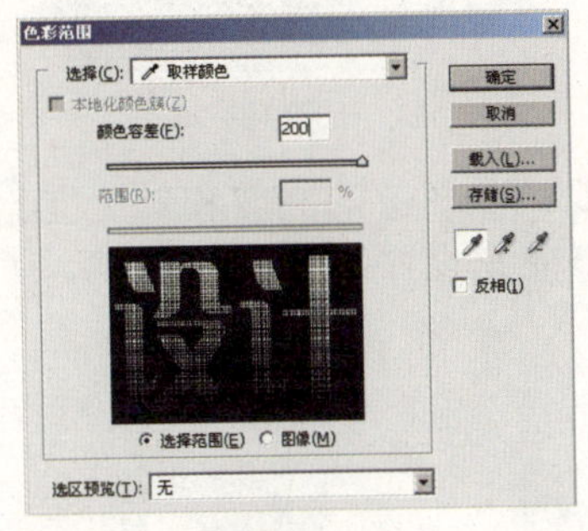

图10-15

07 制作渐变色彩背景。选择“背景”图层，如图10-16所示。选择“渐变工具”，参照如图10-17和图10-18所示设置参数及颜色，在图层中从左向右拖拽出渐变效果，如图10-19所示。

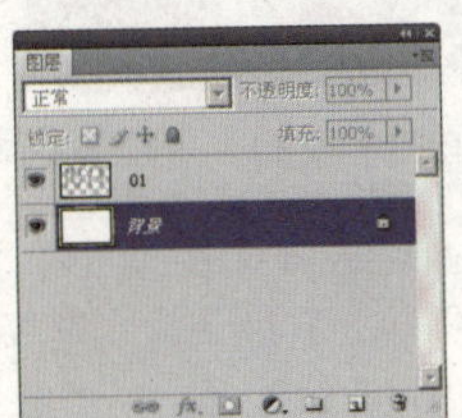

图10-16

图10-17

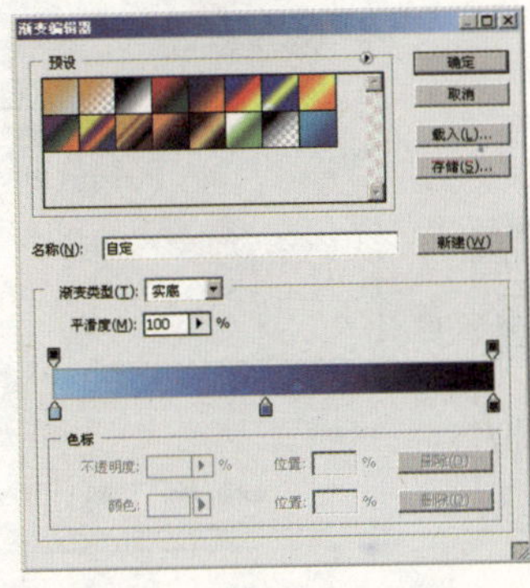

图10-18

图10-19

08 将色彩反相。选择“01”图层，如图10-20所示。选择菜单“图像”|“调整”|“反相”命令，如图10-21所示。

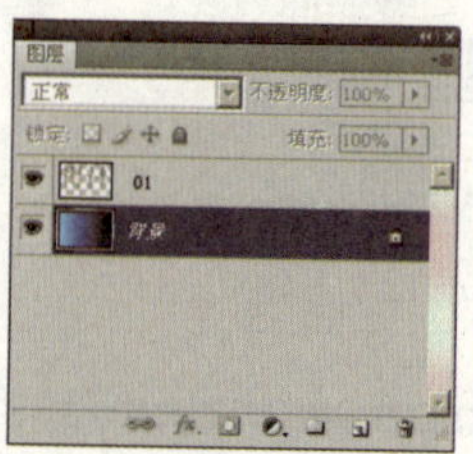

图 10–20

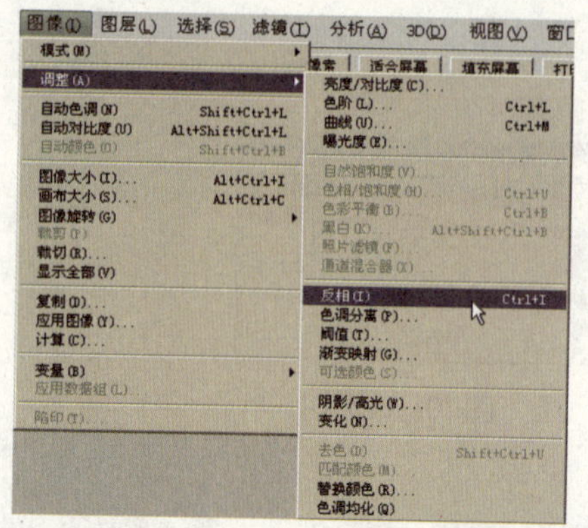

图 10–21

09 调整图像的亮度和对比度。选择菜单“图像”|“调整”|“亮度/对比度”命令，对话框设置如图 10–22 所示，单击“确定”按钮，得到如图 10–23 所示的效果。

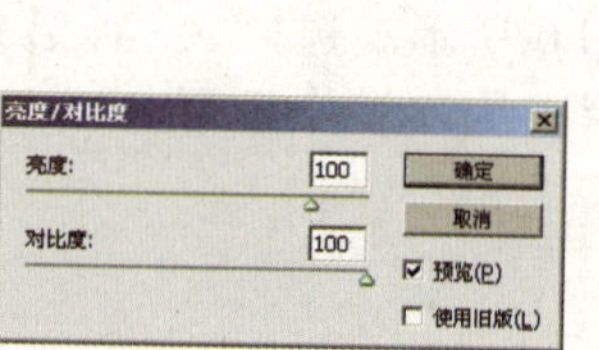

图 10–22

图 10–23

10 为图像添加模糊效果。按Ctrl+T组合键调出自由变换控制框将文字变形，如图 10–24 所示。复制“01”图层得到“01 副本”图层，如图 10–25 所示。选择菜单“滤镜”|“模糊”|“动感模糊”命令，对话框设置如图 10–26 所示，单击“确定”按钮，给图层添加模糊效果。

图 10–24

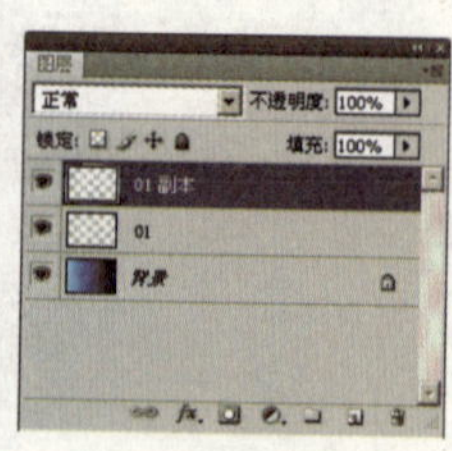

图 10–25

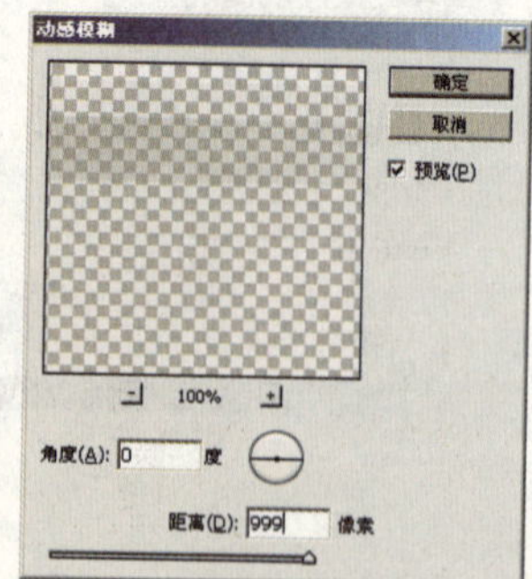

图 10–26

11 复制图层。复制“01”图层两次，得到“01 副本 2”图层和“01 副本 3”图层，添加横条颜色的深度，如图 10–27 所示，得到如图 10–28 所示的效果。

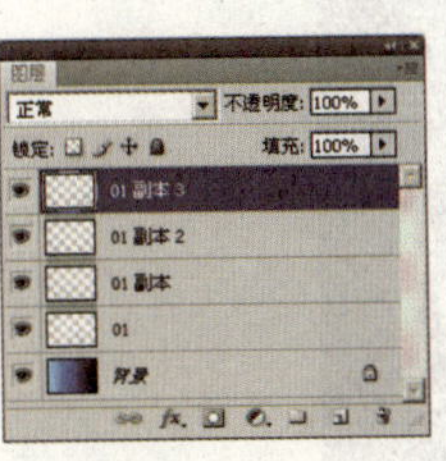

图 10-27

图 10-28

12 合并图层改变图层关系。单击“图层”面板右侧的⊙小三角按钮，在弹出的菜单中选择“向下合并”命令，执行合并图层命令，如图 10-29 所示，此时的图层关系如图 10-30 所示。

13 复制图层并拉大图像。复制“01”图层得到“01 副本 2”图层，如图 10-31 所示，然后按 Ctrl + T 组合键调出自由变换控制框将图像拉大，如图 10-32 所示，得到如图 10-33 所示的效果。

14 应用渐变映射命令增加图像色彩。选择菜单“图像”|“调整”|“渐变映射”命令，对话框设置如图 10-34 所示，单击“确定”按钮，得到如图 10-35 所示的效果。

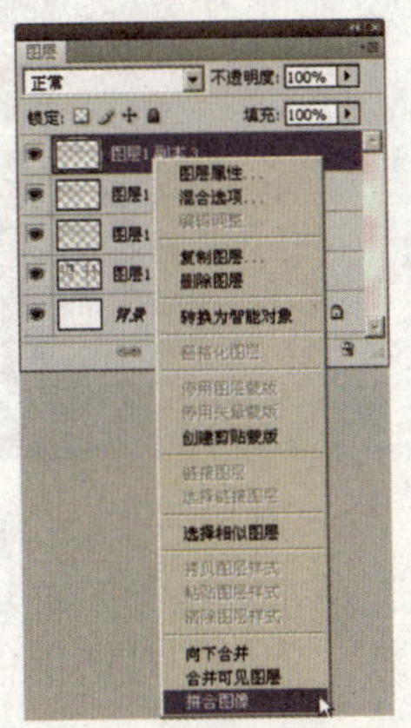

图 10-29

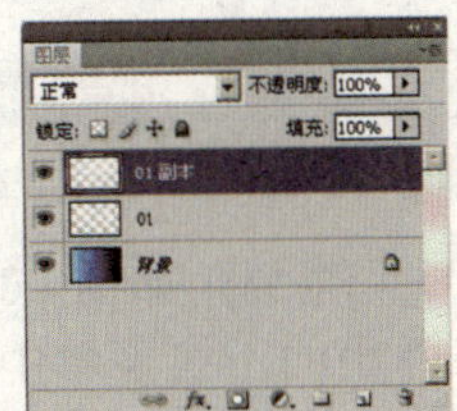

图 10-30

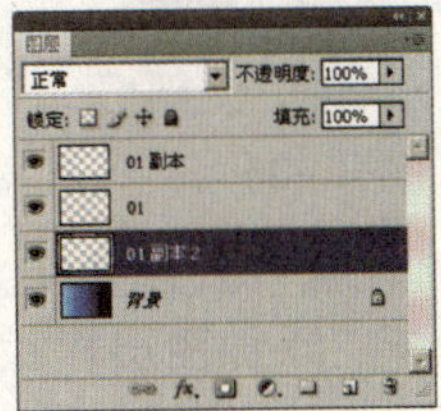

图 10-31

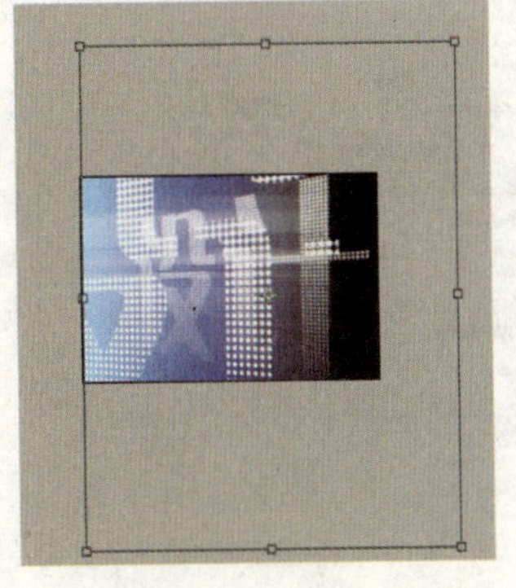

图 10-32

图 10-33

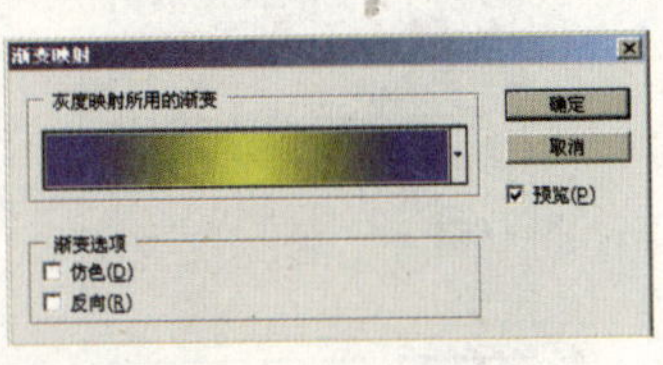

图 10-34

图10-35

15 为图像制作光照效果。选择“背景”图层，如图10－36所示。选择菜单“滤镜”|“渲染”|“光照效果”命令，对话框设置如图10－37所示，单击“确定”按钮，得到如图10－38所示的效果。

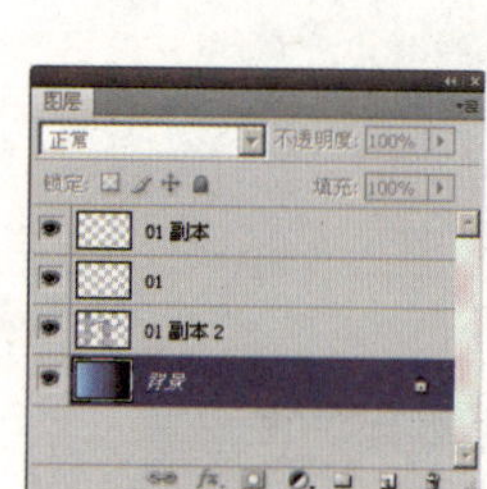

图10-36

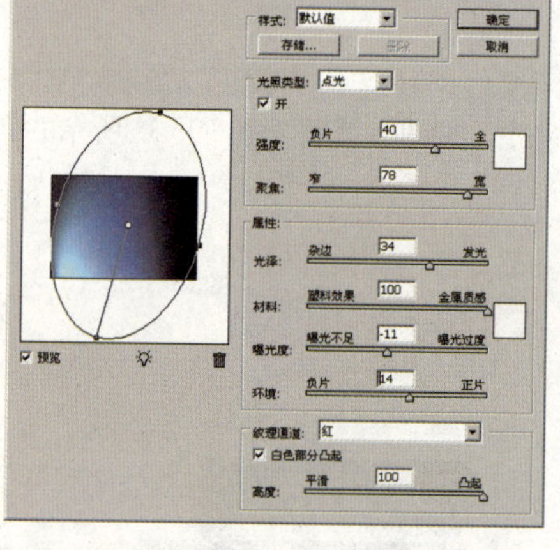

图10-37

图10-38

16 添加图层样式制作阴影。选择“01”图层，如图10－39所示，单击“图层”面板下方的 fx “添加图层样式”按钮，在弹出的下拉菜单中选择“投影”命令，对话框设置如图10－40所示，单击“确定”按钮，给图层添加投影效果。

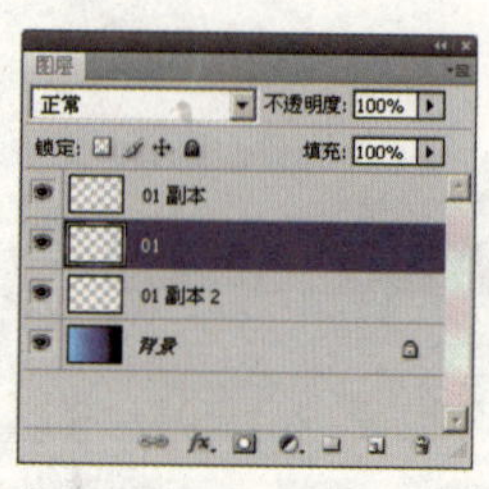

图10-39

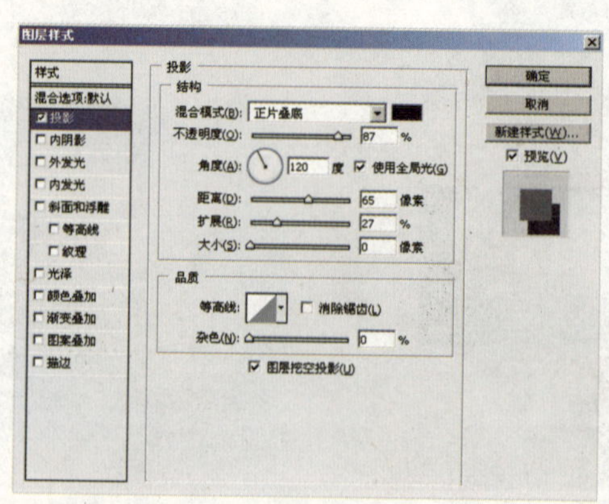

图10-40

最终效果如图 10-41 所示。

图 10-41

11 中华武魂之石文字

用动感绚丽充满力度的特效背景来表现主题文字“武”，再用模糊滤镜制作出光效，以表现“武”字之雄伟。

操作步骤如下：

01 创建新文件。启动Photoshop CS4，选择菜单“文件”|“新建”命令（或按Ctrl+N组合键），在弹出的对话框中将“宽度”设置为15厘米，“高度”设置为10.5厘米，如图11-1所示，创建一个新文件。

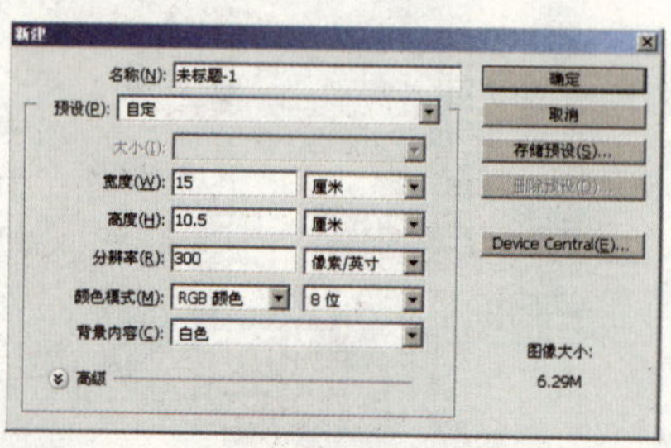

图11-1

02 制作渐变颜色。单击“图层”面板下方的“创建新图层”按钮，新建一个图层并命名为“01”，如图11-2所示。选择“渐变工具”，设置渐变颜色由天蓝色到深蓝色，工具栏设置如图11-3所示，在图像中拖拽出渐变色彩，如图11-4所示。

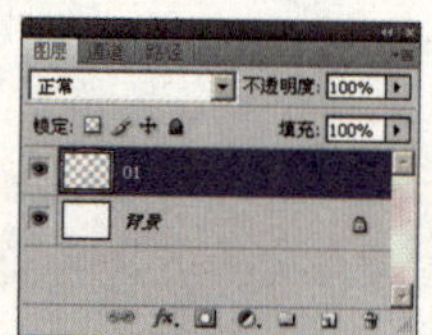

图11-2

图11-3

图11-4

03 输入文字。选择“横排文字工具”，工具栏设置如图11-5所示，在图像中输入文字，如图11-6所示。选择文字图层并单击鼠标右键，在弹出的快捷菜单中选择“栅格化文字”命令，如图11-7所示，将文字栅格化。

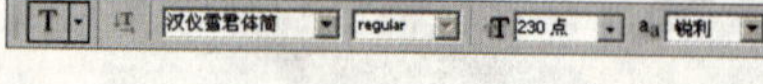

图11-5

图11-6

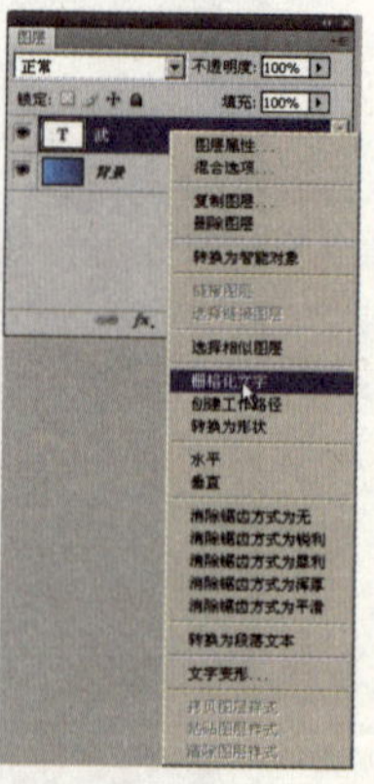

图11-7

04 制作喷色线条图像。复制文字图层，如图 11－8 所示。选择菜单“滤镜”|“画笔描边”|“喷色描边”命令，对话框设置如图 11－9 所示。

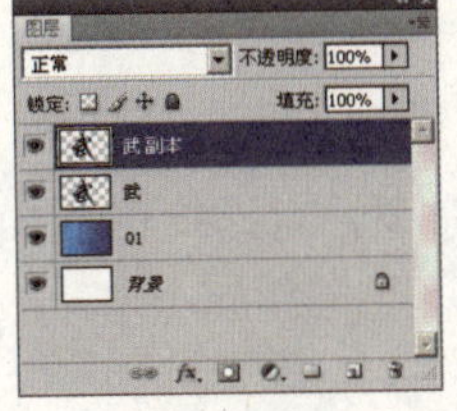

图 11－8

图 11－9

05 制作浮雕效果。选择菜单“滤镜”|“风格化”|“浮雕效果”命令，对话框设置如图 11－10 所示，单击“确定”按钮，得到如图 11－11 所示的效果。

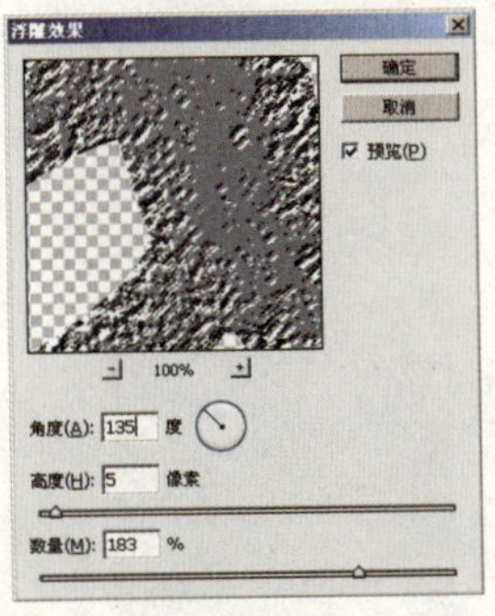

图 11－10

图 11－11

06 将选区反选。选择图层“武”，如图 11－12 所示，按住 Ctrl 键的同时单击此图层的缩览图，如图 11－13 所示。选择菜单“选择”|“反向”命令，如图 11－14 所示，将图层反选。

图 11－12

图 11－13

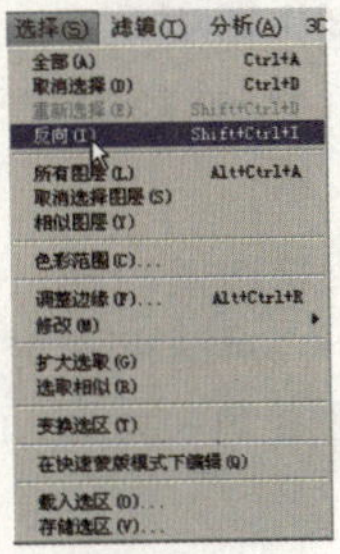

图 11－14

07 将选区羽化并制作云彩图像。选择菜单“选择”|“修改”|“羽化”命令，对话框设置如图11-15所示。新建一个图层并命名为“02”，如图11-16所示。选择菜单“滤镜”|“渲染”|“云彩”命令，如图11-17所示，给图层添加云彩效果，得到如图11-18所示的效果。

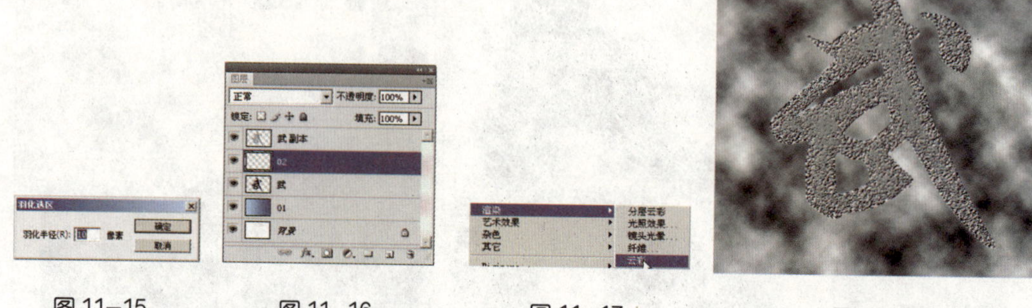

图11-15　　图11-16　　图11-17　　图11-18

08 制作粗糙蜡笔图像。选择菜单“滤镜”|“艺术效果”|“粗糙蜡笔”命令，对话框设置如图11-19所示，单击“确定”按钮，得到如图11-20所示的效果。

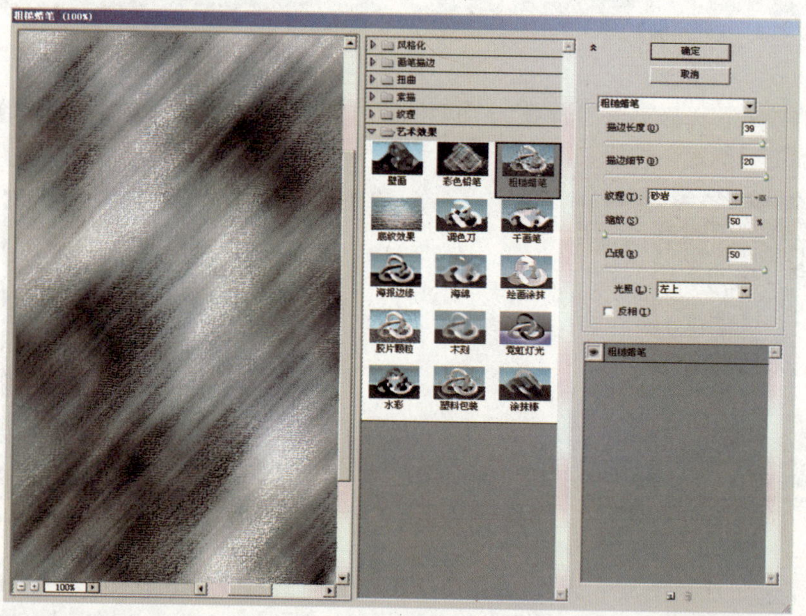

图11-19

09 制作镜头光晕图像。选择菜单“滤镜”|“扭曲”|“镜头校正”命令，选择左边工具栏中的第一个工具，在图像中单击以形成光晕，如图11-21所示，效果如图11-22所示。

10 调整图像色彩。选择菜单“图像”|“调整”|“色彩平衡”命令，对话框设置如图11-23所示，单击“确定”按钮，得到如图11-24所示的效果。

图11-20

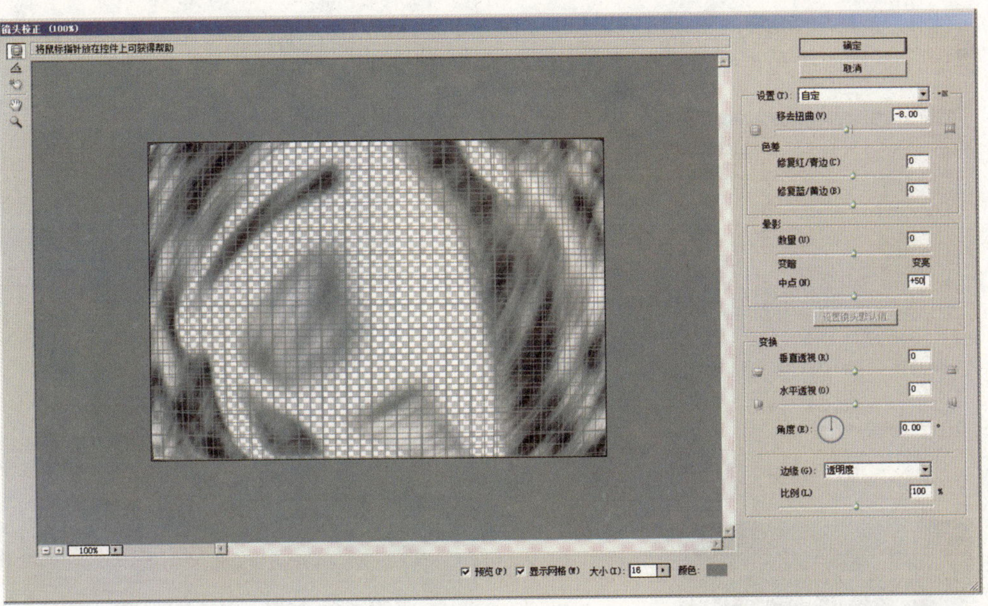

图 11-21

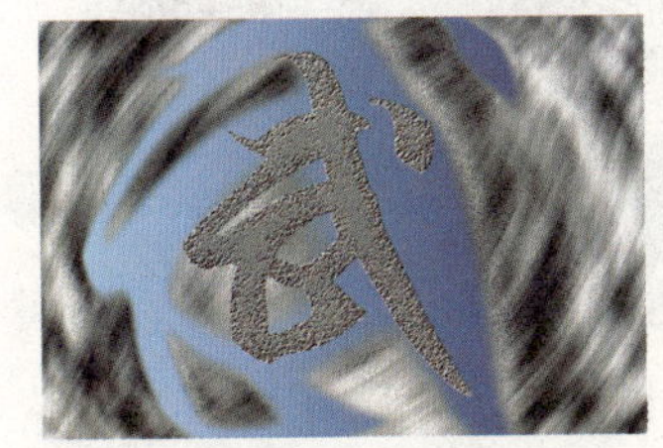

图 11-22

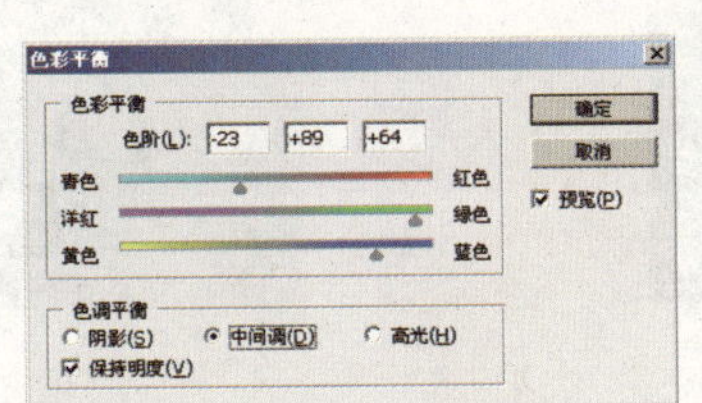

图 11-23

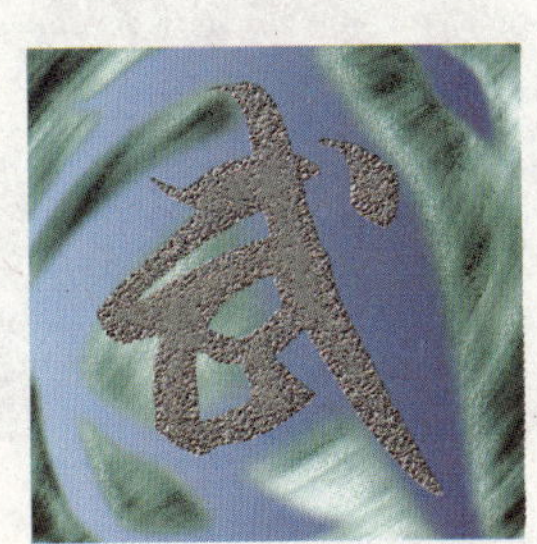

图 11-24

11 制作自定义图形。新建一个图层并命名为“03”，如图 11-25 所示。选择“自定形状工具”，工具栏设置如图 11-26 所示，在图层中拉出图形，如图 11-27 所示的效果。

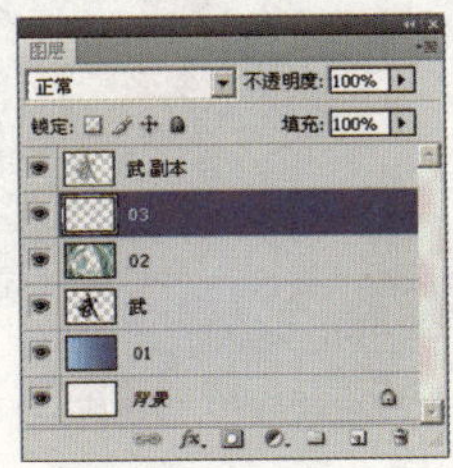

图 11-25

图 11-26

图 11-27

12 将图像动态模糊处理。选择菜单“滤镜”|“模糊”|“动感模糊”命令，对话框设置如图 11-28 所示，单击“确定”按钮，得到如图 11-29 所示的效果。

13 复制并调整光束图像。按 Ctrl + T 组合键调出自由变换控制框，将此图形拉大，如图 11-30 所示，然后按住 Ctrl 键将图形变形，如图 11-31 所示，使其形成光束效果。按住 Ctrl 键的同时单击“03”图层的缩览图，载入此图层的选区。选择“移动工具”，再按住 Alt 键拖动图形进行移动并复制，如图 11-32 所示。再将此复制图形放在原图形附近，使其形成光束交错的效果，如图 11-33 所示。

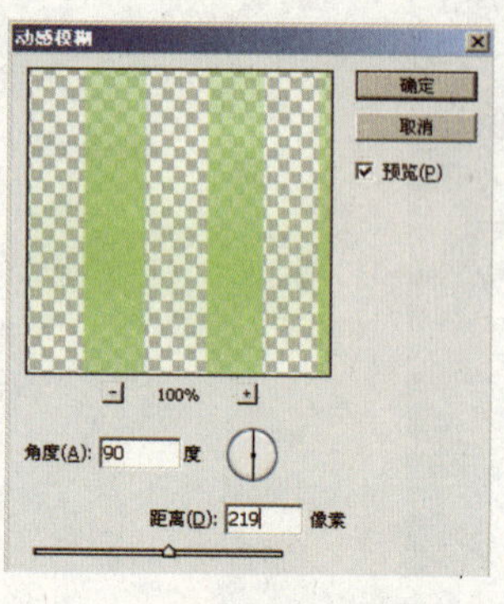

图 11-28

图 11-29

图 11-30

图 11-31

图 11-32

图 11-33

14 模糊处理光束并更改图层的混合模式。选择菜单“滤镜”|“模糊”|“动感模糊”命令，对话框设置如图 11-34 所示，单击“确定”按钮，设置图层的模糊效果。选择图层“武副本”，更改此图层的混合模式为“叠加”，如图 11-35 所示，效果如图 11-36 所示。

15 将选区边缘描边。选择“武”图层，如图 11-37 所示，按住 Ctrl 键的同时单击该图层的缩览图以载入选区，如图 11-38 所示。选择菜单“编辑”|“描边”命令，对话框设置如图 11-39 所示，单击“确定”按钮，得到如图 11-40 所示的效果。

16 制作炭精笔图像。选择图层“01”，如图 11-41 所示。选择菜单“滤镜”|“素描”|“炭精笔”命令，对话框设置如图 11-42 所示，单击“确定”按钮，调整图层效果。

图11-34

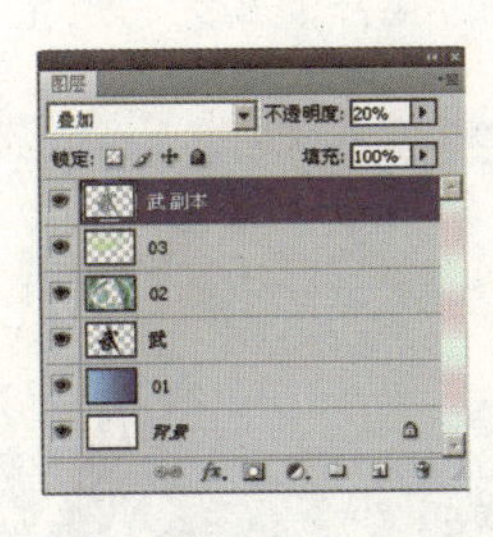

图11-35

图11-36

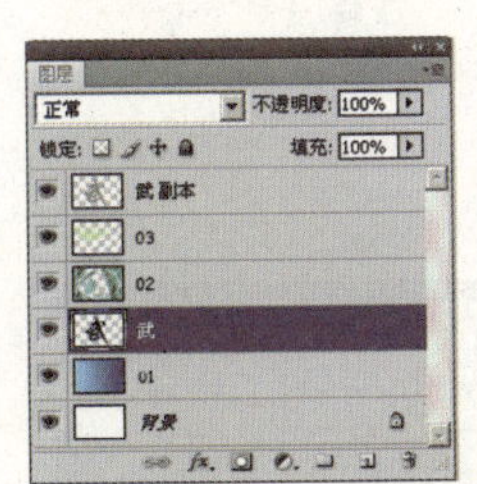

图11-37

图11-38

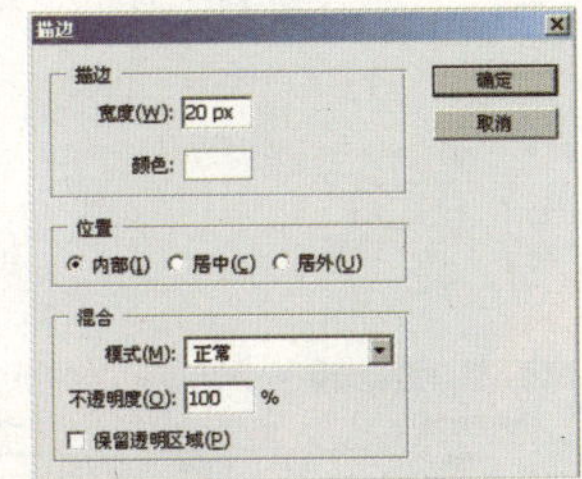

图11-39

图11-40

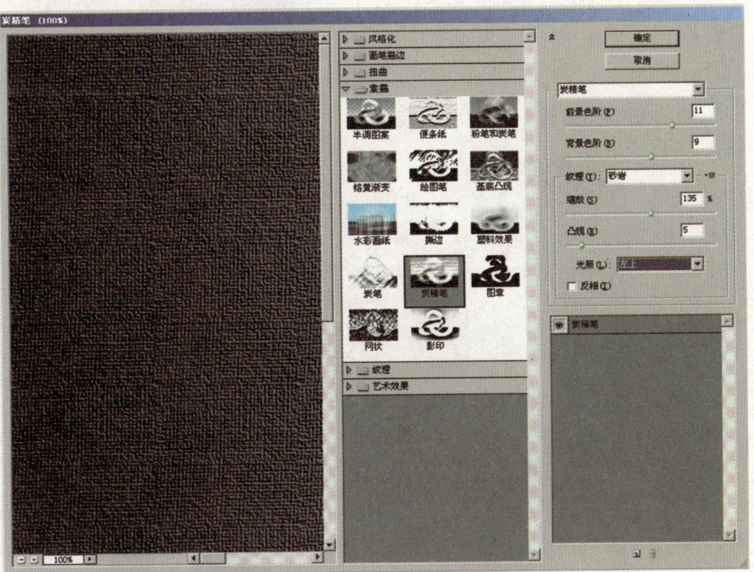

图11-41

图11-42

17 缩小并径向模糊处理图像。复制“02”图层，得到“02 副本”图层，如图11-43所示。按Ctrl+T组合键调出自由变换控制框将图像缩小，如图11-44所示。再选择菜单“滤镜”|“模糊”|“径向模糊”命令，对话框设置如图11-45所示，单击“确定”按钮。

18 调整图像色彩并更改图层的混合模式。选择菜单“图像”|“调整”|“色彩平衡”命令，对话框设置如图11-46所示，单击“确定”按钮，得到如图11-47所示的效果。选择“02 副本”图层，更改此图层的混合模式为“强光”，如图11-48所示。

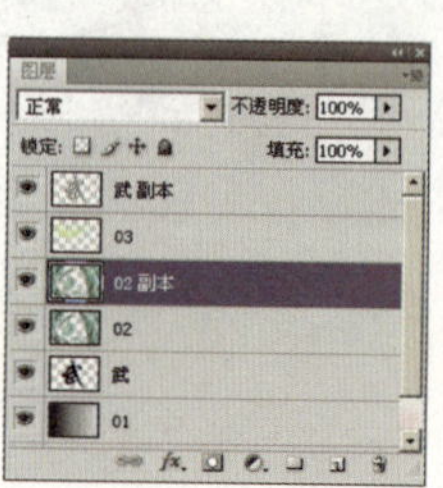

图11-43

图11-44

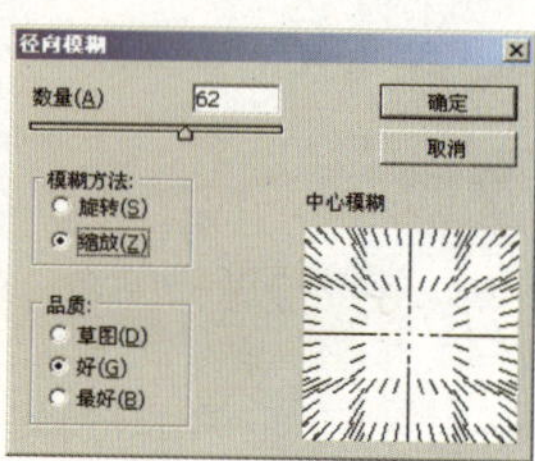

图11-45

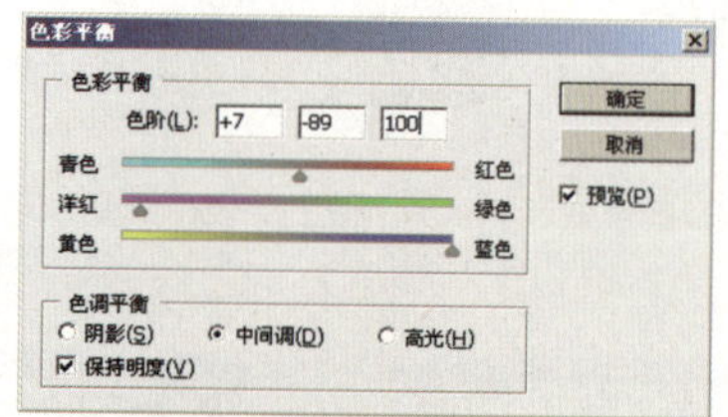

图11-46

图11-47

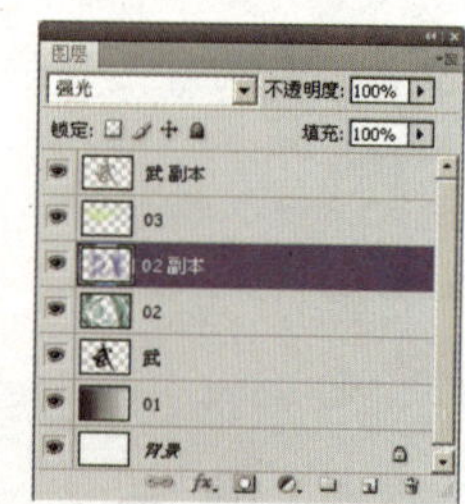

图11-48

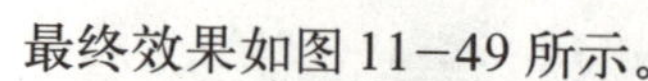
最终效果如图11-49所示。

图11-49

Chapter03

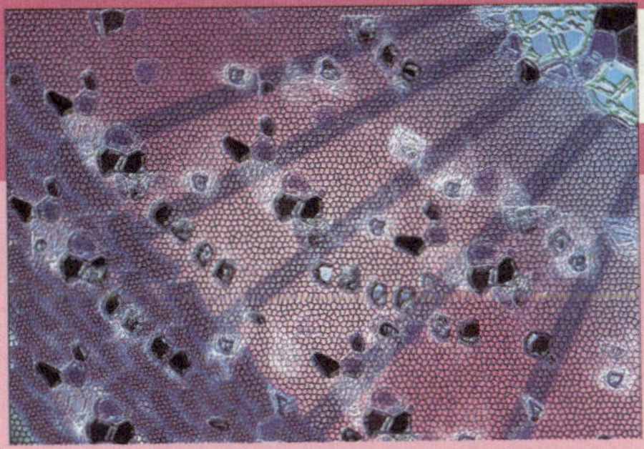

第3章 纹理特效技法

Photoshop CS4

12 北国冰花雾淞八卦

雾淞为当今八大奇观之一，为北国吉林瑰丽奇花，由冰雪结晶而成，此特效实例就是依据此奇观为题材创作出的纹理特效。

操作步骤如下：

01 创建新文件。启动Photoshop CS4，选择菜单“文件”|“新建”命令（或按Ctrl+N组合键），在弹出的对话框中将“宽度”设置为15厘米，“高度”设置为10.5厘米，如图12-1所示，创建一个新文件。

02 制作渐变颜色背景。单击“图层”面板下方的“创建新图层”按钮，新建一个图层并命名为“01”，如图12-2所示。选择“渐变工具”，设置渐变颜色由桔黄色到透明色，工具栏设置如图12-3所示，在图中拖拽出渐变效果，如图12-4所示。再参照如图12-5所示拖拽出各种渐变颜色。

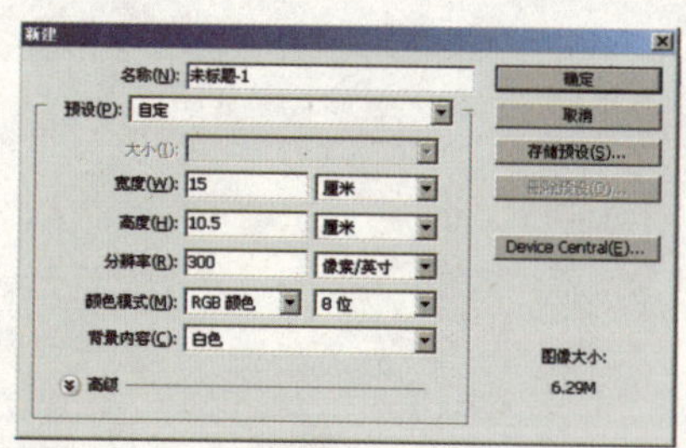

图12-1

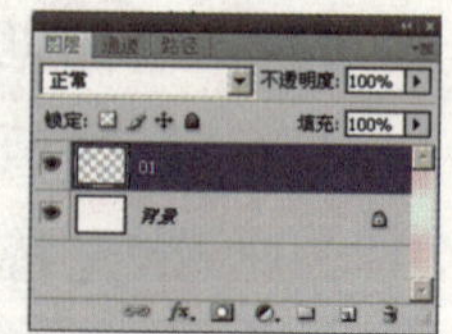

图12-2

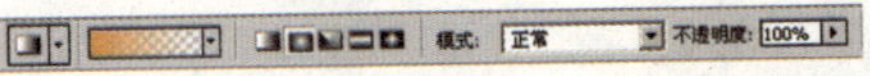

图12-3

图12-4

图12-5

03 为图像制作塑料包装效果。选择菜单“滤镜”|“艺术效果”|“塑料包装”命令，对话框设置如图12-6所示，单击“确定”按钮，并按Ctrl+F组合键反复执行该滤镜的操作，得到如图12-7所示的效果。

04 绘制彩条。单击“图层”面板下方的“创建新图层”按钮，新建一个图层并命名为“02”，如图12-8所示。选择“画笔工具”，工具栏设置如图12-9所示，参照如图12-10所示绘出彩条。

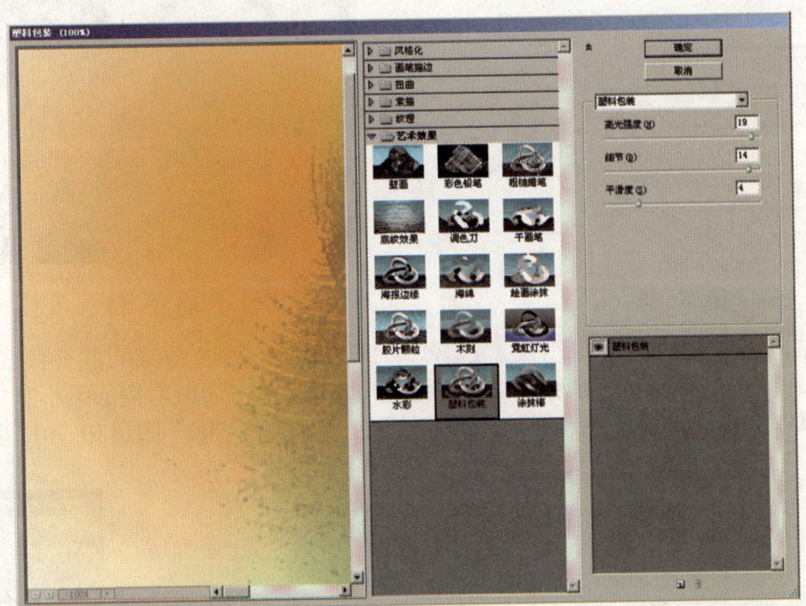

图12-6

图12-7

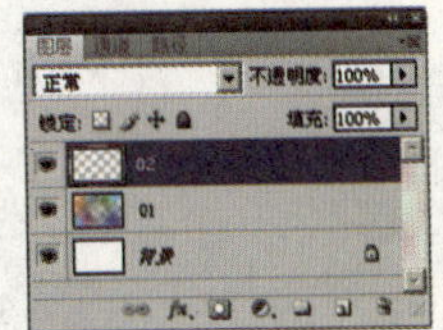

图12-8

图12-9

05 为彩条制作塑料包装效果。继续选择菜单“滤镜”|“塑料包装”命令，如图12-11所示，单击“确定”按钮，得到如图12-12所示的效果。

图12-10

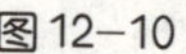

图12-11

图12-12

06 将彩条转变成黑白色。选择菜单“图像”|“调整”|“通道混合器”命令，在弹出的对话框中勾选“单色”复选框，如图12-13所示，单击“确定”按钮，得到如图12-14所示的效果。

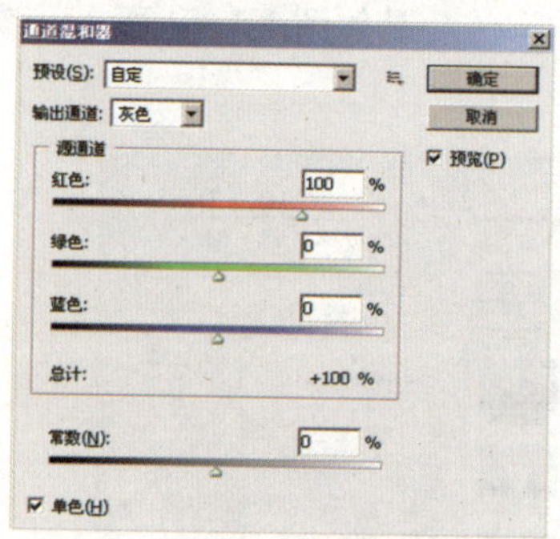

图12-13

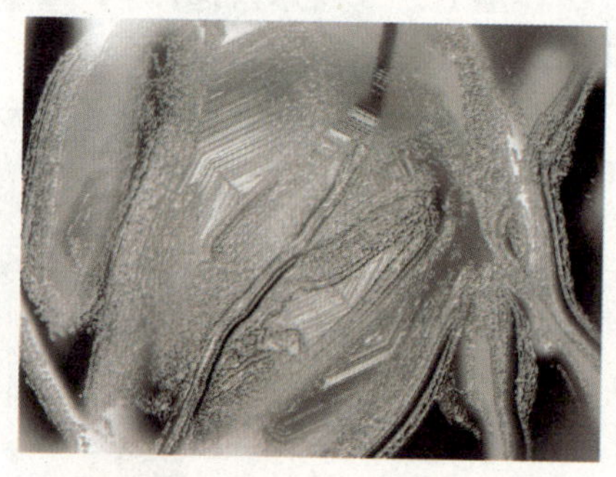

图12-14

07 更改图层的混合模式并合并图层。选择“02”图层，更改图层的混合模式为“颜色加深”，如图12-15所示，得到如图12-16所示的效果。单击面板右侧的小三角按钮，在弹出的菜单中选择“向下合并”命令，如图12-17所示，将“02”图层和“01”图层合并。

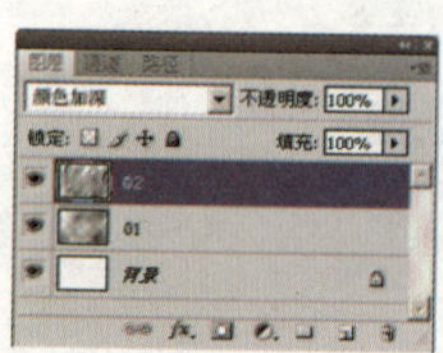

图12-15

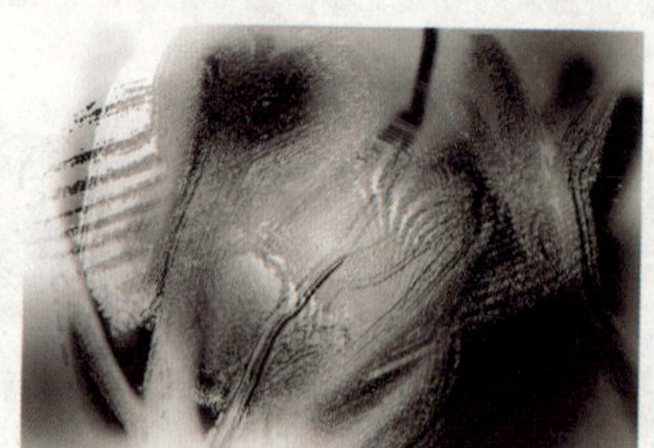

图12-16

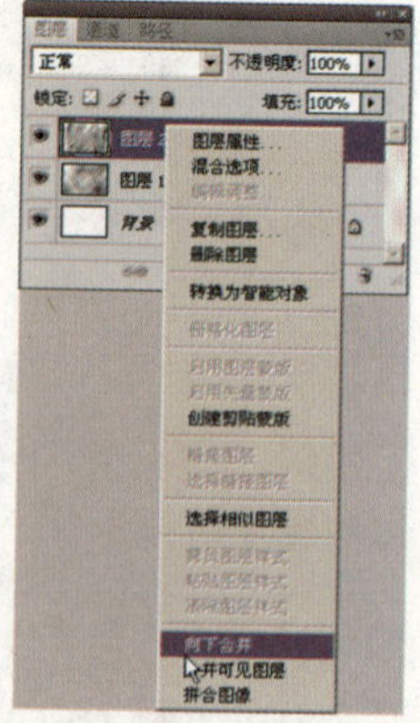

图12-17

08 调整图像色彩。选择合并后的“01”图层，如图12－18所示。选择菜单“图像”|“调整”|“色彩平衡”命令，对话框设置如图12-19所示，单击“确定”按钮，得到如图12-20所示的效果。在“图层”面板中新建一个图层并命名为“02”，如图12-21所示。

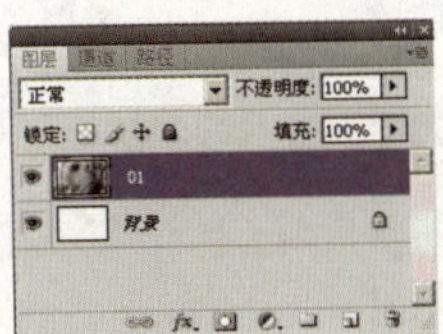

图12－18

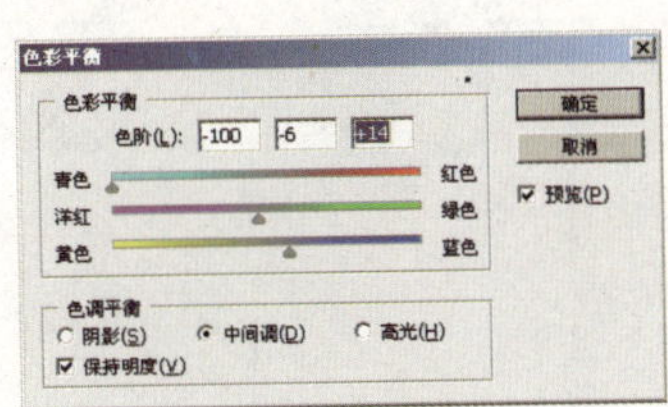

图12－19

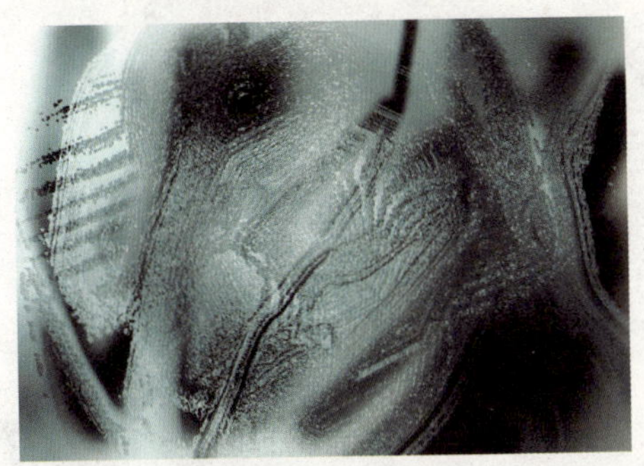

图12－20

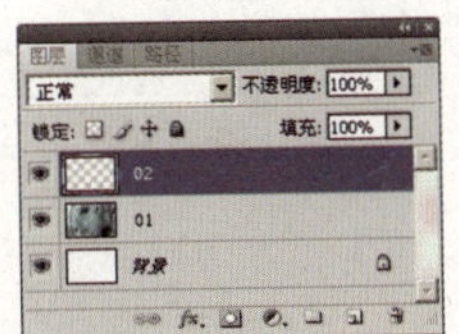

图12－21

09 绘制枫叶。更改前景色的颜色值为R：173/G：222/B：233，对话框设置如图12－22所示。选择“画笔工具”，工具栏设置如图12－23所示，参照如图12－24所示在图中绘出枫叶。

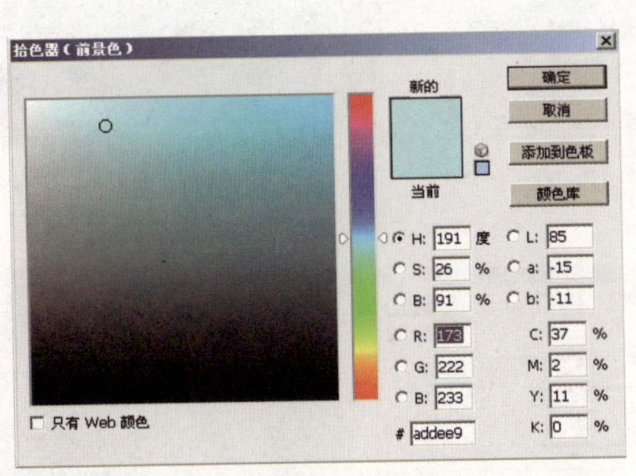

图12－22

图12－23

图12－24

10 为枫叶制作海绵效果。选择菜单“滤镜”|“艺术效果”|“海绵”命令，对话框设置如图12－25所示，单击“确定”按钮，得到如图12－26所示的效果。

11 更改图层的混合模式。选择“02”图层并更改图层的混合模式为“颜色加深”，如图12－27所示，得到如图12－28所示的效果。

12 调整图像的色相和饱和度。选择“01”图层，如图12－29所示。选择菜单“图像”|“调整”|“色相/饱和度”命令，对话框设置如图12-30所示，单击“确定”按钮，得到如图12-31所示的效果。

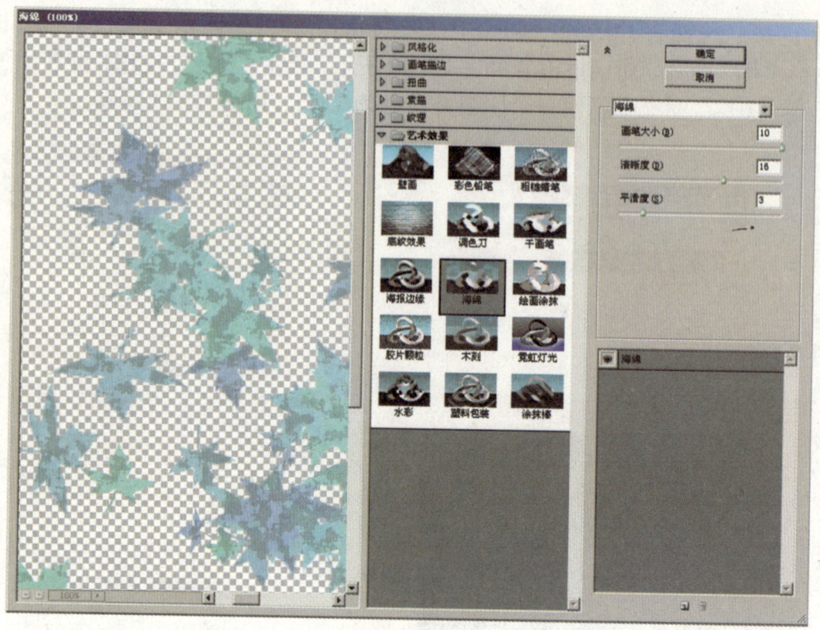

图 12–25

图 12–26

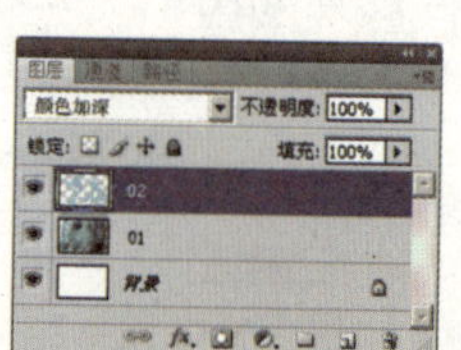

图 12–27

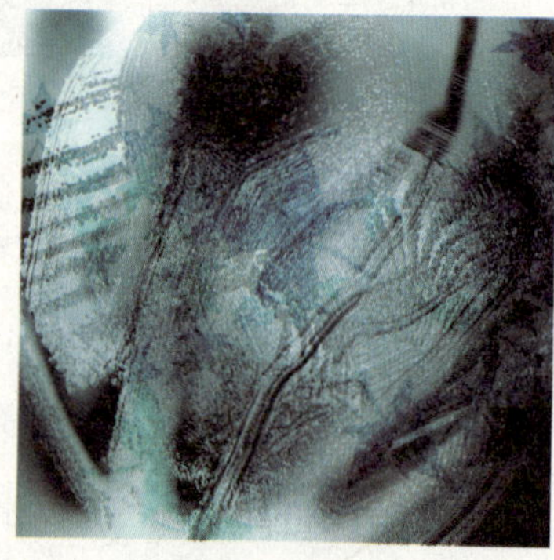

图 12–28

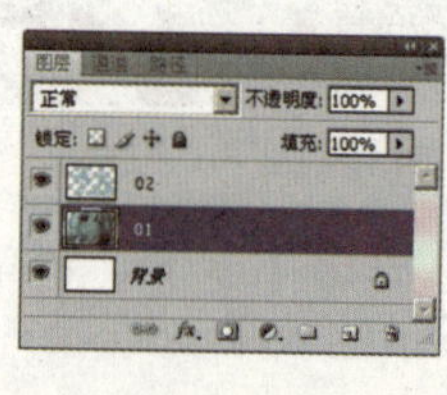

图 12–29

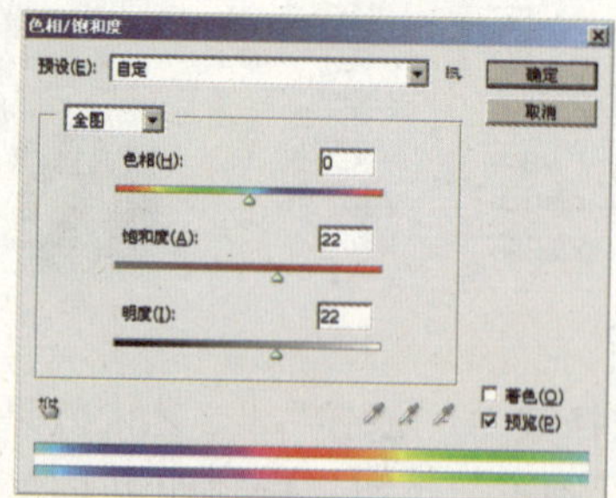

图 12–30

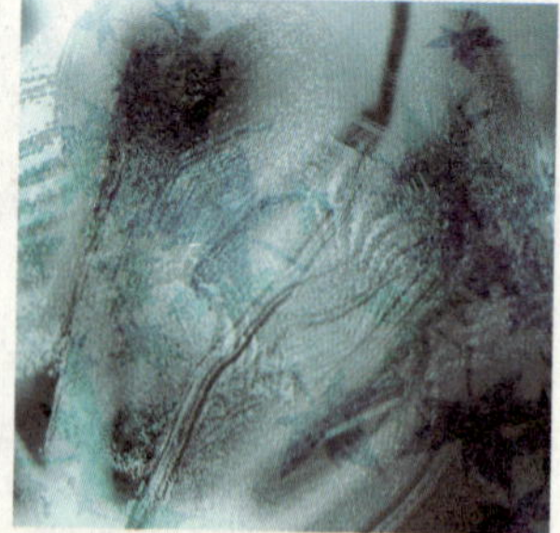

图 12–31

13 合并图层并调整图层关系。单击“图层”面板右侧的▶小三角按钮，在弹出的菜单中选择“向下合并”命令，如图 12–32 所示，此时的图层关系如图 12–33 所示。在“图层”面板中再新建一个图层，并命名为“02”，如图 12–34 所示。

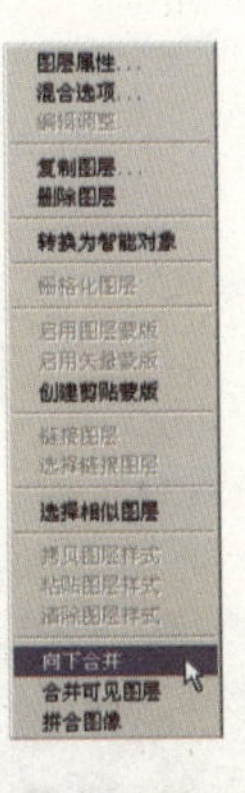

图12-32

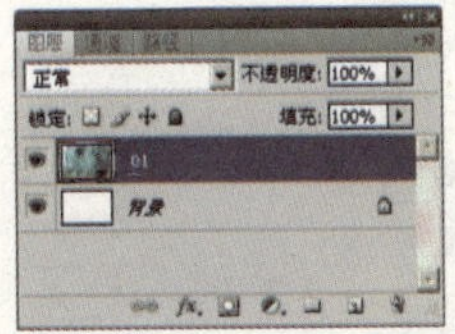

图12-33

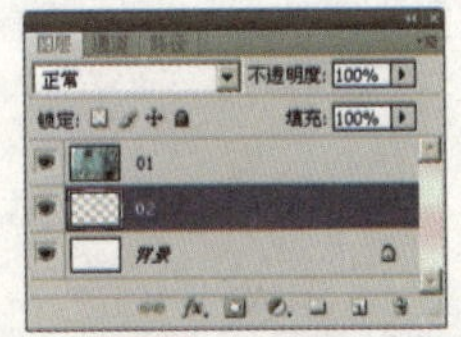

图12-34

14 制作渐变色彩效果。选择“渐变工具”，设置渐变颜色由深蓝色到浅蓝色，工具栏设置如图12-35所示，在图层中拖拽出渐变效果，得到如图12-36所示的效果。

图12-35

图12-36

15 为图像制作晶格化效果。选择菜单“滤镜”|“像素化”|“晶格化”命令，对话框设置如图12-37所示，单击“确定”按钮，得到如图12-38所示的效果。

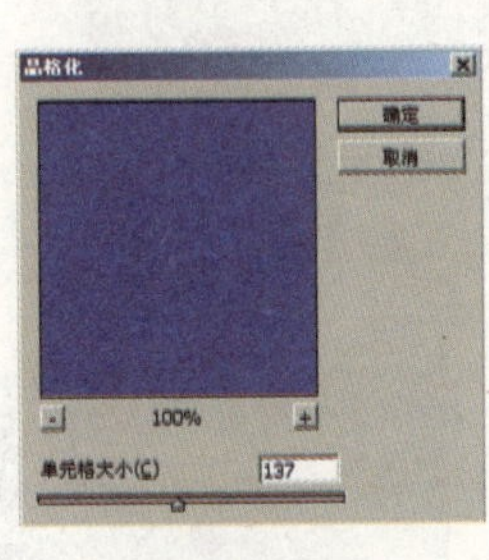

图12-37

图12-38

16 制作涂抹棒效果的图像。选择菜单“滤镜”|“艺术效果”|“绘画涂抹”命令，对话框设置如图12-39所示，单击“确定”按钮，得到如图12-40所示的效果。

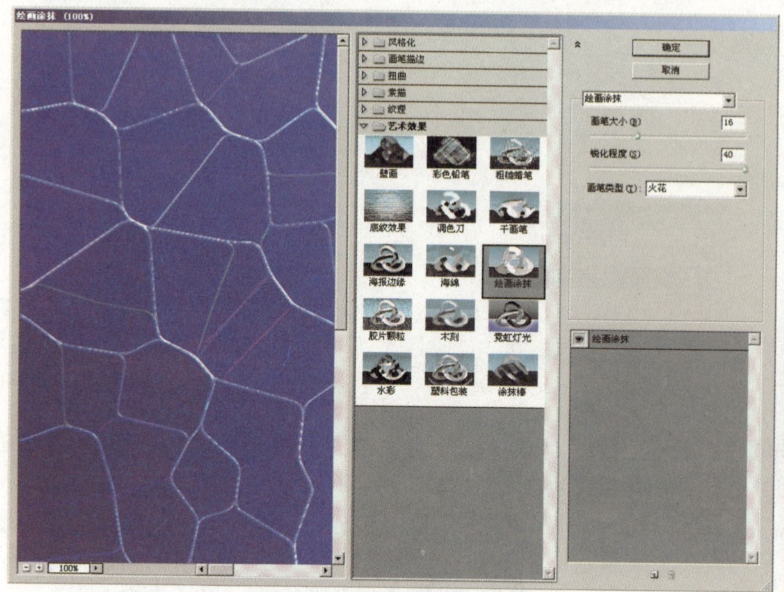

图 12–39

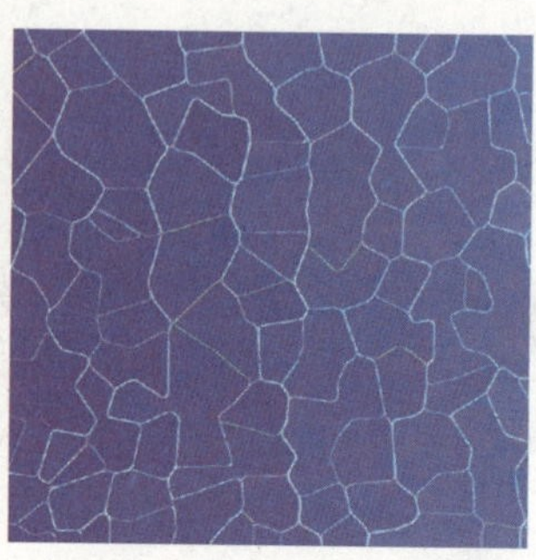

图 12–40

17 将图像扭曲成海洋波纹效果。选择菜单“滤镜”|“扭曲”|“海洋波纹”命令，对话框设置如图 12–41 所示，单击“确定”按钮，得到如图 12–42 所示的效果。

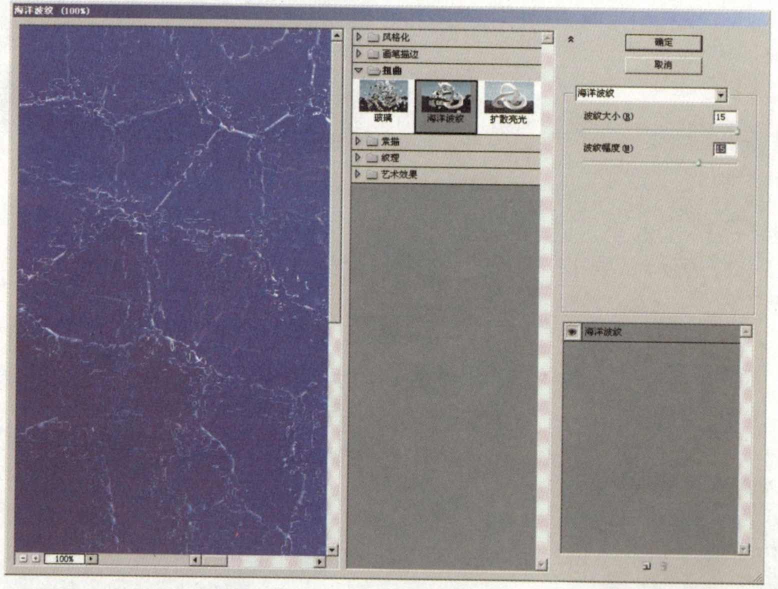

图 12–41

18 制作光照效果图像。选择菜单“滤镜”|“渲染”|“光照效果”命令，对话框设置如图 12–43 所示，单击“确定”按钮，得到如图 12–44 所示的效果。

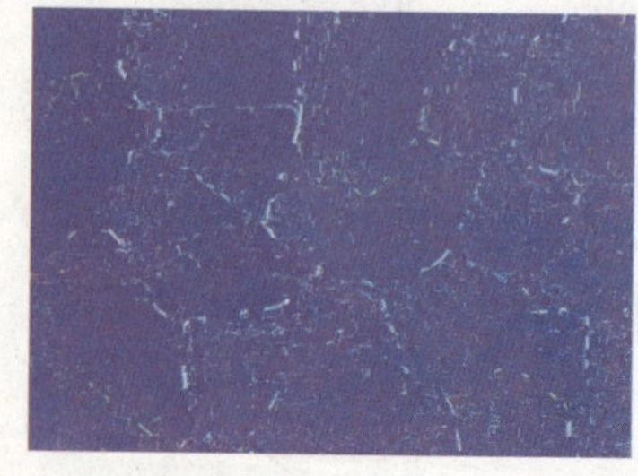

图 12–42

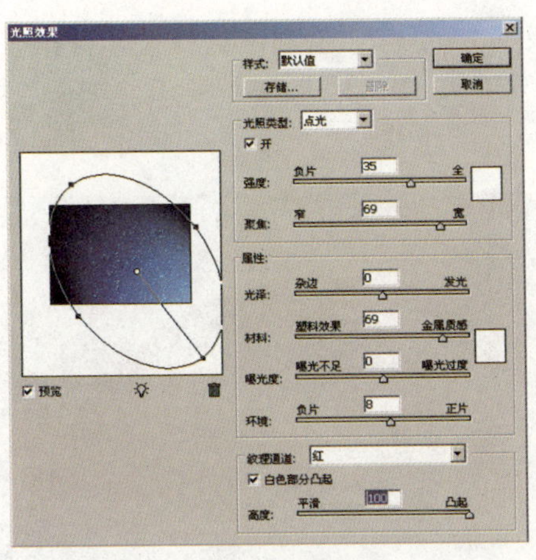

图12-43

图12-44

19 绘制八卦图形路径。选择"01"图层，如图12-45所示。选择"自定形状工具"，工具栏设置如图12-46所示，参照如图12-47所示在画面中绘出八卦图形路径。

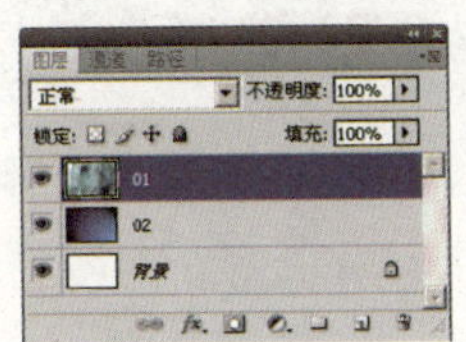

图12-45

图12-46

图12-47

20 将路径转化成选区。单击"路径"面板下方的"将路径作为选区载入"按钮，如图12-48所示，然后按Delete键将选区内的图像删除掉形成中空的八卦图像，效果如图12-49所示。

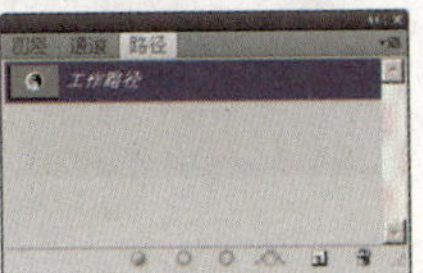

图12-48

图12-49

21 为八卦图像制作投影效果。单击“图层”面板下方的 fx.“添加图层样式”按钮，在弹出的下拉菜单中选择“投影”命令，对话框设置如图 12−50 所示，单击“确定”按钮，得到如图 12−51 所示的效果。

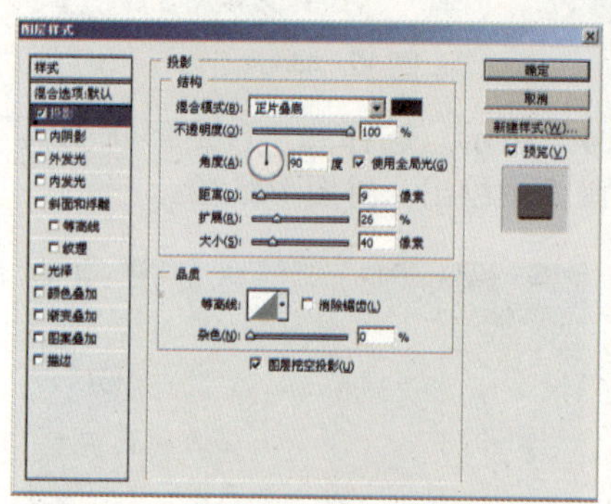

图 12−50

图 12−51

最终效果如图 12−52 所示。

图 12−52

13 铁艺彩纹图腾

背景采用彩玻璃效果，主图为铁艺图像，形成独特的欧洲风味。

操作步骤如下：

01 创建新文件。启动Photoshop CS4，选择菜单“文件”|“新建”命令（或按Ctrl+N组合键），在弹出的对话框中将“宽度”设置为15厘米，“高度”设置为10.5厘米，如图13-1所示，创建一个新文件。

02 新建一个图层并设置前景色和背景色。单击“图层”面板下方的“创建新图层”按钮，新建一个图层并命名为“01”，如图13-2所示。更改前景色和背景色为红色和蓝色，如图13-3所示。

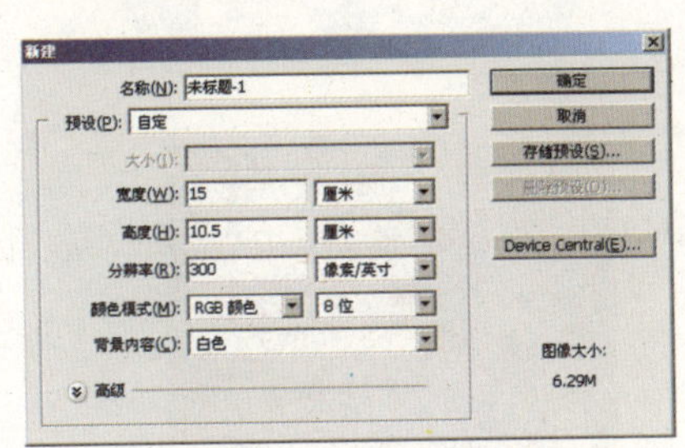

图13-1

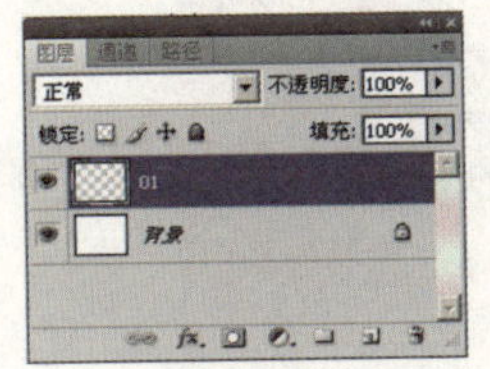

图13-2

图13-3

03 制作云彩图像。选择菜单“滤镜”|“渲染”|“云彩”命令，如图13-4所示，为图像增加云彩效果，效果如图13-5所示。

图13-4

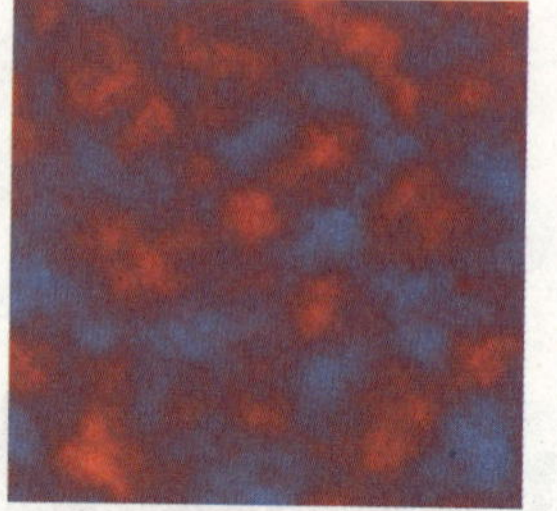

图13-5

04 制作半调图案效果。选择菜单“滤镜”|“素描”|“半调图案”命令，对话框设置如图13-6所示，单击“确定”按钮，得到如图13-7所示的效果。

05 再多次制作圆形图案。选择“椭圆选框工具”，在图中框选一个圆形选区，如图13-8所示。同样再执行“半调图案”命令，对话框设置如图13-9所示，单击“确定”按钮，得到如图13-10所示的效果。在图形中多次框选圆形选区，并按Ctrl+F组合键，执行上次滤镜命令的操作，得到如图13-11所示的效果。

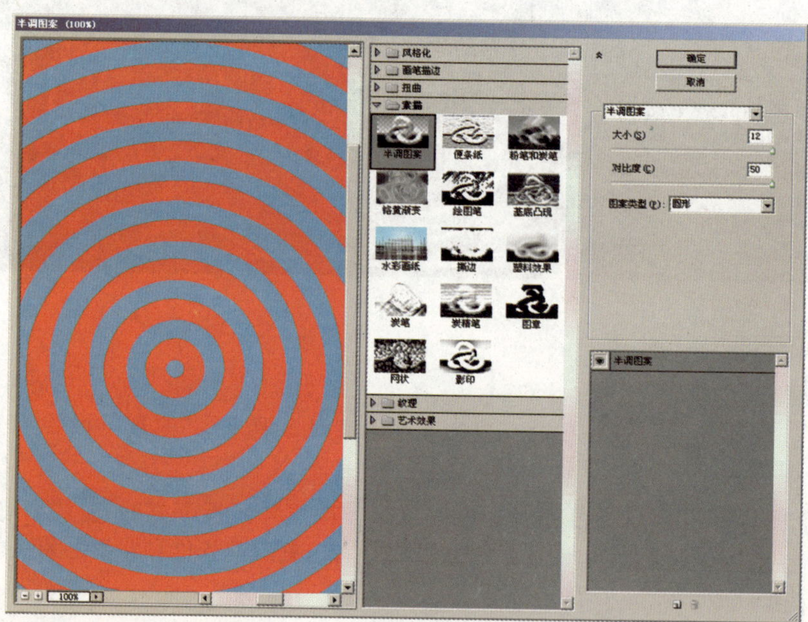

图13-6

图13-7

图13-8

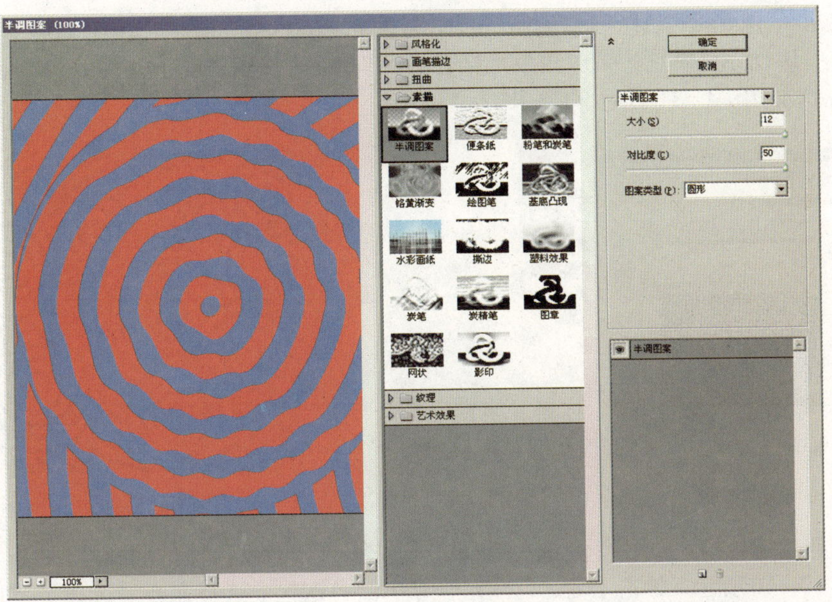

图13-9

图13-10

图13-11

06 调整图像的色相和饱和度。选择菜单“图像”|“调整”|“色相/饱和度”命令，对话框设置如图13-12所示，单击“确定”按钮，得到如图13-13所示的效果。

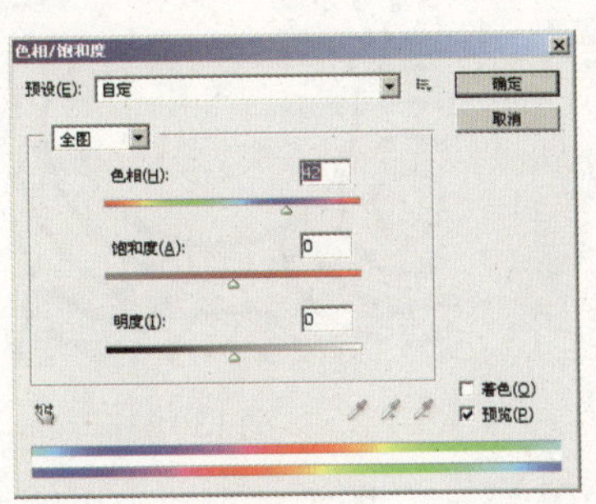

图13-12

图13-13

07 执行色彩范围命令选择选区范围。选择菜单“选择”|“色彩范围”命令，对话框设置如图13-14所示，用吸管吸取白色选区，单击“确定”按钮。按Delete键将选区内的颜色删除，得到如图13-15所示的效果。

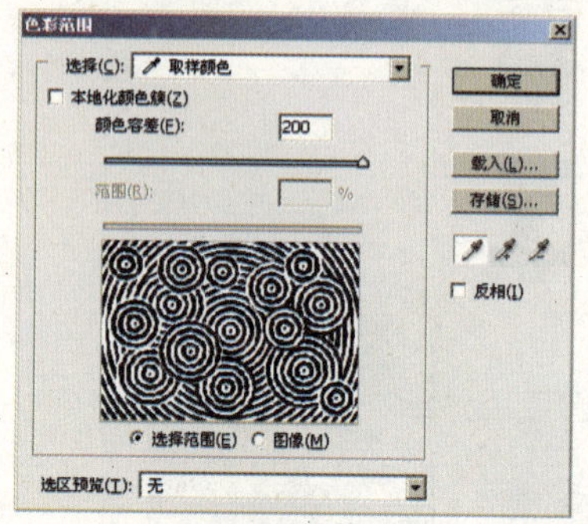
图13-14

图13-15

08 调整选区并删除所选图像。选择菜单“选择”|“修改”|“收缩”命令，对话框设置如图13-16所示，单击“确定”按钮，缩小白色选区。选择菜单“选择”|“反向”命令，如图13-17所示，将图形反选，然后再按Delete键将反选部分删除，得到如图13-18所示的效果。

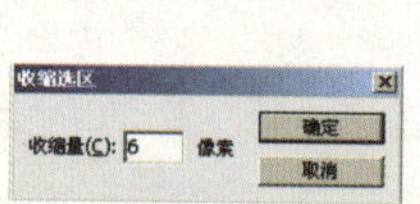
图13-16

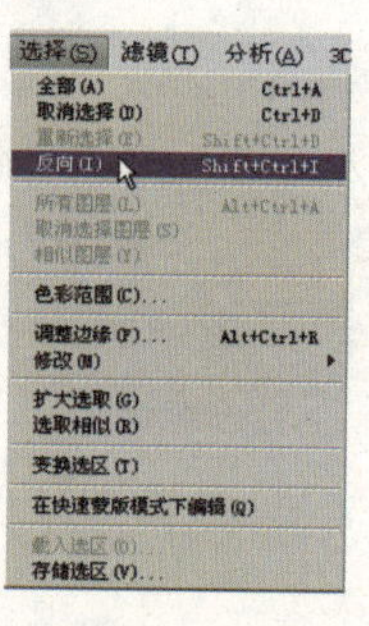
图13-17

图13-18

09 将选区边缘描边。选择“椭圆选框工具”，在图形中框选出中央的圆形，并按Delete键删除，如图13-19所示。选择菜单“编辑”|“描边”命令，对话框设置如图13-20所示，单击“确定”按钮，得到如图13-21所示的效果。

图13-19

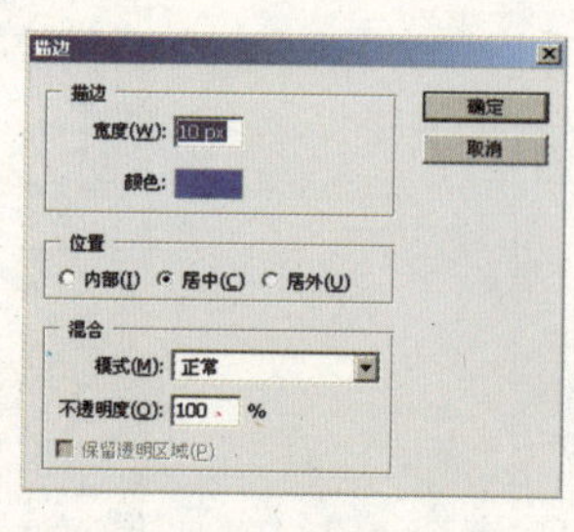
图13-20

图13-21

10 输入文字。选择T“横排文字工具”，工具栏设置如图13-22所示，在圆中央输入文字，如图13-23所示。选择文字图层单击鼠标右键，在弹出的快捷菜单中选择“栅格化文字”

命令，将文字栅格化，如图 13－24 所示。

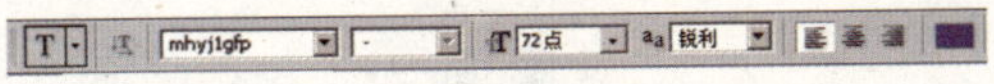

图 13–22

图 13–23

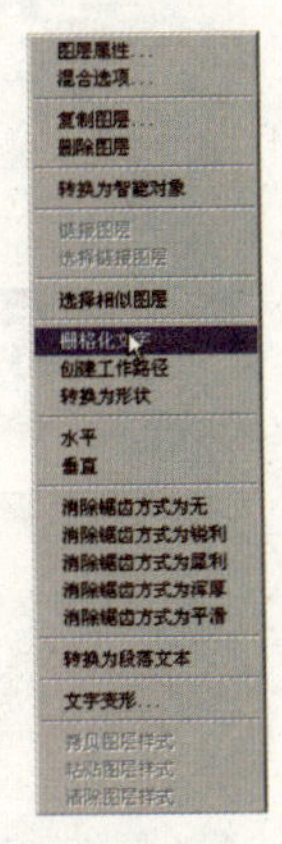

图 13–24

11 合并图层并载入图层选区。单击“图层”面板右侧的小三角按钮，在弹出的菜单中选择“向下合并”命令，如图 13–25 所示，然后载入合并后的图层选区，如图 13–26 所示。

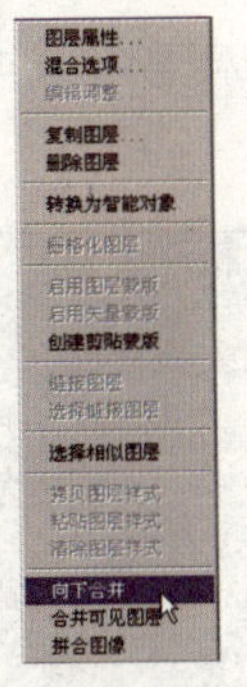

图 13–25

图 13–26

12 制作渐变色彩图像。选择“渐变工具”，工具栏设置如图 13–27 所示，在图形中拖拽出渐变颜色，得到如图 13–28 所示的效果。

图 13–27

图 13–28

13 制作光照效果图像。选择菜单“滤镜”|“渲染”|“光照效果”命令，对话框设置如图 13–29 所示，单击“确定”按钮，得到如图 13–30 所示的效果。

14 再制作出各种色彩的渐变图形。新建一个图层并命名为“02”，如图 13–31 所示。选择“渐变工具”，工具栏设置如图 13–32 所示。然后在“色板”面板中选择颜色，如图 13–33 所示。在图像中拖拽出渐变颜色，如图 13–34 所示。

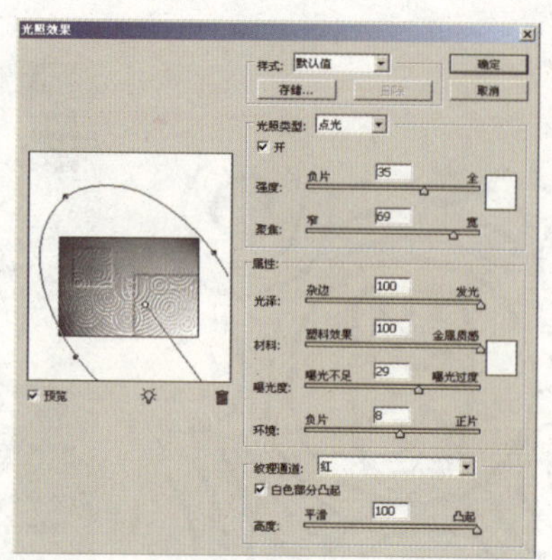

图 13–29

图 13–30

图 13–31

图 13–32

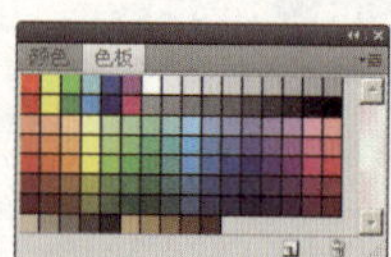

图 13–33

15 制作海报边缘图像。选择菜单“滤镜”|“艺术效果”|“海报边缘”命令，对话框设置如图 13–35 所示，单击“确定”按钮，得到如图 13–36 所示的效果。再次选择菜单“海报边缘”命令，对话框设置如图 13–37 所示，单击“确定”按钮，得到如图 13–38 所示的效果。

图 13–34

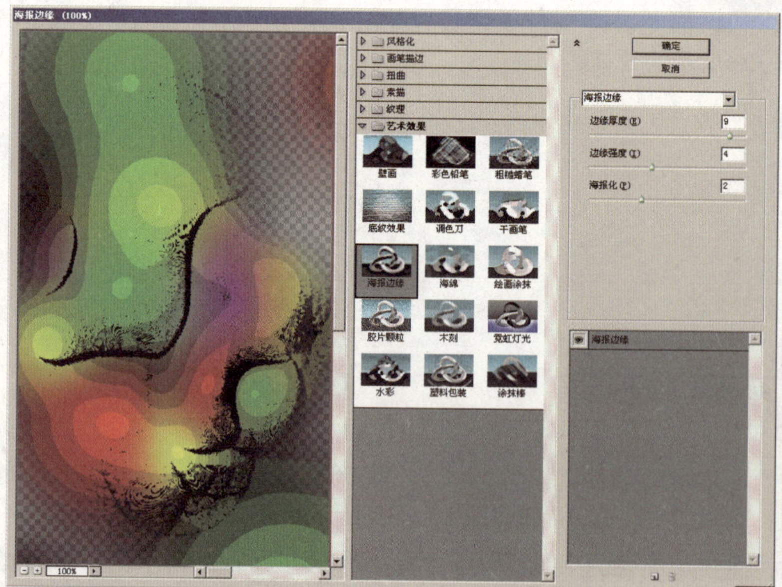

图 13–35

图 13–36

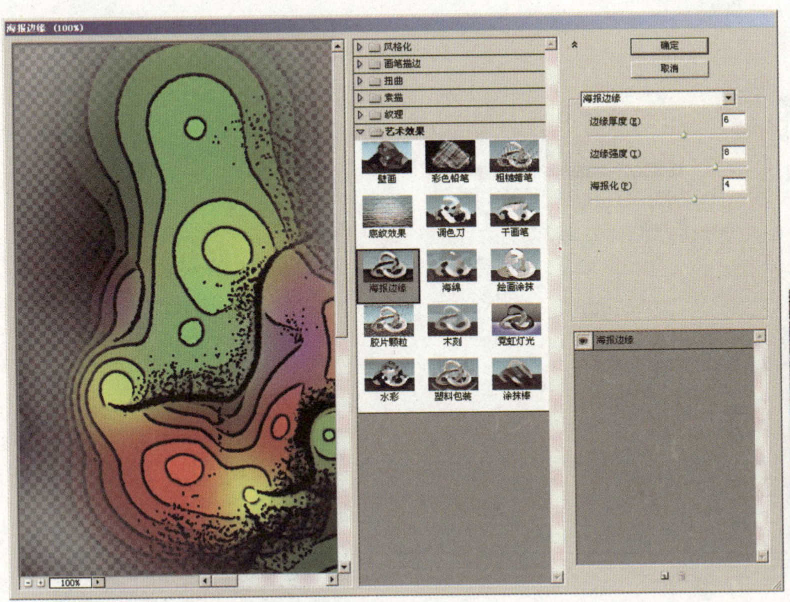

图 13–37

图 13–38

16 将图像扭曲成海洋波纹效果。选择菜单“滤镜”|“扭曲”|“海洋波纹”命令，对话框设置如图 13–39 所示，单击“确定”按钮，得到如图 13–40 所示的效果。

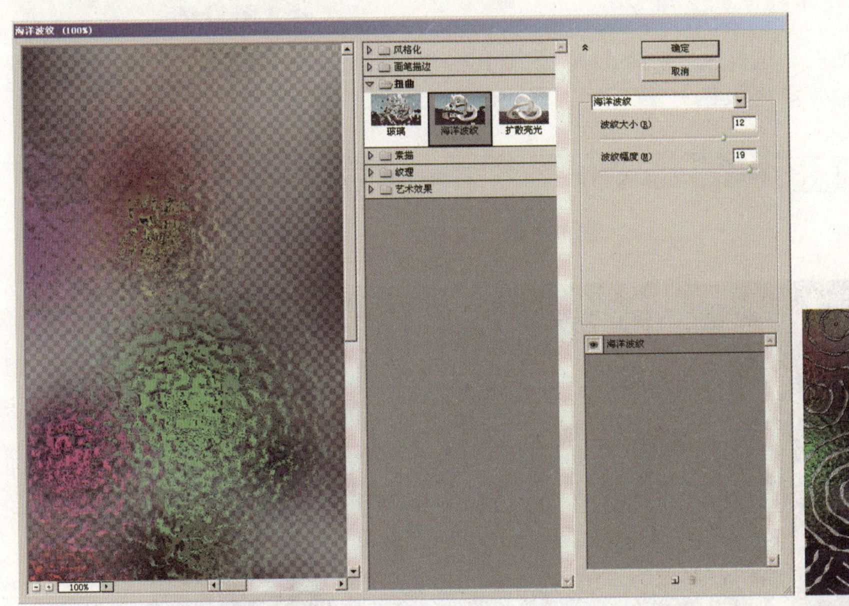

图 13–39

图 13–40

17 调整图像的亮度和对比度。选择“01”图层，如图 13–41 所示。选择菜单“图像”|“调整”|“亮度 / 对比度”命令，对话框设置如图 13–42 所示，单击“确定”按钮，得到如图 13–43 所示的效果。

18 制作图像投影。单击“图层”面板下方的 “添加图层样式”按钮，在弹出的下拉菜单中选择“投影”命令，对话框设置如图 13–44 所示，单击“确定”按钮，得到如图 13–45所示的效果。

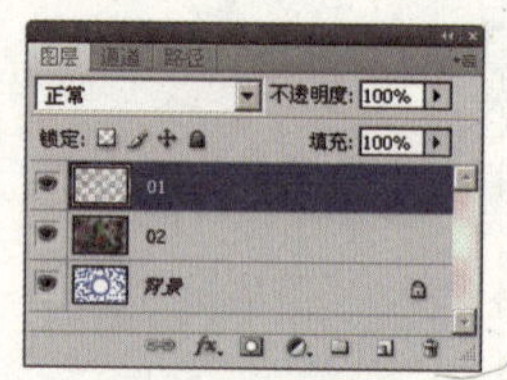

图 13-41

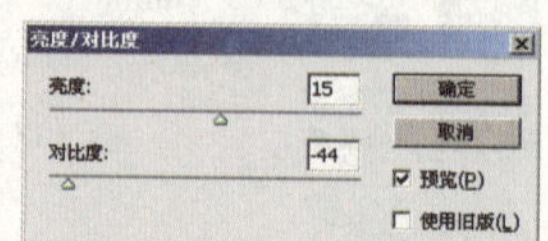

图 13-42

图 13-43

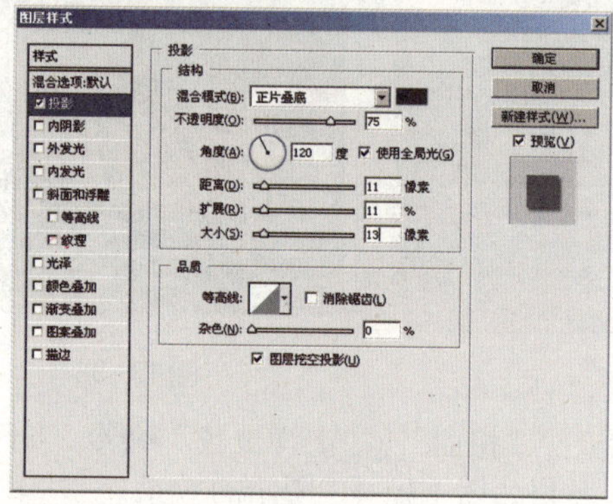

图 13-44

图 13-45

19 制作图像局部的亮度。选择“减淡工具”，工具栏设置如图 13-46 所示，在图像中涂抹出受光部分的亮度，最终效果如图 13-47 所示。

图 13-46

图 13-47

14 龙纹古壁

在遍布苔藓、散发着远古气息、弥漫着无数神奇故事的古壁背景下创作出的纹理特效。

操作步骤如下：

01 创建新文件。启动Photoshop CS4，选择菜单"文件"|"新建"命令（或按Ctrl+N组合键），在弹出的对话框中将"宽度"设置为15厘米，"高度"设置为10.5厘米，如图14-1所示，创建一个新文件。

02 建立图层并设置颜色。单击"图层"面板下方的"创建新图层"按钮，新建一个图层并命名为"01"，如图14-2所示。更改前景色和背景色为墨绿色和土黄色，如图14-3所示。

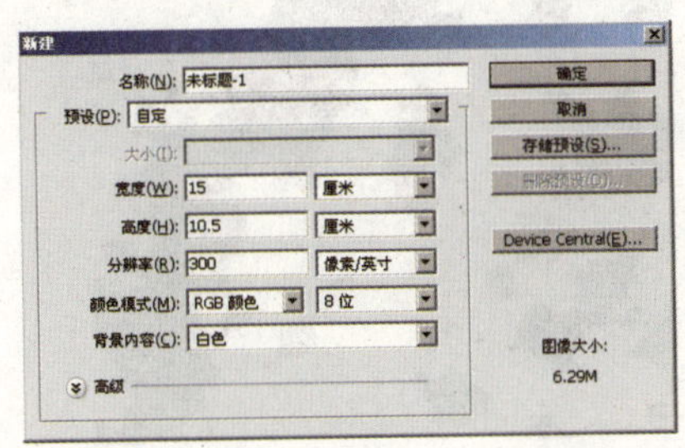

图14-1

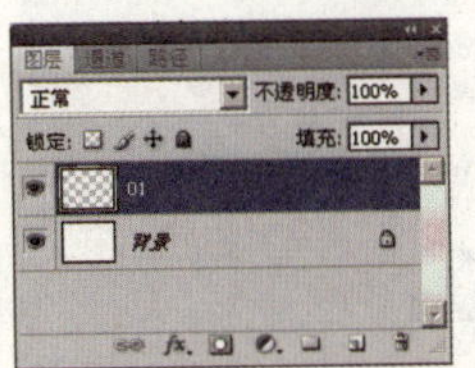

图14-2

图14-3

03 制作云彩图像。选择菜单“滤镜”|“渲染”|“云彩”命令，如图14－4所示，得到如图14－5所示的效果。复制“01”图层，得到“01副本”图层，如图14－6所示。

图14－4

图14－5

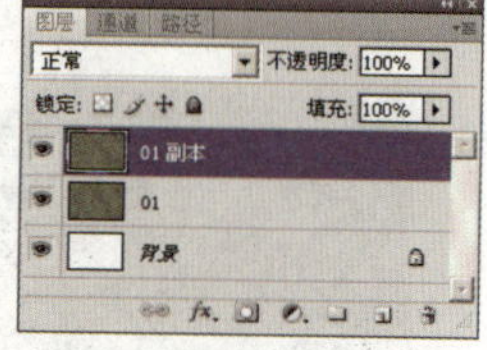

图14－6

04 调整色彩使图像色调均化。选择菜单“图像”|“调整”|“色调均化”命令，如图14–7所示，得到如图14–8所示的效果。

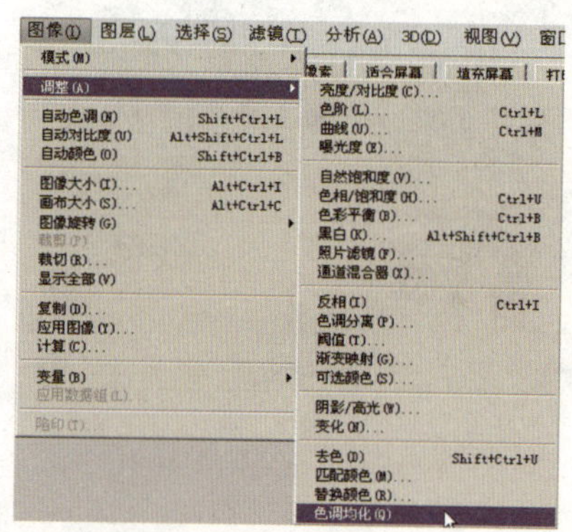

图14–7

图14–8

05 调整图像色彩。选择菜单“图像”|“调整”|“阈值”命令，对话框设置如图14－9所示，单击“确定”按钮，得到如图14－10所示的效果。

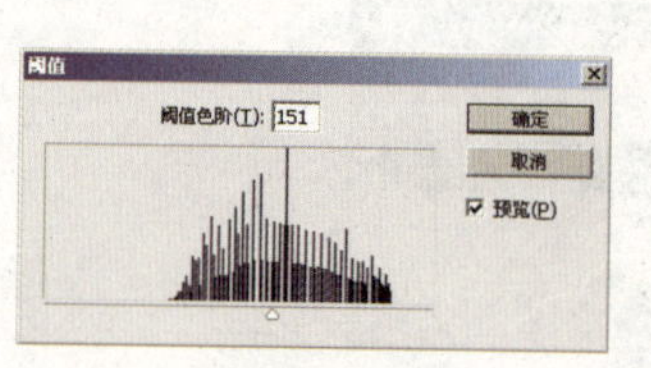

图14–9

图14–10

06 调整图像的亮度和对比度。选择“01”图层，如图14－11所示。选择菜单“图像”|“调整”|“亮度／对比度”命令，对话框设置如图14－12所示，单击“确定”按钮，得到如图14－13所示的效果。

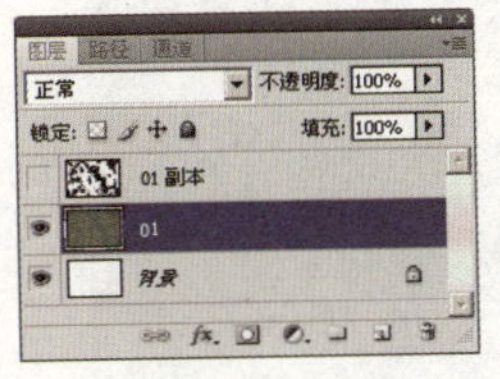

图14－11

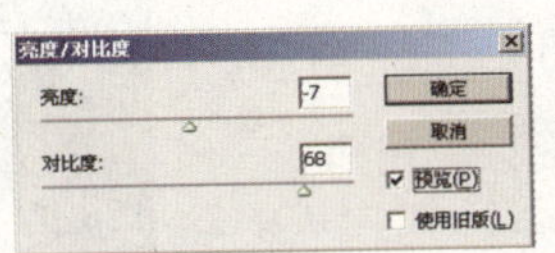

图14－12

图14－13

07 制作光照效果的图像。选择菜单“滤镜”|“渲染”|“光照效果”命令，对话框设置14－14所示，单击“确定”按钮，得到如图14－15所示的效果。

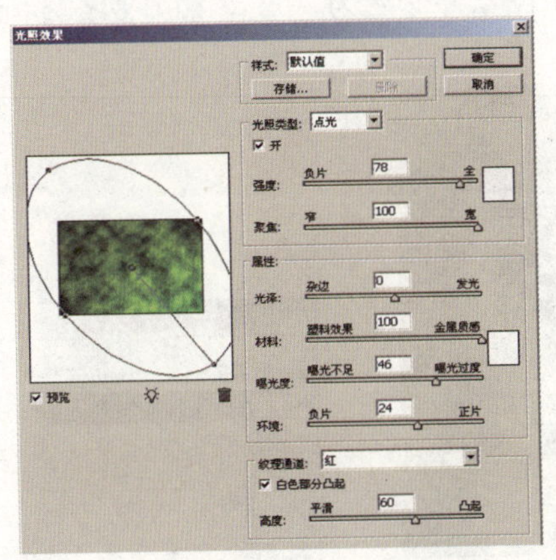

图14－14

图14－15

08 将图像复制到通道中。选择“01副本”图层，并复制此图层中的图像，进入“通道”面板，新建“Alpha1”通道，将复制的图层粘贴到此通道，如图14－16所示，得到如图14－17所示的效果。进入“图层”面板并选择“01”图层，如图14－18所示。

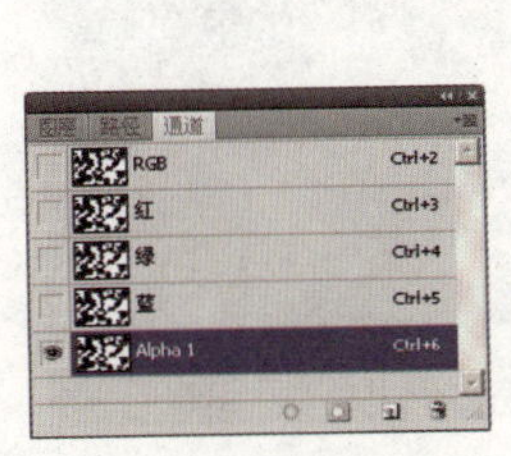

图14－16

图14－17

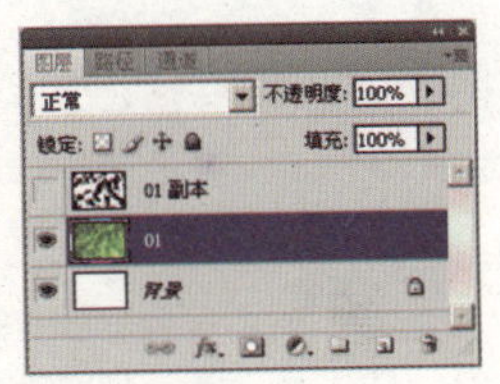

图14－18

09 利用通道中的图像制作光照效果。选择菜单“滤镜”|“渲染”|“光照效果”命令，对话框设置如图14-19所示，单击“确定”按钮，得到如图14-20所示的效果。

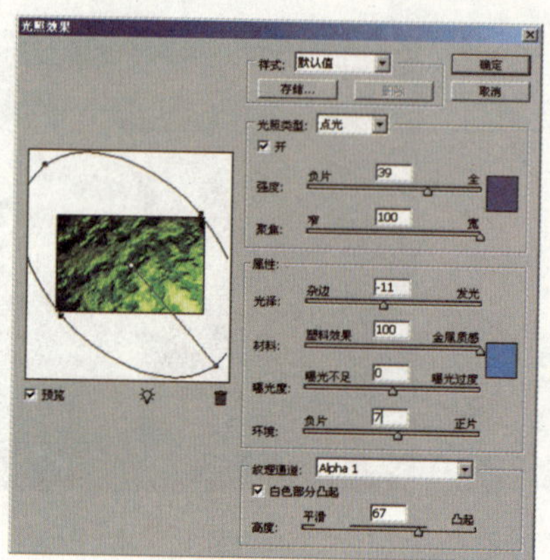

图14-19

图14-20

10 改变图层的混合模式。选择“01副本”图层，更改此图层的混合模式为“柔光”，如图14-21所示，效果如图14-22所示。新建一个图层并命名为“02”，如图14-23所示。

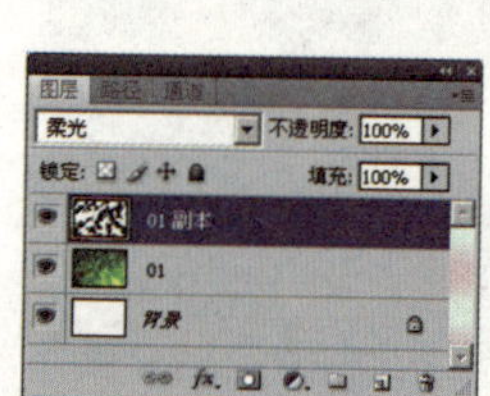

图14-21

图14-22

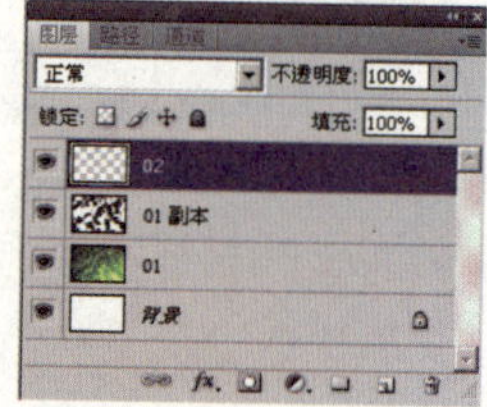

图14-23

11 制作云彩图像。更改前景色和背景色为黑色和白色，如图14-24所示。选择菜单“滤镜”|“渲染”|“云彩”命令，如图14-25所示，得到如图14-26所示的效果。

图14-24

图14-25

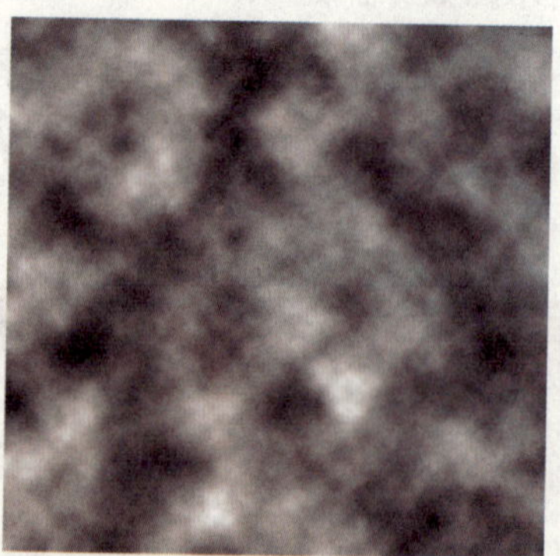

图14-26

12 制作木刻效果图像。选择菜单“滤镜”|“艺术效果”|“木刻”命令，对话框设置如图14-27所示，单击“确定”按钮，得到如图14-28所示的效果。

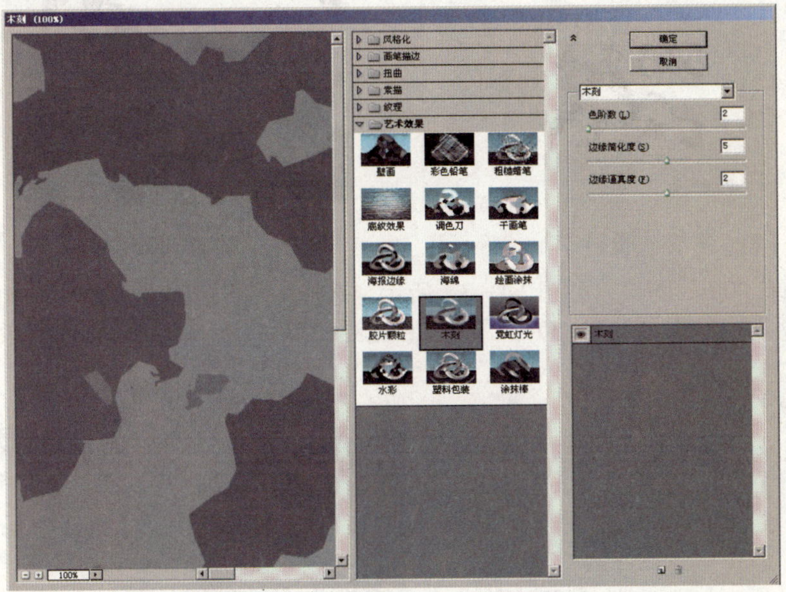

图14-27

图14-28

13 制作便条纸效果图像。选择菜单“滤镜”|“素描”|“便条纸”命令，对话框设置如图14-29所示，单击“确定”按钮，得到如图14-30所示的效果。

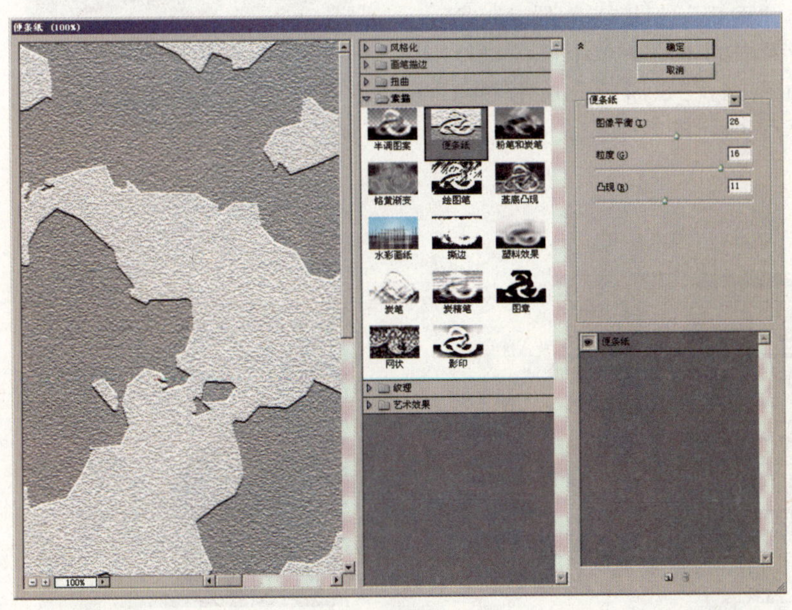

图14-29

图14-30

14 执行色彩范围操作。选择“01 副本”图层，如图14-31所示。选择菜单“选择”|“色彩范围”命令，对话框设置如图14-32所示，用吸管点选白色选区并按Delete键将选区内的颜色删除，效果如图14-33所示。

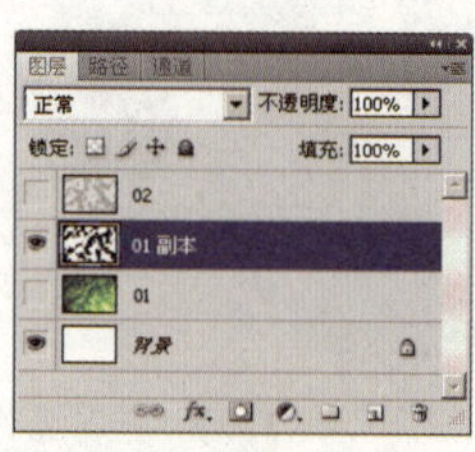

图14-31

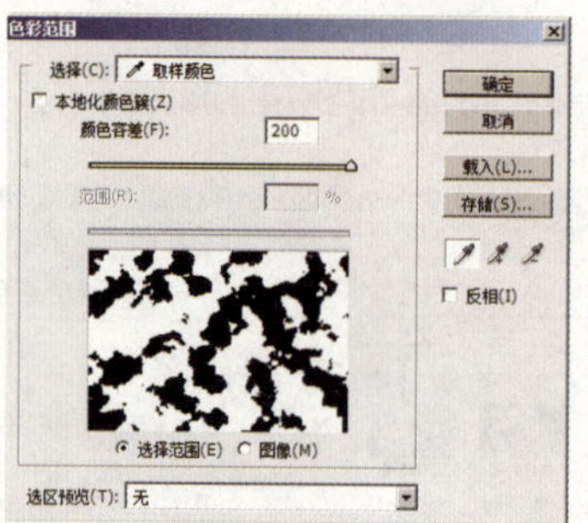

图14-32

图14-33

15 制作多边形图形。选择“02”图层，如图14-34所示。选择“多边形套索工具”，工具栏设置如图14-35所示，参照如图14-36所示框选出选区，然后按Delete键将选区删除。

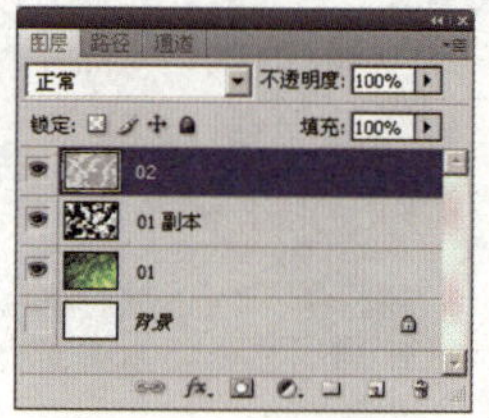

图14-34

图14-35

图14-36

16 调整图像的色彩平衡。选择菜单“图像”|“调整”|“色彩平衡”命令，对话框设置及效果如图14-37所示。

17 制作图像投影。单击“图层”面板下方的“添加图层样式”按钮，在弹出的下拉菜单中选择“投影”命令，对话框设置如图14-38所示，单击“确定”按钮，得到如图14-39所示的效果。

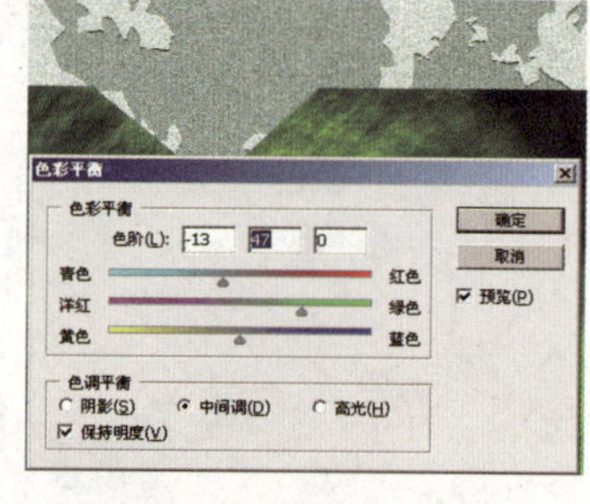

图14-37

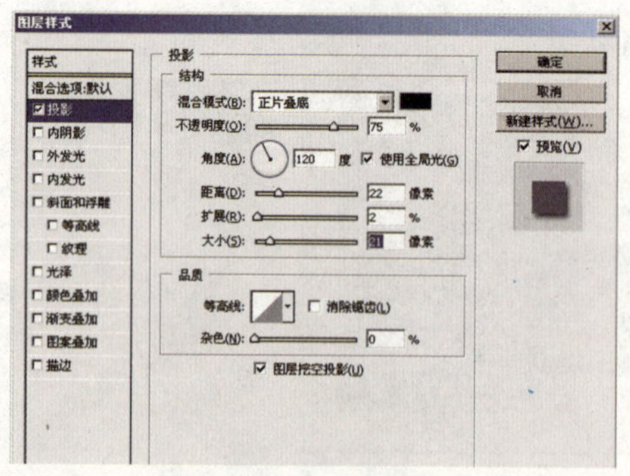

图14-38

图14-39

18 制作斜面和浮雕图像效果。单击“图层”面板下方的“添加图层样式”按钮，在弹出的下拉菜单中选择“斜面和浮雕”命令，对话框设置如图14-40所示，单击“确定”按钮，得到如图14-41所示的效果。

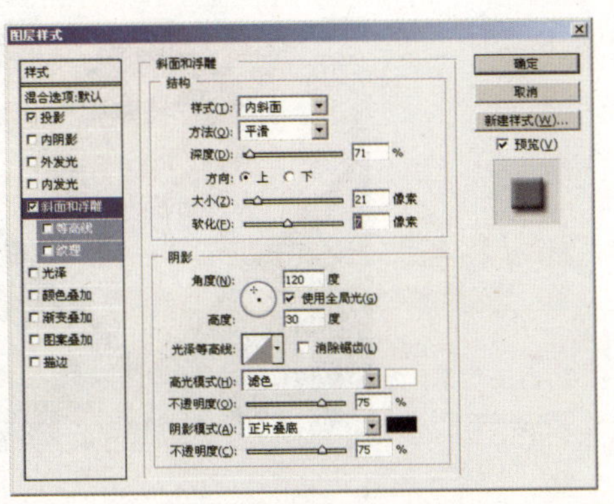

图 14-40

图 14-41

19 绘制圆形选区。选择◯"椭圆选框工具"，工具栏设置如图 14-42 所示，框选出一个圆形选区，并按Delete键将选区删除。再参照上一步制作"斜面和浮雕"效果的方法，制作出圆的斜面和浮雕效果，如图 14-43 所示。

图 14-42

图 14-43

20 为图像添加渐变映射效果。选择"01 副本"图层，如图 14-44 所示。选择菜单"图像"|"调整"|"渐变映射"命令，对话框设置如图 14-45 所示，单击"确定"按钮，得到如图 14-46 所示的效果。

图 14-44

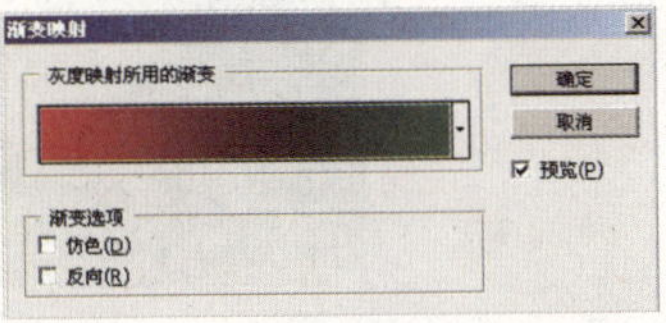

图 14-45

图 14-46

21 制作圆形图像。新建一个图层并命名为"03"，并将"03"图层放在"02"图层的下方，如图 14-47 所示。选择◯"椭圆选框工具"，工具栏设置如图 14-48 所示，参照如图 14-49 所示框选出圆形选区，并填充蓝色。

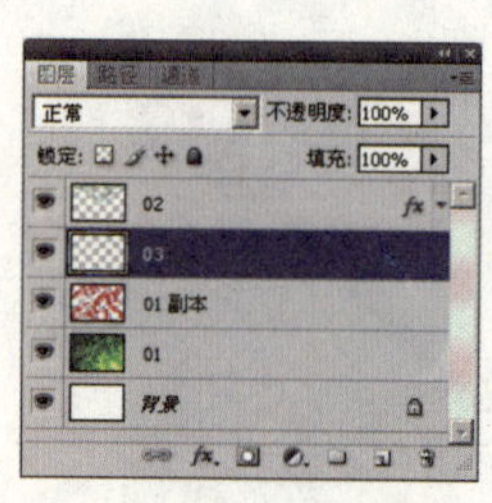

图14-47

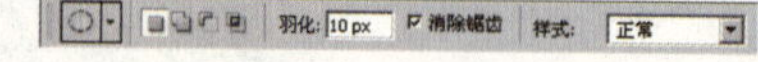

图14-48

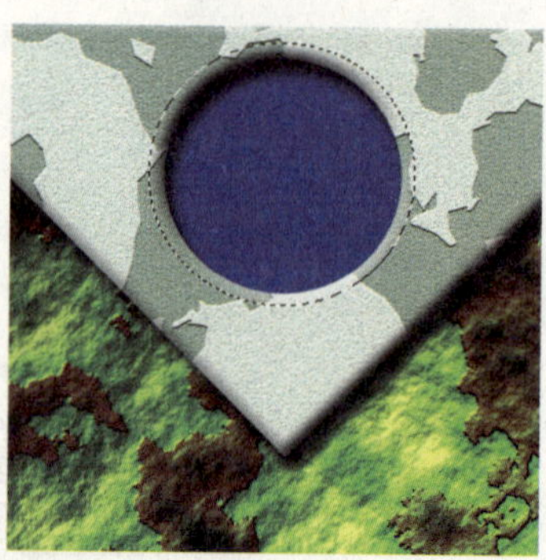

图14-49

22 制作渐变色彩效果。在圆内部再框选出圆形选区，并按Delete键将蓝色删除，如图14-50所示。选择“渐变工具”，工具栏设置如图14-51所示，参照如图14-52所示，先从下到上拖拽出由透明到亮灰色的渐变颜色，然后再从上到下拖拽出由亮灰色到透明的渐变颜色。

23 载入图像。用椭圆选框工具在图中框选出椭圆选框，再按Delete键将选区删除，如图14-53所示。打开随书光盘中“外用图\1401.tif”的文件，如图14-54所示。

图14-50

图14-51

图14-52

图14-53

24 放大图像并改变图层的混合模式。将素材图像拖入制作文件中，得到“图层1”，按Ctrl+T组合键调出自由变换控制框将图像放大，如图14-55所示。在“图层”面板中选择“图层1”，更改其混合模式为“线性加深”，如图14-56所示。

25 为图像制作斜面和浮雕效果。单击“图层”面板下方的 fx.“添加图层样式”按扭，在弹出的下拉菜单中选择“斜面和浮雕”命令，对话框设置如图 14-57 所示，单击“确定”按钮，得到如图 14-58 所示的效果。

图 14-54

图 14-55

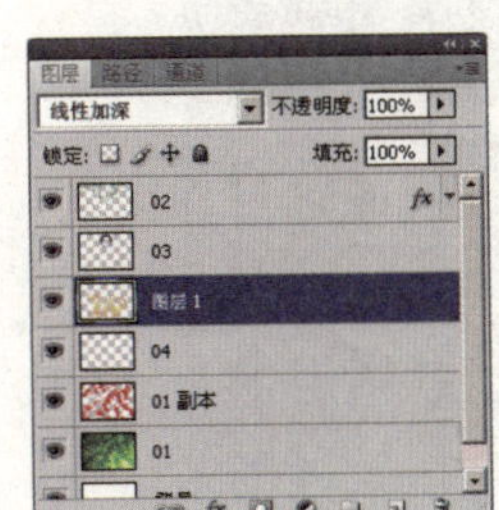

图 14-56

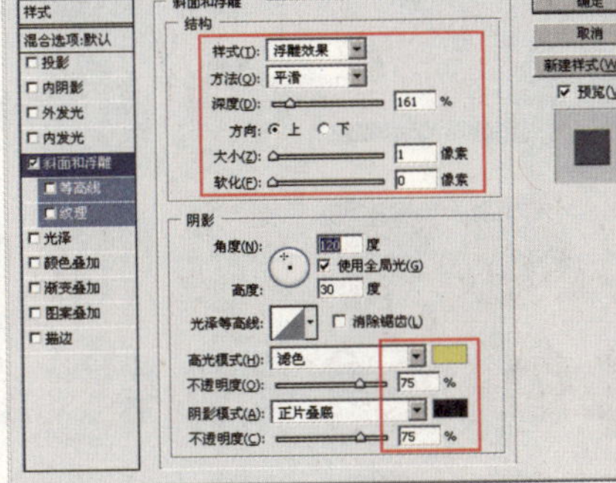

图 14-57

图 14-58

最终效果如图 14-59 所示。

图 14-59

15 网孔板图腾

小的网孔板上铺盖着大的网孔板，形成了多层空间的立体效果，用这种纹理特效可以表现多层关系的事物，如网络、科技、电讯等。

操作步骤如下：

01 创建新文件。启动Photoshop CS4，选择菜单“文件”|“新建”命令，（或按Ctrl+N组合键），在弹出的对话框中将“宽度”设置为15厘米，“高度”设置为10.5厘米，如图15-1所示，创建一个新文件。

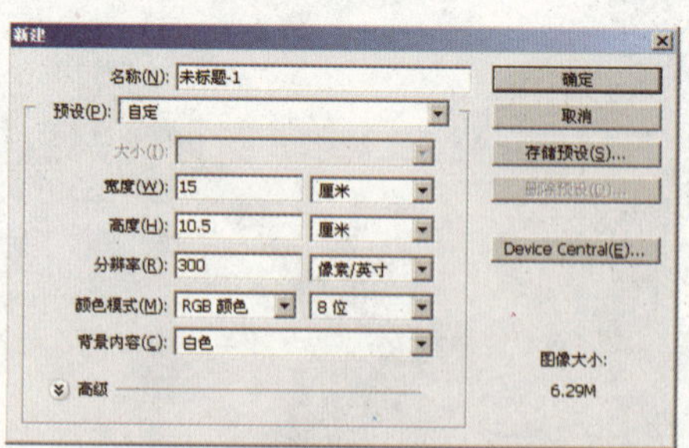

图15-1

02 新建一个图层并设置颜色。单击“图层”面板下方的“创建新图层”按钮，新建一个图层并命名为“01”，如图15-2所示。更改前景色的颜色值为R：191/G：187/B：187，对话框设置如图15-3所示，单击“确定”按钮，为“01”图层填充前景色，如图15-4所示。

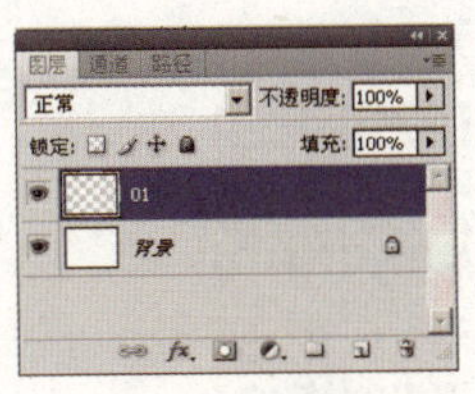

图15-2

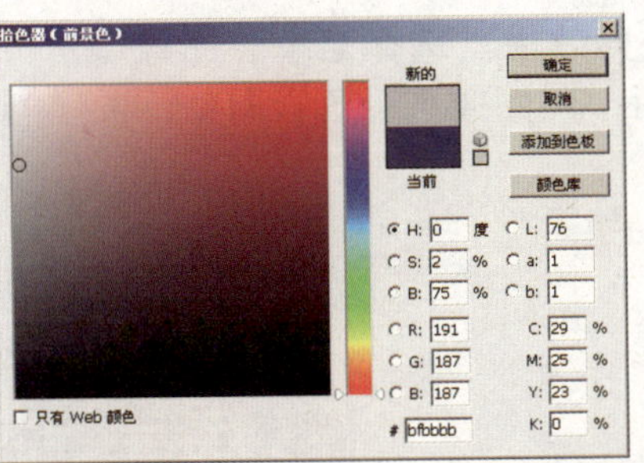

图15-3

图15-4

03 转换文件模式。选择菜单“图像”|“模式”|“灰度”命令，如图15-5所示，转换图像模式。然后选择菜单“图像”|“模式”|“位图”命令，如图15-6所示，把灰度图转换为位图。

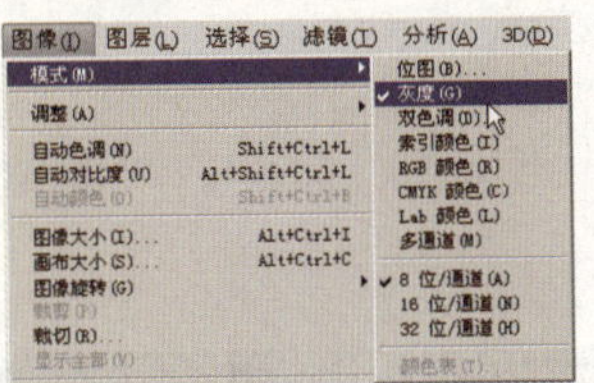

图15-5

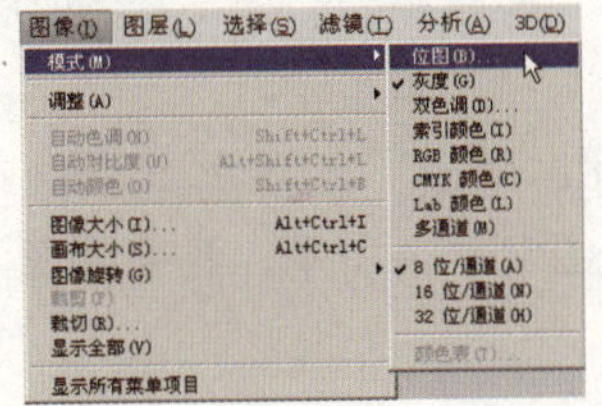

图15-6

04 制作网点图像。在打开的“位图”对话框中进行如图15-7和图15-8所示的设置，单击“确定”按钮，得到如图15-9所示的效果。

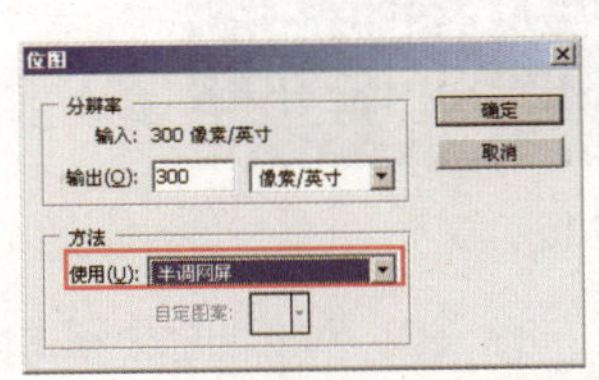

图15-7

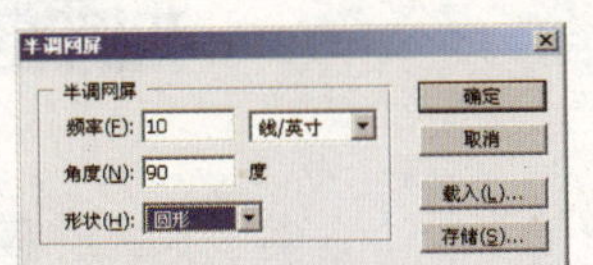

图15-8

图15-9

05 将文件再次转化到RGB模式。选择菜单“图像”|“模式”|“灰度”命令，如图15-10所示。选择菜单“图像”|“模式”|“RGB颜色”命令，将图形转换格式，如图15-11所示。

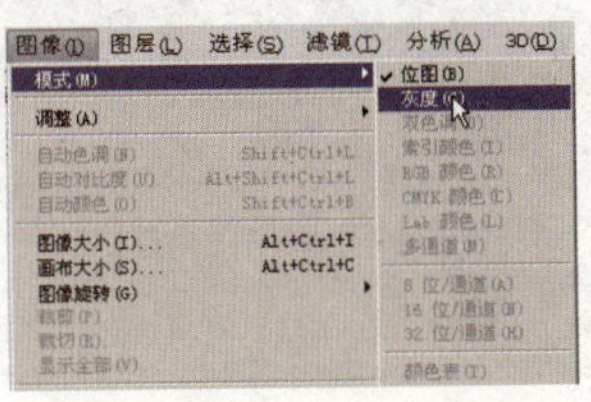

图15-10

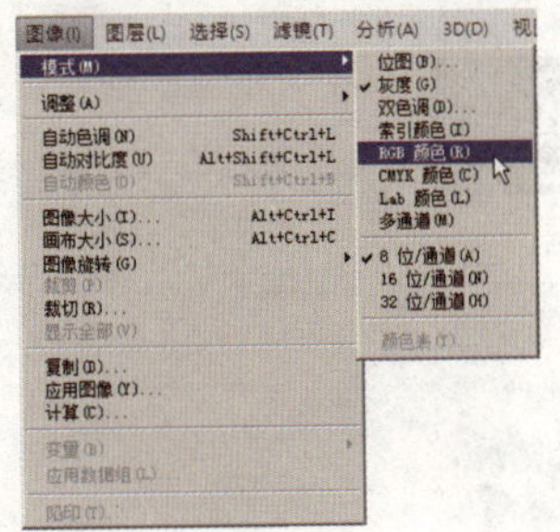

图15-11

06 调整图像色彩添加渐变映射效果。选择菜单“图像”|“调整”|“渐变映射”命令，对话框设置如图15-12所示，对图像进行色彩调整，单击“确定”按钮，得到如图15-13所示的效果。

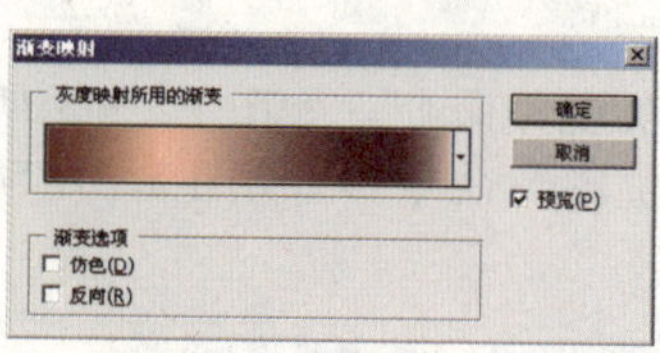

图15-12

图15-13

07 将图像色彩反相。选择菜单“图像”|“调整”|“反相”命令，对图像颜色进行反相处理，如图15-14所示，效果如图15-15所示。

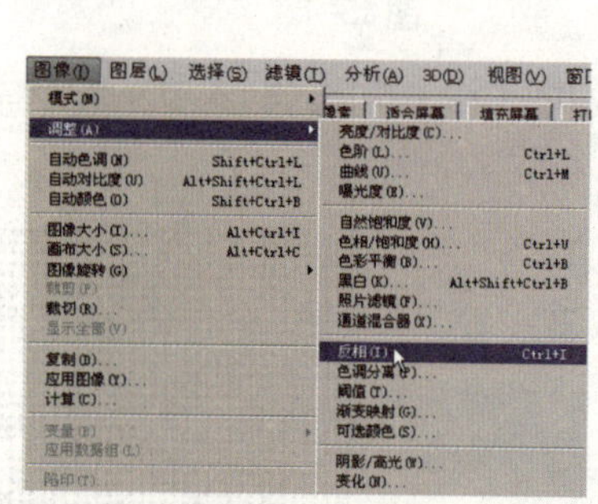

图15-14

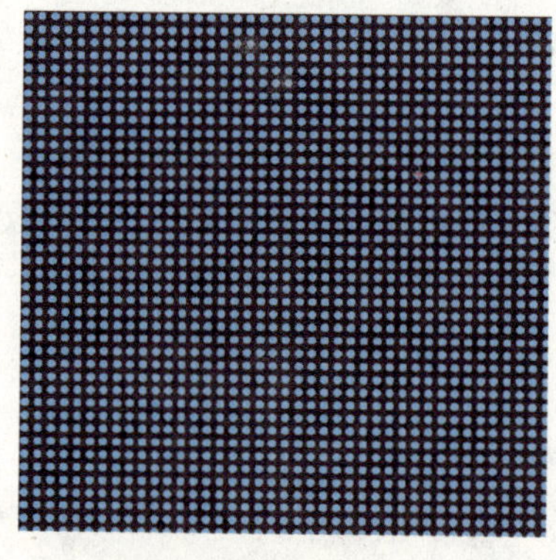

图15-15

08 制作光照效果。选择菜单“滤镜”|“渲染”|“光照效果”命令，对话框设置如图15-16所示，单击“确定”按钮，得到如图15-17所示的效果。

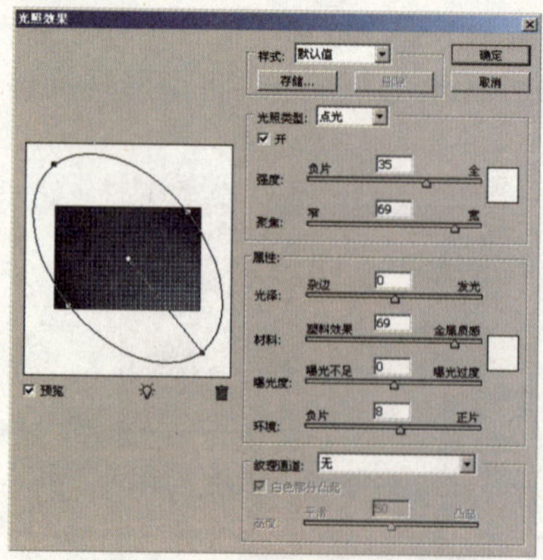

图15-16

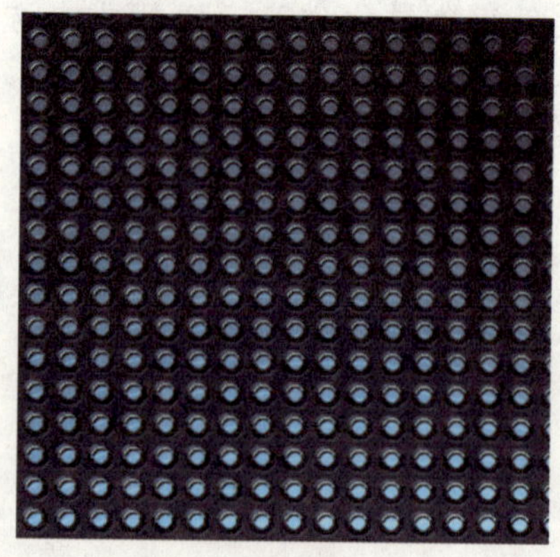

图15-17

09 调整图像的色相和饱和度。选择菜单“图像”|“调整”|“色相/饱和度”命令，对话框设置如图15－18所示，单击“确定”按钮。在“图层”面板中复制“背景”图层，得到“背景副本”图层，将其命名为“01”，如图15-19所示。

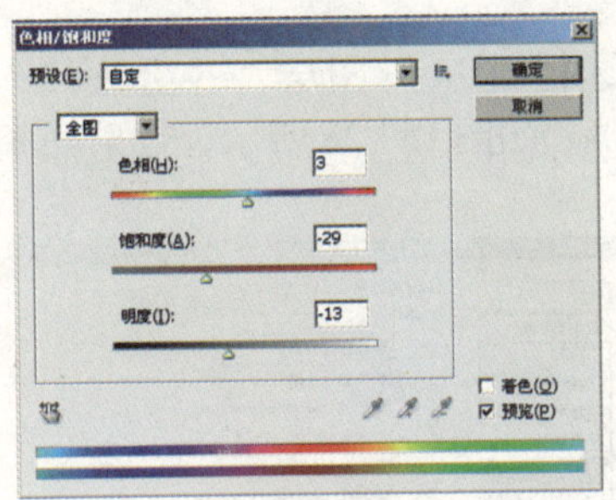

图15-18

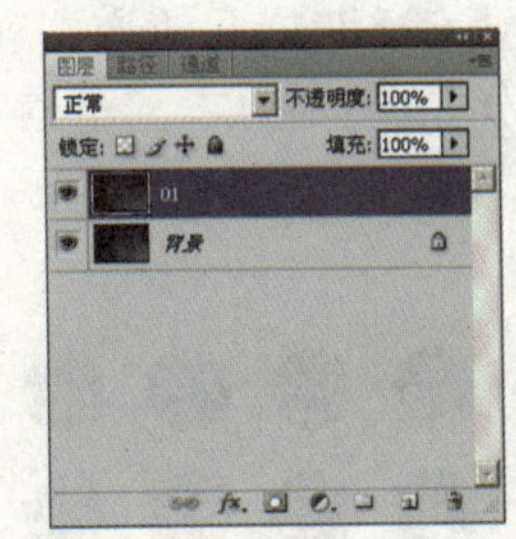

图15-19

10 再次制作网点图像。选择菜单“图像”|“模式”|“位图”命令，把灰度图转换为位图，对话框设置如图15-20所示，单击“确定”按钮，得到如图15-21所示的效果。

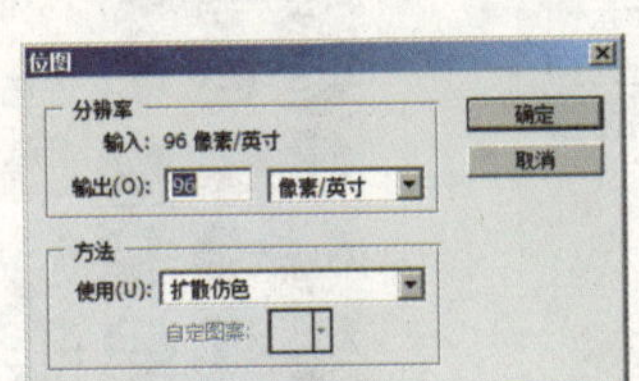

图15-20

图15-21

11 使用色彩范围命令选择色彩范围。选择菜单“选择”|“色彩范围”命令，对话框设置如图15-22所示，参照如图15-23所示选出白网点，并按Delete键将网底删除，得到如图15-24所示的效果。

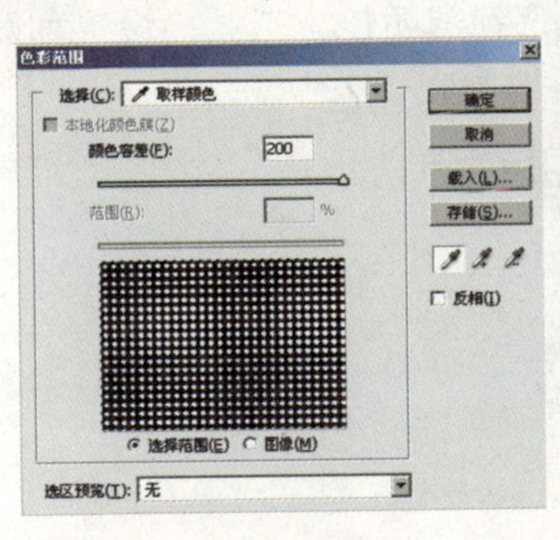

图15-22

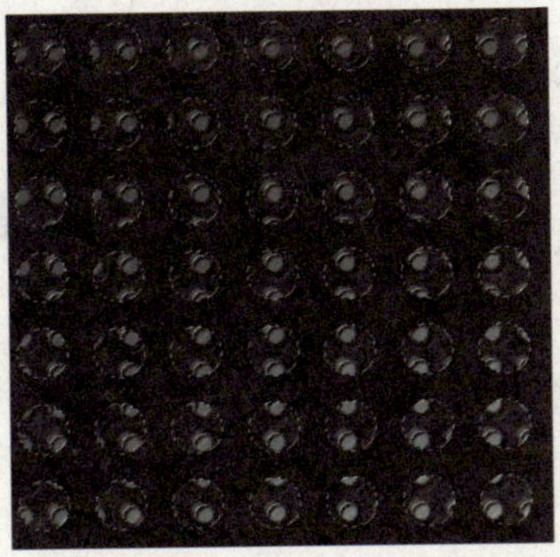

图15-23

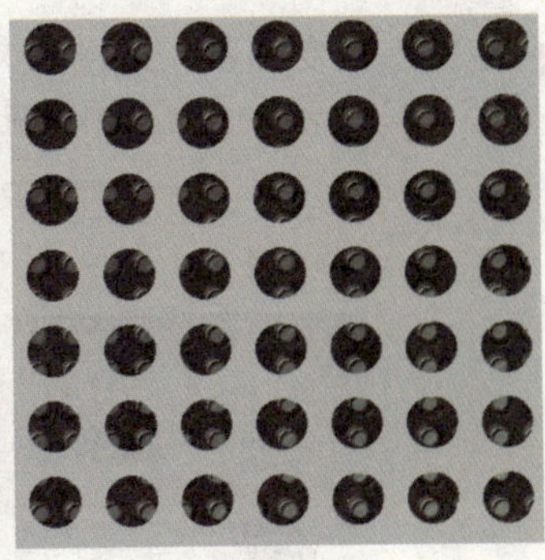

图15-24

12 制作斜面和浮雕效果图像。按 Ctrl + T 组合键调出自由变换控制框把图形拉大，效果如图 15−25 所示。单击“图层”面板下方的 fx “添加图层样式”按钮，在弹出的下拉菜单中选择“斜面和浮雕”命令，对话框设置如图 15−26 所示，单击“确定”按钮，得到如图 15−27 所示的效果。

13 调整图层不透明度并改变图层的混合模式。选择“01”图层，并更改“01”图层的混合模式为“正片叠底”，“不透明度”的值为75%，如图 15−28 所示，效果如图 15−29 所示。

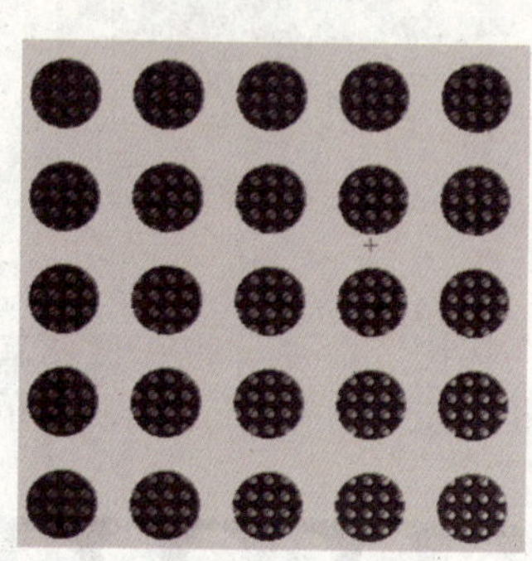

图 15−25

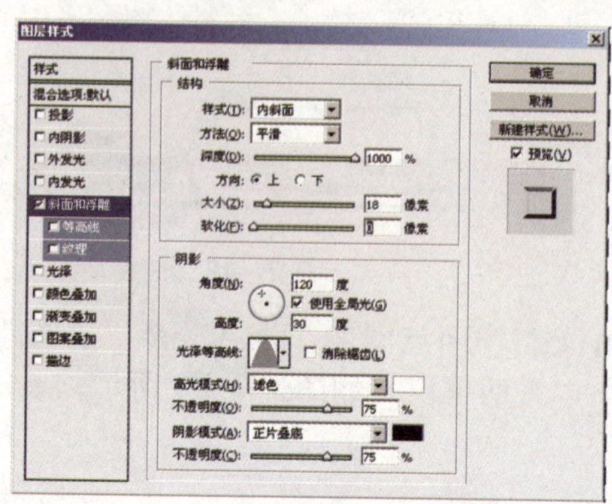

图 15−26

图 15−27

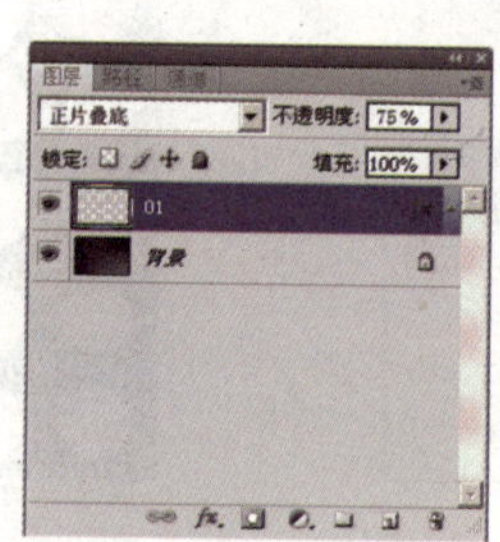

图 15−28

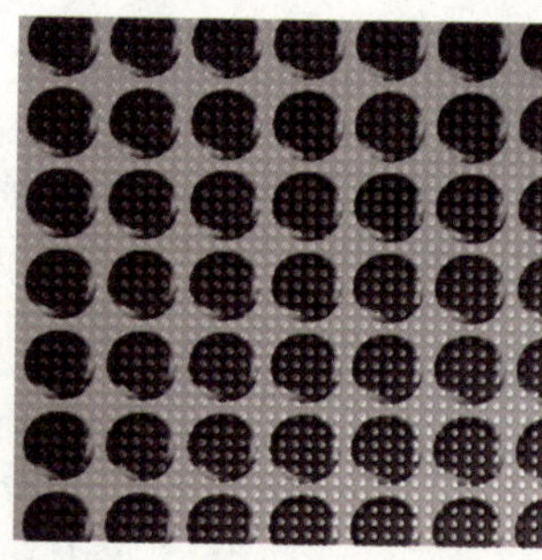

图 15−29

14 制作自定义图形。选择“自定形状工具”，工具栏设置如图 15−30 所示，在图形中拉出此图案。选择“01”图层并单击鼠标右键，在弹出的快捷菜单中选择“栅格化图层”命令，将图层栅格化，如图 15−31 所示。

15 拖拉出渐变颜色。选择“渐变工具”，设置渐变颜色由白色到透明色，工具栏设置如图 15−32 所示，在图形中拖拽出渐变颜色，效果如图 15−33 所示。

形状: 样式: 颜色:

图 15−30

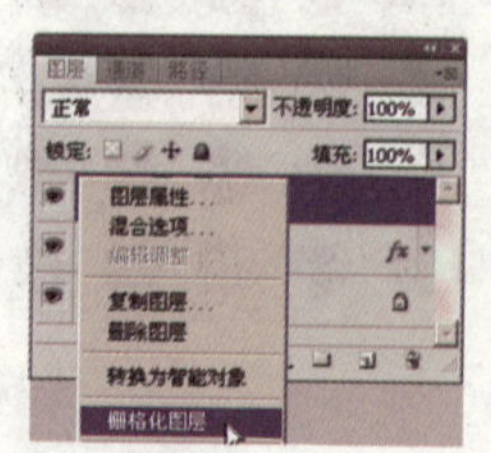

图 15−31

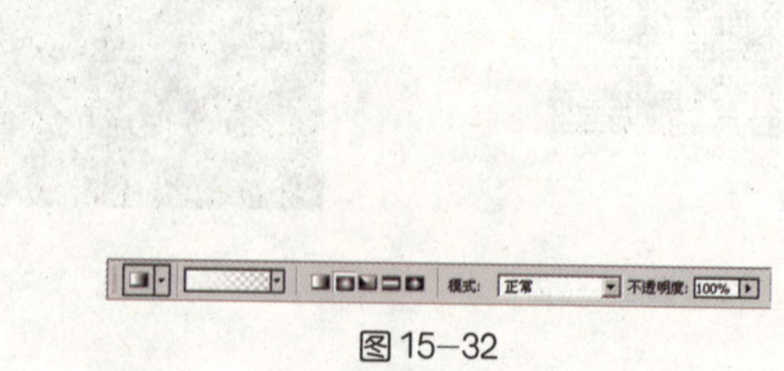

图 15−32

16 确定选区并调整图像的亮度和对比度。为使图形具有立体效果，参照如图 15-34 所示，在图形中圈出一个类似于原图形的图形空框，然后选择菜单“选择”|“反向”命令，如图 15-35 所示，将图形反选，再选择菜单“图像”|“调整”|“亮度/对比度”命令，对话框设置如图 15-36 所示，单击“确定”按钮，调整选区图像的亮度对比度。

17 修饰受光面的亮度。选择“减淡工具”，工具栏设置如图 15-37 所示，参照如图 15-38 和图15-39所示涂抹出图形的受光部分。

图 15-33

图 15-34

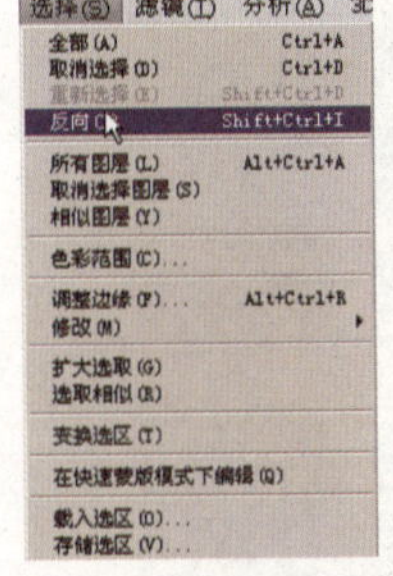

图 15-35

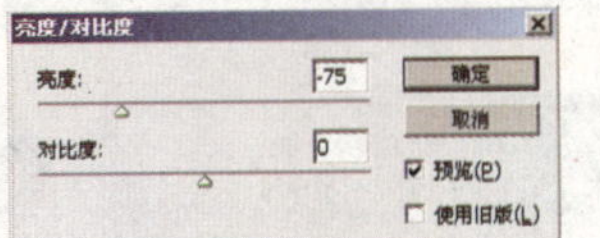

图 15-36

图 15-37

图 15-38

图 15-39

18 制作图像投影效果。单击“图层”面板下方的“添加图层样式”按钮，在弹出的下拉菜单选择“投影”命令，对话框设置如图 15-40 所示，单击“确定”按钮，得到如图 15-41 所示的效果。

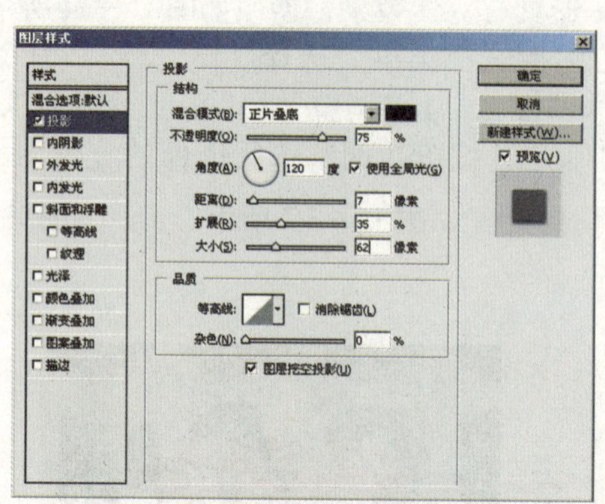

图 15-40

图 15-41

最终效果如图 15-42 所示。

图 15-42

16 腐蚀斑驳的金属板

腐蚀斑驳的金属板特效纹理体现了真实世界所呈现的物理状态，常表现在真实的场景中。

操作步骤如下：

01 创建新文件。启动Photoshop CS4，选择菜单“文件”|“新建”命令（或按Ctrl+N组合键），在弹出的对话框中将“宽度”设置为15厘米，“高度”设置为10.5厘米，如图16-1所示，创建一个新文件。

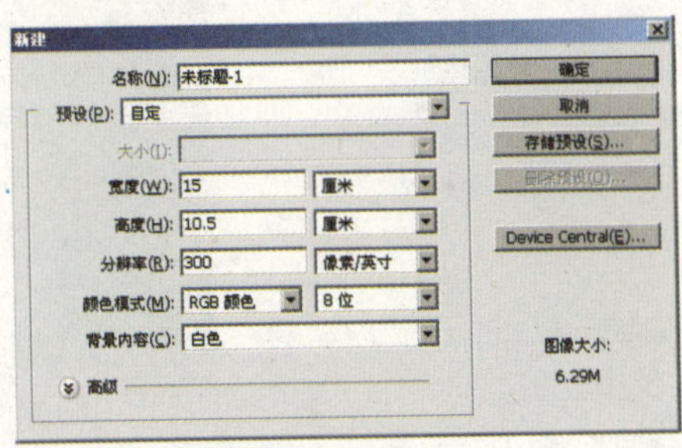

图16-1

02 制作云彩效果图像。单击“图层”面板下方的“创建新图层”按钮，新建一个图层并命名为“01”，如图16-2所示。更改前景色和背景色为翠绿色和淡绿色，如图16-3所示。选择菜单“滤镜”|“渲染”|“云彩”命令，如图16-4所示，为图层添加云彩效果。

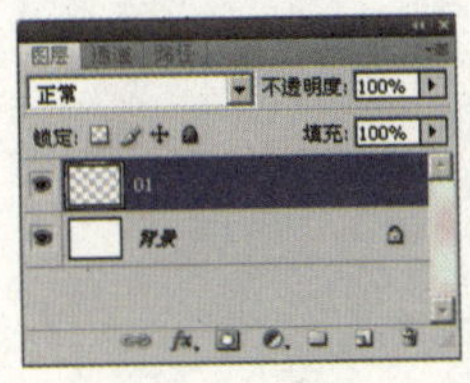

图16-2

图16-3

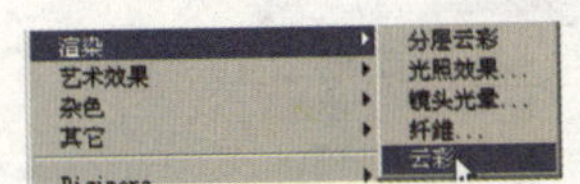

图16-4

03 制作木刻效果图像。选择菜单“滤镜”|“艺术效果”|“木刻”命令，对话框设置如图16–5所示。

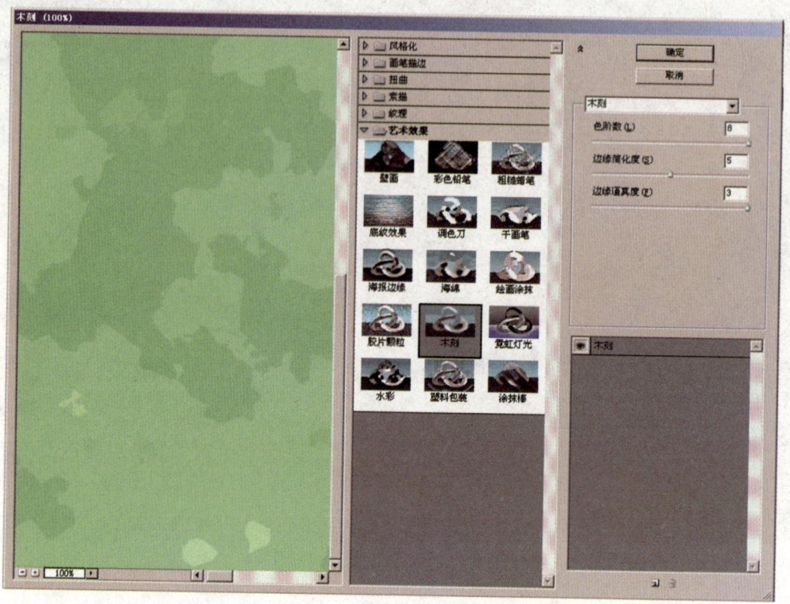

图16–5

04 确定选区范围。选择“多边形套索工具”，工具栏设置如图16–6所示，在图层中框选如图16–7所示的选区。

图16–6

图16–7

05 调整图像的亮度和对比度以及色相和饱和度。选择菜单“图像”|“调整”|“亮度/对比度”命令，对话框设置如图16–8所示。再选择菜单“图像”|“调整”|“色相/饱和度”命令，对话框设置如图16–9所示，单击“确定”按钮，效果如图16–10所示。

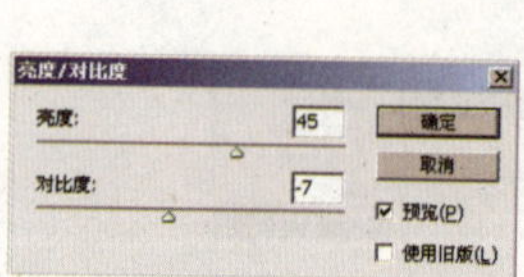

图16–8

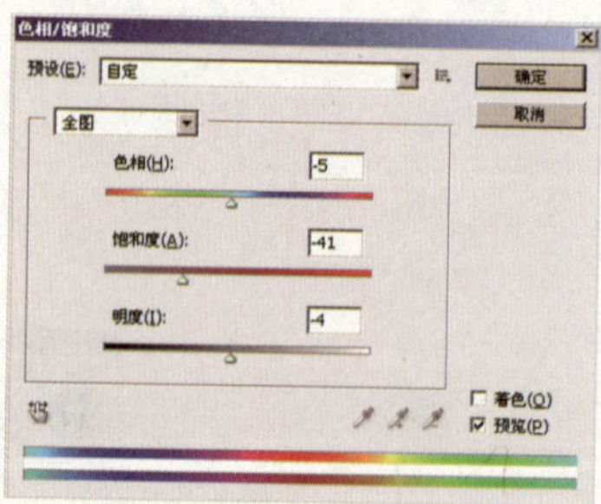

图16–9

图16–10

06 调整图像的亮度和阴影。取消选区，选择菜单“图像”|“调整”|“阴影/亮光”命令，对话框设置如图16-11所示，单击“确定”按钮，效果如图16-12所示。

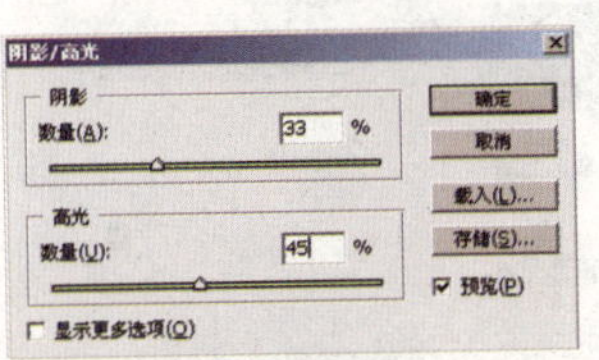

图16-11

图16-12

07 利用光照效果制作凹凸图像。选择菜单“滤镜”|“渲染”|“光照效果”命令，对话框设置如图16-13所示，单击“确定”按钮，效果如图16-14所示。

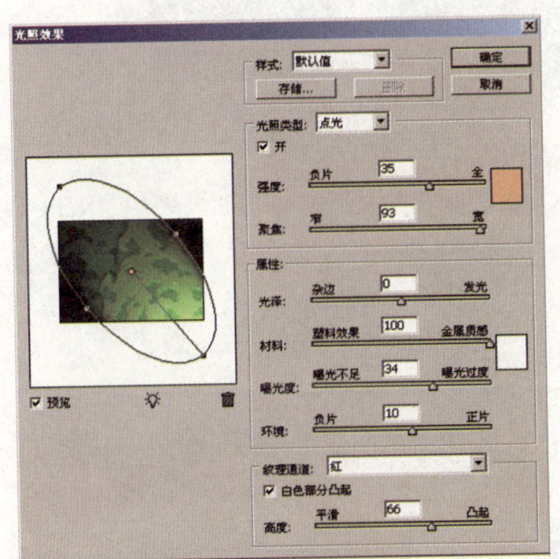

图16-13

图16-14

08 再次制作云彩图像。在“图层”面板中新建一个图层并命名为“02”，如图16-15所示。选择菜单“滤镜”|“渲染”|“云彩”命令，如图16-16所示，效果如图16-17所示。

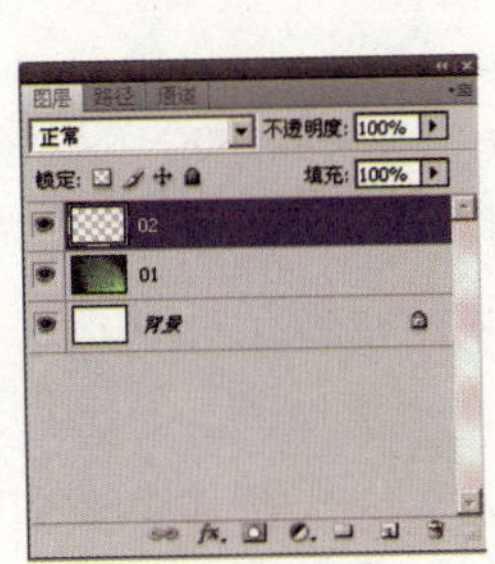

图16-15

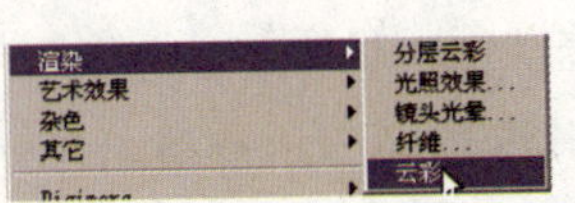

图16-16

图16-17

09 制作基底凸现图像。选择菜单“滤镜”|“素描”|“基底凸现”命令，对话框设置如图16－18所示，单击“确定”按钮。

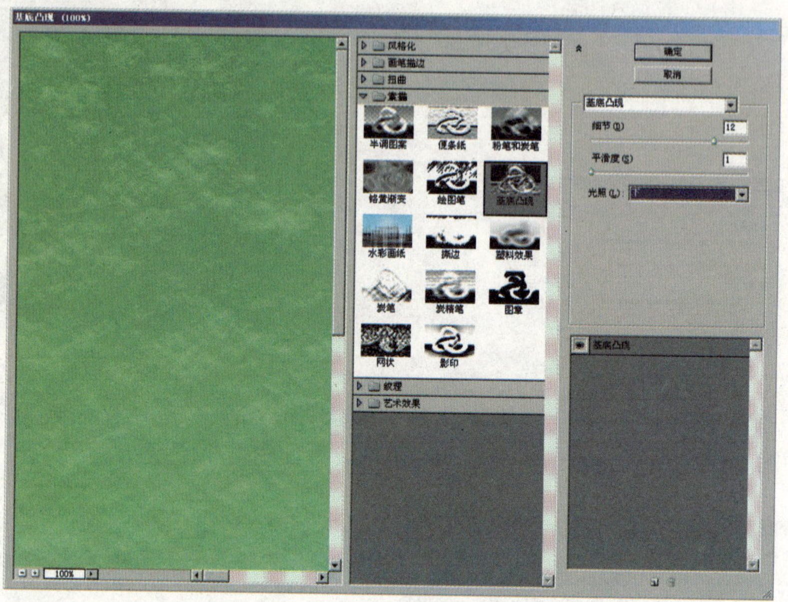

图16－18

10 调整图像的色相以及亮度和对比度。选择菜单“图像”|“调整”|“色相／饱和度”命令，对话框设置如图16－19所示。选择菜单“图像”|“调整”|“亮度／对比度”命令，对话框设置如图16－20所示。

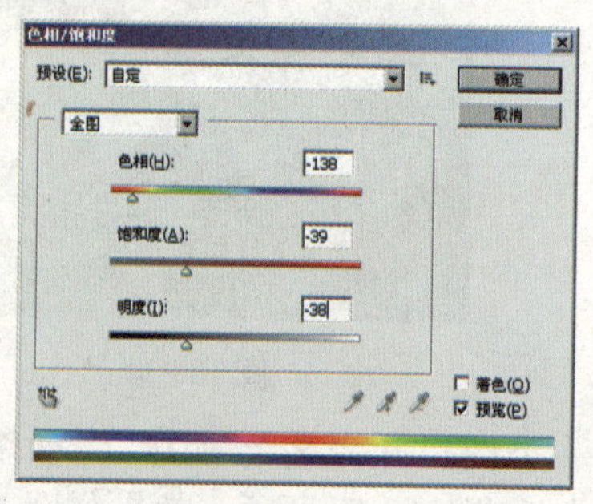

图16－19

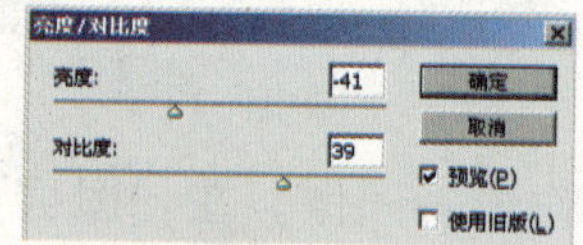

图16－20

11 调整图像色调。选择菜单“图层”|“新建调整图层”|“曲线”命令，参照如图16－21所示调整曲线的形态，单击“确定”按钮，效果如图16－22所示。

12 对图像增加黄色、蓝色和暗色调。选择菜单“图像”|“调整”|“变化”命令，在弹出的对话框中单击加深黄色、深绿色和较暗3项，如图16－23所示，单击“确定”按钮，效果如图16－24所示。

13 更改图层的混合模式。选择“图层”面板中的“02”图层，并更改此图层的混合模式为“柔光”，如图16－25所示，效果如图16－26所示。

14 合并图层。单击“图层”面板右侧的小三角按钮，在弹出的菜单中选择“向下合并”命令，如图16－27所示，将图层“02”和图层“01”合并为一层，此时的“图层”面板如图16－28所示，并选择图层“01”。

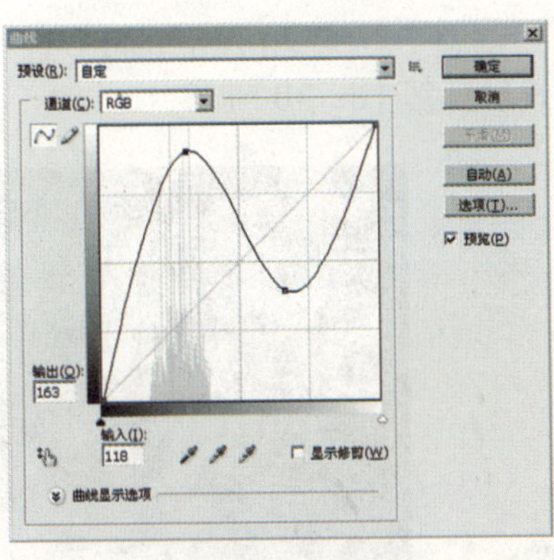

图16-21

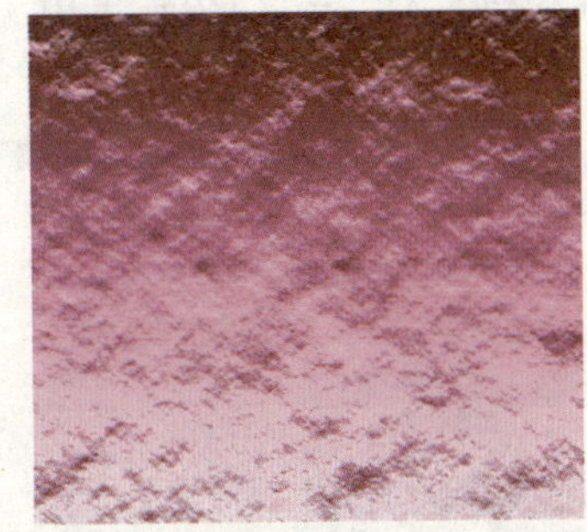

图16-22

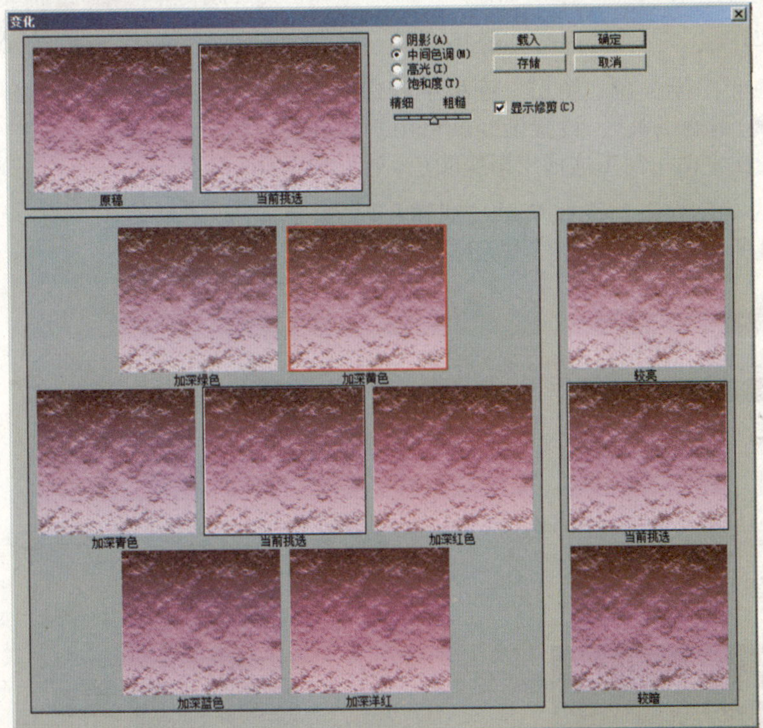

图16-23

图16-24

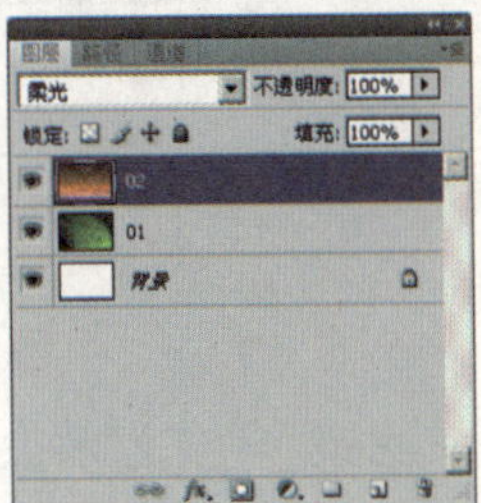

图16-25

图16-26

图16-27

15 调整图像的色相和饱和度。选择菜单“图像”|“调整”|“色相/饱和度”命令，对话框设置如图16-29所示，单击“确定”按钮，效果如图16-30所示。

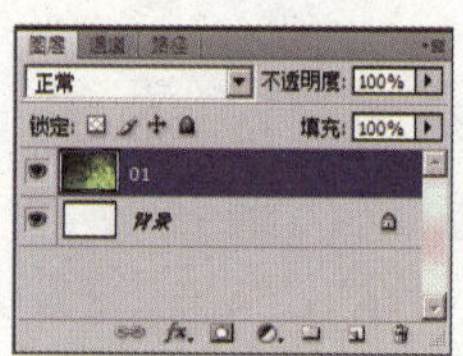
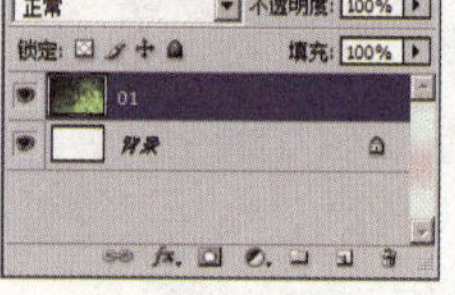

图16-28

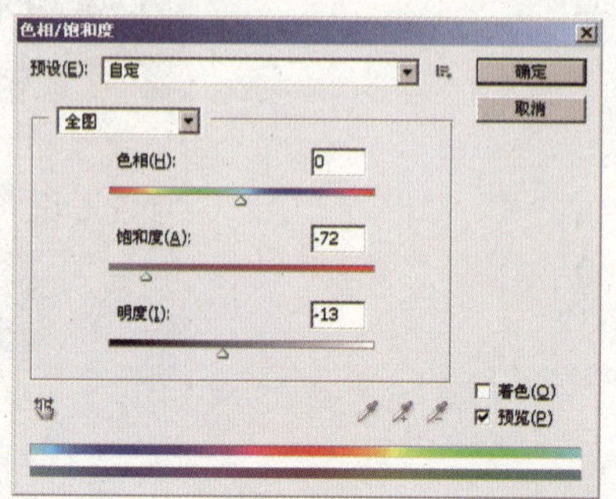

图16-29

图16-30

16 制作渐变色彩图像。在“图层”面板中新建一个图层并命名为“02”，如图16-31所示。选择“渐变工具”，设置渐变颜色由黑色到灰白色，工具栏设置如图16-32所示，在新建的图层中由上到下拖拽出渐变颜色，效果如图16-33所示。

17 制作图形的杂色效果。选择菜单“滤镜”|“杂色”|“添加杂色”命令，对话框设置如图16-34所示，单击“确定”按钮。

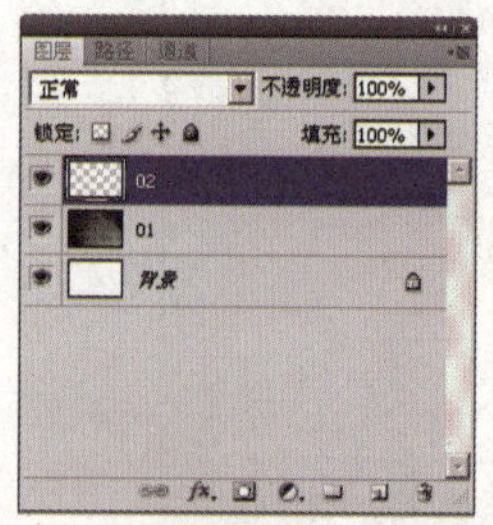

图16-31

图16-32

图16-33

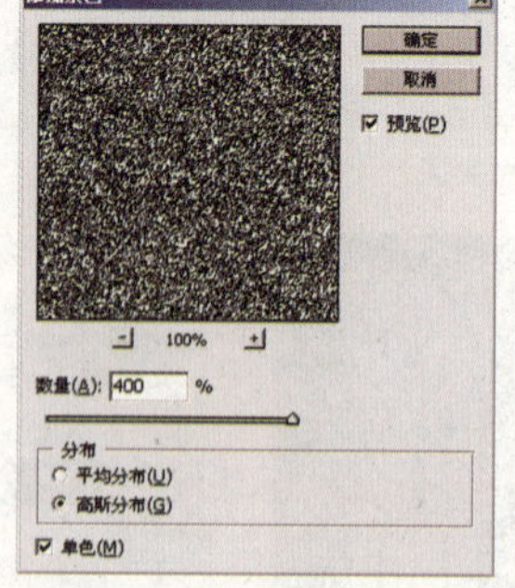

图16-34

18 制作调色刀艺术效果图像。选择菜单“滤镜”|“艺术效果”|“调色刀”命令，对话框设置如图16-35所示，单击“确定”按钮，效果如图16-36所示。

19 制作铬黄效果图像。选择菜单“滤镜”|“素描”|“铬黄”命令，对话框设置如图16-37所示，单击“确定”按钮，效果如图16-38所示。

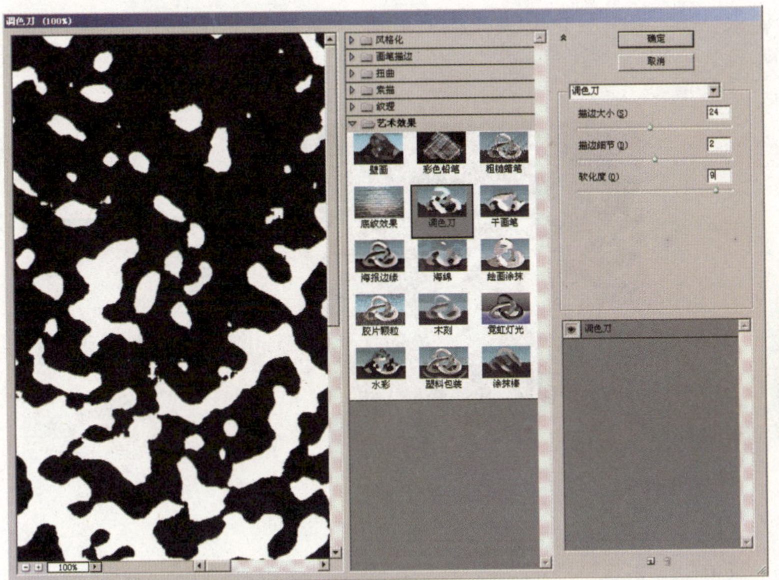

图16-35

图16-36

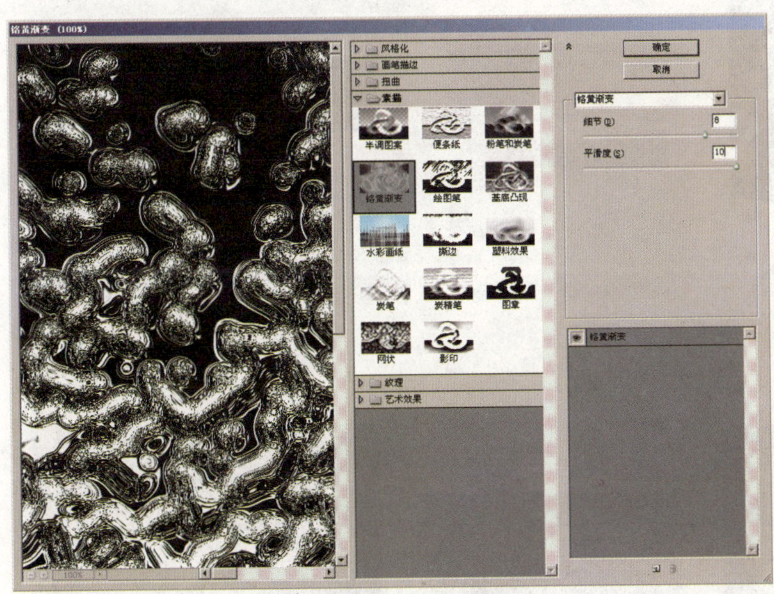

图16-37

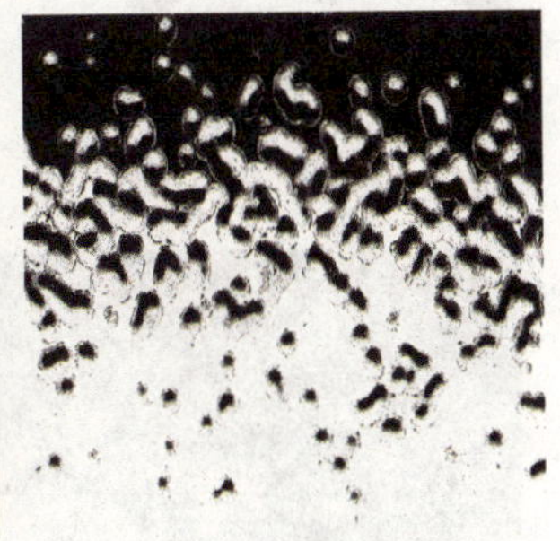

图16-38

20 修改图像形状并复制图像。选择"橡皮擦工具"，工具栏设置如图16-39所示，在图像中涂抹，效果如图16-40所示。载入此图层的选区，按Ctrl+A组合键将图像全选，再按Ctrl+C组合键复制图像。

21 复制图像到通道中。单击"通道"面板下方的"创建新通道"按钮，新建"Alpha1"通道，将复制的图像粘贴到该通道图层中，如图16-41所示，效果如图16-42所示。

22 制作光照效果图像。在"图层"面板中选择"01"图层，如图16-43所示。选择菜单"滤镜"|"渲染"|"光照效果"命令，对话框设置如图16-44所示，单击"确定"按钮，效果如图16-45所示。

23 更改图层的混合模式。选择“02”图层并更改此图层的混合模式为“变暗”，如图16−46所示，效果如图16−47所示。

图16−39 图16−40 图16−41

图16−42 图16−43 图16−44

图16−45 图16−46 图16−47

24 调整图像的色相和饱和度。选择“01”图层，如图16−48所示。选择菜单“图像”|“调整”|“色相/饱和度”命令，对话框设置如图16−49所示，单击“确定”按钮。

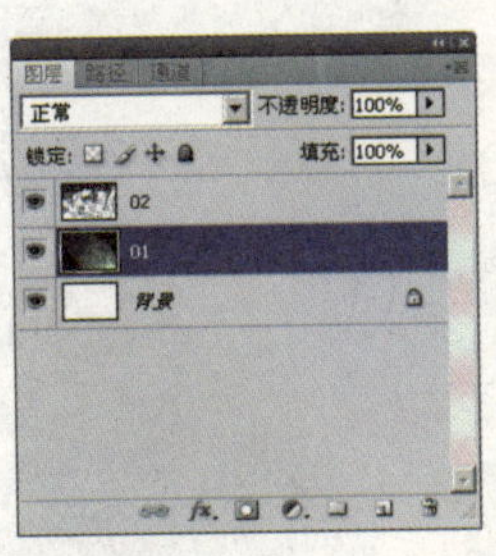

图 16–48

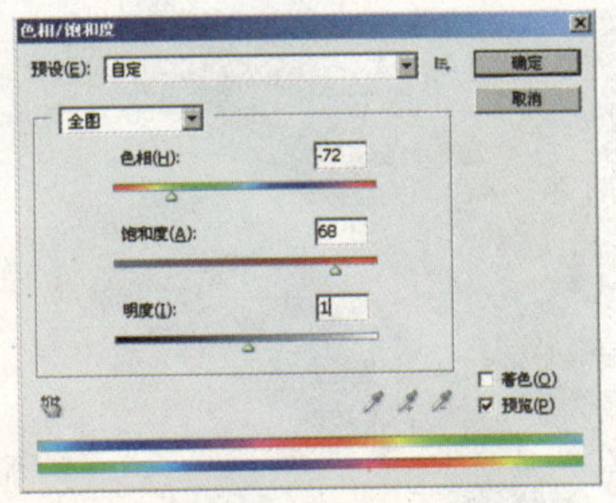

图 16–49

最终效果如图 16–50 所示。

图 16–50

17 光的冲击波

光的特效非常常用，如影视特效设计、场景设计、网页设计、海报、包装等平面设计和三维影视设计，光特效主要运用增加杂点和运动模糊来设计出主体光感。

操作步骤如下：

01 创建新文件。启动Photoshop CS4，选择菜单“文件”|“新建”命令（或按Ctrl+N组合键），在弹出的对话框中将“宽度”设置为15厘米，“高度”设置为10.5厘米，如图17-1所示，创建一个新文件。

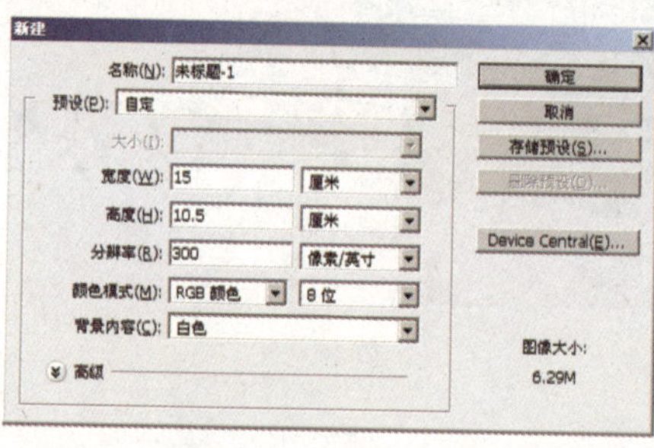

图17-1

02 新建图层并填充颜色。单击“图层”面板下方的“创建新图层”按钮，新建一个图层并命名为“01”，如图17-2所示，给图层填充黑色，如图17-3所示。

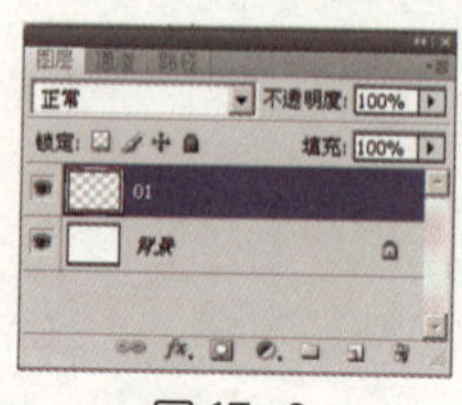

图17-2

图17-3

03 为图像添加杂色效果。选择菜单“滤镜”|“杂色”|“添加杂色”命令，对话框设置如图17–4所示，单击“确定”按钮，添加图层的黑白杂点效果。

04 制作动感模糊效果。选择菜单“滤镜”|“模糊”|“动感模糊”命令，对话框设置如图17–5所示，单击“确定”按钮，得到如图17–6所示的效果。

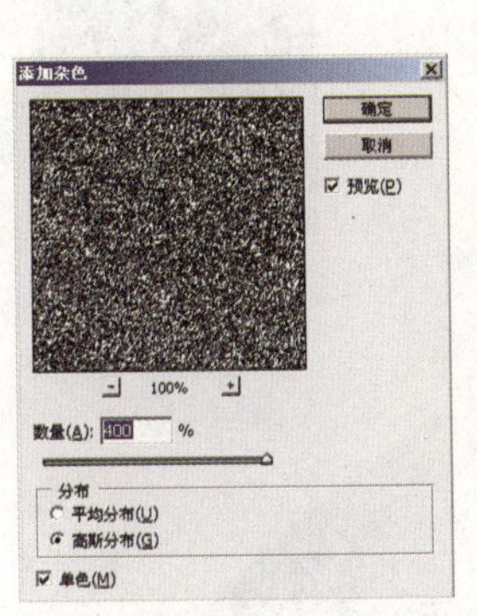

图17–4

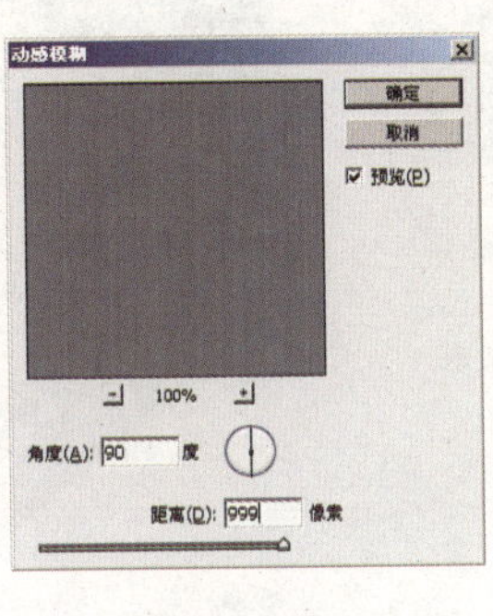

图17–5

图17–6

05 调整图像的亮度和对比度。选择菜单“图像”|“调整”|“亮度/对比度”命令，对话框设置如图17–7所示，单击“确定”按钮，得到如图17–8所示的效果。

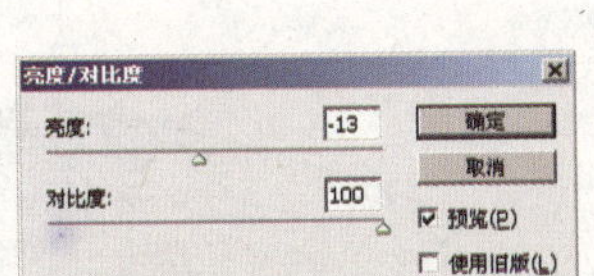

图17–7

图17–8

06 确定选区并删除多余的图形。选择“矩形选框工具”，在图中框选出一个矩形选框，如图17–9所示。选择菜单“选择”|“反向”命令，如图17–10所示。按Delete键将选区删除，如图17–11所示。

07 将图像扭曲切变变形。选择菜单“滤镜”|“扭曲”|“切变”命令，对话框设置如图17–12所示，单击“确定”按钮，得到如图17–13所示的效果。

08 使用色彩范围命令选择白色并删除。选择“01”图层，按Ctrl+T组合键调出自由变换控制框旋转图形，如图17–14所示。选择菜单“选择”|“色彩范围”命令，对话框设置如图17–15所示，用吸管吸取白色，单击“确定”按钮，按Delete键删除，得到如图17–16所示的效果。

图17-9

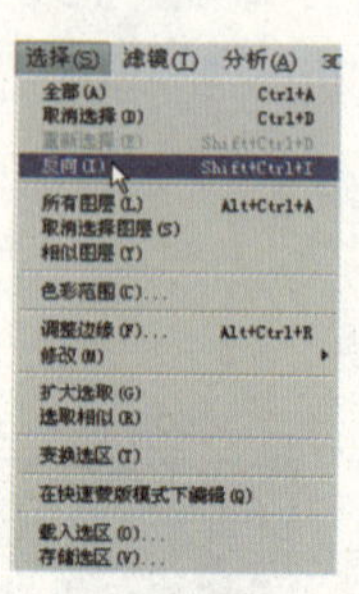

图17-10

图17-11

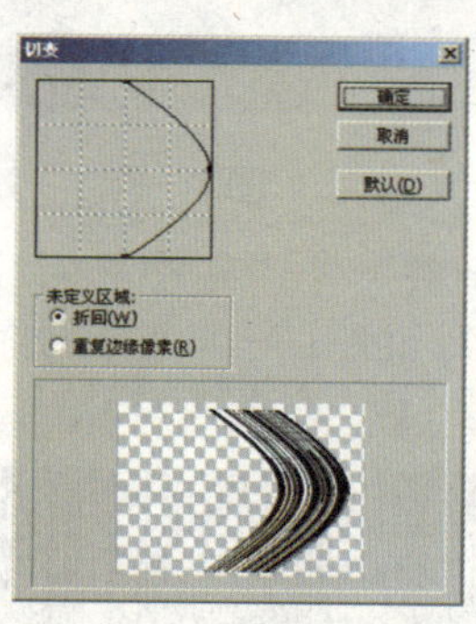

图17-12

图17-13

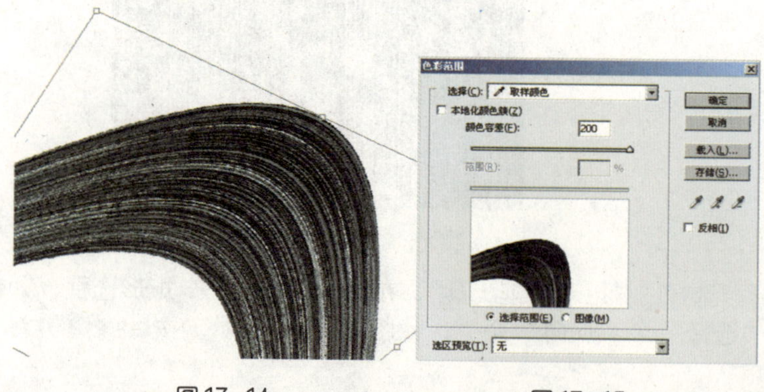

图17-14　图17-15　图17-16

09 为图像添加渐变色彩效果。选择菜单“图像”|“调整”|“渐变映射”命令，对话框设置如图17-17所示，单击“确定”按钮，得到如图17-18所示的效果。

10 选择“背景”图层并填充颜色。选择“背景”图层，如图17-19所示。填充黑色，如图17-20所示。

图17-17

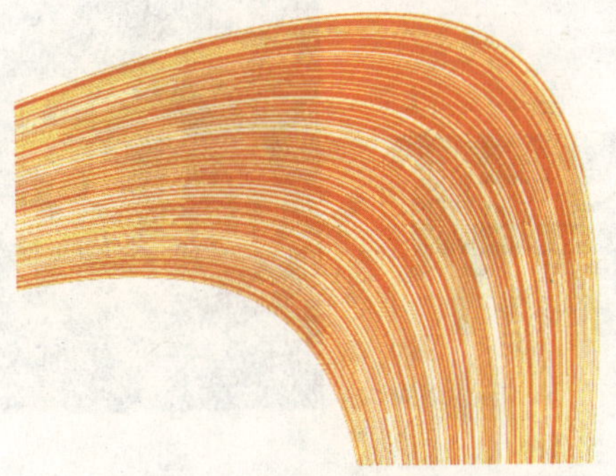

图17-18

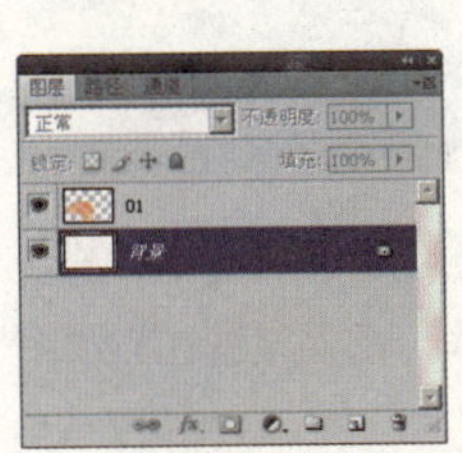

图17-19

图17-20

11 制作径向渐变效果。选择“渐变工具”，工具栏设置如图17−21所示，由中间向周围拖拽出渐变效果，得到如图17−22所示的效果。

图17-21

图17-22

12 再次制作径向渐变效果。选择“01”图层，如图17−23所示，载入此图层的选区并将此图层的颜色删除，如图17−24所示。选择“渐变工具”，工具栏设置如图17−25所示，由中间向周围拖拽出渐变效果，如图17−26所示。

13 涂抹出暗色条。选择“橡皮擦工具”，选择虚边的笔刷，工具栏设置如图17−27所示。用设置好的橡皮擦工具在图中涂抹，制作出暗色条，效果如图17−28所示。

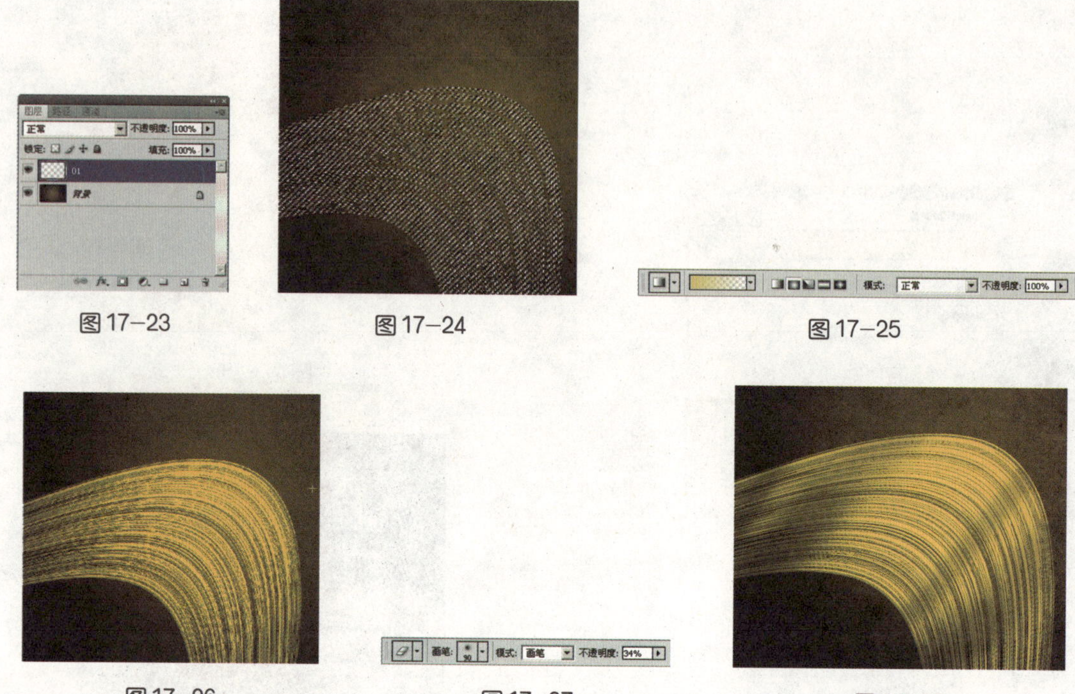

图17-23 图17-24 图17-25

图17-26 图17-27 图17-28

14 加深光感的暗色调。选择"加深工具"，选择虚边的笔刷，工具栏设置如图17-29所示，参照如图17-30所示在相应的部位涂抹。

图17-29 图17-30

15 加亮光感的受光面。选择"减淡工具"，选择虚边笔刷，工具栏设置如图17-31所示，在图中涂抹出受光部位的亮度，如图17-32所示的效果。

图17-31 图17-32

16 调整图像的亮度和对比度。复制"01"图层，得到"01 副本"图层，按Ctrl+T组合键调出自由变换控制框，将此复制图形拉大变形，如图17-33所示。选择菜单"图像"|"调整"|"亮度/对比度"命令，对话框设置如图17-34所示，调整图像的亮度和对比度，单击"确定"按钮，得到如图17-35所示的效果。合并"01"和"01副本"图层。

图17-33

亮度/对比度

亮度:	-65	确定
对比度:	-4	取消
		☑ 预览(P)
		☐ 使用旧版(L)

图17-34

图17-35

17 制作羽化效果的白色长条矩形。新建一个图层并命名为"02"，将"02"图层放在"01"图层的下方，如图17-36所示。选择"矩形选框工具"，工具栏设置如图17-37所示，在图层中框选出一个长条矩形并填充白色，效果如图17-38所示。

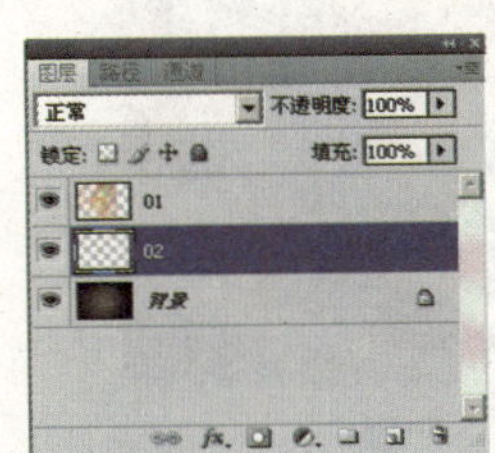

图17-36

图17-37

图17-38

18 制作半圆形。取消选区，选择菜单"滤镜"|"扭曲"|"极坐标"命令，对话框设置如图17-39所示，单击"确定"按钮，此时的矩形成为一个圆圈，如图17-40所示。继续使用"矩形选框工具"框选圆圈的一半并删除，如图17-41所示。

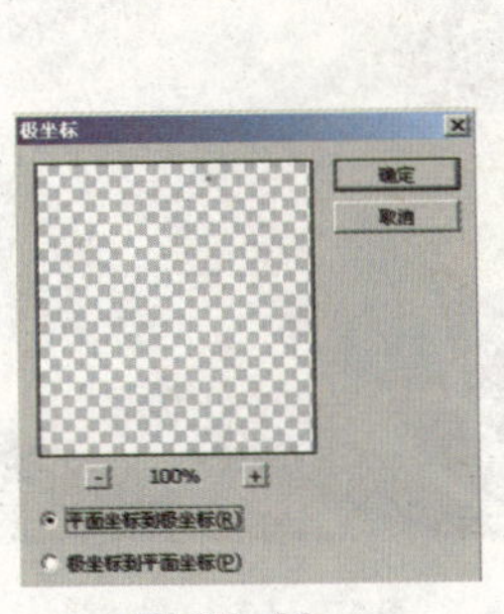

图17-39

图17-40

图17-41

19 复制并调整图形的大小和形状。选择“02”图层，按 Ctrl + T 组合键调出自由变换控制框，将半圆图形拉伸变形，如图 17-42 所示。载入此图层的选区，使用“移动工具”按住 Alt 键移动并复制此图形，再按 Ctrl + T 组合键调出自由变换控制框将此图层拉伸变形，如图 17-43 所示。用同样的方法再次复制图形，并将此图形缩小，如图 17-44 所示。

图 17-42

图 17-43

图 17-44

20 为图像制作渐变色彩效果。选择菜单“图像”｜“调整”｜“渐变映射”命令，对话框设置如图 17-45 所示，单击“确定”按钮，得到如图 17-46 所示的效果。

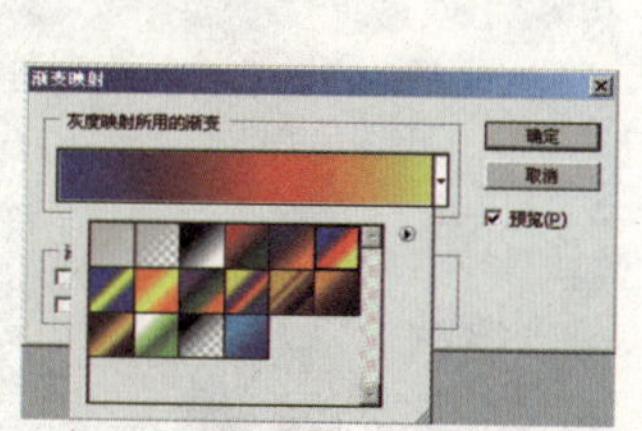

图 17-45

图 17-46

21 调整图像的亮度和对比度。选择“01”图层，如图 17-47 所示。选择菜单“图像”｜“调整”｜“亮度/对比度”命令，对话框设置如图 17-48 所示，单击“确定”按钮，得到如图 17-49 所示的效果。

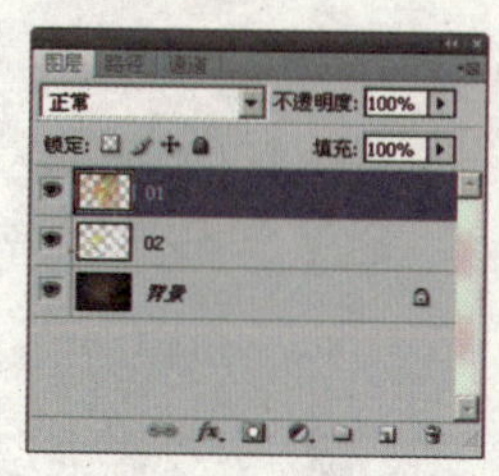

图 17-47

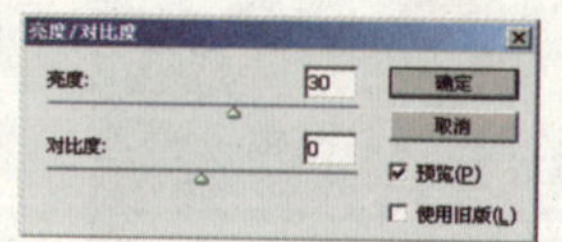

图 17-48

图 17-49

22 调整图形的形状。选择“多边形套索工具”，在图中框选如图17－50所示的选区，并用上一步的复制方法复制此选区，按Ctrl+T组合键调出自由变换控制框将图形变形拉伸，如图17－51所示。

图17－50

图17－51

23 调整复制图像的亮度和对比度。选择菜单“图像”｜“调整”｜“亮度／对比度”命令，对话框设置如图17－52所示，单击“确定”按钮，得到如图17－53所示的效果。用同样的方法，复制、移动和变形，如图17－54所示。

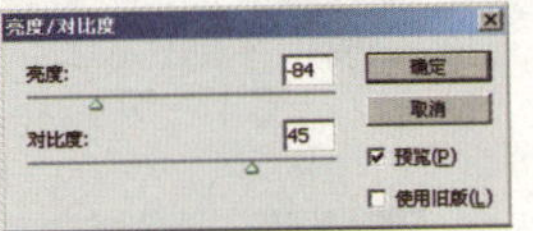

图17－52

图17－53

图17－54

24 调整图像的色相和饱和度。选择菜单“图像”｜“调整”｜“色相／饱和度”命令，对话框设置如图17－55所示，单击“确定”按钮，得到如图17－56所示的效果。

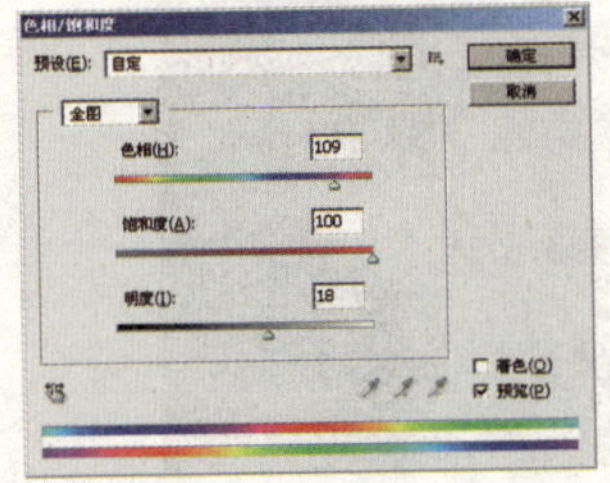

图17－55

图17－56

25 将图像动态模糊处理。复制“01”图层，得到“01 副本”图层，如图 17−57 所示。选择菜单“滤镜”|“模糊”|“动感模糊”命令，对话框设置如图 17−58 所示，单击“确定”按钮。

26 制作风效果的图像。选择“01”图层，如图 17−59 所示。选择菜单“滤镜”|“风格化”|“风”命令，对话框设置如图 17−60 所示，单击“确定”按钮，得到如图 17−61 所示的效果。

27 更改图层的混合模式。选择“01”图层，更改图层的混合模式为“颜色”，如图 17−62 所示。

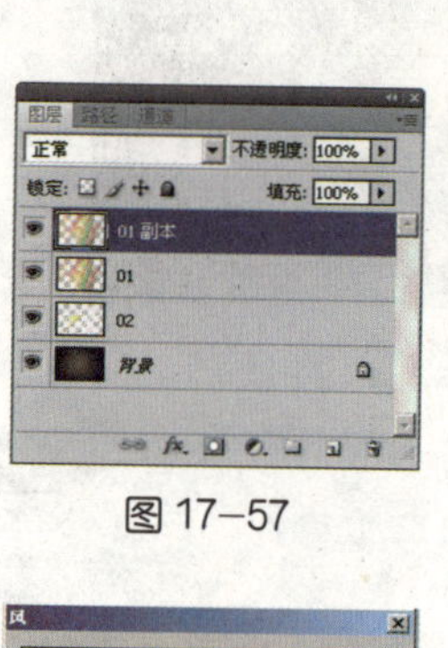

图 17−57

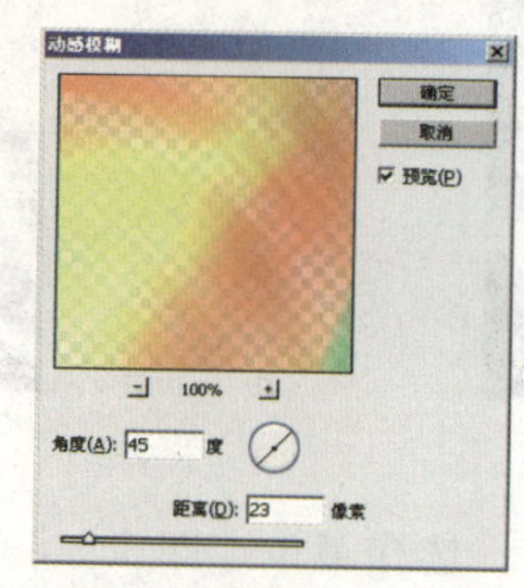

图 17−58

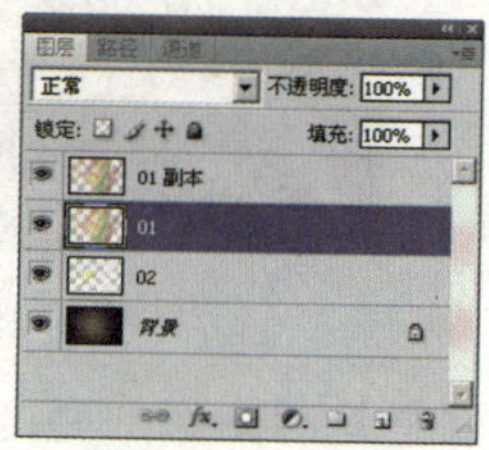

图 17−59

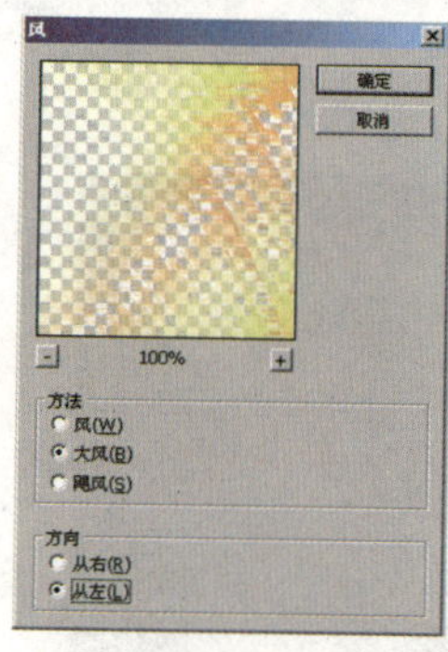

图 17−60

图 17−61

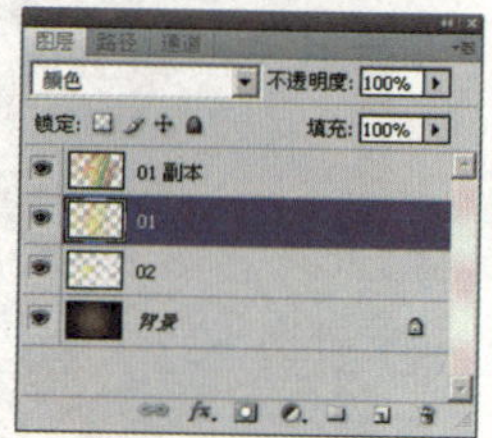

图 17−62

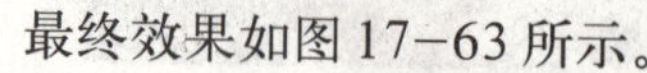

最终效果如图 17−63 所示。

图 17−63

18 微观世界中的细胞板

本特效实例是为模拟微观世界中的细胞而设计的，此例适合制作医学平面设计、科技平面设计和尖端生物技术平面设计，常用在平面设计背景中与其他特效相互运用，能起到很好的视觉效果。

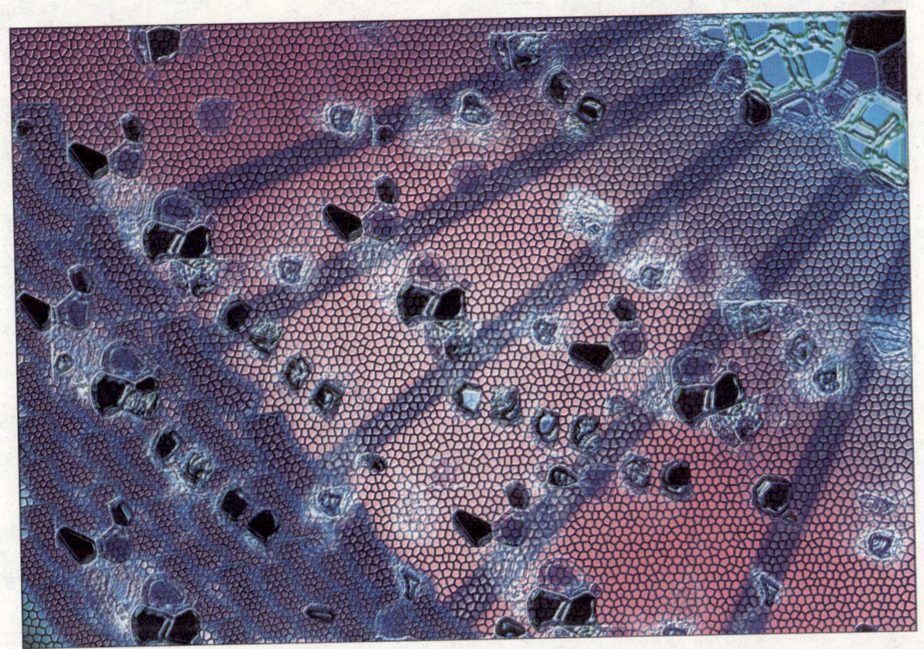

操作步骤如下：

01 创建新文件。启动Photoshop CS4，选择菜单“文件”|“新建”命令（或按Ctrl+N组合键），在弹出的对话框中将“宽度”设置为15厘米，“高度”设置为10.5厘米，如图18-1所示，创建一个新文件。

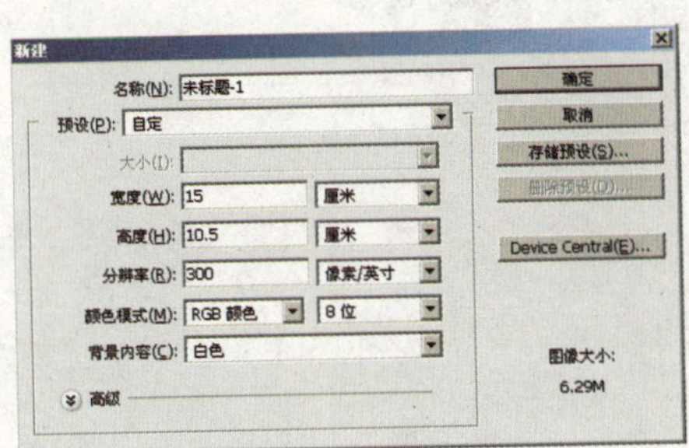

图18-1

02 设置渐变颜色。单击“图层”面板下方的“创建新图层”按钮，新建一个图层并命名为“01”，如图18-2所示。选择“渐变工具”，工具栏和颜色设置如图18-3和图18-4所示。

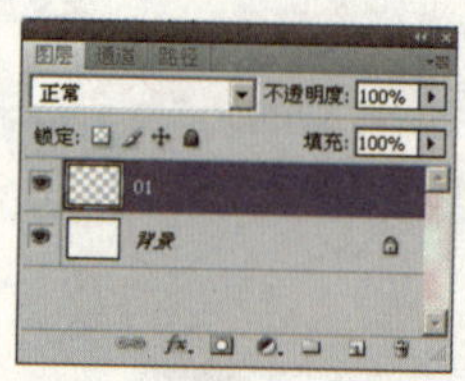

图 18–2

图 18–3

图 18–4

03 拉出渐变颜色并更改前景色。用设置好的颜色在图层中由右上角向左下角拖拽出渐变色彩，效果如图 18–5 所示。更改前景色的颜色值为 R：14/G：32/B：56，如图 18–6 所示。

图 18–5

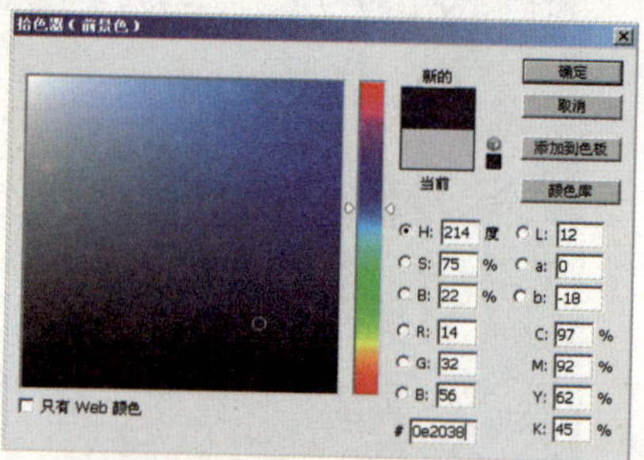

图 18–6

04 制作染色玻璃图像。选择菜单“滤镜”｜“纹理”｜“染色玻璃”命令，对话框设置如图 18–7 所示，单击“确定”按钮，得到如图 18–8 所示的效果。

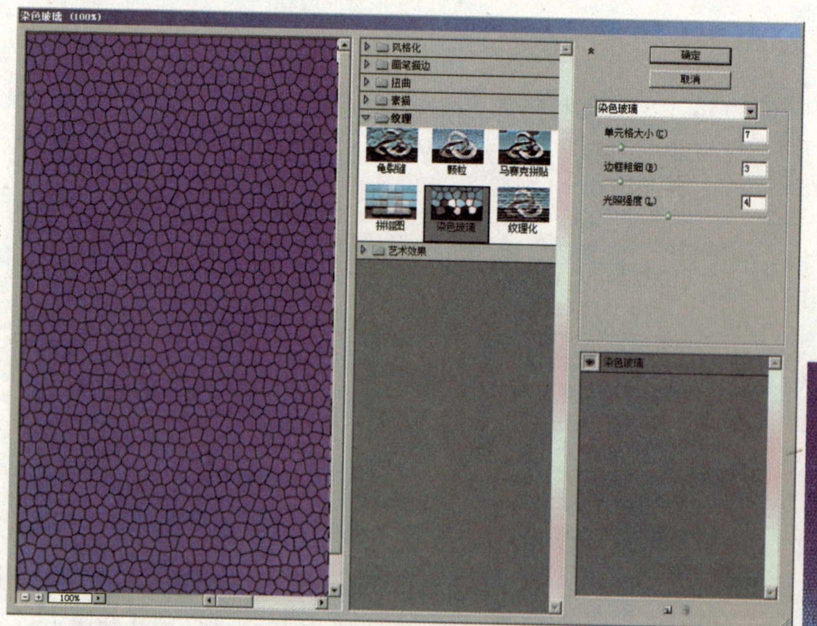

图 18–7

图 18–8

05 框选出多个羽化选区。复制“01”图层，得到“01 副本”图层，如图 18-9 所示。选择“多边形套索工具”，工具栏设置如图 18-10 所示，在图中框选出多个选区，如图 18-11 所示。

图 18-9

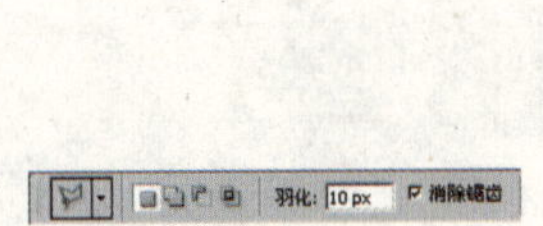

图 18-10

图 18-11

06 再次制作染色玻璃效果。选择菜单“滤镜”|“纹理”|“染色玻璃”命令，对话框设置如图 18-12所示，增大选区网格。

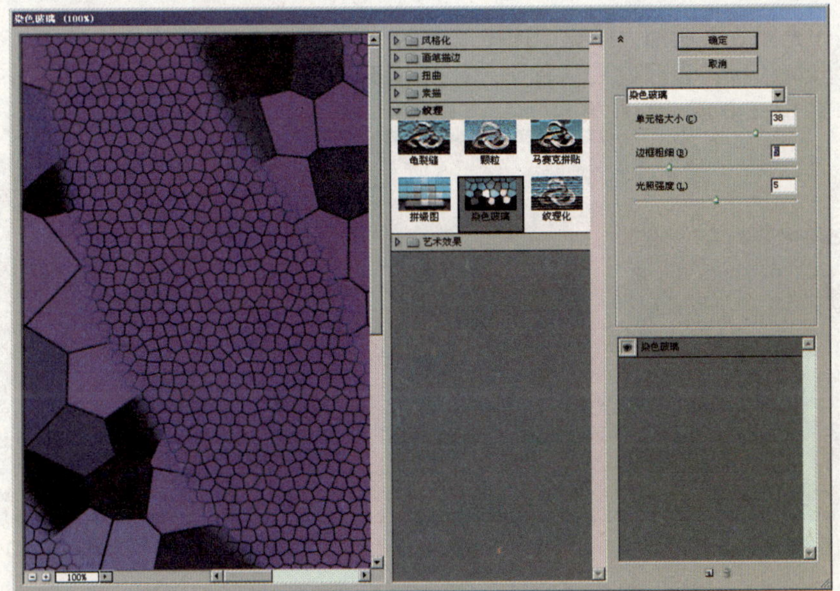

图 18-12

07 将选区反选并删除图像。选择菜单“选择”|“反向”命令，如图 18-13 所示，按Delete键将选区内的图像删除，如图 18-14 所示。

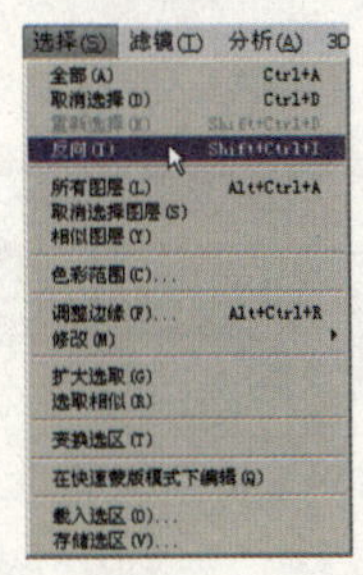

图 18-13

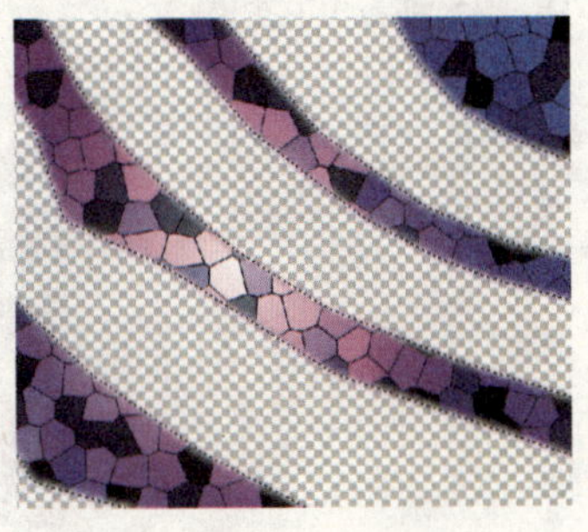

图 18-14

08 为图像制作光照效果。选择“01”图层，如图18－15所示。选择菜单“滤镜”|“渲染”|“光照效果”命令，对话框设置如图18－16所示，单击“确定”按钮，得到如图18－17所示的效果。

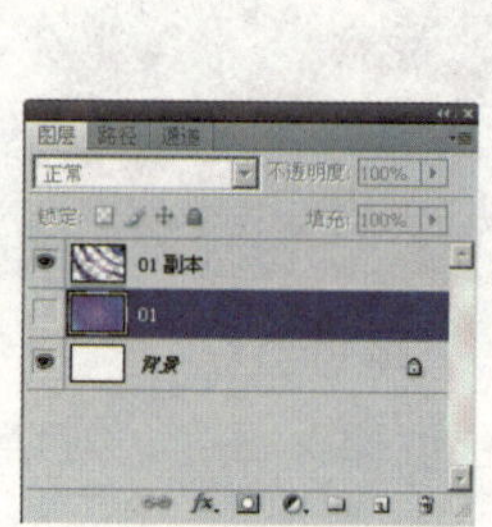
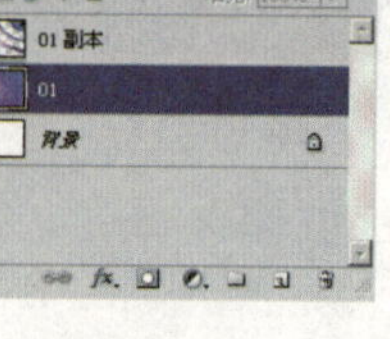

图18–15

图18–16

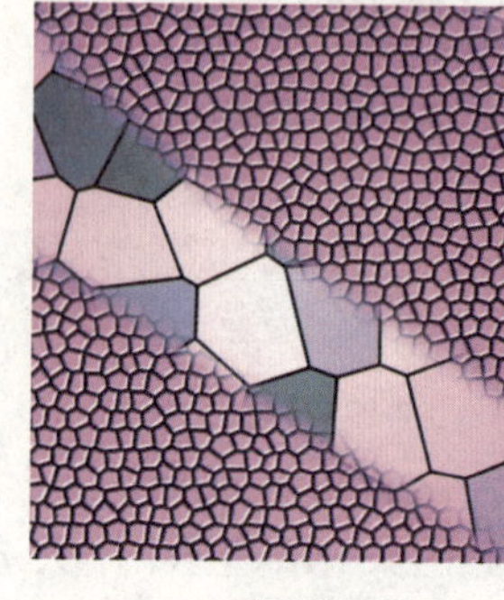

图18–17

09 再次制作光照效果增加立体感。选择“多边形套索工具”，选取多个选区，如图18－18所示。继续执行“光照效果”命令，对话框设置如图18－19所示，单击“确定”按钮，得到如图18－20所示的效果。

图18–18

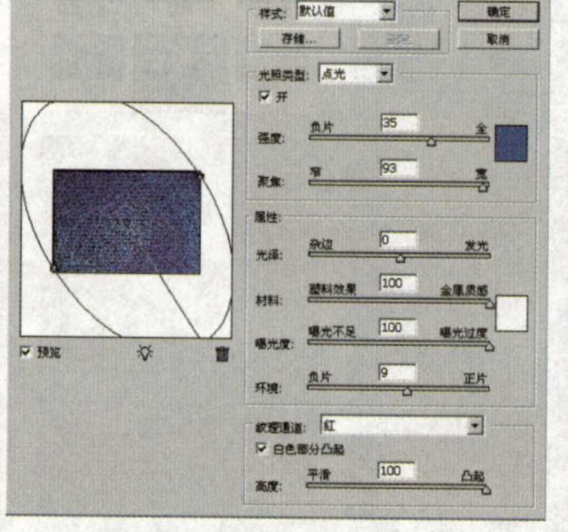

图18–19

图18–20

10 将选区边缘描边。选择菜单“编辑”|“描边”命令，对话框设置如图18－21所示，单击“确定”按钮，得到如图18－22所示的效果。

11 制作调色刀效果。选择“01 副本”图层，如图18－23所示。选择菜单“滤镜”|“艺术效果”|“调色刀”命令，对话框设置如图18－24所示，单击“确定”按钮，得到如图18－25所示的效果。

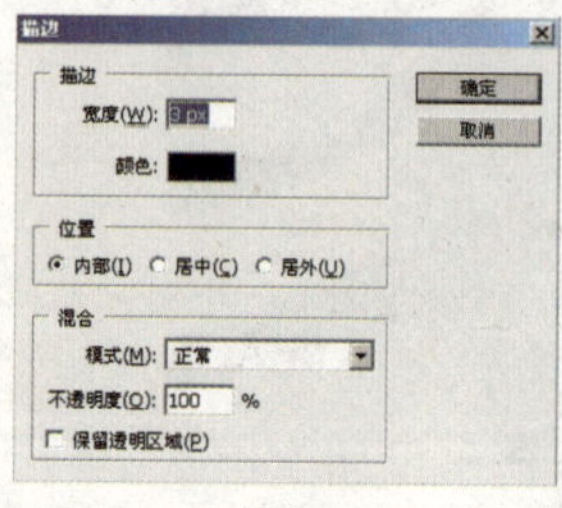

图18–21

图18–22

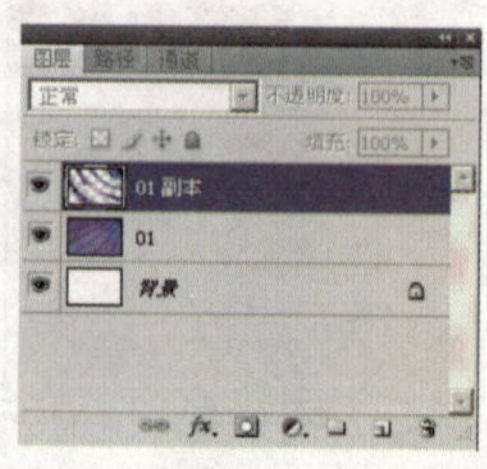

图18–23

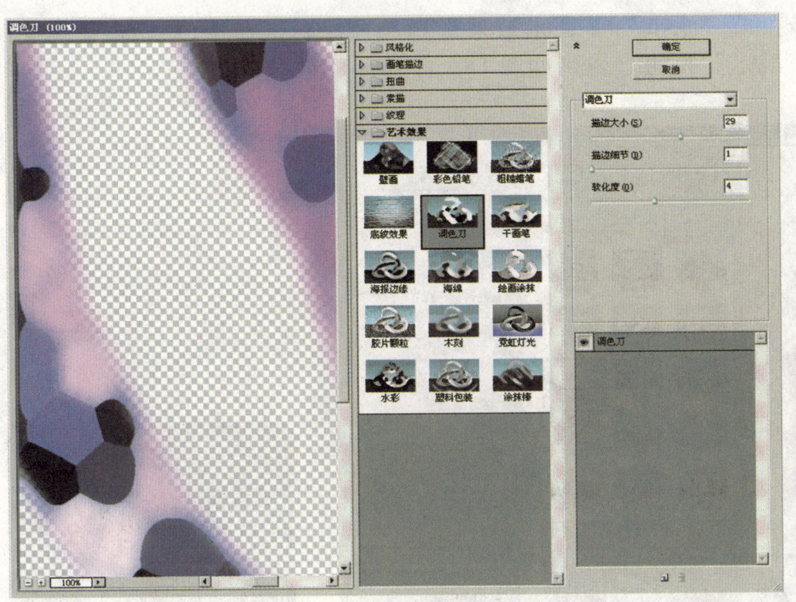

图 18-24

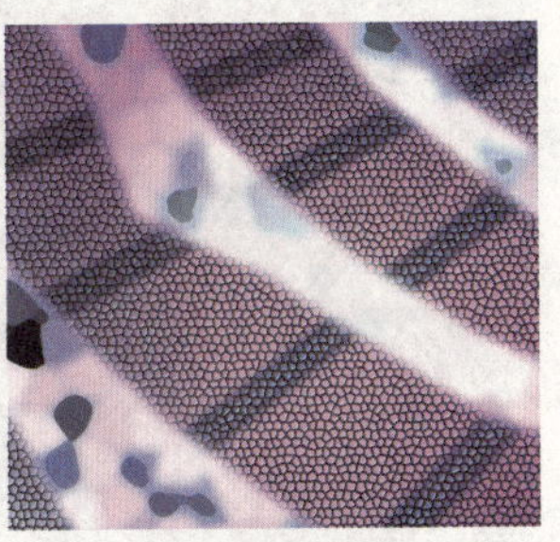

图 18-25

12 选取白色选区范围并删除。选择菜单“选择”|“色彩范围”命令，对话框设置如图18-26所示。用吸管吸取白色选区，单击“确定”按钮。按Delete键删除选区颜色，效果如图18-27所示。

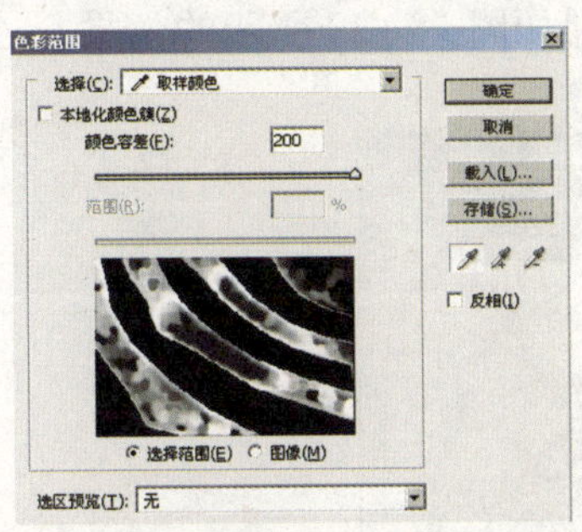

图 18-26

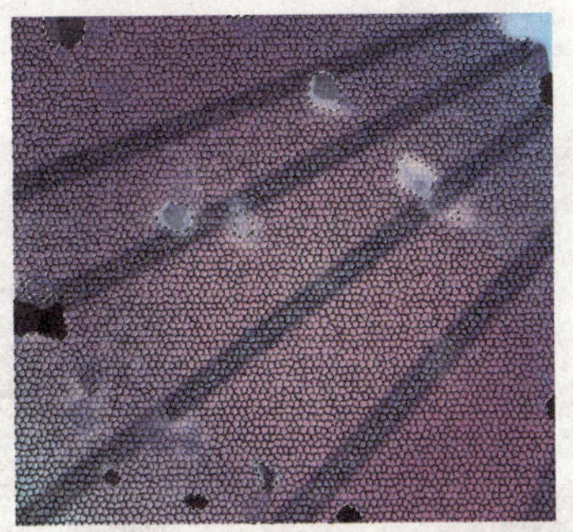

图 18-27

13 复制图像。使用“魔棒工具”点选黑点形成选区，如图18-28所示。选择“移动工具”，同时按住Alt键移动并复制多个黑点，得到如图18-29所示的效果。

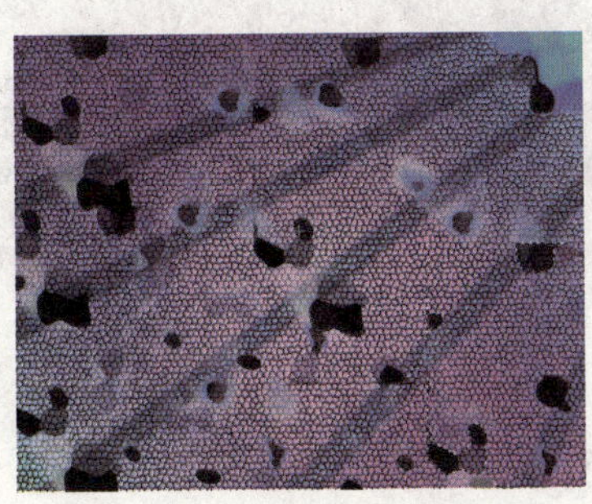

图 18-28

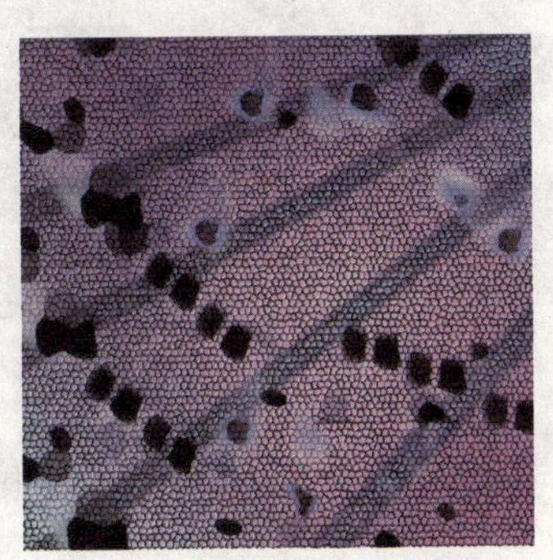

图 18-29

14 制作涂抹效果。选择菜单“滤镜”|“艺术效果”|“绘画涂抹”命令，对话框设置如图18－30所示，单击“确定”按钮，得到如图18－31所示的效果。

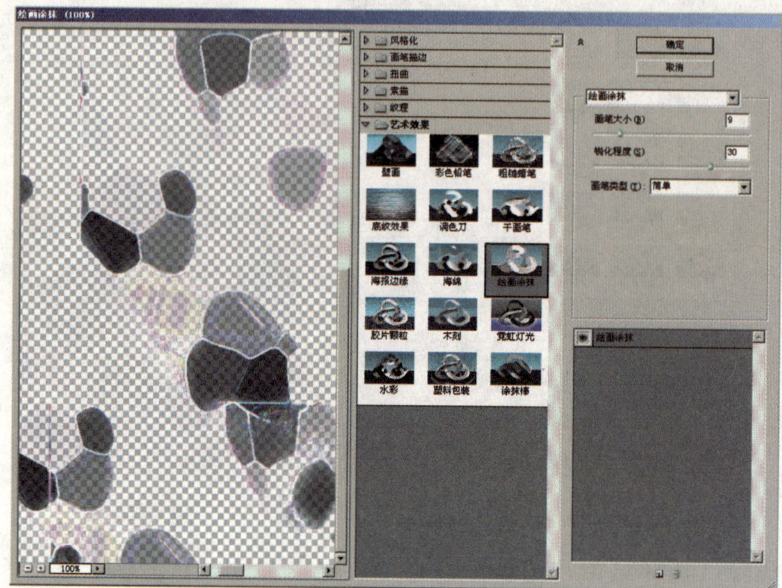

图18－30

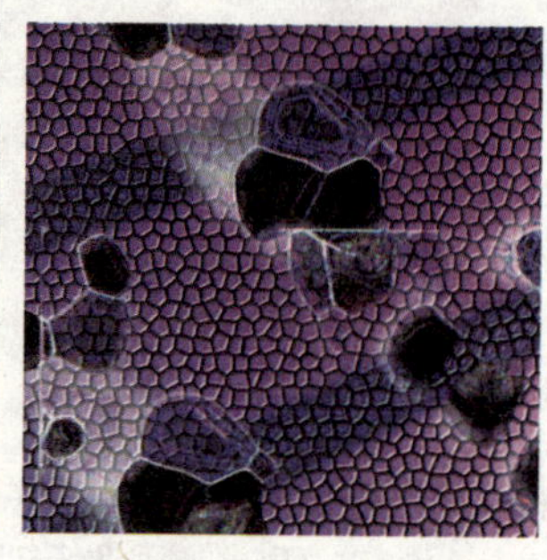

图18－31

15 制作塑料包装效果。选择菜单“滤镜”|“艺术效果”|“塑料包装”命令，对话框设置如图18－32所示，单击“确定”按钮，得到如图18－33所示的效果。

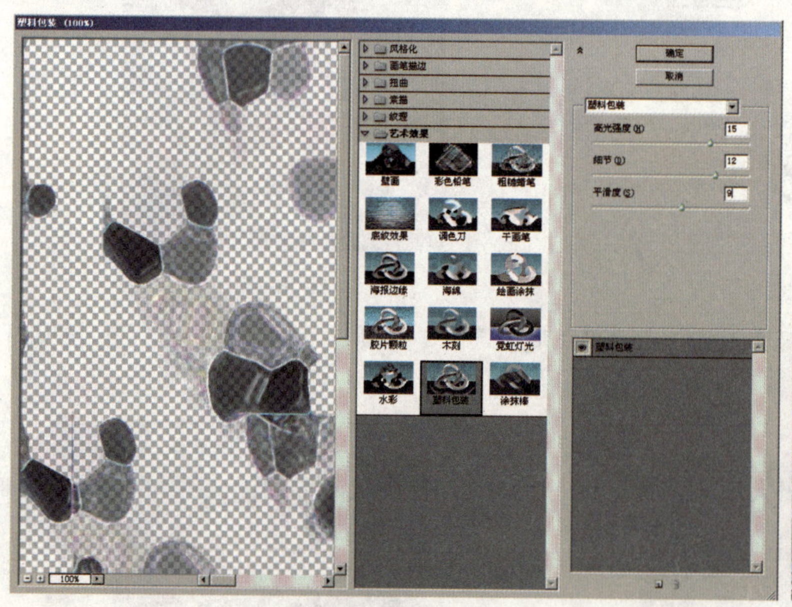

图18－32

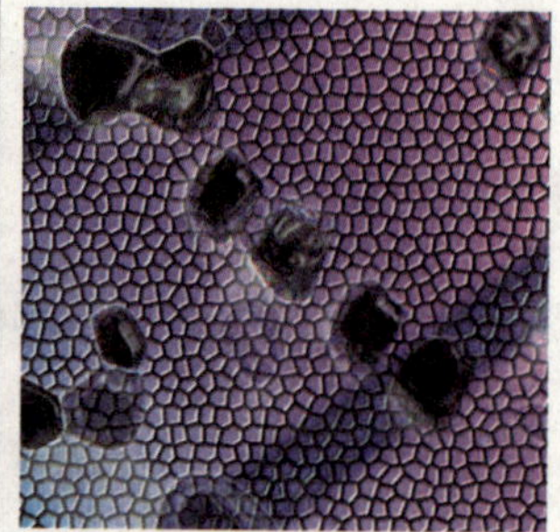

图18－33

16 制作光照效果。选择菜单“滤镜”|“渲染”|“光照效果”命令，对话框设置如图18－34所示，单击“确定”按钮，得到如图18－35所示的效果。

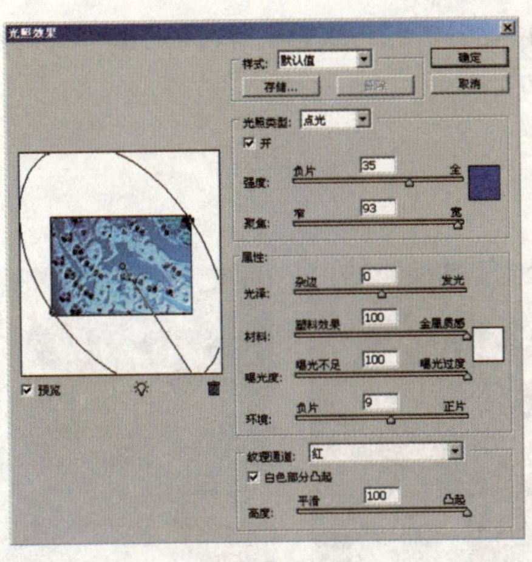

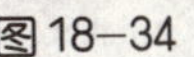

图 18-34

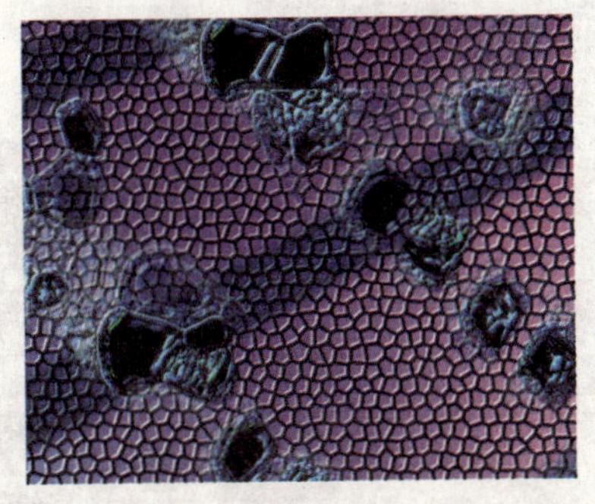

图 18-35

17 剪贴所选的图形。选择“01”图层，如图 18-36 所示。使用“多边形套索工具”选取一个选区，然后按 Ctrl+X 组合键将图形剪切，再按 Ctrl+V 组合键粘贴此图形，如图 18-37 所示，同时得到“图层 1”，如图 18-38 所示。

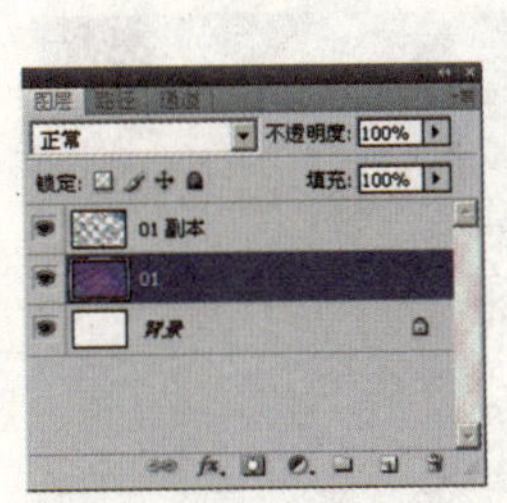

图 18-36

图 18-37

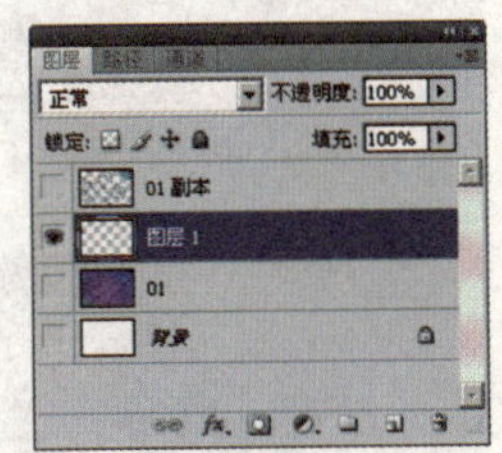

图 18-38

18 将选区边缘描边。选择菜单“编辑”|“描边”命令，对话框设置如图 18-39 所示，单击“确定”按钮，得到如图 18-40 所示的效果。

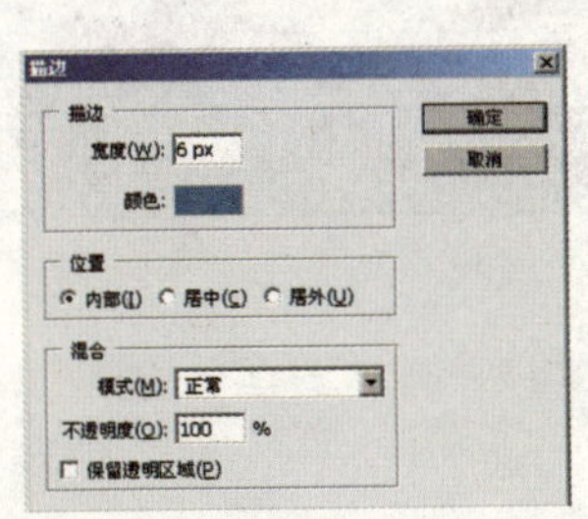

图 18-39

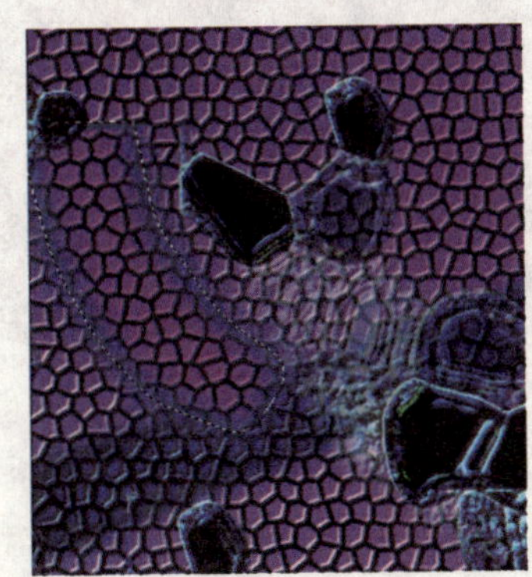

图 18-40

19 制作光照效果增加图形的立体感。选择菜单“滤镜”|“渲染”|“光照效果”命令，对话框设置如图 18-41 所示，单击“确定”按钮，得到如图 18-42 所示的效果。

20 复制图形并摆成细胞排列形状。载入“图层 1”的选区，选择“移动工具”，按住 Alt 键移动并复制图层，调整摆放如图 18-43 所示。

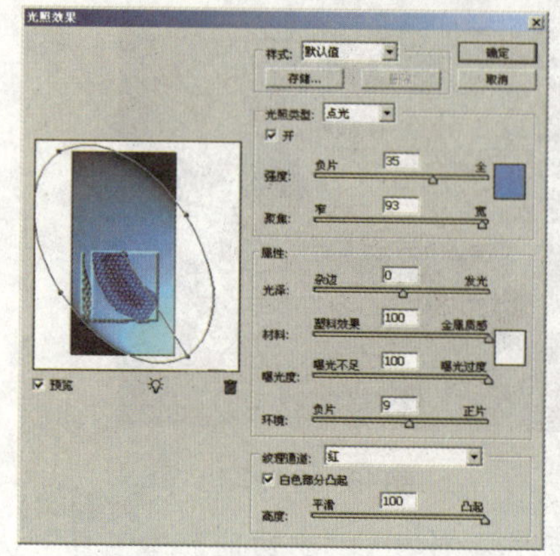

图 18-41

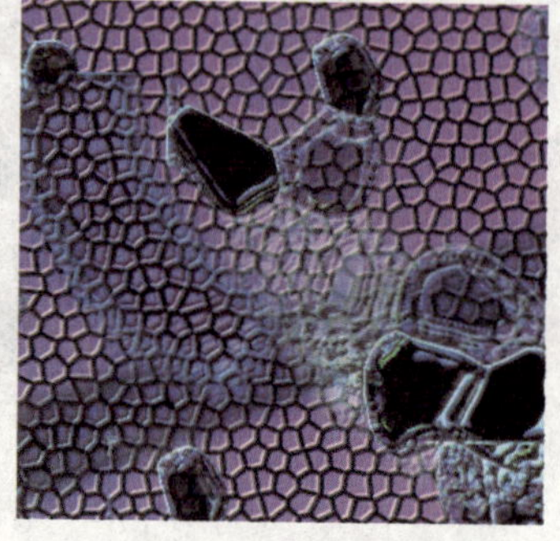

图 18-42

图 18-43

最终效果如图 18-44 所示。

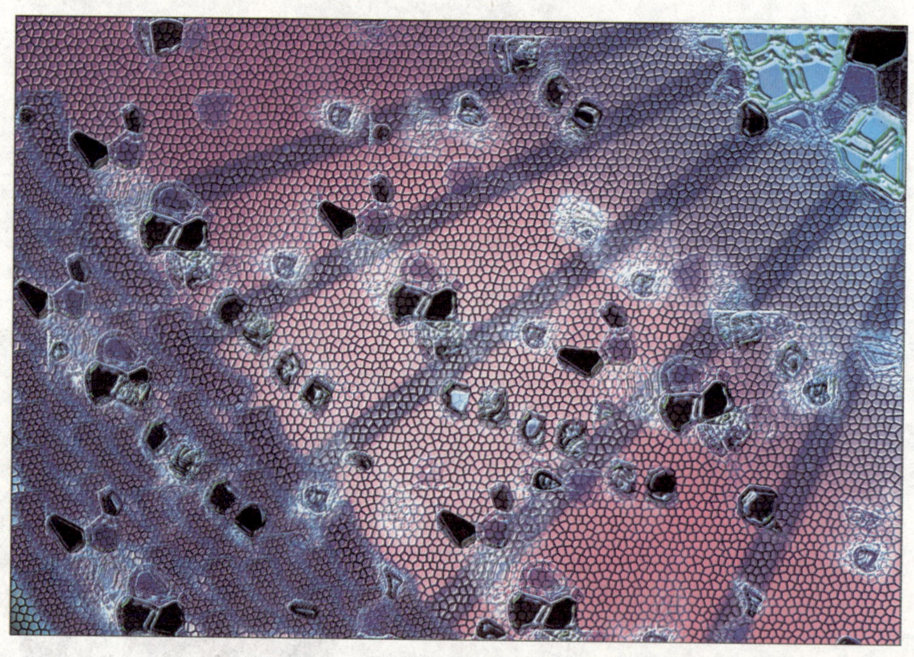

图 18-44

中文版Photoshop CS4 特效演绎

19 金属板上的水珠

水在金属板上形成的独特艺术效果，适用于各种平面设计中，主要运用电脑绘制图形和色彩渐变的方法进行制作。

操作步骤如下：

01 创建新文件。启动Photoshop CS4，选择菜单“文件”|“新建”命令（或按Ctrl+N组合键），在弹出的对话框中将“宽度”设置为15厘米，“高度”设置为10.5厘米，如图19-1所示，创建一个新文件。

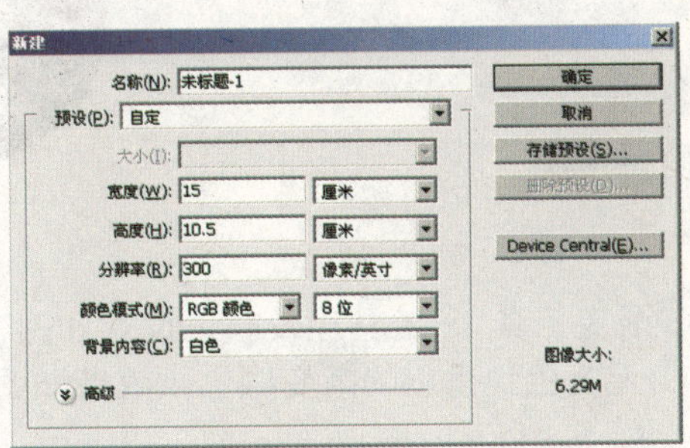

图19-1

02 新建图层并更改前景色。单击“图层”面板下方的“创建新图层”按钮，新建一个图层并命名为“01”，如图19-2所示。更改前景色的颜色值为R：64/G：18/B：18，对话框设置如图19-3所示。

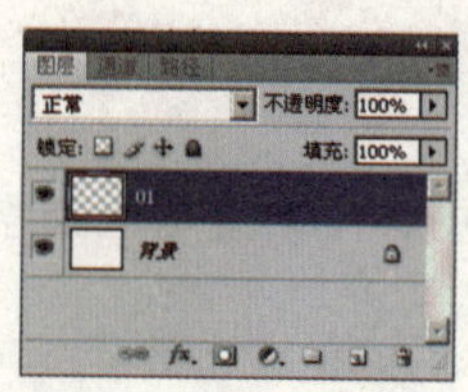

图 19–2

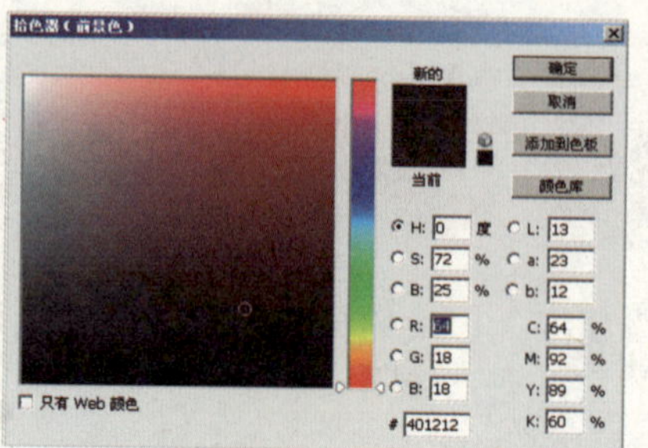

图 19–3

03 绘制形状。选择 "钢笔工具"，工具栏设置如图 19－4 所示，绘制如图 19－5 所示的形状。选择 "01" 图层并单击鼠标右键，在弹出的快捷菜单中选择 "栅格化图层" 命令，将图层栅格化，如图 19–6 所示。

图 19–4

图 19–5

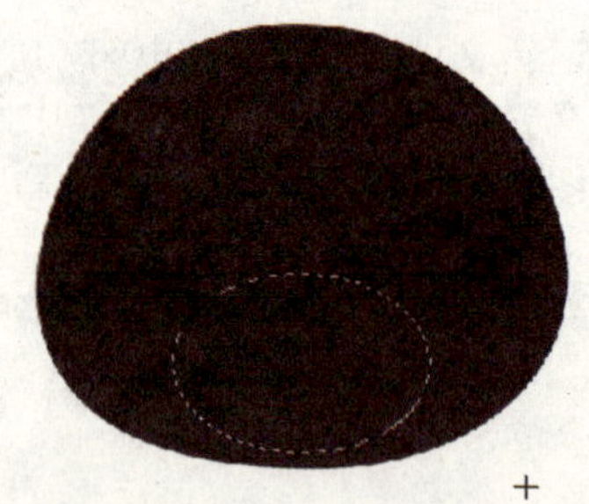

图 19–6

04 制作圆形选区。选择 "椭圆选框工具"，对话框设置如图 19－7 所示，在图形下方框选出椭圆选区，如图 19－8 所示。

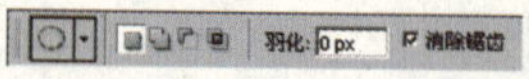

图 19–7

图 19–8

05 制作渐变颜色。选择 "渐变工具"，工具栏及颜色设置如图 19－9 和图 19－10 所示。在图层中由下到上拖拽出由土黄色到褐色的渐变颜色，效果如图 19–11 所示。

06 制作小的渐变颜色图像。复制 "01" 图层，得到 "01 副本" 图层，如图 19－12 所示。载入 "01 副本" 图层的选区，按 Ctrl + T 组合键调出自由变换控制框，将图形缩小，如图 19－13 所示。选择 "渐变工具"，设置渐变颜色由黄色到褐色，工具栏设置如图 19–14 所示，在图中由中央向周边拖拽出渐变效果，如图 19–15 所示。

图 19-9

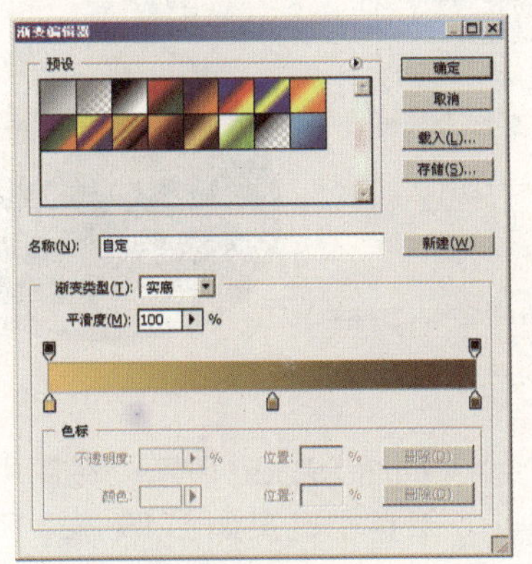

图 19-10

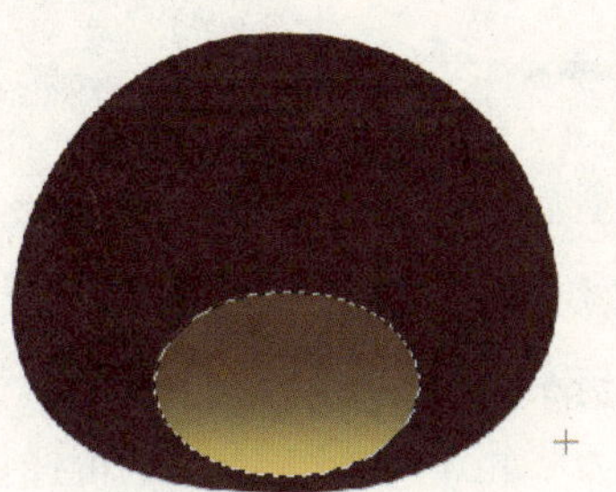

图 19-11

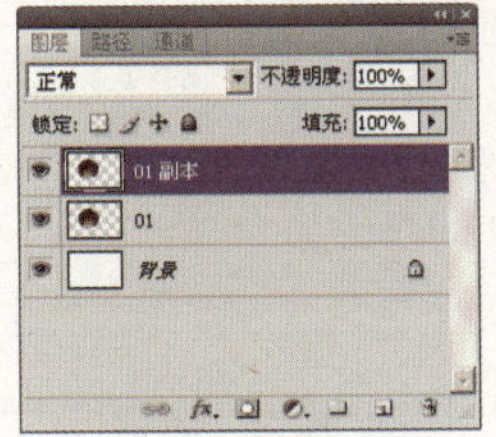

图 19-12

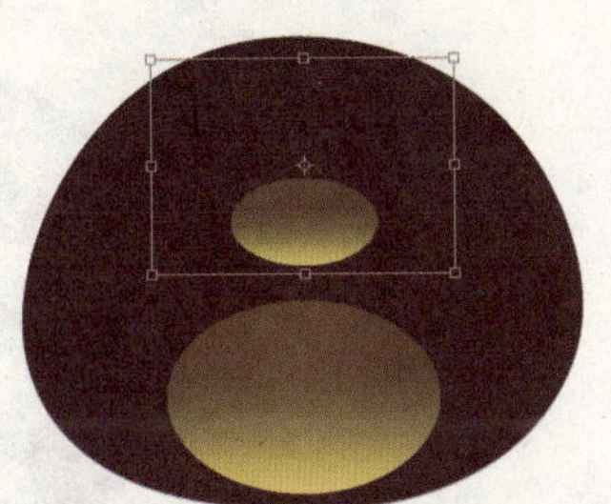

图 19-13

图 19-14

图 19-15

07 调整图像亮度。选择菜单“图像”|“调整”|“曲线”命令，对话框设置如图 19-16 所示，单击“确定”按钮，使图形中央显示为亮色。选择“01”图层，如图 19-17 所示。

08 模糊处理局部图像。选择“模糊工具”，工具栏设置如图 19-18 所示。使用“椭圆选框工具”框选一个选区，然后参照如图 19-19 所示进行涂抹，模糊图形边缘。

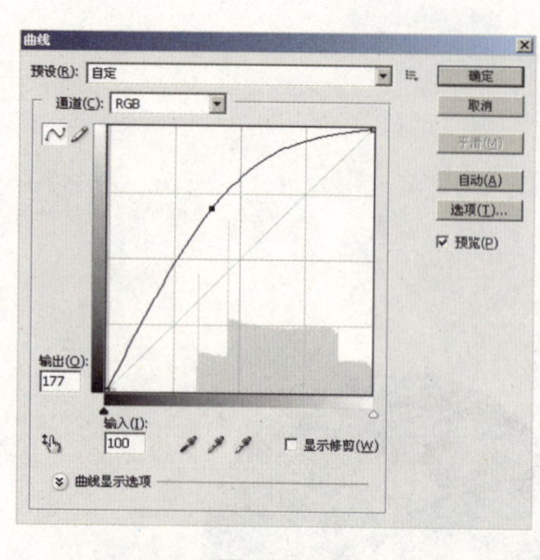

图 19–16

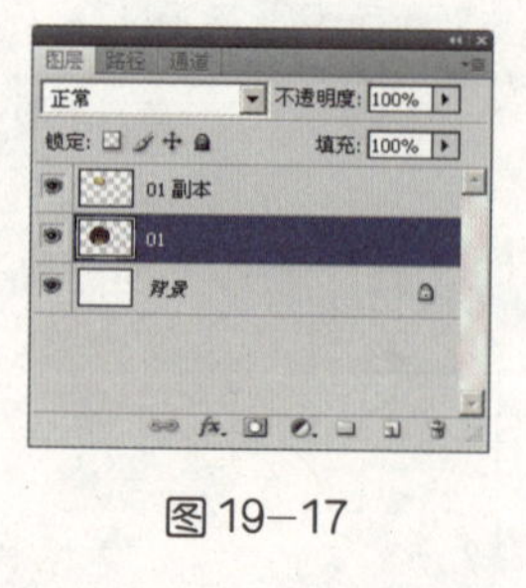

图 19–17

图 19–18

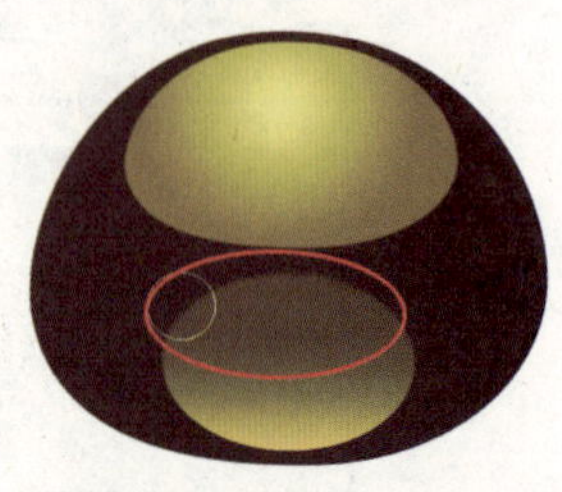

图 19–19

09 修饰图像的明暗色调。选择“减淡工具”，工具栏设置如图 19–20 所示，在图中涂抹出亮色部位，如图 19–21 所示。再选择“加深工具”，工具栏设置如图 19–22 所示，在图中涂抹出图形的暗色区域，得到如图 19–23 所示的效果。

10 合并图层。选择“01 副本”图层，如图 19–24 所示，单击面板右侧的小三角按钮，在弹出的菜单中选择“向下合并”命令，如图 19–25 所示，将“01 副本”图层和“01”图层合并。

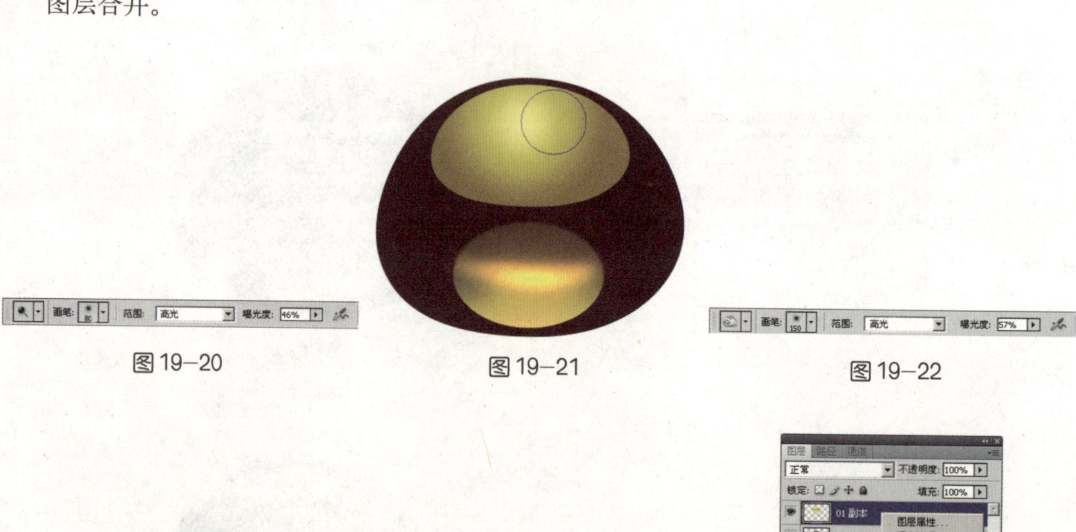

图 19–20

图 19–21

图 19–22

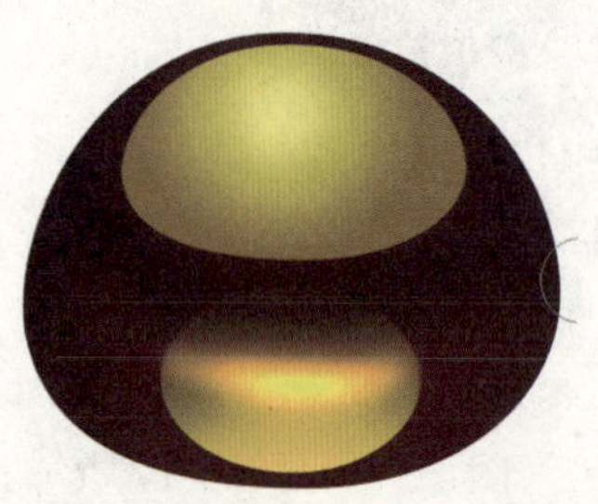

图 19–23

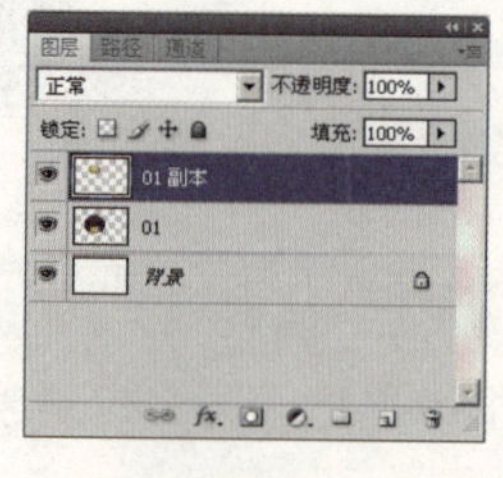

图 19–24

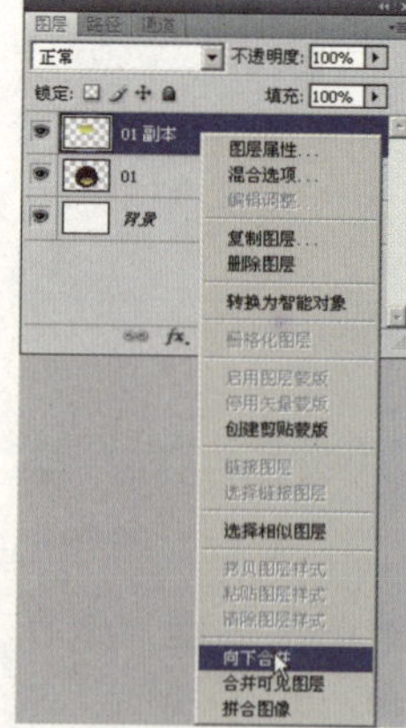

图 19–25

11 缩小图像并复制多个图像。按Ctrl+T组合键调出自由变换控制框，将图形缩小，如图19-26所示，参照如图19-27所示，复制出多个大小不等的图形，如图19-28和图19-29所示。

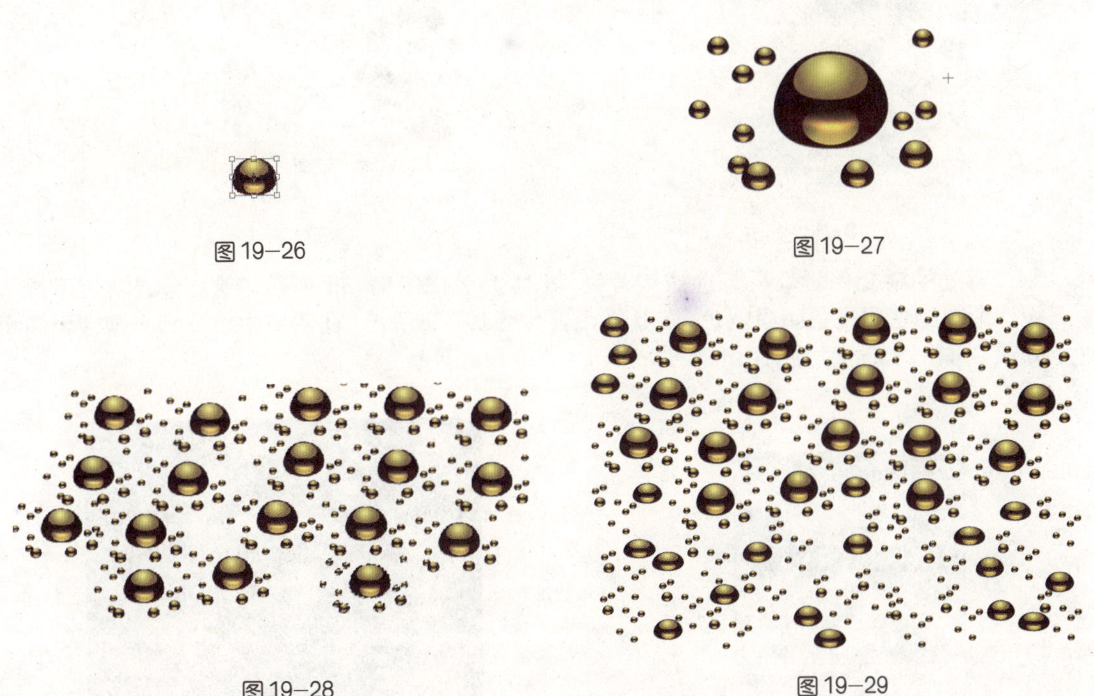
图19-26　图19-27　图19-28　图19-29

12 调整整个图像的透视效果并确定选区。按Ctrl+T组合键调出自由变换控制框，对图形变形，如图19-30所示。选择“多边形套索工具”，工具栏设置如图19-31所示，框选图形上半部分，如图19-32所示。

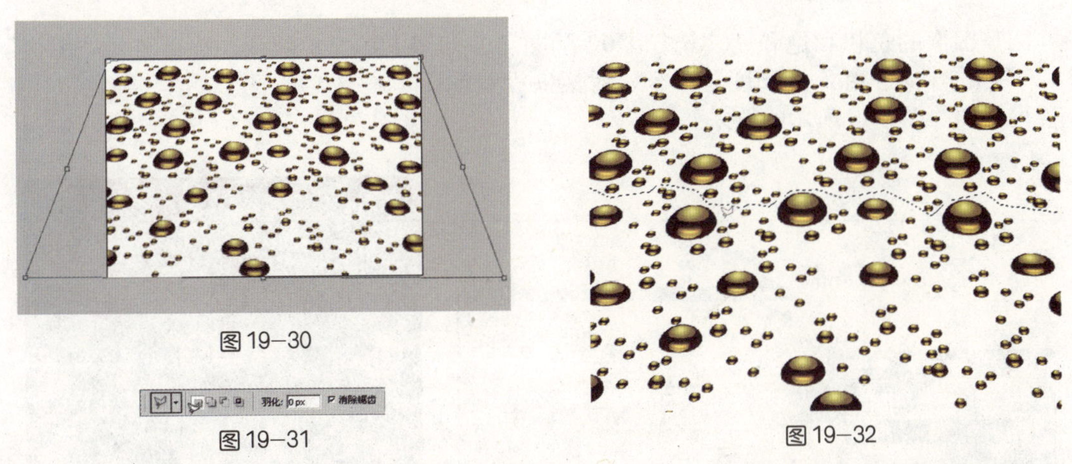
图19-30　图19-31　图19-32

13 将图像模糊处理。确保选区存在，选择菜单“滤镜”|“模糊”|“高斯模糊”命令，对话框设置如图19-33所示，单击“确定”按钮，得到如图19-34所示的效果。

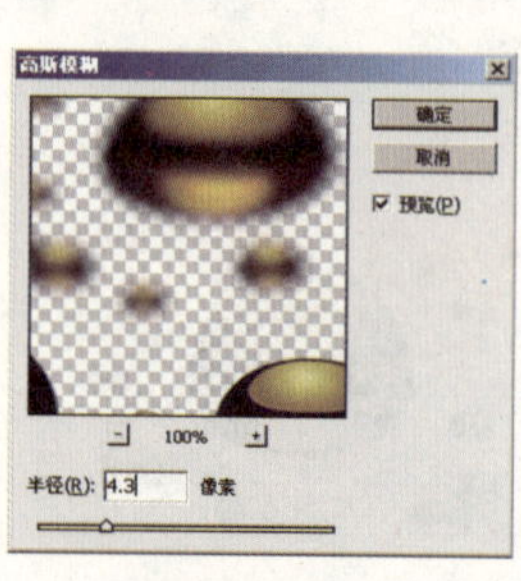
图19-33

图19-34

14 制作背景的渐变色彩效果。选择“背景”图层，如图19-35所示。选择“渐变工具”，设置渐变颜色由褐色到深褐色，工具栏设置如图19-36所示，在图层中由下到上拖拽出渐变效果，如图19-37所示。

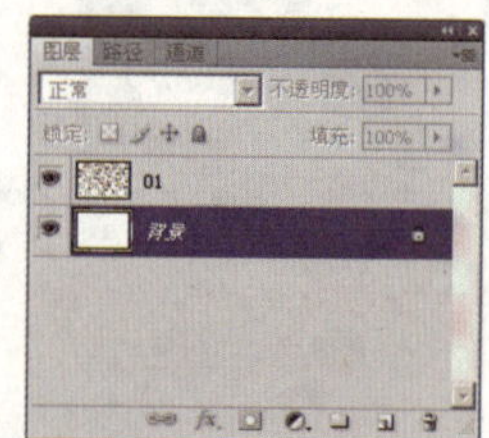
图19-35

图19-36

图19-37

15 调整图像的色相和饱和度。选择“01”图层，如图19-38所示，选择菜单“图像”|“调整”|“色相/饱和度”命令，对话框设置如图19-39所示，单击“确定”按钮，得到如图19-40所示的效果。

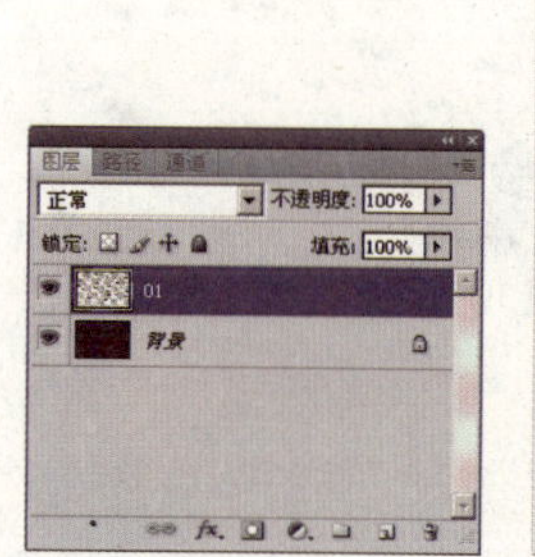
图19-38

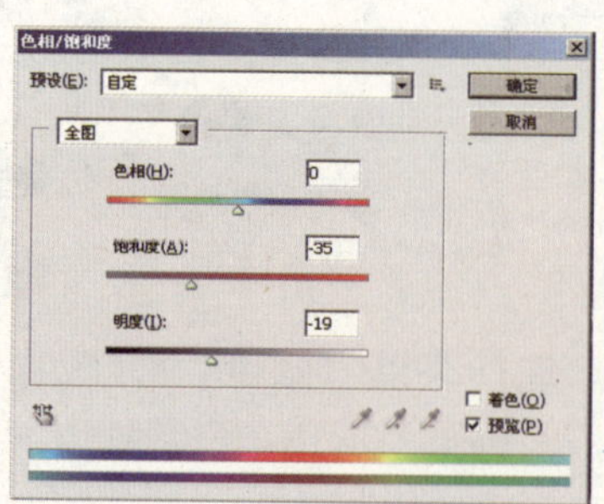
图19-39

图19-40

16 绘制蝴蝶形状的图形。新建一个图层并命名为“02”，如图19−41所示。更改前景色的颜色值为R：156/G：112/B：35，对话框设置如图19−42所示。选择“自定形状工具”，工具栏设置如图19−43所示，在图层中拖拉出蝴蝶图形，如图19−44所示。

17 为蝴蝶形状拉出渐变色彩。载入“02”图层的选区，按Ctrl+T组合键调出自由变换控制框，按住Ctrl键将蝴蝶图形变形，如图19−45所示。选择“渐变工具”，设置渐变颜色由褐色到深褐色，工具栏设置如图19−46所示，在蝴蝶选区中由下到上拖拽出渐变效果，如图19−47所示。

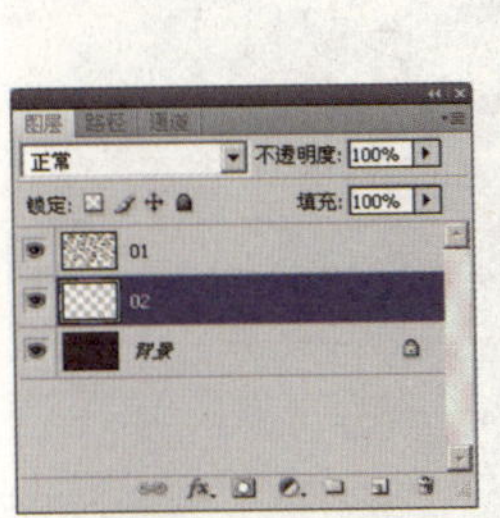

图19−41

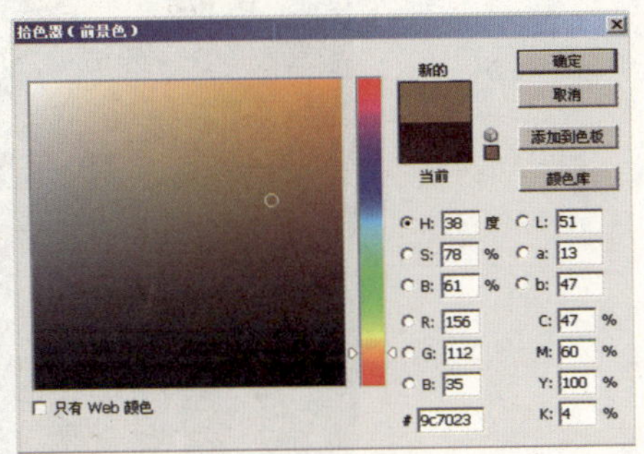

图19−42

图19−43

图19−44

图19−45

图19−46

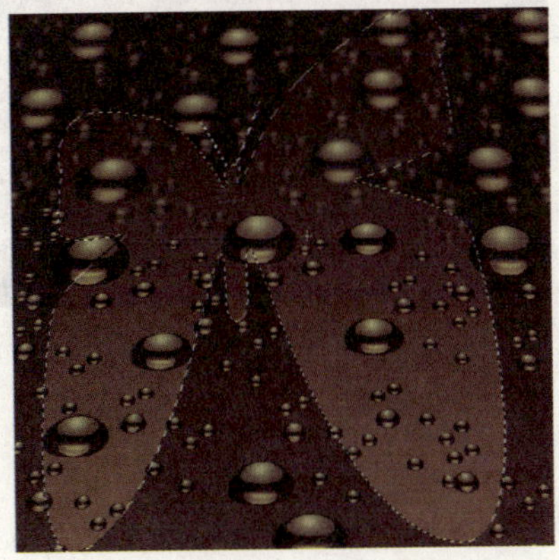

图19−47

18 为图像制作斜面和浮雕效果。单击“图层”面板下方的 fx “添加图层样式”按钮，在弹出的下拉菜单中选择“斜面和浮雕”命令，对话框设置如图 19－48 所示，单击“确定”按钮，得到如图 19－49 所示的效果。

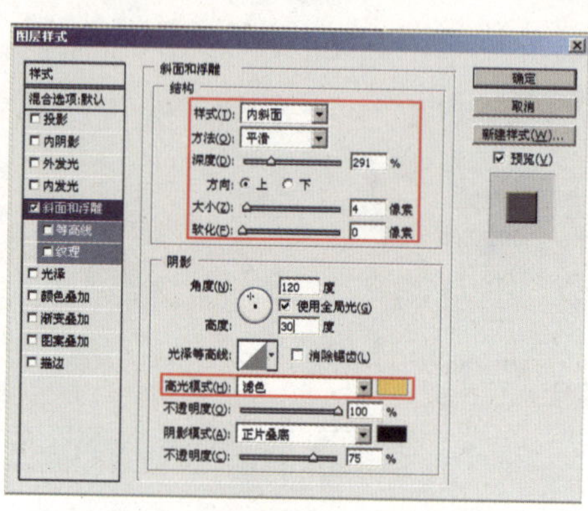

图 19－48

图 19－49

最终效果如图 19－50 所示。

图 19－50

20 炫光特效

炫光特效是平面设计中最常见的设计元素，在很多创意设计中都可用到此特效。本例中的制作方法有别于其他书籍的介绍，方法非常简单，主要运用镜头光晕滤镜和扭曲变形滤镜制作而成。

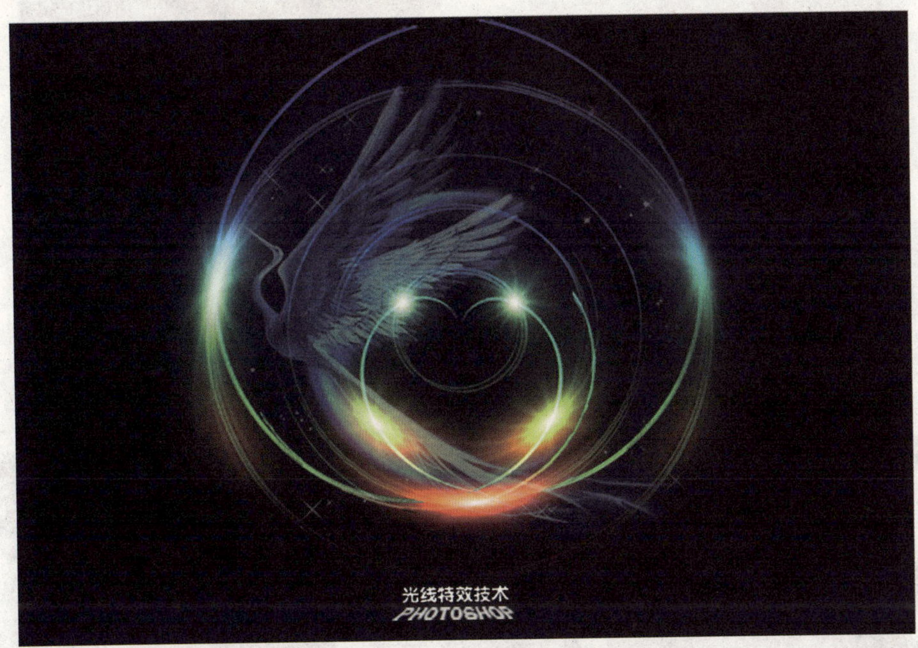

操作步骤如下：

01 创建新文件。启动Photoshop CS4，选择菜单“文件”|“新建”命令（或按Ctrl+N组合键），在弹出的对话框中将“宽度”设置为15厘米，“高度”设置为10.5厘米，对话框设置如图20-1所示，单击“确定”按钮，创建一个新文件。

图20-1

02 新建图层并填充颜色。将前景色与背景色恢复到默认的黑、白色，在“图层”面板中新建“图层1”，按Alt+Delete组合键，为该图层填充前景色并将该图层命名为“光

晕”。选择菜单“滤镜”|“渲染”|“镜头光晕”命令，对话框设置如图 20－2 所示，单击“确定”按钮，得到如图 20－3 所示的效果。

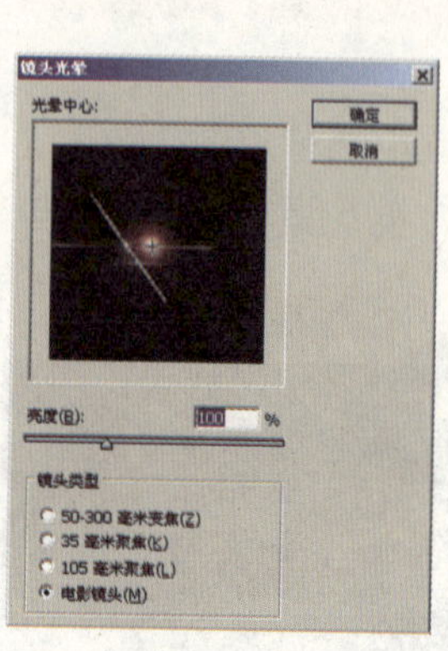

图20−2

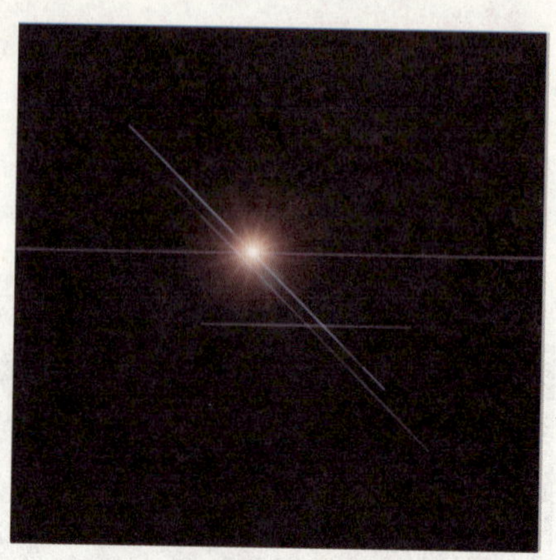
图20−3

03 制作渐变色彩图像。连续两次执行菜单“滤镜”|“渲染”|“镜头光晕”命令，对话框中的设置与图20−2相同，只是略微调整一下“光晕中心”的位置，效果如图20−4所示。

04 将图形极坐标扭曲变形。选择“光晕”图层，选择菜单“滤镜”|“扭曲”|“极坐标”命令，对话框设置如图20−5所示，单击“确定”按钮，得到如图20−6所示的效果。

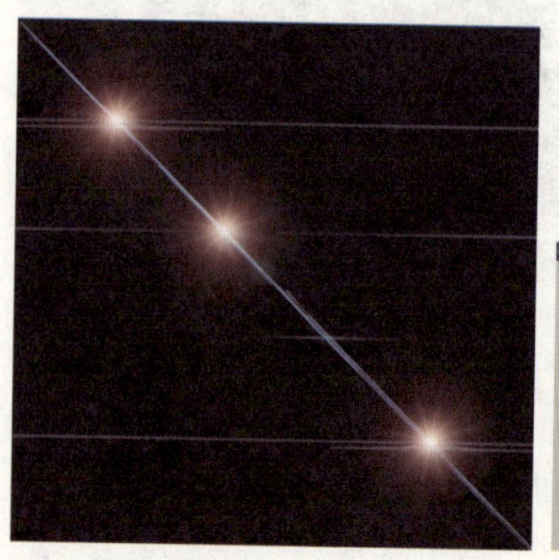
图20−4

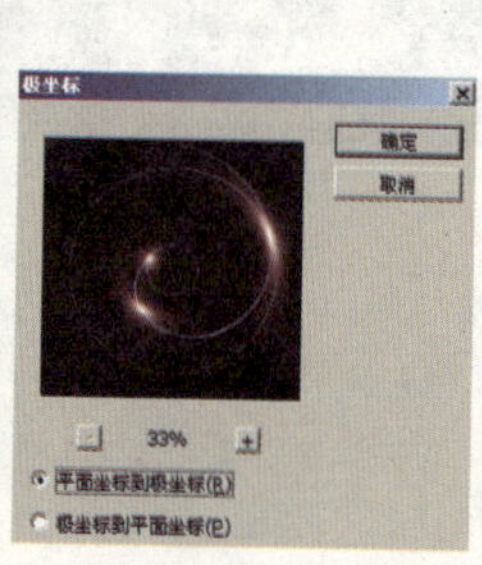

图20−5

图20−6

05 框选出多个圆形选区。复制“光晕”图层，得到“光晕副本”图层，并将图层的混合模式改为“线性减淡（添加）”，如图 20－7 所示。按 Ctrl + T 组合键调出自由变换控制框，适当调整图像的大小和位置。按 Ctrl + Shift + N 组合键，在弹出对话框的“名称”文本框中输入“黑色”，单击“确定”按钮，将该图层填充为黑色，效果如图20−8所示。

06 将图像扭曲成水波效果。单击“图层”面板下方的“创建新图层”按钮，新建一个图层并命名为“渐变”。选择“渐变工具”，设置如图 20－9 所示的渐变，在“渐变”图层上拖出渐变效果。改变此图层的混合模式为“叠加”，如图20−10所示，得到如图 20－11 所示的效果。

07 添加高斯模糊效果。选择“渐变”图层，按 Ctrl + Shift + E 组合键合并所有可见图层，选择菜单“滤镜”|“模糊”|“高斯模糊”命令，对话框设置如图 20－12 所示。

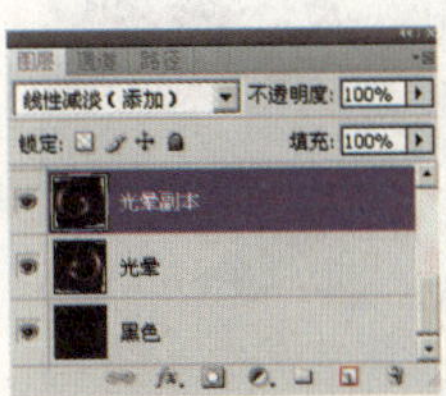

图20-7

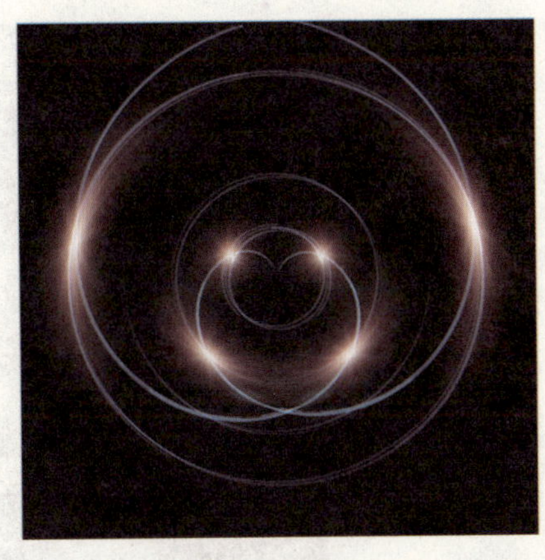

图20-8

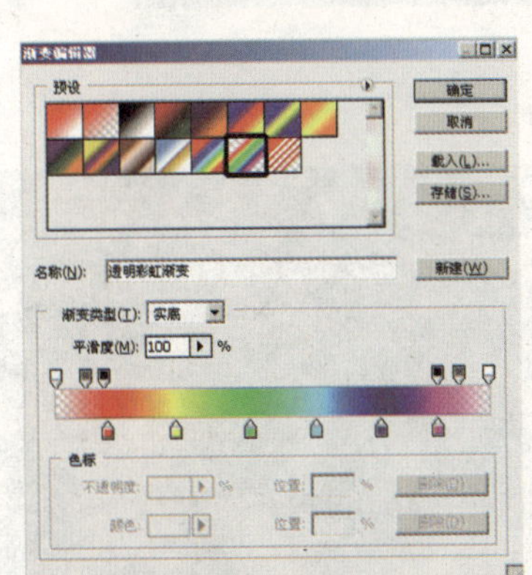

图20-9

图20-10

图20-11

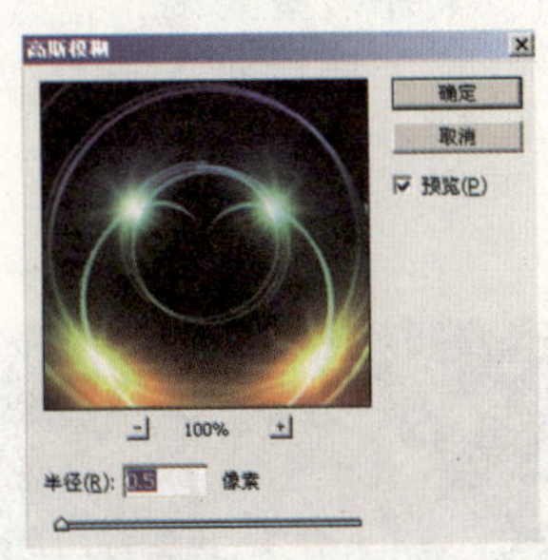

图20-12

08 制作图像杂色效果。选择 T “文字工具”，输入相应的文字，再选择菜单“图层”|“栅格化”|“文字”命令。选择菜单“编辑”|“变换”|“透视”命令，改变字体的形态，效果如图 20-13 所示。

09 擦除图像边缘。选择 “橡皮擦工具”，工具栏设置如图 20-14 所示，在各个图层的图像边缘处进行适当的涂抹，使图像的边缘变得柔和，如图20-15所示的效果。

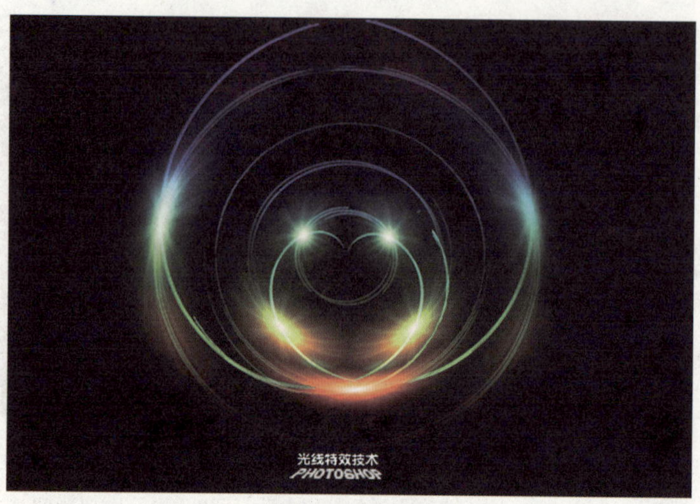

图20-13

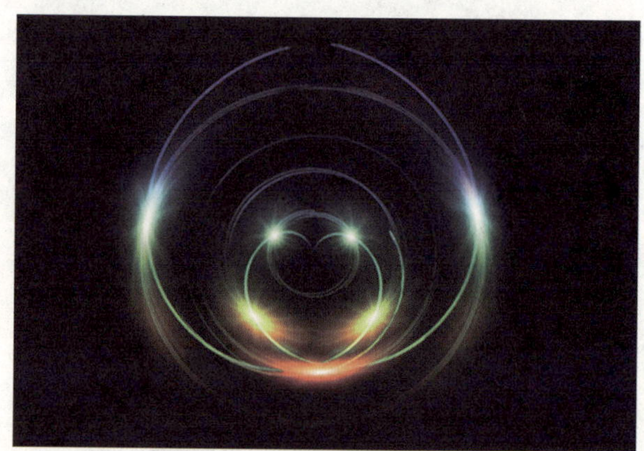

画笔: 195 模式: 画笔 不透明度: 50% 流量: 100%

图20-14

图20-15

10 复制图像并调整大小。打开随书光盘中“外用图\2001.bmp”的文件，如图20-16所示。将此图像拖入制作文件中，使用自由变形的方法将图像等比例放大，效果如图20-17所示。

图20-16

图20-17

11 更改图层的混合模式。在“图层”面板中将当前图层的混合模式设置为“变亮”，如图20−18 所示。图像效果如图 20−19 所示。

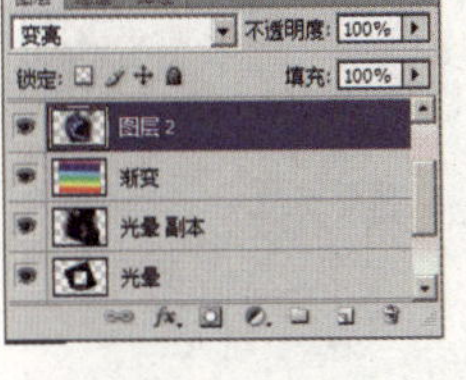

图20−18

图20−19

12 设置图层的不透明度。在“图层”面板中将当前图层的“不透明度”设置为45%，如图20−20所示。图像效果如图20−21所示。

图20−20

图20−21

13 擦除图像的边缘。选择“橡皮擦工具”，工具栏设置如图 20−22 所示，在仙鸟图像的边缘处进行适当的涂抹，使图像的边缘变得柔和。

画笔: 246 模式: 画笔 不透明度: 50% 流量: 100%

图20−22

最终效果如图 20-23 所示。

图20-23

21 烈日荒土

炎炎烈日下，大地干涸，万物皆休。该特效集中表现出了大自然的景观——干涸的地和具有无穷魔力的黑色太阳。

操作步骤如下：

01 创建新文件。启动Photoshop CS4，选择菜单“文件”|“新建”命令（或按Ctrl+N组合键），在弹出的对话框中将“宽度”设置为15厘米，“高度”设置为10.5厘米，如图21－1所示，单击“确定”按钮，创建一个新文件。

02 新建图层并设置颜色。单击“图层”面板下方的“创建新图层”按钮，新建一个图层并命名为“01”，如图21－2所示。更改前景色和背景色为豆绿色和淡黄色，如图21－3所示。

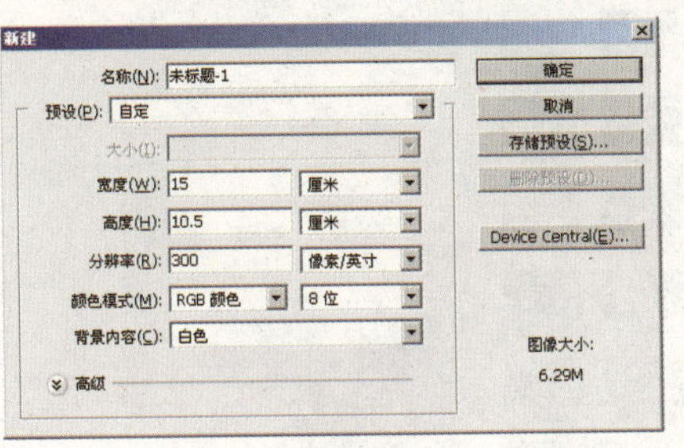

图21－1

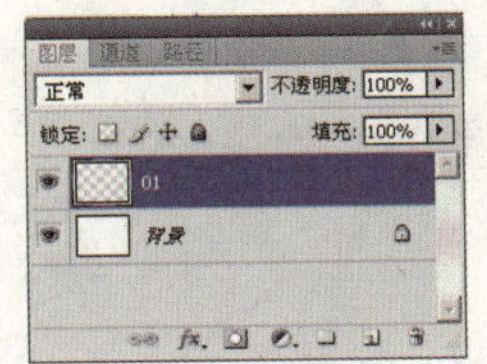

图21－2

图21－3

03 制作云彩图像。选择菜单“滤镜”|“渲染”|“云彩”命令，如图21－4所示，效果如图21－5所示。

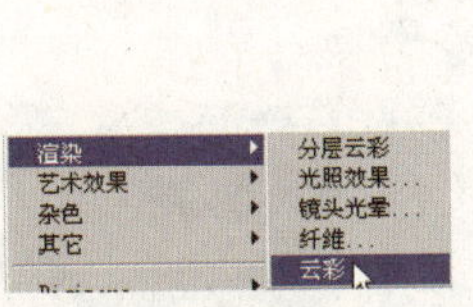

图21－4

图21－5

04 制作晶格化图像。复制“01”图层，得到“01 副本”图层，如图21－6所示。选择菜单“滤镜”|“像素化”|“晶格化”命令，对话框设置如图21－7所示，单击“确定”按钮，得到如图21－8所示的效果，此时的画面呈现不规则形状的颗粒。

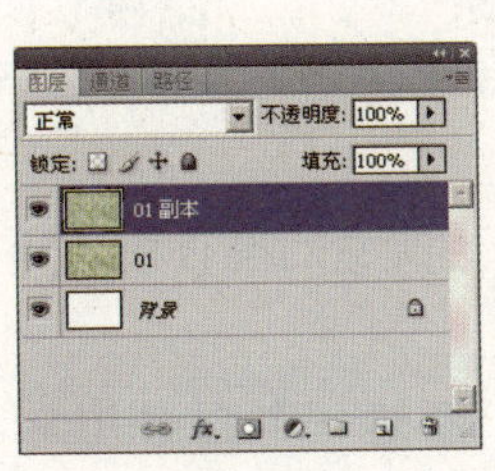

图21－6

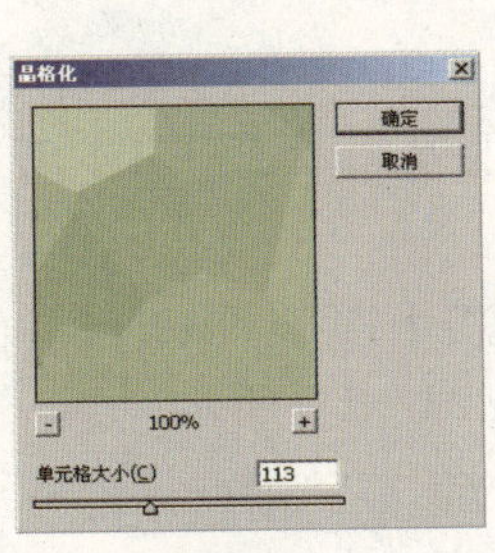

图21－7

图21－8

05 制作海报边缘图像。选择菜单“滤镜”|“艺术效果”|“海报边缘”命令，对话框设置如图21-9所示，单击“确定”按钮，得到如图21-10所示的效果。

06 制作光照效果增加图像的立体感。选择菜单“滤镜”|“渲染”|“光照效果”命令，对话框设置如图21-11所示，单击“确定”按钮，得到如图21-12所示的效果。

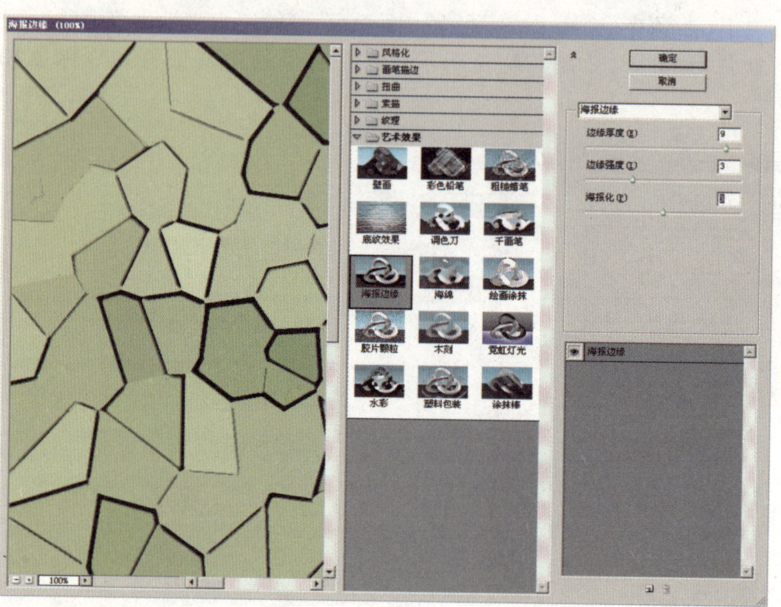

图21-9

图21-10

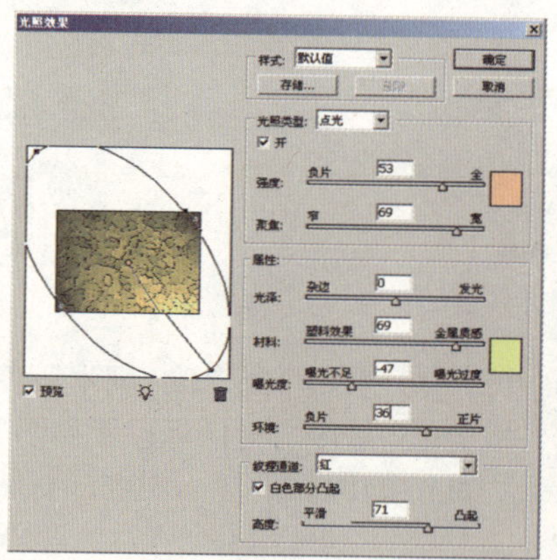

图21-11

图21-12

07 再次制作光照效果。选择“01”图层，如图21-13所示。选择菜单“滤镜”|“渲染”|“光照效果”命令，对话框设置如图21-14所示，单击“确定”按钮，得到如图21-15所示的效果。

08 更改图层的混合模式。在“图层”面板中选择“01副本”图层，并更改它的混合模式为“强光”，如图21-16所示，效果如图21-17所示。

09 制作圆环。单击“图层”面板下方的“创建新图层”按钮，新建一个图层并命名为“02”，如图21-18所示，在图中拖拉出一个圆环并填充为蓝色，如图21-19所示。在

"图层"面板中再新建一个图层并命名为"03"，如图21－20所示。

10 为圆形制作海绵效果。在新建的图层中拉出一个圆形选区，并填充为蓝色，再拉出一个小一圈的图形，如图21－21所示。选择菜单"滤镜"|"艺术效果"|"海绵"命令，对话框设置如图21－22所示，单击"确定"按钮，得到如图21－23所示的效果。

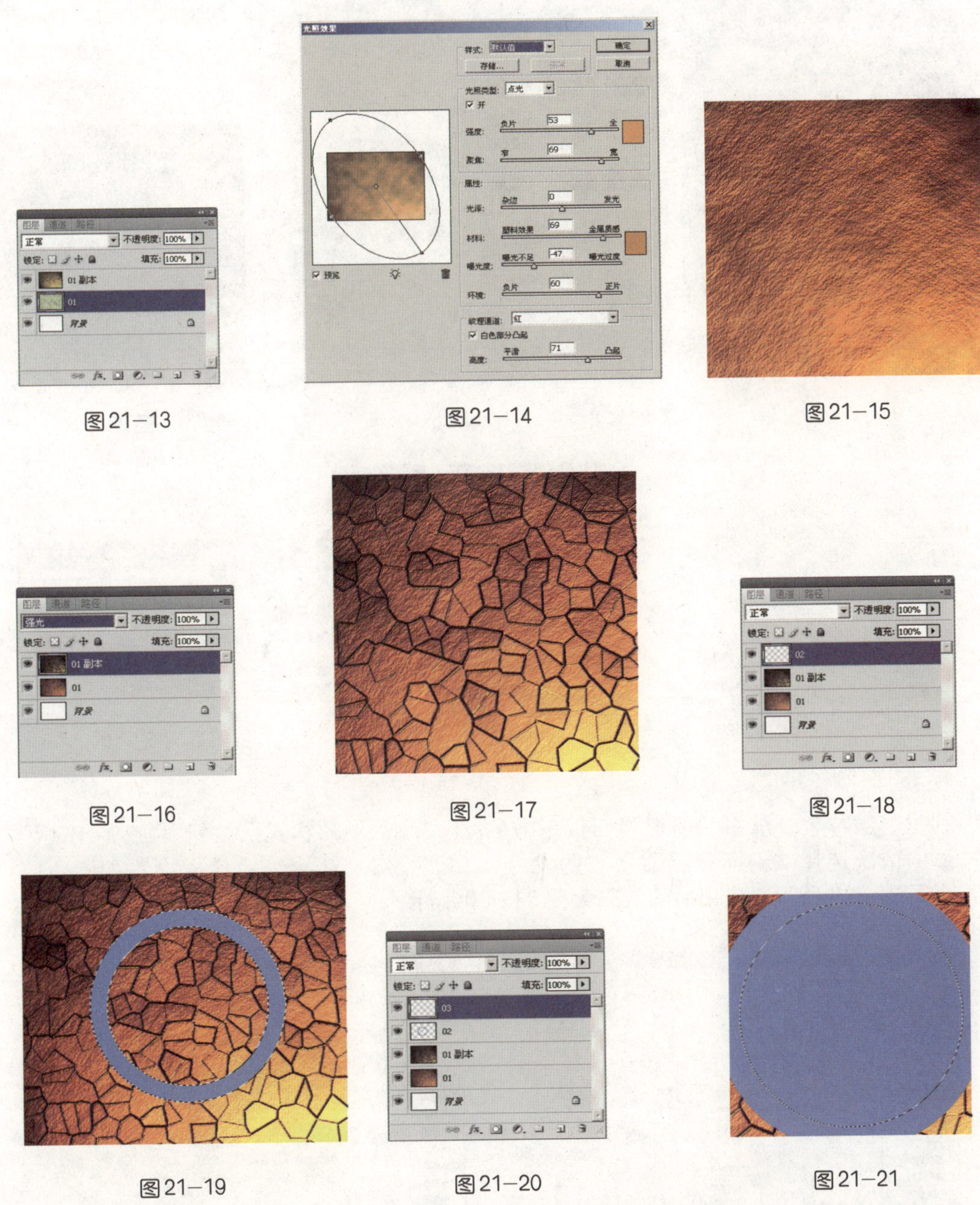

图21－13　图21－14　图21－15

图21－16　图21－17　图21－18

图21－19　图21－20　图21－21

11 调整图像的亮度和对比度。选择菜单"图像"|"调整"|"亮度/对比度"命令，对话框设置如图21－24所示，单击"确定"按钮，得到如图21－25所示的效果。在"图层"面板中选择"02"图层，如图21－26所示。

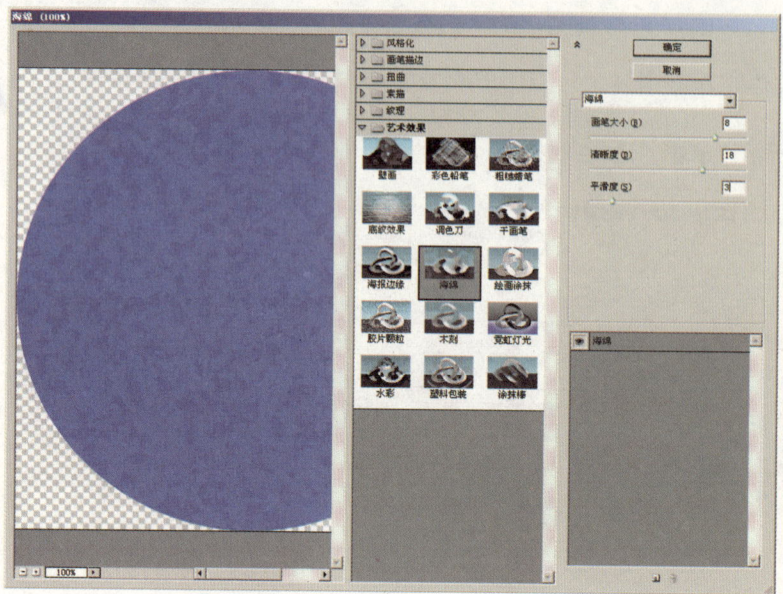

图21-22

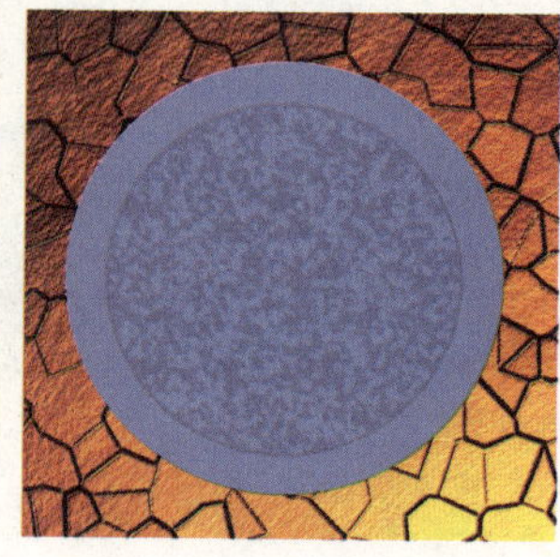

图21-23

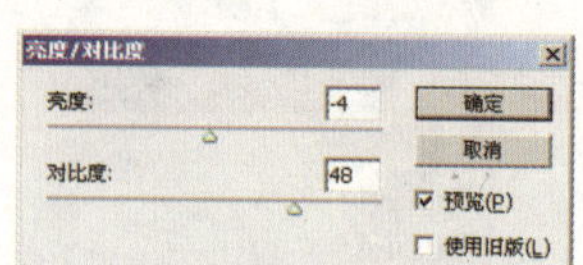

图21-24

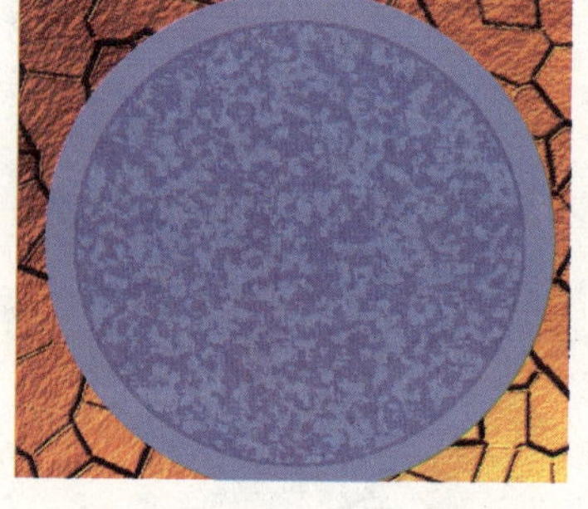

图21-25

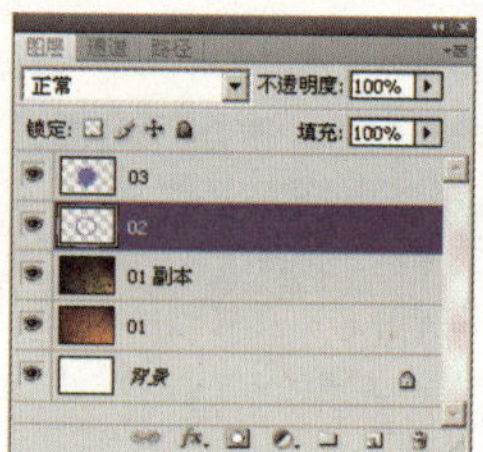

图21-26

12 制作图层特效。单击“图层”面板下方的 fx “添加图层样式”按钮，在弹出的下拉菜单中依次选择“斜面和浮雕”、“内发光”和“投影”命令，对话框设置如图21-27至图21-29所示，应用后的效果如图21-30所示。

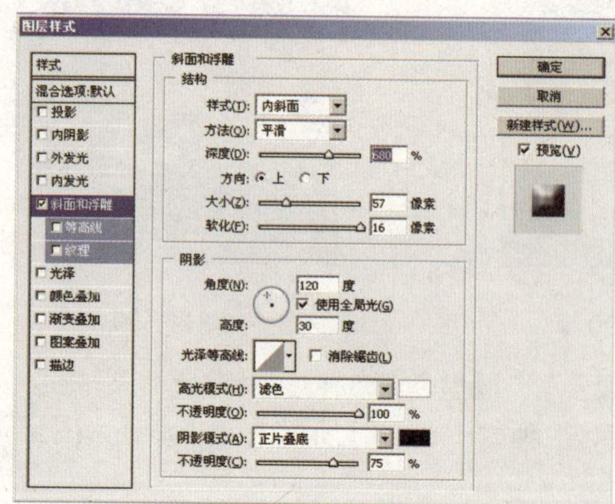

图21-27

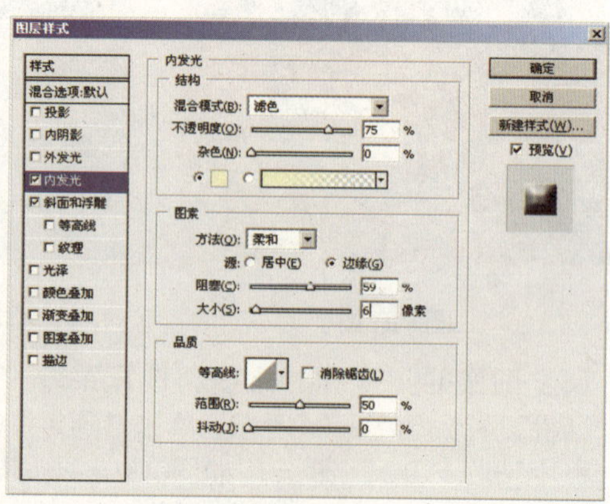

图21-28

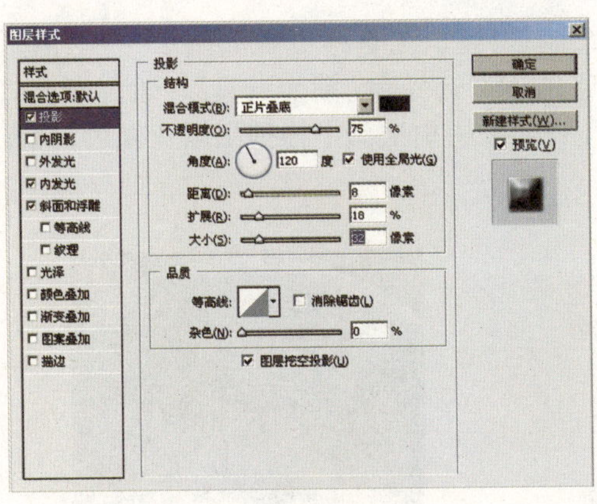

图21-29

图21-30

13 制作渐变颜色。在“图层”面板中选择“03”图层并更改“不透明度”的值为58%，如图21-31所示。选择“渐变工具”，工具栏设置如图21-32所示，在图形中拉出渐变效果，如图21-33所示。

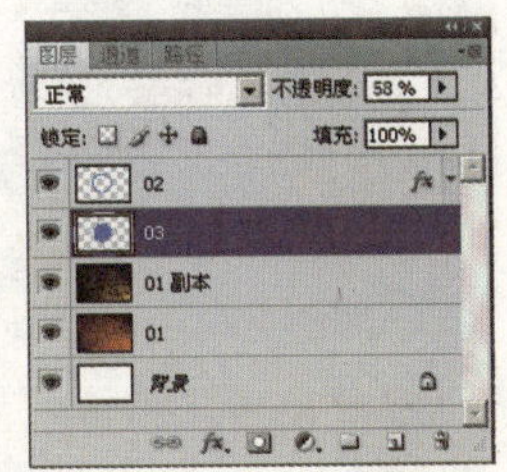

图21-31

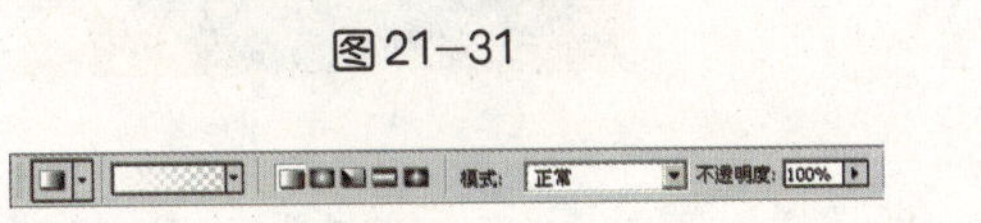

图21-32

图21-33

14 制作羽化效果的椭圆形。在“图层”面板中新建一个图层并命名为“04”，如图21-34所示。选择“椭圆选框工具”，工具栏设置如图21-35所示，在圆形中拖拉出一个椭圆选区并填充白色，效果如图21-36所示。

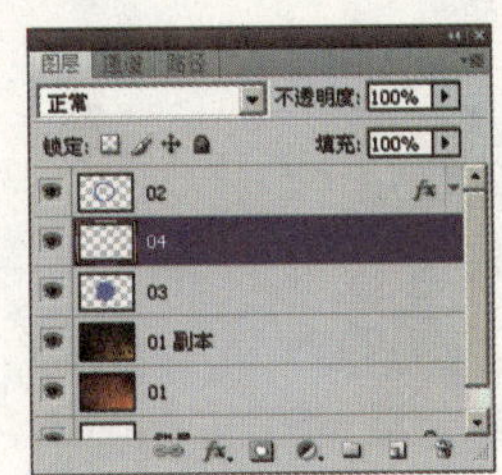

图21-34

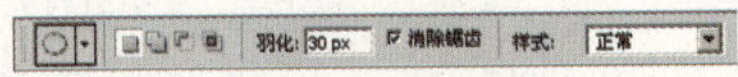

图21-35

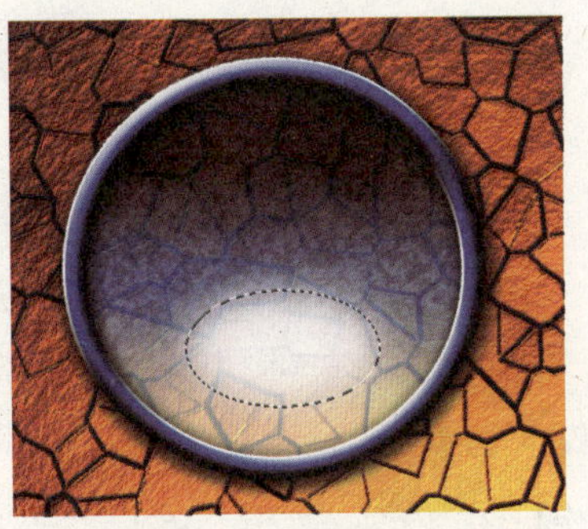

图21-36

15 制作渐变的透明效果。同样使用“椭圆选框工具”，工具栏设置如图21−37所示。在圆形上方再拉出一个椭圆选区，如图21−38所示。选择“渐变工具”，设置渐变颜色由白色到透明色，工具栏设置如图21−39所示，在选区中由上到下拖拽出渐变颜色，效果如图21−40所示。

图21−37

图21−38

图21−39

图21−40

16 制作太阳图形。选择“自定形状工具”，工具栏设置如图21−41所示，参照如图21−42所示绘制图形。在该形状图层上单击鼠标右键，在弹出的快捷菜单中选择“栅格化图层”命令，将此图层栅格化，如图21−43所示。

图21−41

图21−42

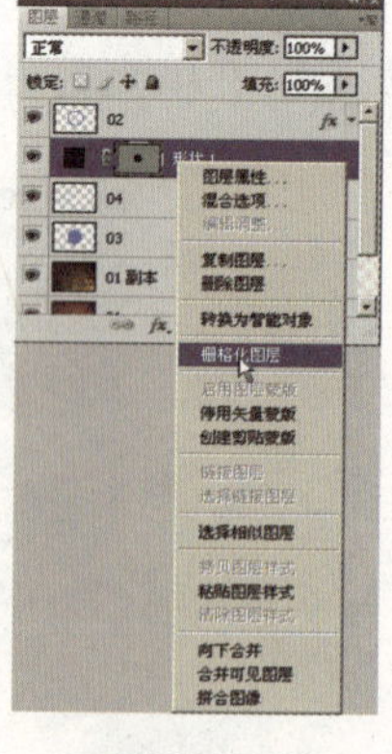

图21−43

17 制作投影效果。单击“图层”面板下方的“添加图层样式”按钮，在弹出的下拉菜单中选择“投影”命令，对话框设置如图21−44所示，单击“确定”按钮，得到如图21−45所示的效果。

18 制作圆形路径。在“图层”面板中再新建一个图层并命名为“05”，如图 21-46 所示。选择◯“椭圆工具”，工具栏设置如图 21-47 所示，参照如图 21-48 所示在图形中画出圆形路径。

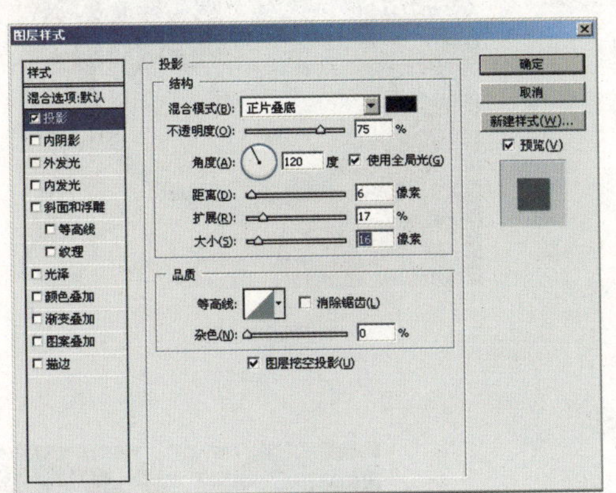

图21-44

图21-45

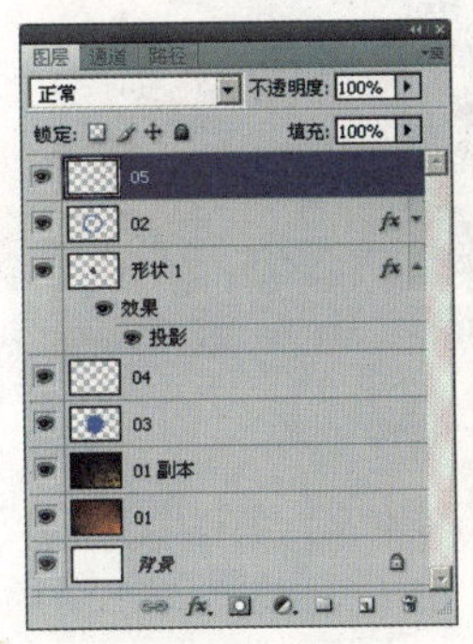

图21-46

图21-47

图21-48

19 制作路径文本选区。选择T“横排文字蒙版工具”，工具栏设置如图 21-49 所示，参照如图 21-50 所示输入文字，并参照如图 21-51 和图 21-52 所示编辑文字。

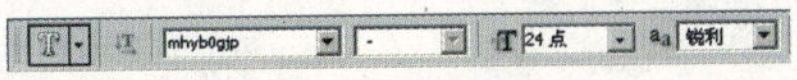

图21-49

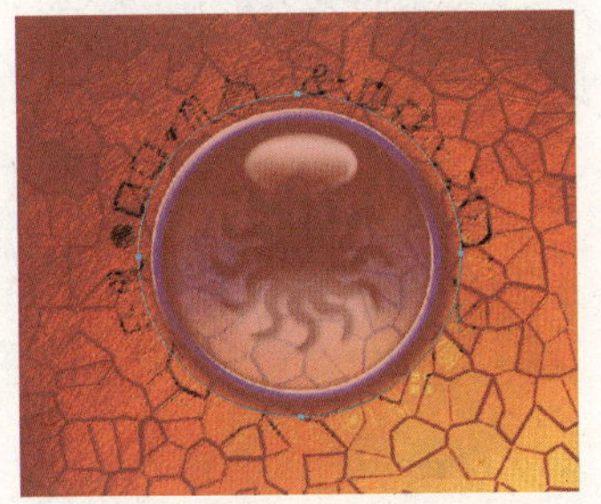

图21-50

20 对图像径向模糊处理。复制“05”图层，得到“05 副本”图层，如图 21-53 所示。选择菜单“滤镜”｜“模糊”｜“径向模糊”命令，对话框设置如图 21-54 所示，单击“确定”按钮，得到如图 21-55 所示的效果。

图21-51

图21-52

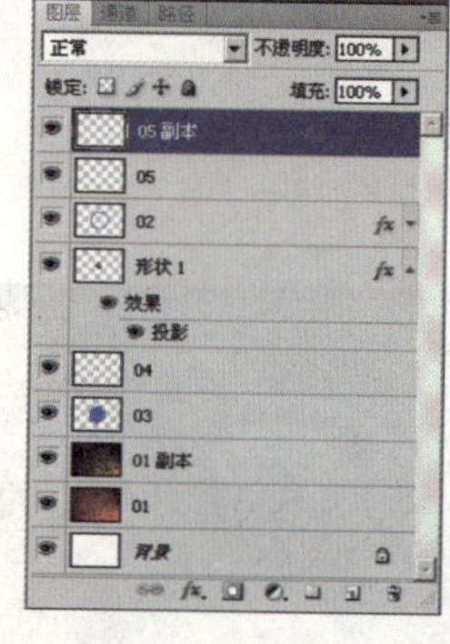

图21-53

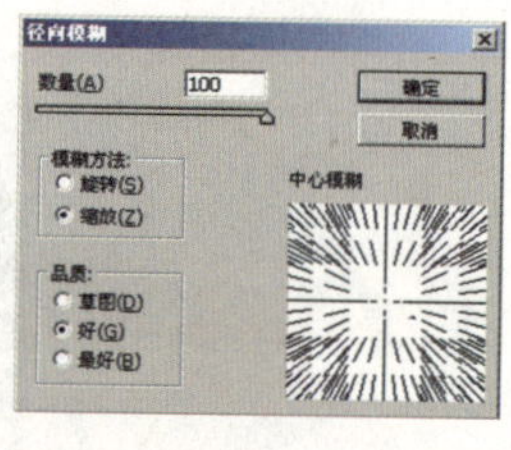

图21-54

图21-55

21 调整图层参数和图层关系。复制两次“05”图层，得到“05 副本 2”图层和“05 副本 3”图层，如图21-56所示。将新复制的两个图层和图层“05”合并，如图21-57所示。选择“05”图层，并更改“不透明度”值为67%，如图21-58所示，效果如图21-59所示。

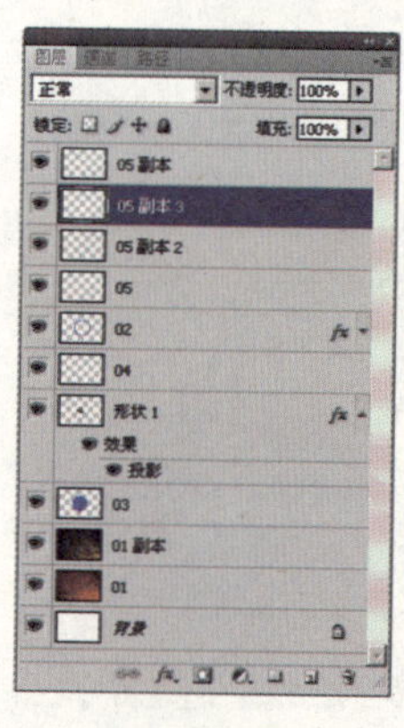

图21-56

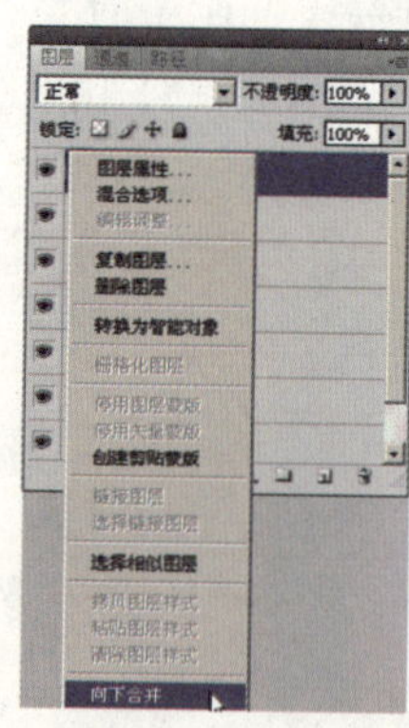

图21-57

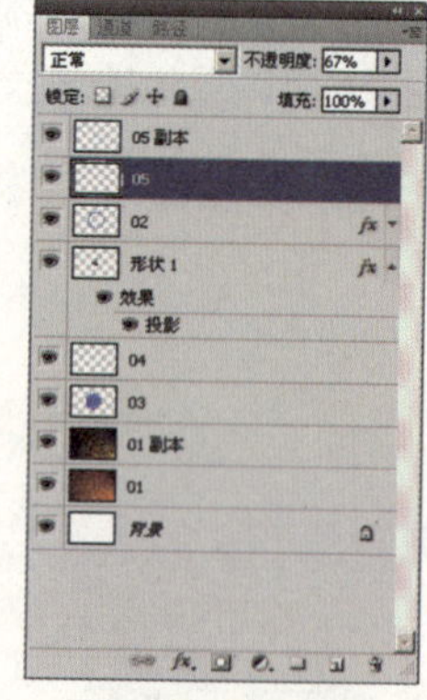

图21-58

22 对图像做球面化扭曲处理。选择“05 副本”图层，如图21-60所示，参照如图21-61所示调出椭圆选区。选择菜单“滤镜”|“扭曲”|“球面化”命令，对话框设置如图21-62所示，对文字进行变形处理。

图21-59

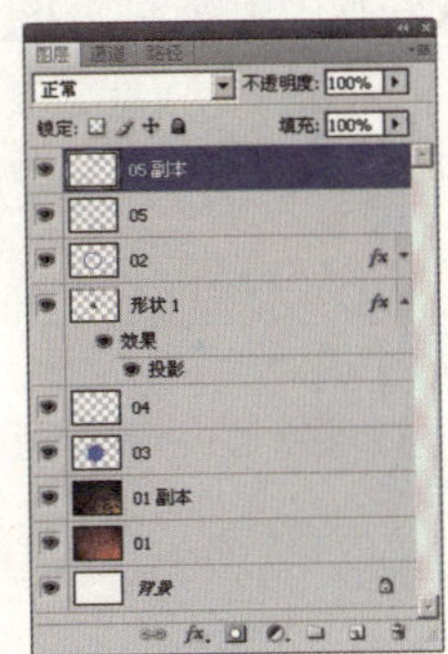

图21-60

图21-61

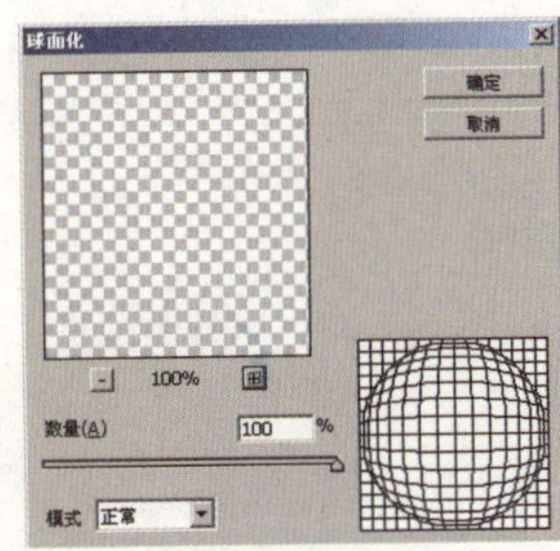

图21-62

最终效果如图 21-63 所示。

图21-63

读书笔记
NOTE book

Chapter04

第4章　图形特效技法

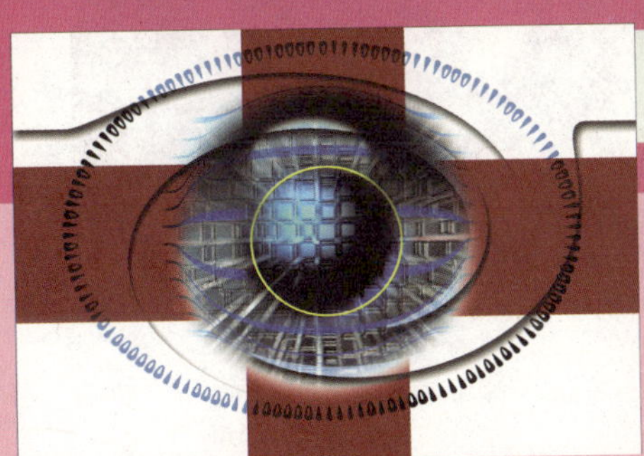

Photoshop CS4

22 海星之梦

本章特效是根据海星的形状设计的。先绘制出海星的五角纹理，然后再通过染色玻璃的效果来模拟海星内部的纹理。

操作步骤如下：

01 创建新文件。启动Photoshop CS4，选择菜单“文件”|“新建”命令（或按Ctrl+N组合键），在弹出的对话框中将“宽度”设置为15厘米，“高度”设置为10.5厘米，如图22-1所示，单击“确定”按钮，创建一个新文件。

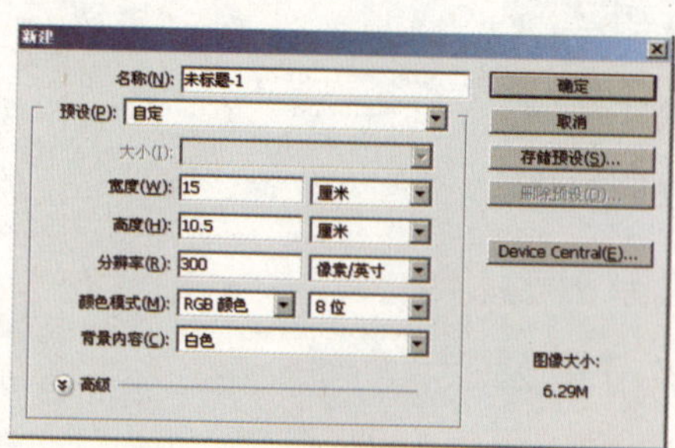

图22-1

02 新建图层并制作云彩效果。单击“图层”面板下方的“创建新图层”按钮，新建一个图层并命名为“01”，如图22-2所示。选择菜单“滤镜”|“渲染”|“云彩”命令，如图22-3所示，制作出黑白相间的云雾图像。反复按Ctrl+F组合键，直到制作出如图22-4所示的云彩图像效果。

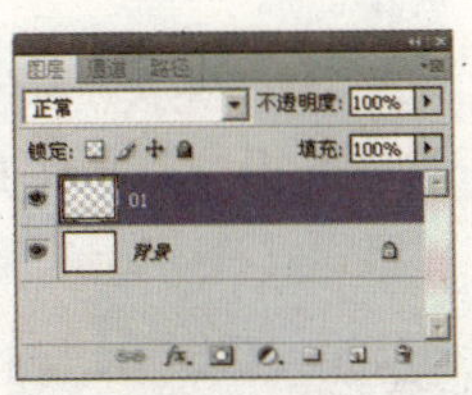

图22-2

图22-3

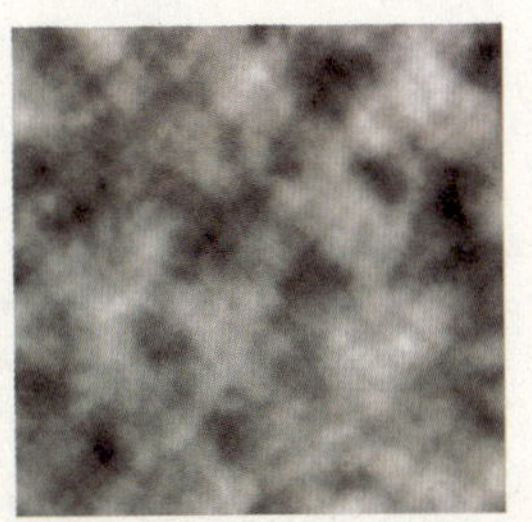

图22-4

03 复制图层并制作染色玻璃效果。复制两次“01”图层，得到“01 副本”和“01 副本 2”图层，如图 22-5 所示。选择菜单“滤镜”|“纹理”|“染色玻璃”命令，对话框设置如图 22-6 所示，单击“确定”按钮。

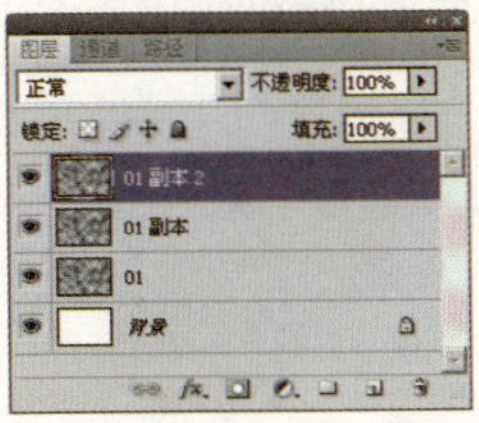

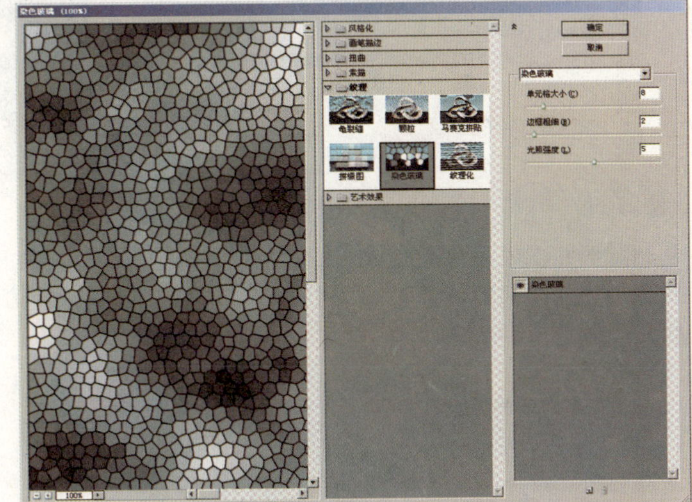

图22-5

图22-6

04 制作拼缀图效果。选择“01 副本”图层，如图 22-7 所示。选择菜单“滤镜”|“纹理”|“拼缀图”命令，对话框设置如图 22-8 所示，单击“确定”按钮。

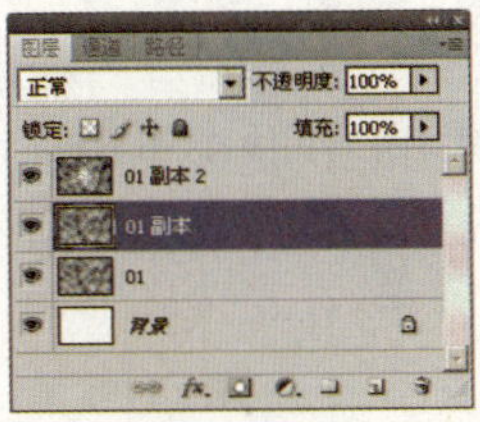

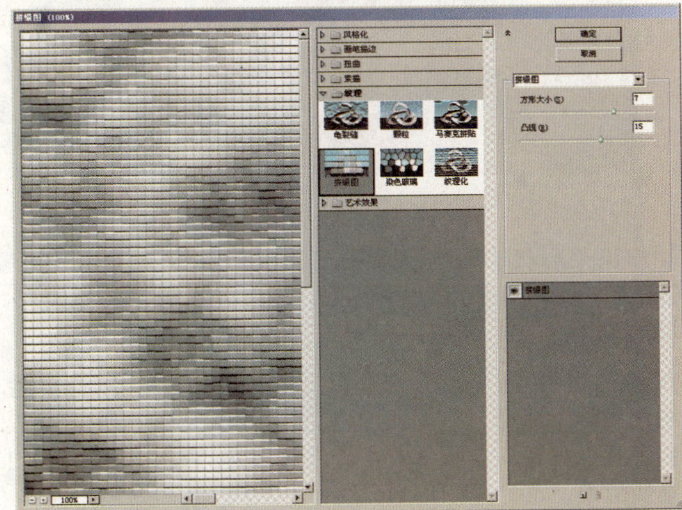

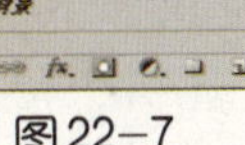

图22-7

图22-8

05 制作长条形图形。选择“矩形选框工具”，框选出一个长条矩形，选择菜单“选择”|“反向”命令，将图形反选并将反选的部分删除，效果如图22-9所示。

06 调整图像的亮度和对比度并调整形状。选择菜单“图像”|“调整”|“亮度/对比度”命令，对话框设置如图22-10所示，单击“确定”按钮。按Ctrl+T组合键调出自由变换控制框，对矩形图像进行变形调整，如图22-11所示。

图22-9

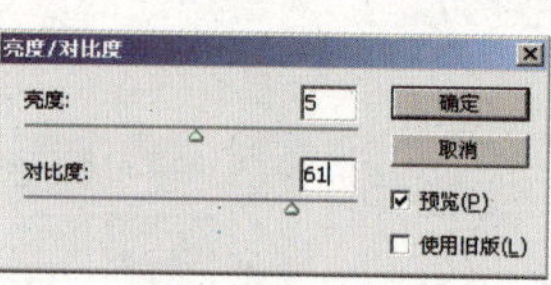

图22-10

图22-11

07 复制图形并摆成五角星形状。复制4个长条矩形，参照如图22-12所示进行缩小和摆放，使其形成一个类似五角星的图形。单击“图层”面板下方的“创建新图层”按钮，新建一个图层并命名为图层“02”，如图22-13所示。

图22-12

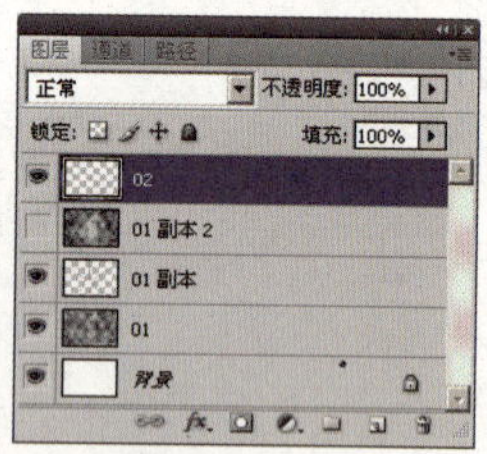

图22-13

08 制作花朵形状的图形。选择“椭圆工具”，工具栏设置如图22-14所示，参照如图22-15所示先绘制出一个圆形，然后再复制出其他圆形并摆成类似于花朵形状的图形，填充灰色。

09 在选区内拉出渐变颜色。选择“02”图层并单击鼠标右键，在弹出的快捷菜单中选择“栅格化图层”命令，将图层栅格化，如图22-16所示，并载入此图层的选区。选择“渐变工具”，设置渐变颜色由淡紫色到紫色，工具栏设置如图22-17所示，在花朵图形中拖拽出渐变效果，如图22-18所示。

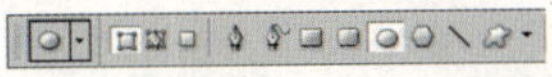

图22-14

图22-15

图22-16

图22-17

图22-18

10 制作花瓣。选择"椭圆选框工具"，工具栏设置如图 22-19 所示，在花瓣中绘制一个椭圆选框，并填充浅灰色，以形成图形的暗色调，如图 22-20 所示。用同样的方法给其他几个花瓣绘制暗色调，效果如图 22-21 所示。

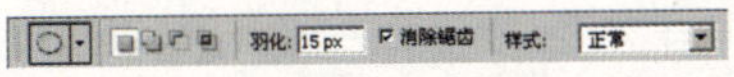

图22-19

图22-20

11 新建图层并更改前景色。单击"图层"面板下方的"创建新图层"按钮，新建一个图层并命名为"03"，如图22-22所示。更改前景色的颜色值为R：246/G：207/B：152，对话框设置如图 22-23 所示。

12 绘制海星外围形状。选择“钢笔工具”，工具栏设置如图22−24所示，参照如图22−25所示绘制出类似于海星的图形。然后单击“从形状区域减去”按钮，继续使用“钢笔工具”在海星图形内部绘制一个稍小一点的海星图形，对原来的海星图形进行减选，使其形成一个海星的环状图形，效果如图22−26所示。

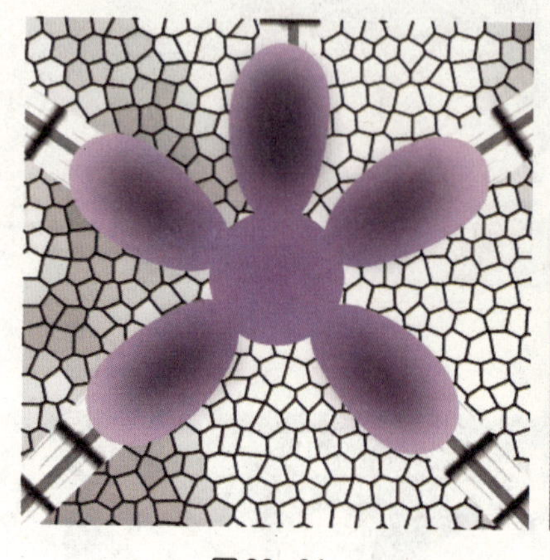

图22−21

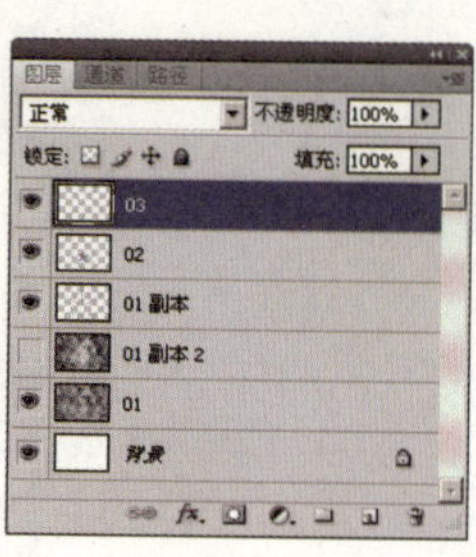

图22−22

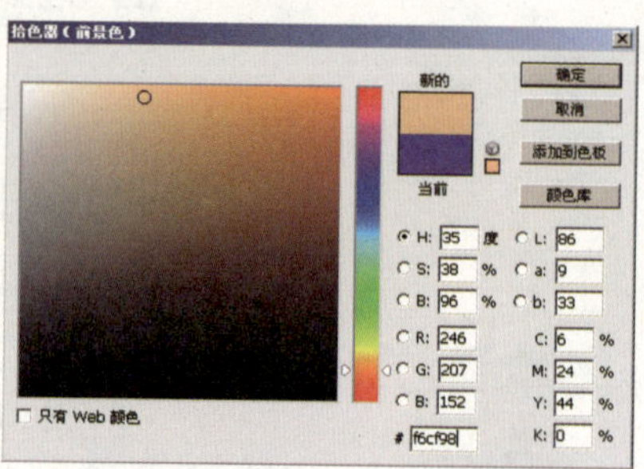

图22−23

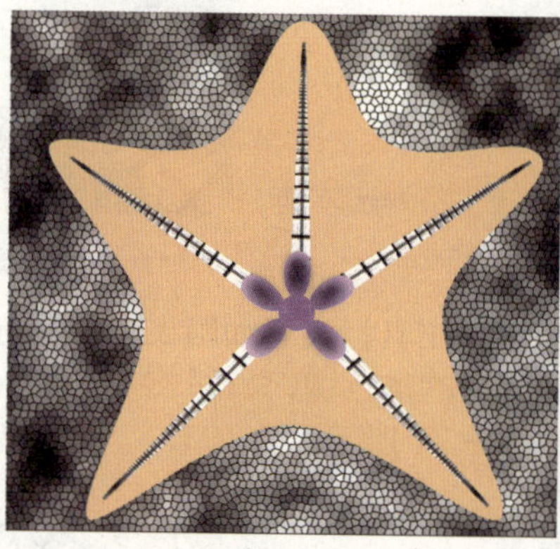

图22−24

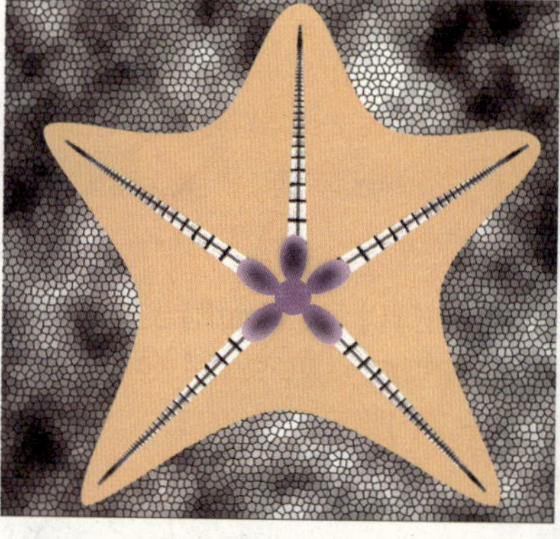

图22−25

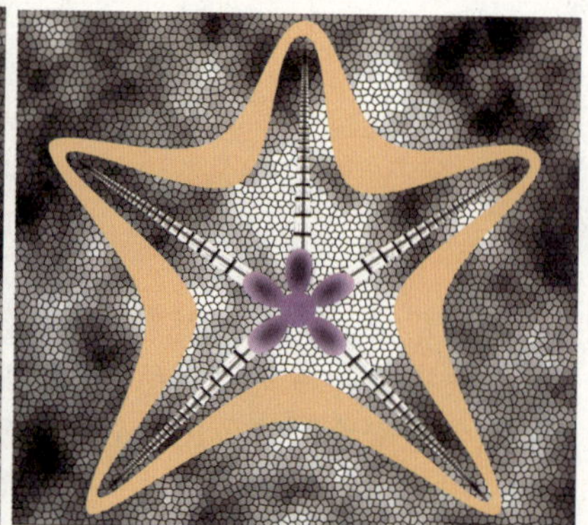

图22−26

13 为海星外围形状制作染色玻璃。选择“03”图层并单击鼠标右键，在弹出的快捷菜单中选择“栅格化图层”命令，将图层栅格化，如图22−27所示。选择菜单“滤镜”|“纹理”|“染色玻璃”命令，对话框设置如图22−28所示，单击“确定”按钮。

14 选择海星内部形状并选择图层。选择“魔棒工具”，工具栏设置如图22−29所示，在海星图形内部单击创建出海星内侧的选区，效果如图22−30所示。选择“01副本2”图层，如图22−31所示。

15 调整图像的色彩平衡。选择菜单“图像”|“调整”|“色彩平衡”命令，对话框设置如图22−32所示，单击“确定”按钮，得到如图22−33所示的效果。

16 再次调整图像的色彩平衡。选择“01副本”图层，如图22−34所示。选择菜单“图像”|“调整”|“色彩平衡”命令，对话框设置如图22−35所示，单击“确定”按钮，得到如图22−36所示的效果。

图22-27

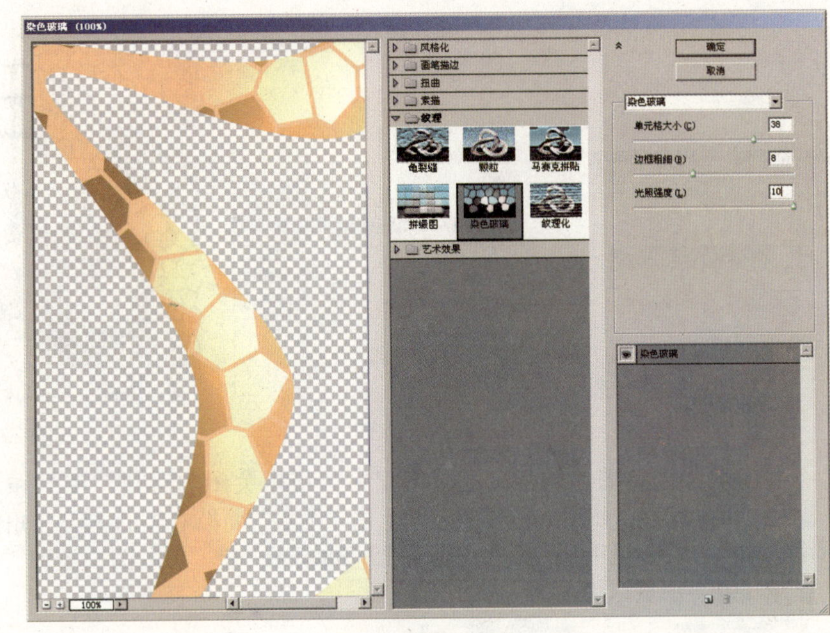

图22-28

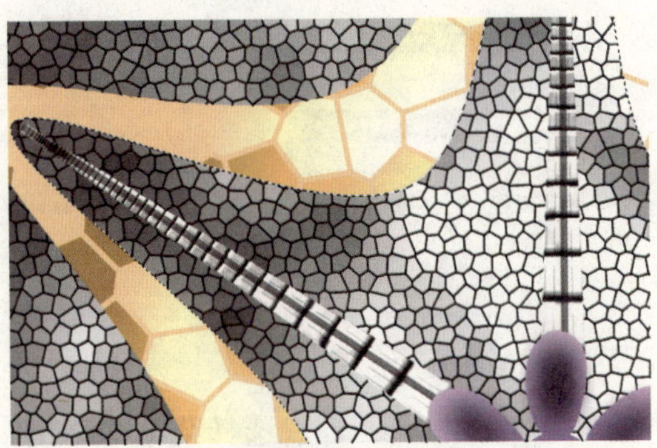

图22-29

图22-30

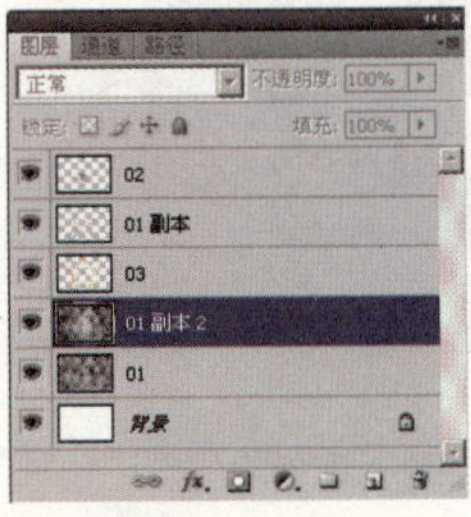

图22-31

图22-32

图22-33

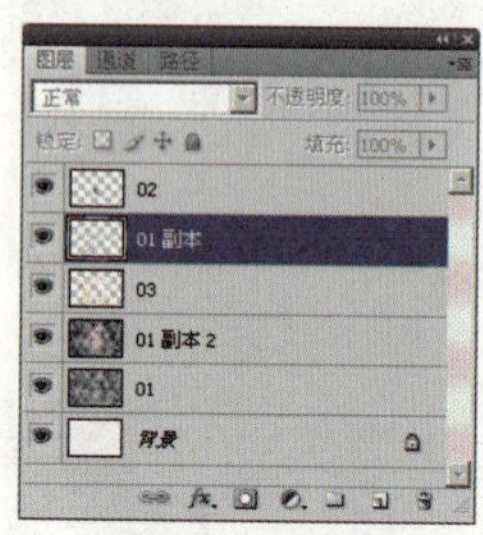
图 22-34

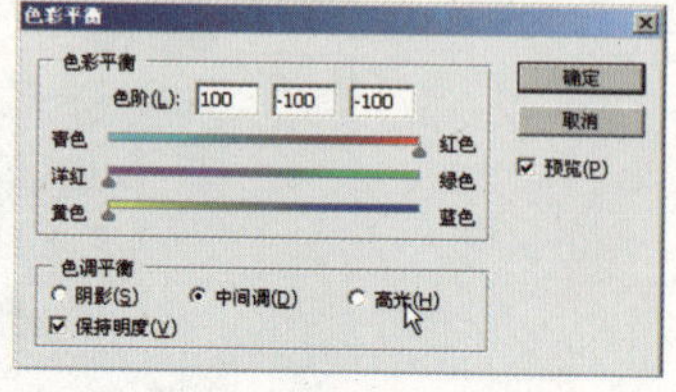
图 22-35

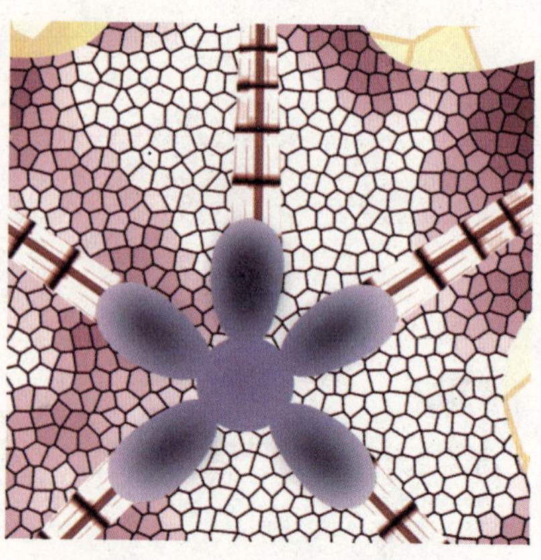
图 22-36

17 合并图层并调整图层关系。在“图层”面板中关闭“背景”图层和“01”图层的显示，选择“02”图层，如图 22-37 所示，单击“图层”面板右侧的小三角按钮，在弹出的菜单中选择“合并可见图层”命令，如图 22-38 所示。把“01”图层放到“02”图层的上方，并显示“01”图层，如图 22-39 所示。

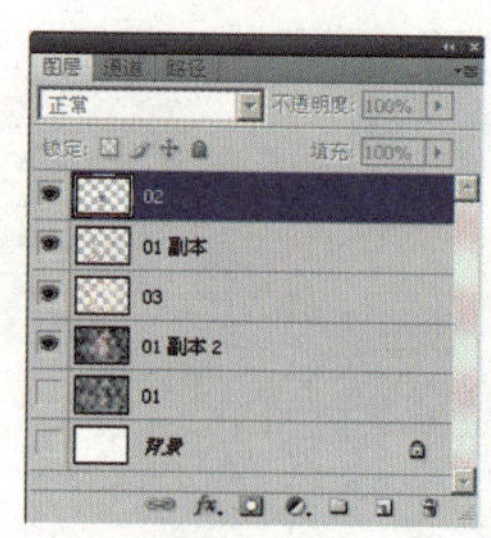
图 22-37

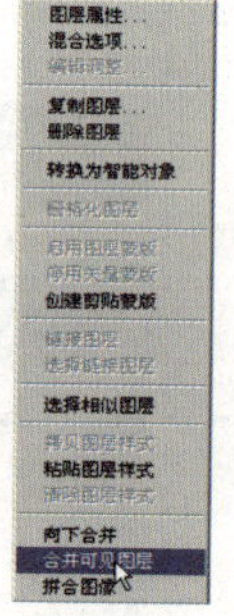
图 22-38

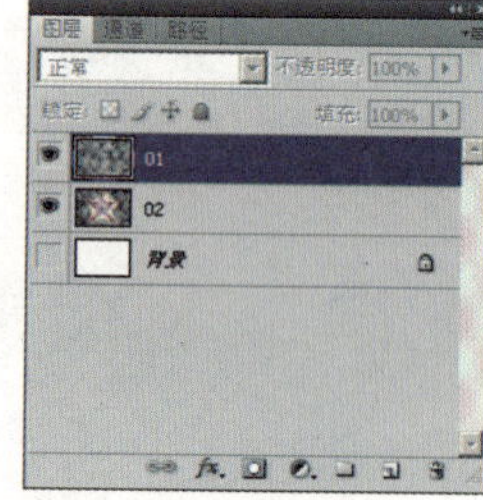
图 22-39

18 将图形旋转扭曲处理。选择菜单“滤镜”|“扭曲”|“旋转扭曲”命令，对话框设置如图 22-40 所示，单击“确定”按钮，得到如图 22-41 所示的效果。

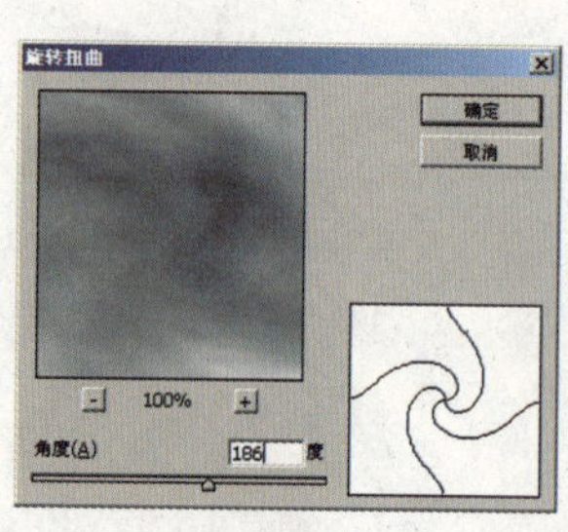
图 22-40

图 22-41

19 调整图像的色彩。选择菜单“图像”|“调整”|“阈值”命令，对话框设置如图22-42所示，单击“确定”按钮，得到如图22-43所示的效果。

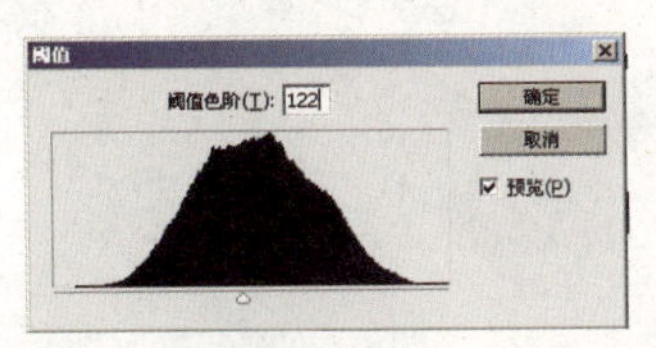

图 22-42

图 22-43

20 将图像渐变映射处理。选择菜单“图层”|“新建调整图层”|“渐变映射”命令，对话框设置如图22-44所示，单击“确定”按钮，得到如图22-45所示的效果。

图 22-44

图 22-45

21 运用色彩范围工具选择白色并删除所选图形。选择菜单“选择”|“色彩范围”命令，对话框设置如图22-46所示。用吸管在图像窗口的白色区域处单击载入白色选区，然后按Delete键删除选区内的图像，效果如图22-47所示。

图 22-46

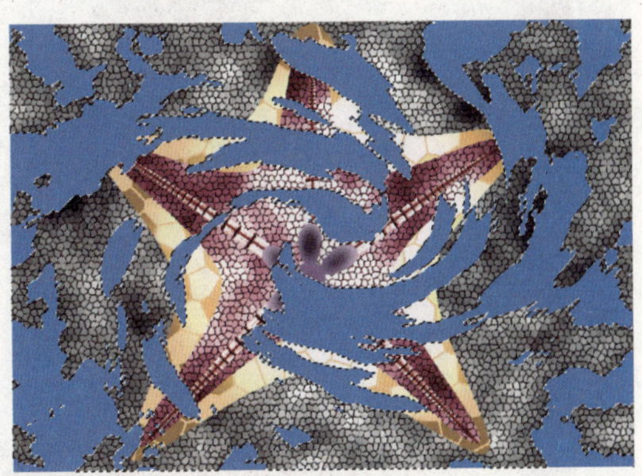

图 22-47

22 更改图层的混合模式。在“图层”面板中选择“01”图层，更改其图层的混合模式为“颜色加深”，如图22-48所示。

最终效果如图22-49所示。

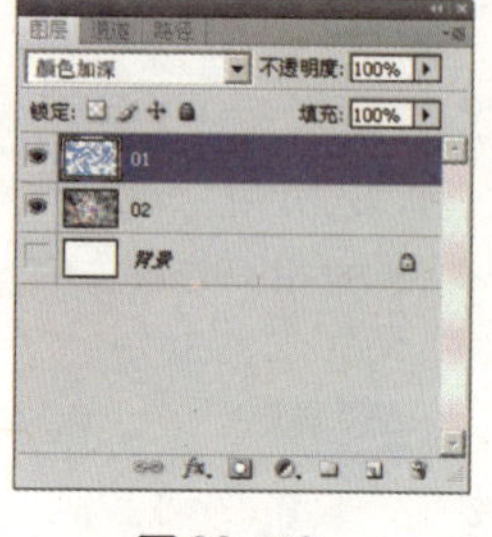

图22-48

图22-49

23 杯中冲浪

本特效会勾起人们浓浓的思乡之情，这种象征性的夸张特效常用在特殊创意的平面设计中。

操作步骤如下：

01 创建新文件。启动Photoshop CS4，选择菜单“文件”|“新建”命令（或按Ctrl+N组合键），在弹出的对话框中将“宽度”设置为15厘米，“高度”设置为10.5厘米，如图23-1所示，单击“确定”按钮，创建一个新文件。

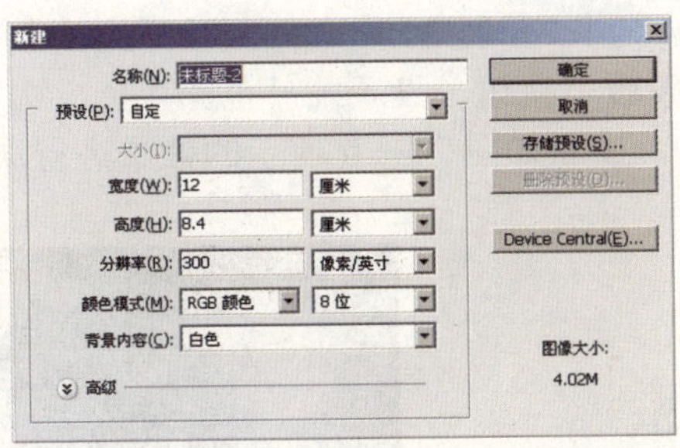

图23-1

02 调整图像大小及位置。打开随书光盘中“外用图\2301.jpg”的文件，将其拖入制作文件中，得到“图层1”，按Ctrl+T组合键调出自由变换控制框，适当调整图像的大小，使其充满整个图像窗口，如图23-2所示。

图23-2

03 建立选区。打开随书光盘中“外用图\2302.jpg”的文件，选择“钢笔工具”，沿着茶杯图像的轮廓绘制封闭路径，单击鼠标右键，在弹出的快捷菜单中选择“建立选区”命令，如图23-3所示，将路径转换为选区。选择“移动工具”，将其拖入制作文件中，得到“图层2”，适当调整图像的大小和位置，效果如图23-4所示。

图23-3

图23-4

第4章 图形特效技法

04 绘制高斯模糊效果。载入“图层2”的选区，选择菜单“选择”|“修改”|“边界”命令，在弹出的对话框中设置“宽度”为6像素。选择菜单“滤镜”|“模糊”|“高斯模糊”命令，对话框设置如图23-5所示，单击“确定”按钮模糊图像的边缘，以使轮廓更圆滑。

05 制作画笔涂抹效果。打开随书光盘中“外用图\2303.jpg”的文件，使用“移动工具”将其拖入制作文件中，得到“图层3”，适当调整图像的大小和位置后单击“图层”面板下方的“添加图层蒙版”按钮。设置前景色为黑色，选择“画笔工具”，设置适当的画笔类型和不透明度，按照如图23-6所示的效果进行涂抹以将海浪截选出来。

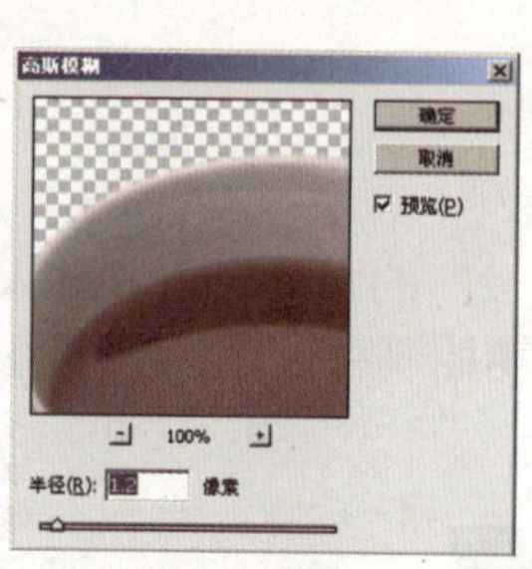
图23-5

图23-6

06 应用图层蒙版。在“图层3”的蒙版上单击鼠标右键，在弹出的快捷菜单中选择“应用图层蒙版”命令，如图23-7所示，将创建的蒙版应用到图层中。

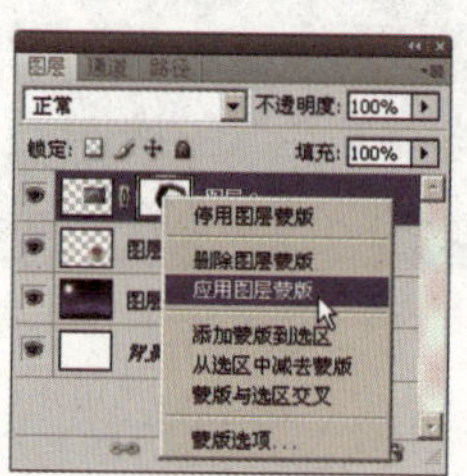

图23-7

07 旋转与涂抹对象。复制“图层3”，得到“图层3 副本”，适当调整图像的大小和位置，按Ctrl+T组合键调出自由变换控制框并单击鼠标右键，在弹出的快捷菜单中选择“旋转”命令，将图像进行旋转，如图23-8所示。然后根据步骤5所述的方法进行涂抹，得到如图23-9所示的效果。

08 合并图层。在“图层3 副本” 的图层蒙版上单击鼠标右键，在弹出的快捷菜单中选择“应用图层蒙版”命令。然后再次单击鼠标右键，在弹出的快捷菜单中选择“向下合并”命令，将“图层3 副本”和“图层3”合并，如图23-10所示。

09 调整图像的色相和饱和度。选择菜单“图像”|“调整”|“色相/饱和度”命令，对话框设置如图23-11所示，单击“确定”按钮，得到如图23-12所示的效果。

10 画笔设置。选择“图层2”，选择“画笔工具”，工具栏设置如图23-13所示，在图像中涂抹出茶杯阴影，效果如图23-14所示。

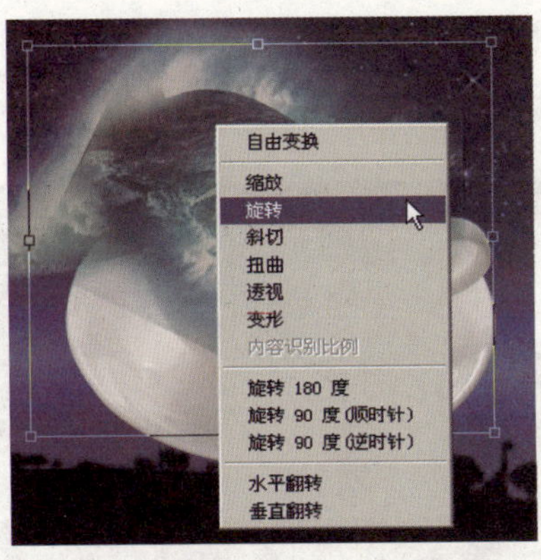

图23-8

图23-9

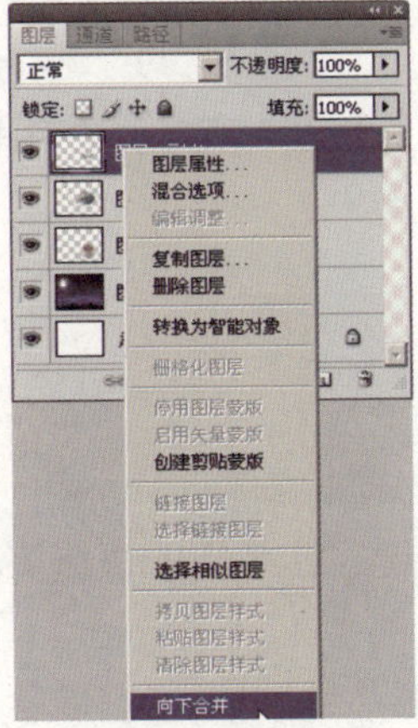

图23-10

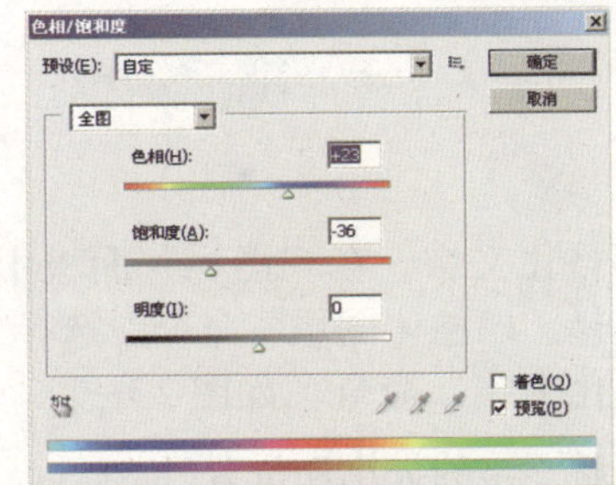

图23-11

图23-12

图23-13

图23-14

11 绘制路径。选择 "钢笔工具"，工具栏设置如图 23-15 所示，然后在图像窗口中绘制出如图 23-16 所示的形状，然后填充红色。

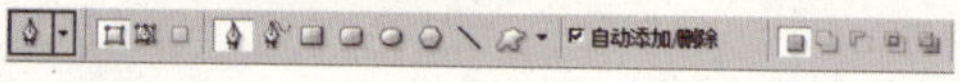

图23-15

图23-16

12 文字编辑。选择 "直排文字工具"，工具栏设置如图 23-17 所示，在图像中输入文字"思乡"。

图23-17

13 栅格化文字。在"图层"面板中选择"形状 1"并单击鼠标右键，在弹出的快捷菜单中选择"栅格化图层"命令。选择文字图层，单击鼠标右键，在弹出的快捷菜单中选择"栅格化文字"命令，如图 23-18 所示。

14 调整文字的大小和位置。按 Ctrl + T 组合键调出自由变换控制框，适当调整文字的大小以及与图形之间的位置关系，如图 23-19 所示。

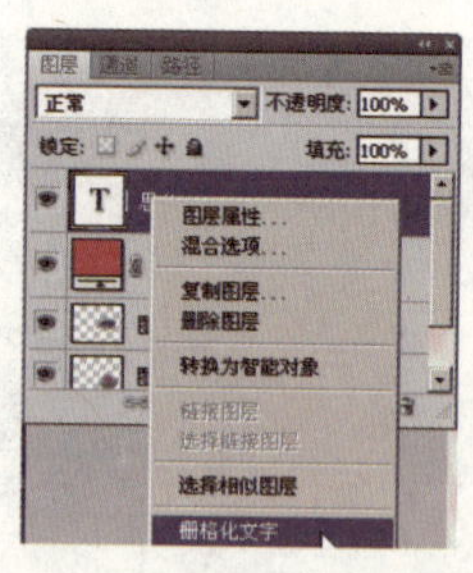

图23-18

图23-19

15 复制图层。复制文字图层和"形状 1"图层，得到"思乡副本"和"形状 1 副本"，如图 23-20 所示。

16 载入选区。隐藏"思乡副本"与"形状 1 副本"图层，载入"思乡"图层的选区，选择"形状 1"图层，按 Delete 键删除选区内的图像，然后删除"思乡"图层，效果如图 23-21 所示。

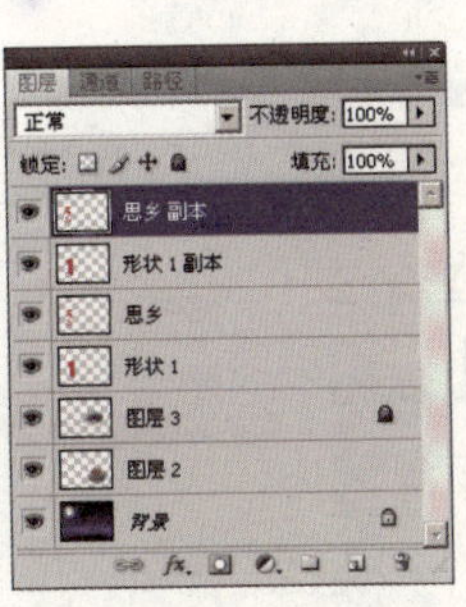

图 23-20

图 23-21

17 载入选区并删除图像。隐藏“形状 1”图层，显示“思乡副本”与“形状 1 副本”图层，按照上一步的方法，载入“形状 1 副本”的选区，在“思乡副本”图层中删除“形状 1 副本”的载入区域，删除“形状 1 副本”图层，效果如图 23-22 所示。

图 23-22

18 合并图层。将“形状 1”与“思乡副本”图层合并，如图 23-23 所示，效果如图 23-24 所示。

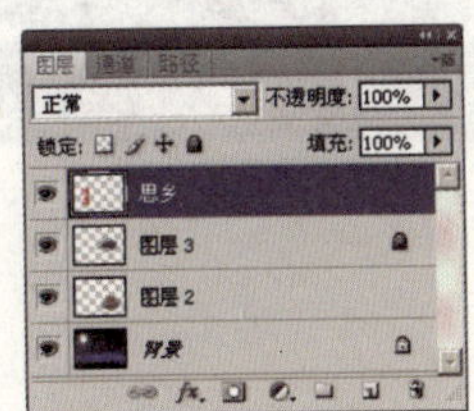

图 23-23

图 23-24

19 为图像添加高斯模糊效果。选择菜单“滤镜”|“模糊”|“高斯模糊”命令，对话框设置如图 23-25 所示，单击“确定”按钮，将图像进行模糊处理。

20 为图像添加艺术效果。选择菜单“滤镜”|“艺术效果”|“木刻”命令，对话框设置如图 23-26 所示，单击“确定”按钮。

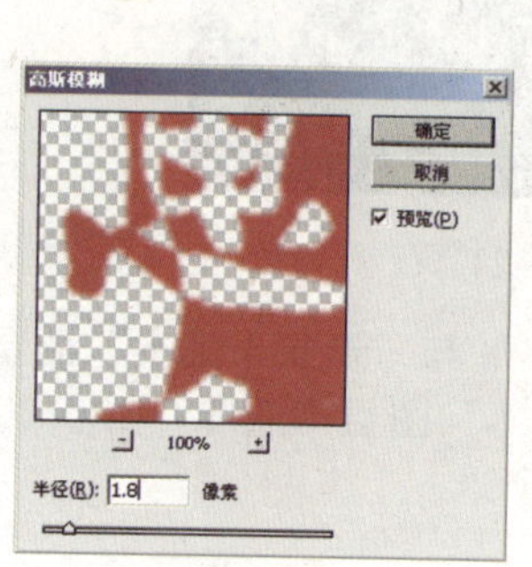

图23-25

图23-26

最终效果如图 23-27 所示。

图23-27

24 数码重阵

数码重阵特效是现在较为常用的一种时尚特效，由于向四周放射的三维立体效果极具视觉冲击力，所以这种特效在平面和影视广告设计中被广泛应用。此特效可以用在科技平面设计、通讯电气平面设计等高科技平面创意设计中。

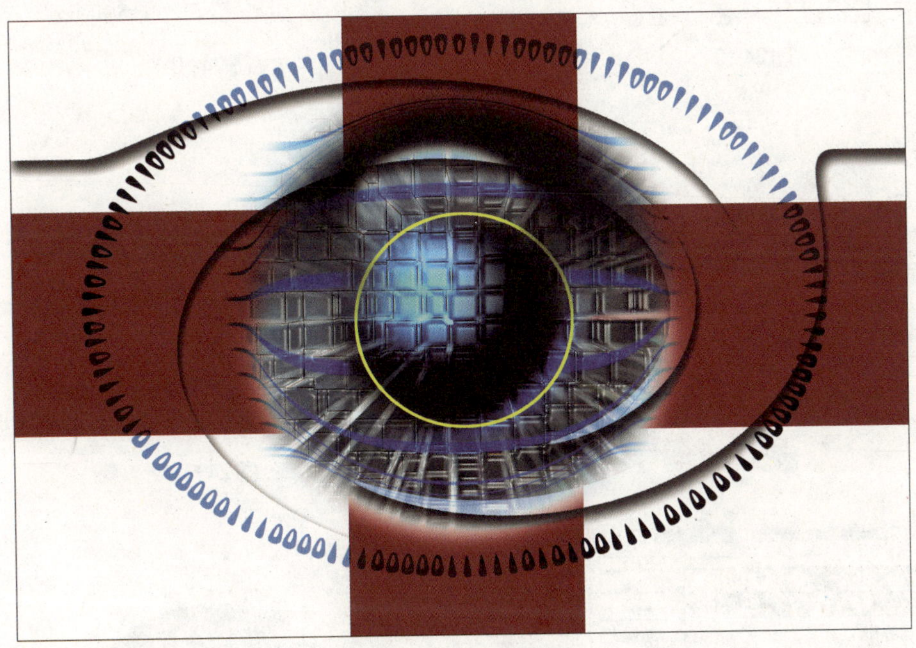

操作步骤如下：

01 创建新文件。启动Photoshop CS4，选择菜单“文件”|“新建”命令（或按Ctrl+N组合键），在弹出的对话框中将“宽度”设置为15厘米，“高度”设置为10.5厘米，如图24－1所示，单击“确定”按钮，创建一个新文件。

图24－1

02 新建图层并框选出圆形选区。单击“图层”面板中下方的“创建新图层”按钮，新建一个图层并命名为“01”，如图24－2所示。选择“椭圆选框工具”，工具栏设置如图 24−3 所示，在图像中拉出一个正圆选区，如图 24−4 所示。

03 在选区中拉出渐变颜色制作球体。选择"渐变工具"，工具栏和颜色设置如图 24−5 和图 24−6所示，在框选的圆形选区中由左上到右下拖拽出渐变颜色，效果如图24−7所示。

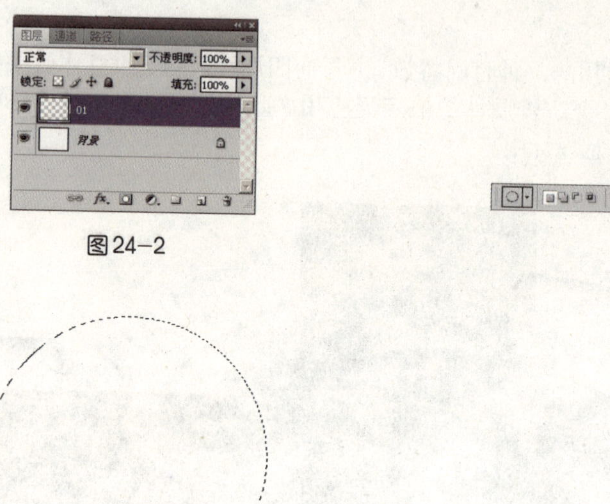

图24−2

图24−3

图24−4

图24−5

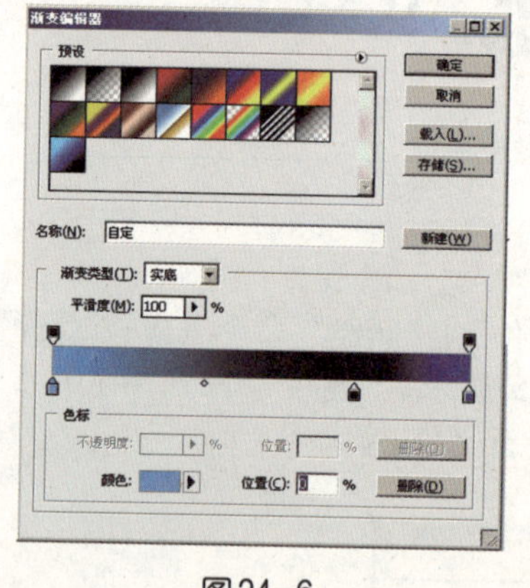

图24−6

图24−7

04 制作图像凸出效果。选择菜单"滤镜"|"风格化"|"凸出"命令，对话框设置如图 24−8 所示，单击"确定"按钮，得到如图 24−9 所示的效果。

05 制作查找边缘效果。复制"01"图层，得到"01副本"图层，如图24−10所示。选择菜单"滤镜"|"风格化"|"查找边缘"命令，如图 24−11 所示，得到如图 24−12 所示的效果。

06 调整图像的亮度和对比度。选择菜单"图像"|"调整"|"亮度／对比度"命令，对话框设置如图 24−13 所示，单击"确定"按钮调整图像的亮度和对比度。选择"01"图层并将"01 副本"设为隐藏，如图 24−14 所示。

图24-9

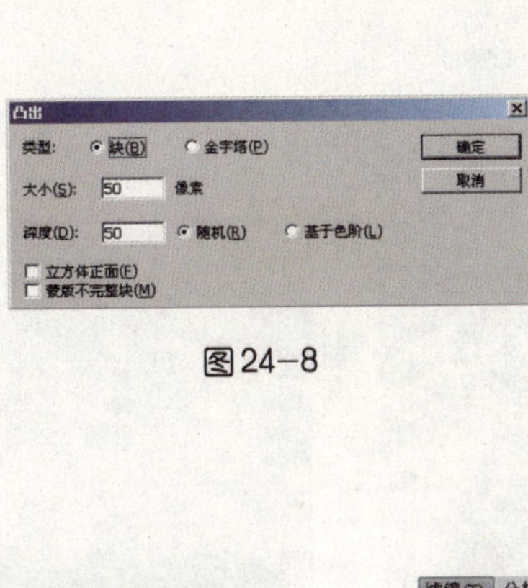

图24-8

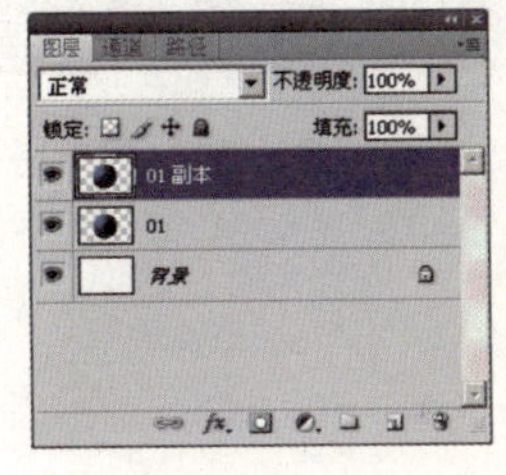

图24-10

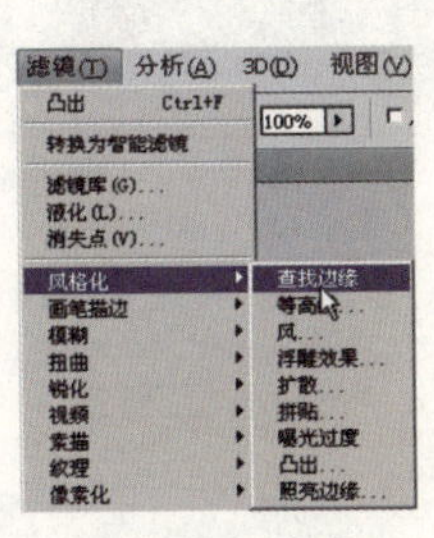

图24-11

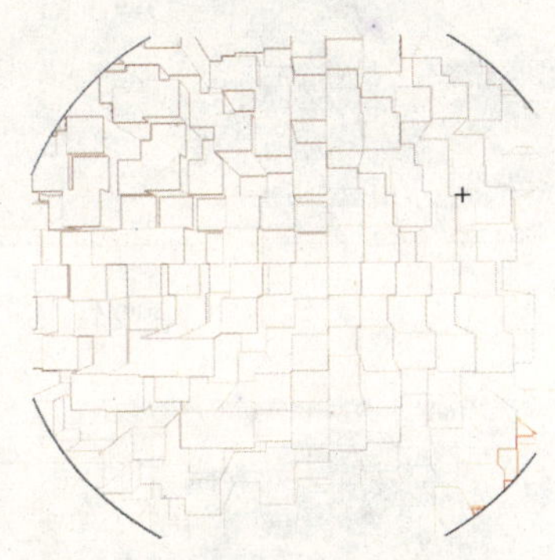

图24-12

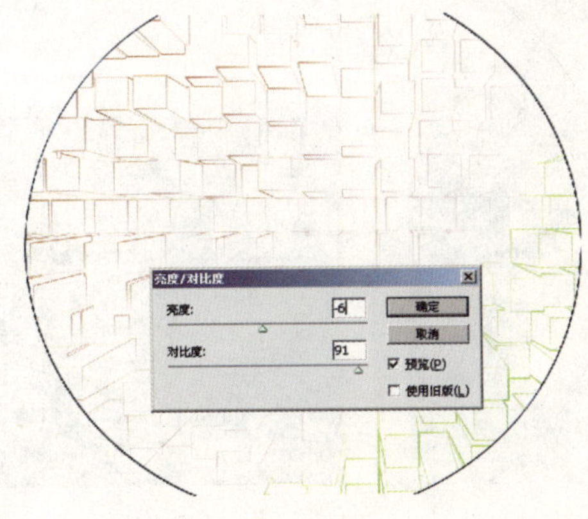

图24-13

图24-14

07 制作绘画涂抹效果。选择菜单“滤镜”|“艺术效果”|“绘画涂抹”命令，对话框设置如图24-15所示，单击“确定”按钮，得到如图24-16所示的效果。

08 制作塑料包装效果。选择菜单“滤镜”|“艺术效果”|“塑料包装”命令，对话框设置如图24-17所示，单击“确定”按钮，得到如图24-18所示的效果。

09 复制图层。复制“01 副本”图层，得到“01 副本 2”图层，如图24-19所示。

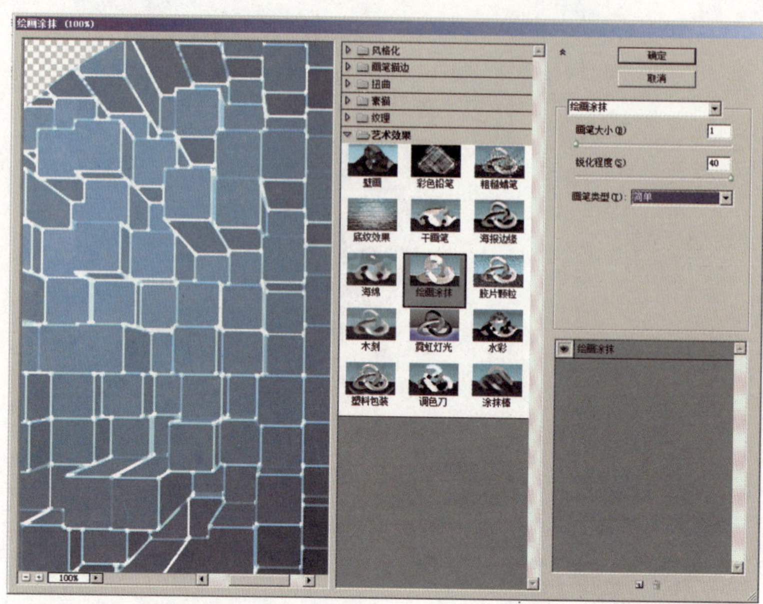

图24-15

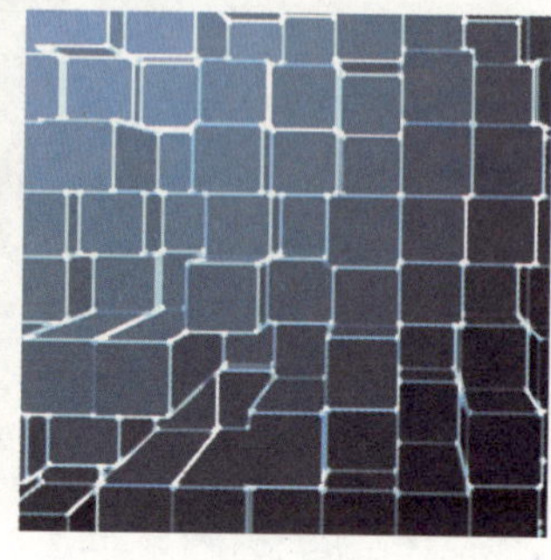

图24-16

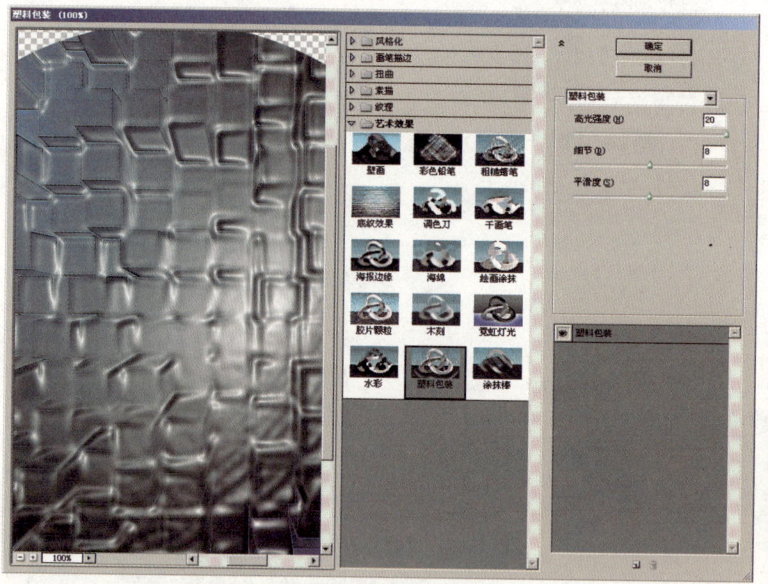

图24-17

图24-18

10 制作照亮边缘效果。选择菜单“滤镜”|“风格化”|“照亮边缘”命令，对话框设置如图24-20所示，单击“确定”按钮，得到如图24-21所示的效果。

11 运用色彩范围工具选择白色并删除。选择菜单“选择”|“色彩范围”命令，对话框设置如图24-22所示，用吸管吸取白色区域，单击“确定”按钮，然后按Delete键删除色彩，效果如图24-23所示。

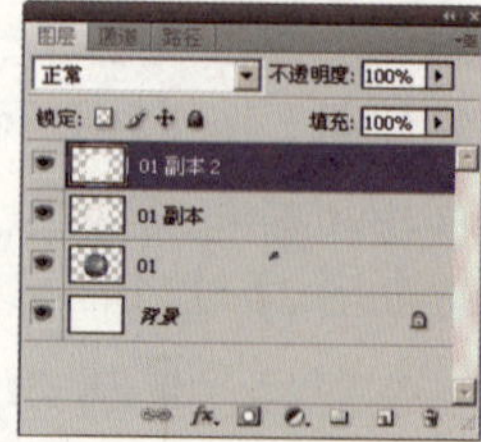

图24-19

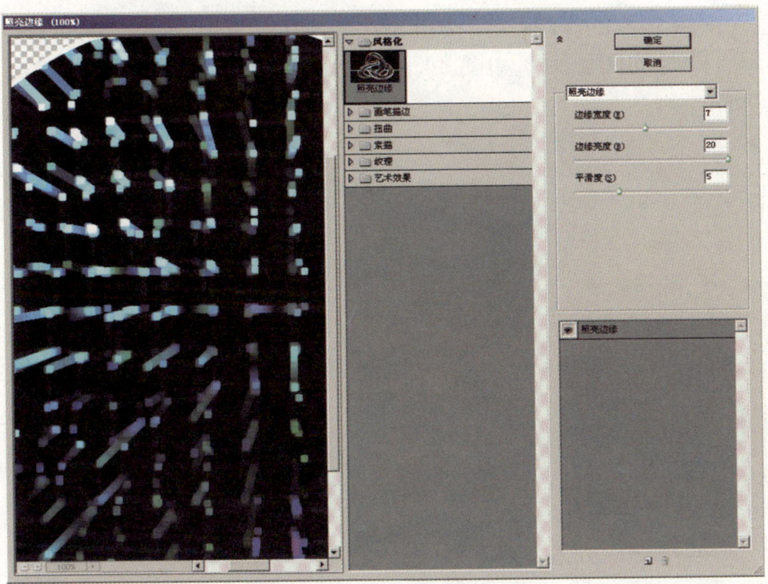

图24-20

图24-21

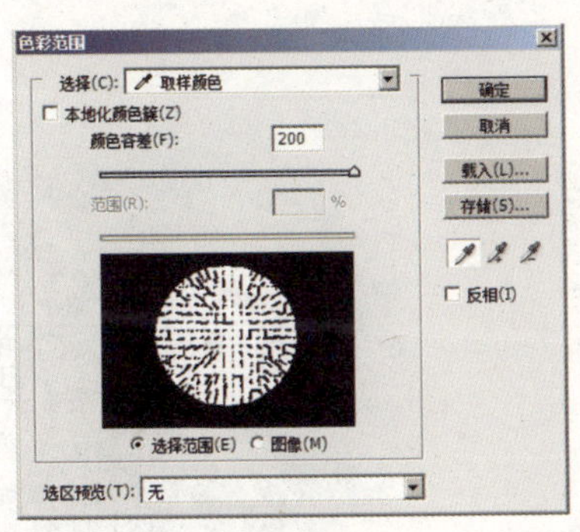

图24-22

图24-23

12 将图像径向模糊处理。选择菜单“滤镜”|“模糊”|“径向模糊”命令，对话框设置如图24-24所示，单击“确定”按钮，得到如图24-25所示的效果。

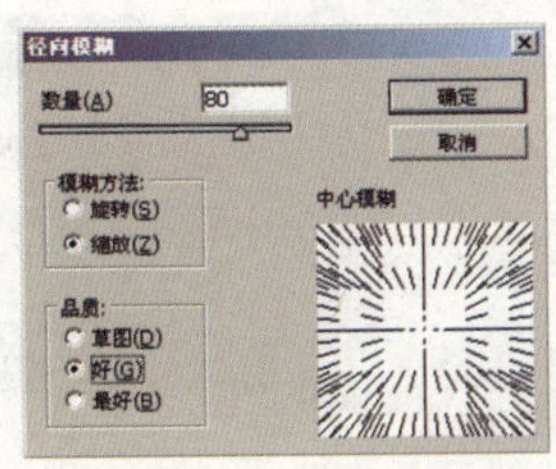

图24-24

图24-25

13 合并图层。单击“图层”面板右侧的小三角按钮，在弹出的菜单中选择“向下合并”命令，如图24-26所示，此时的图层关系如图24-27所示。选择“椭圆选框工具”，工具栏设置如图24-28所示。

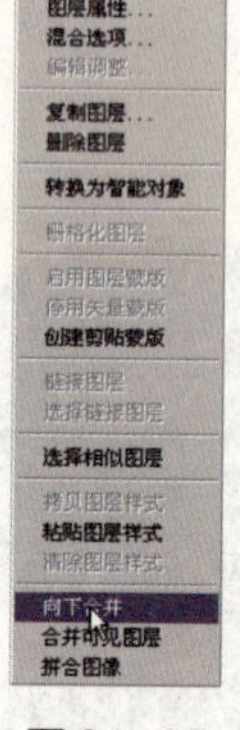

图24-26

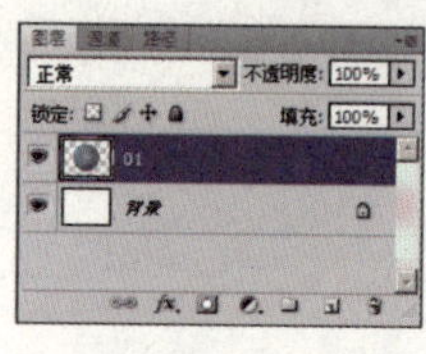

图24-27

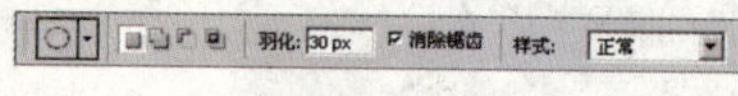

图24-28

14 反选选区并删除所选图形。在图像中框选出一个正圆选区，如图24-29所示。选择菜单“选择”|“反向”命令，将选区反选，如图24-30所示，按Delete键将反选部分删除，效果如图24-31所示。

图24-29

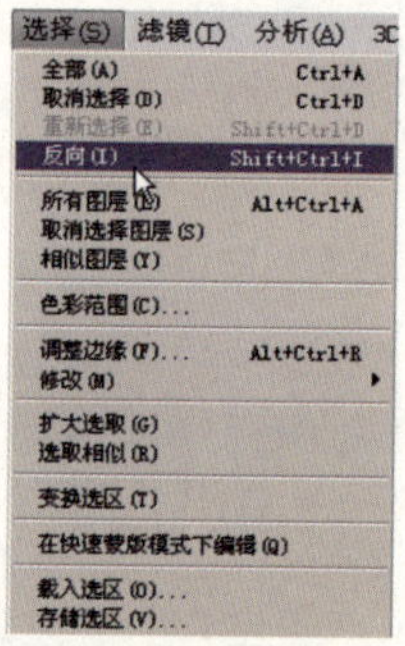

图24-30

图24-31

15 制作长方形。在“图层”面板中新建一个图层并命名为“02”，如图24-32所示，使用“矩形选框工具”在图层中拉出一个长方形选区并填充蓝色，如图24-33所示。

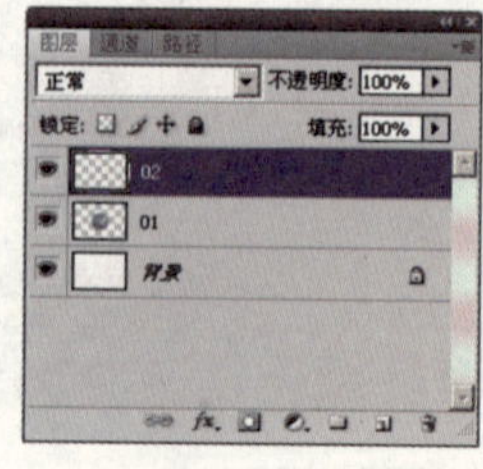

图24-32

图24-33

16 制作半调图案并删除多余图形形成条形。选择菜单“滤镜”|“素描”|“半调图案”命令，对话框设置如图24-34所示。选择“魔棒工具”，工具栏设置如图24-35所示，点选图形的白色选区，然后按Delete键删除，效果如图24-36所示。

图24-34

图24-35

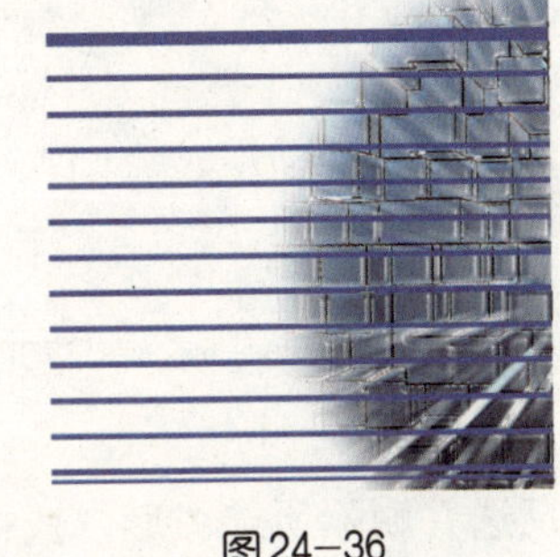

图24-36

17 框选羽化圆形选区。选择“椭圆选框工具”，工具栏设置如图24-37所示，在图像中框选出一个正圆选区，如图24-38所示。

图24-37

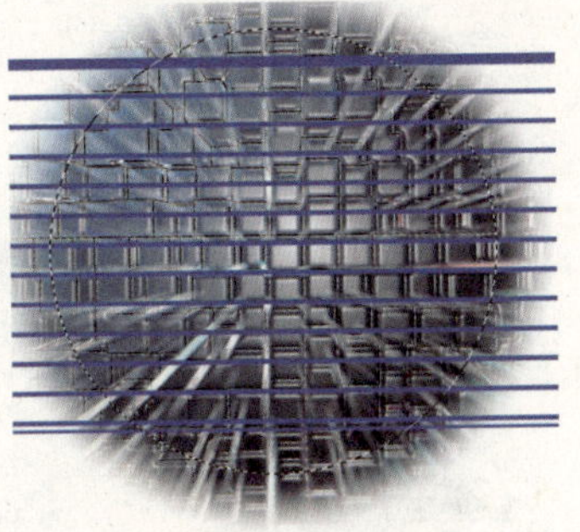

图24-38

18 将所选图形进行球面化扭曲处理。选择菜单“滤镜”|“扭曲”|“球面化”命令，对话框设置如图24-39所示，单击“确定”按钮，得到如图24-40所示的效果。

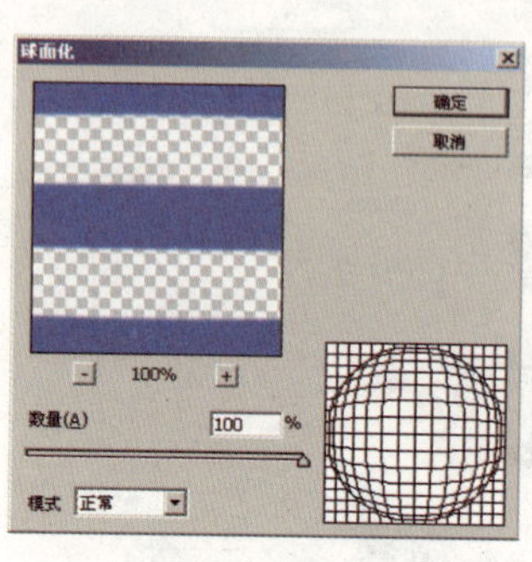

图24-39

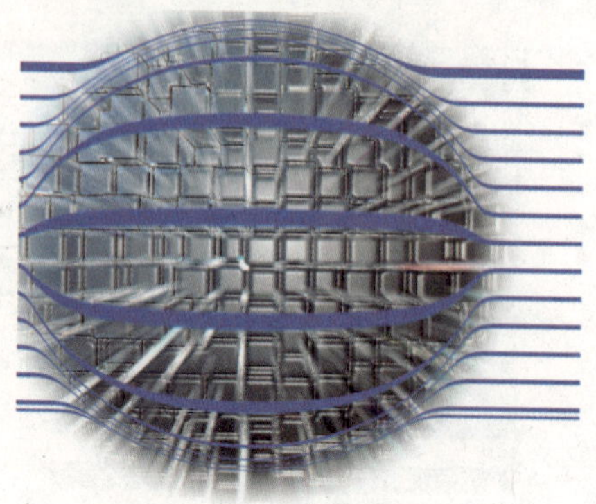
图24-40

19 框选圆形选区。选择“椭圆选框工具”，工具栏设置如图24-41所示，在图像中框选出一个稍大一点的正圆选区，如图24-42所示。

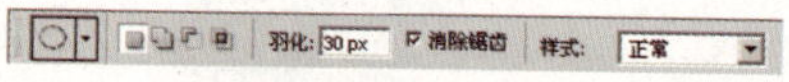

图24-41

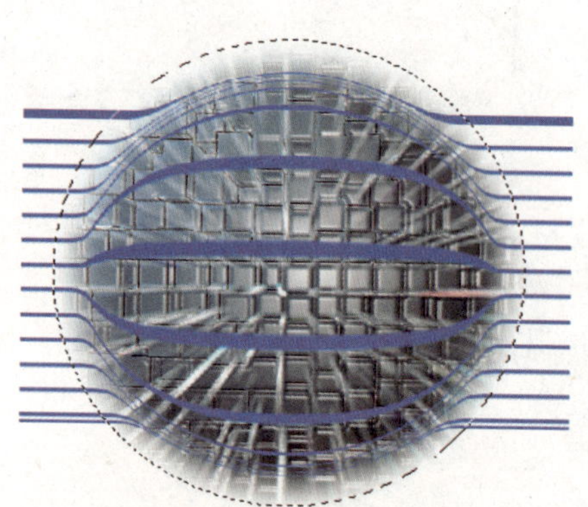
图24-42

20 将选区反选并删除所选图形。选择菜单“选择”|“反向”命令，如图24-43所示，将选区反选，然后按Delete键将反选部分删除，效果如图24-44所示。

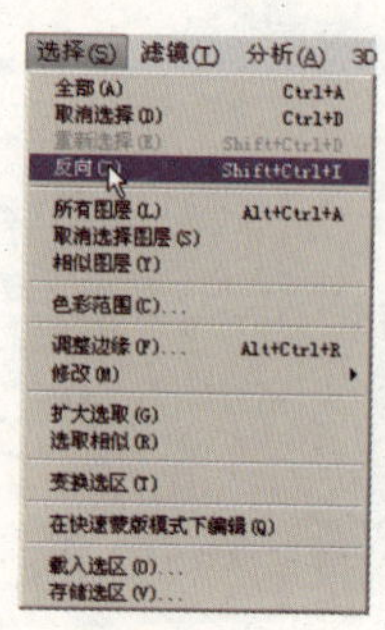

图24-43

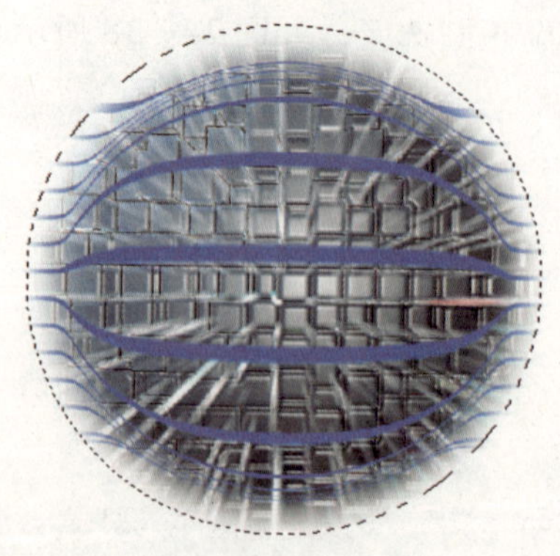
图24-44

21 删除所选图形并拉出渐变颜色。再使用“椭圆选框工具”在图像中框选出一个小的圆形选区，如图 24-45 所示，然后按Delete键删除。选择“渐变工具”，工具栏设置如图 24-46 所示，在圆形选区中由左上到右下拖拽出渐变效果，如图 24-47 所示。

22 将选区边缘描边。选择菜单“编辑”|“描边”命令，对话框设置如图 24-48 所示，单击“确定”按钮，得到如图 24-49 所示的效果。

23 更改图层的混合模式。在“图层”面板中选择“02”图层，更改其图层的混合模式为“线性加深”，如图 24-50 所示，效果如图 24-51 所示。

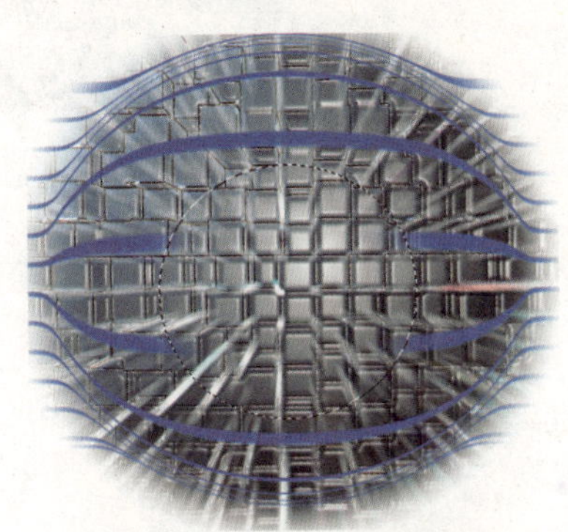

图24-45

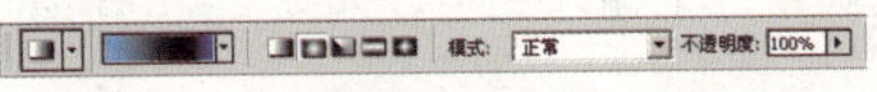

图24-46

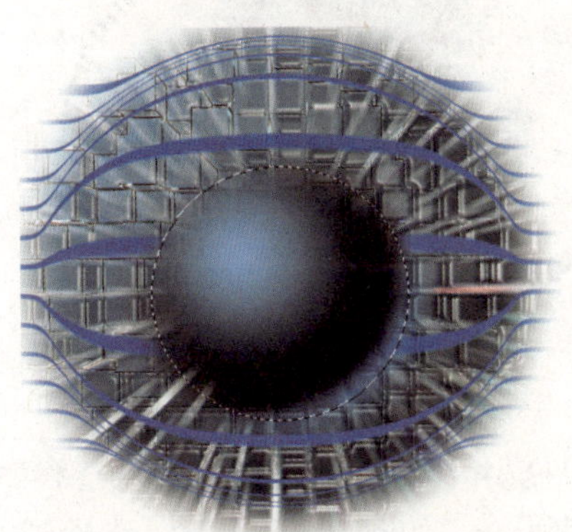

图24-47

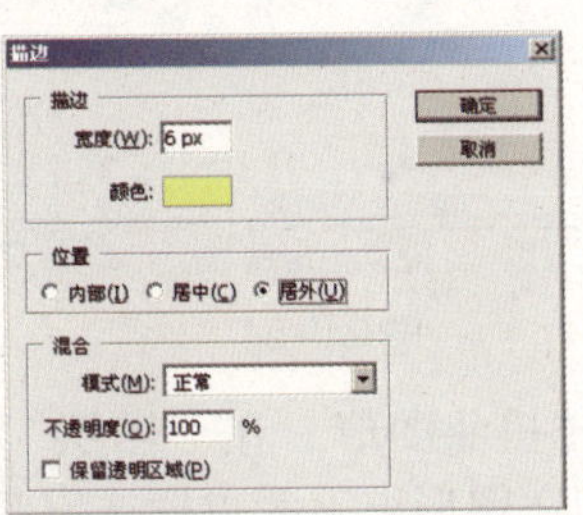

图24-48

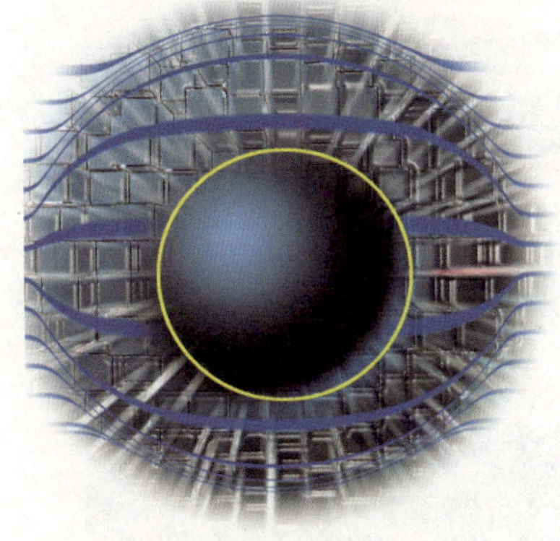

图24-49

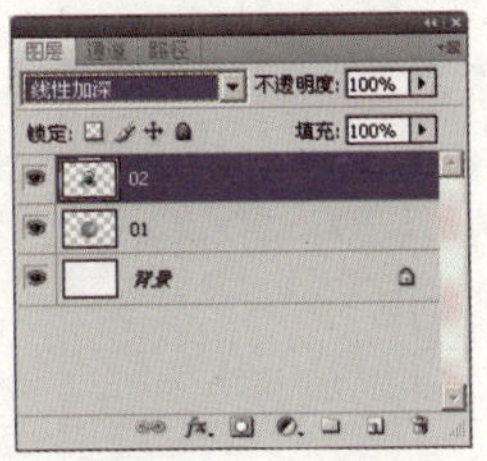

图24-50

第4章 图形特效技法

24 制作圆形路径。选择 "椭圆工具"，工具栏设置如图 24-52 所示，绘制一个椭圆路径，然后在“图层”面板中新建一个图层并命名为“03”，如图 24-53 所示。

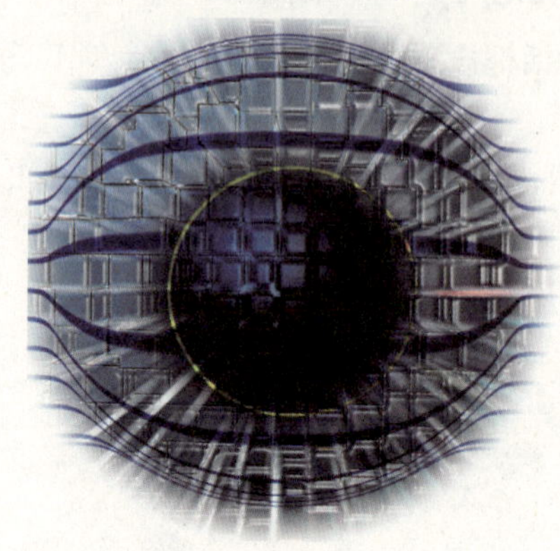

图24-51

图24-52

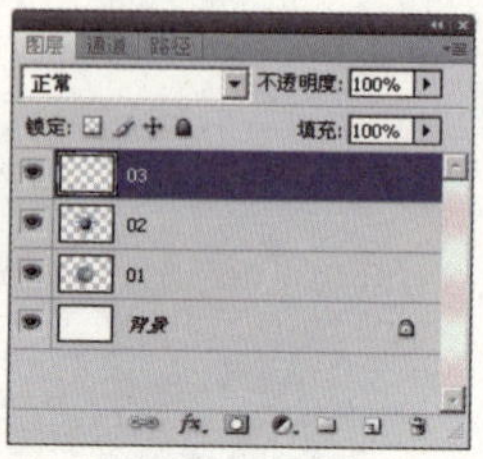

图24-53

25 输入文字形成路径文字效果。选择 T "横排文字工具"，工具栏设置如图 24-54 所示。在椭圆路径上输入文字，如图 24-55 所示。

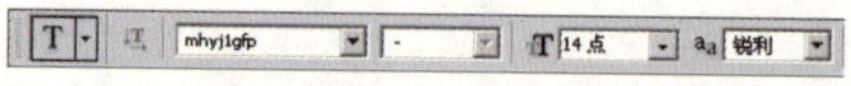

图24-54

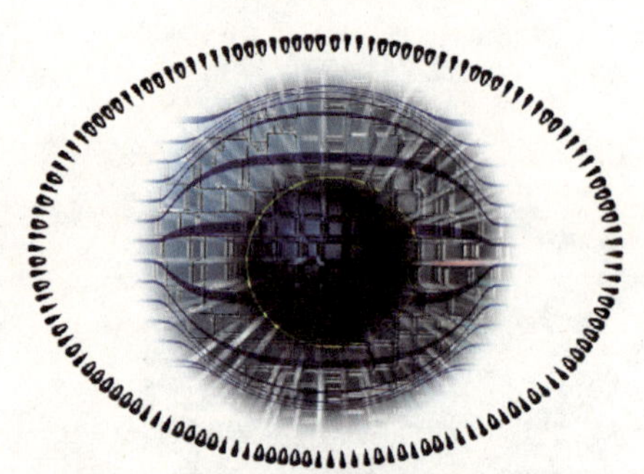

图24-55

26 制作旋转扭曲图形。在“图层”面板中新建一个图层并命名为“04”，如图 24-56 所示，分别在图形上下两边框选出两个长条选区并填充蓝色，如图 24-57所示。选择菜单“滤镜”|“扭曲”|“旋转扭曲”命令，对话框设置如图 24-58 所示，单击“确定”按钮，得到如图 24-59 所示的效果。

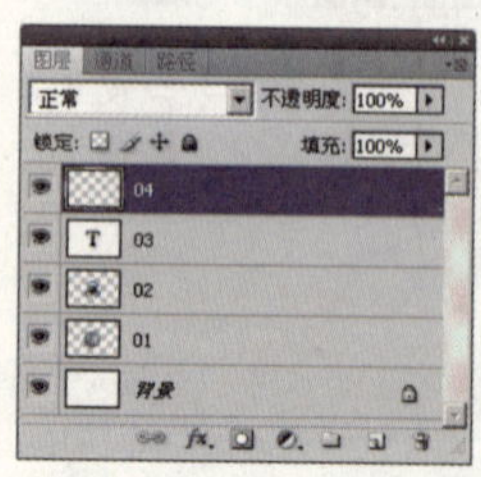

图24-56

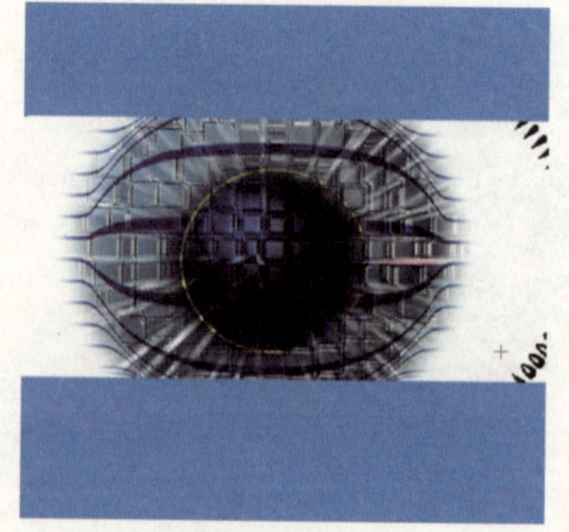

图24-57

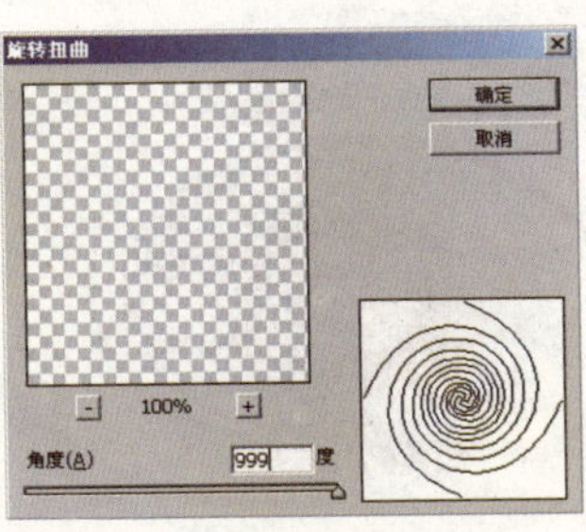

图 24-58

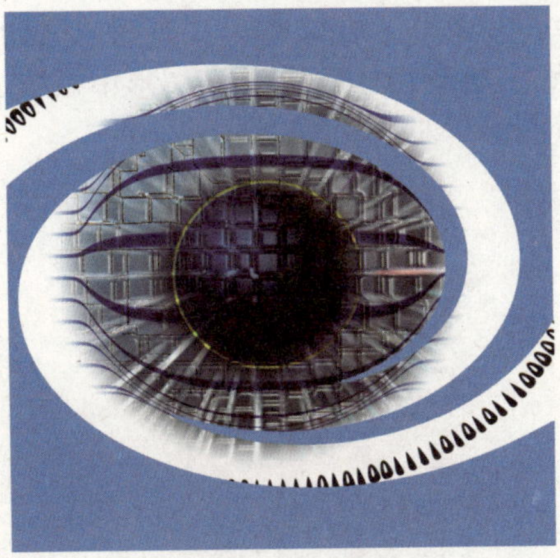

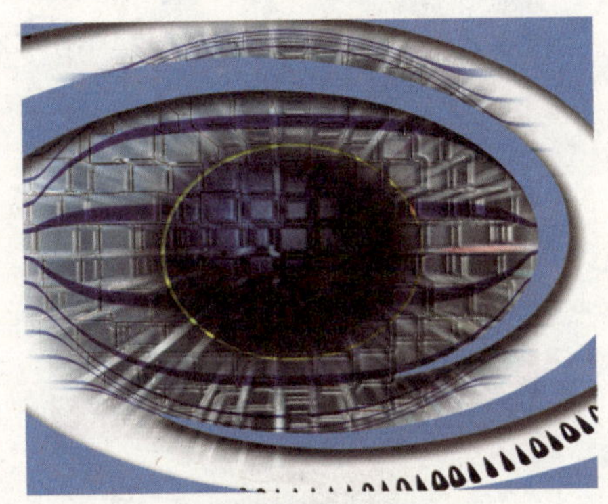

图 24-59

27 制作图形投影。单击“图层”面板下方的 fx.“添加图层样式”按钮，在弹出的下拉菜单中选择“投影”命令，对话框设置如图 24-60 所示，单击“确定”按钮，得到如图 24-61 所示的效果。

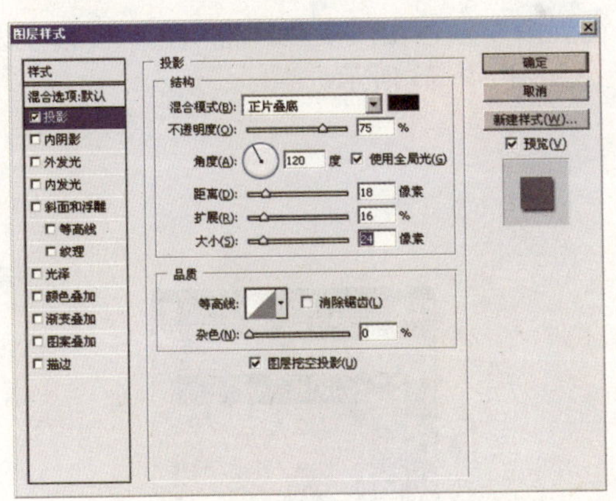

图 24-60

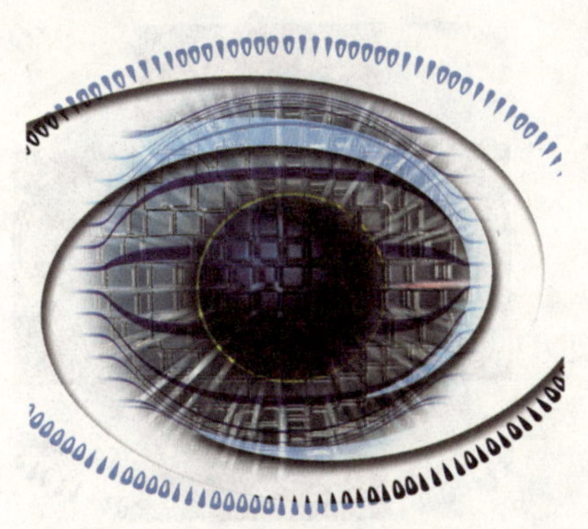

图 24-61

28 更改图层的混合模式。在“图层”面板中选择“04”图层，更改图层的混合模式为“滤色”，如图 24-62 所示，效果如图 24-63 所示。

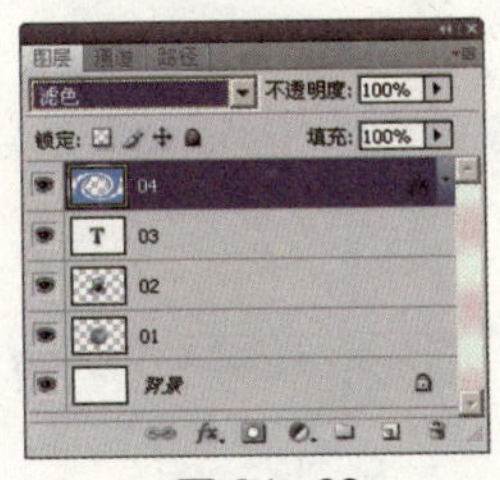

图 24-62

图 24-63

29 制作十字形状。在“图层”面板中新建一个图层并命名为“05”，如图 24-64 所示。选择“矩形选框工具”，在图形中框选出两个相交的长条矩形并填充红色，如图 24-65 和图 24-66 所示。

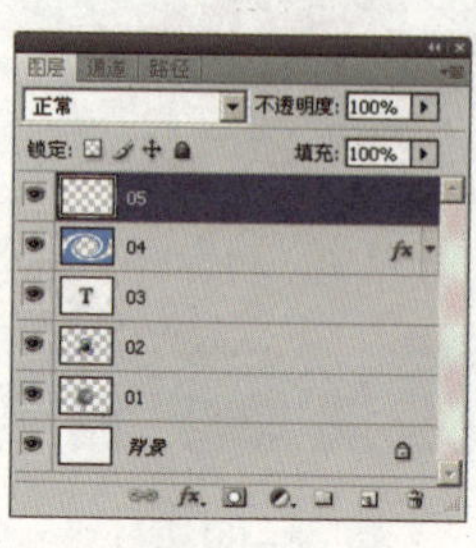

图 24-64

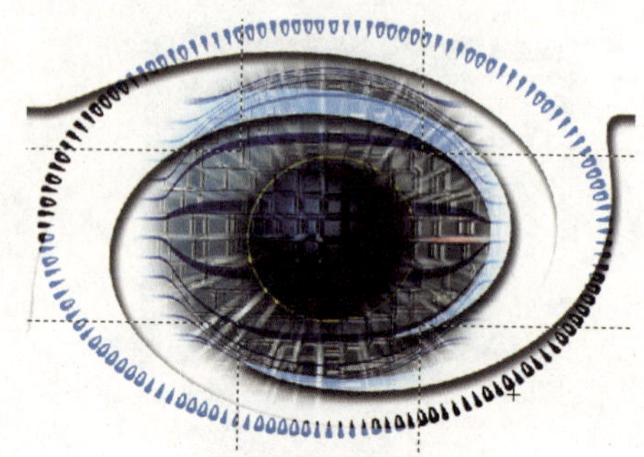

图 24-65

30 更改图层的混合模式并制作空心圆形。更改“05”图层的混合模式为“变暗”，如图 24-67 所示，效果如图 24-68 所示。选择“椭圆选框工具”，工具栏设置如图 24-69 所示。在图形中框选出一个圆形选区，按Delete键删除选区内的图像，如图 24-70 和图 24-71 所示。

31 制作渐变色彩效果。选择“渐变工具”，设置渐变颜色由浅灰色到透明色，工具栏设置如图 24-72 所示，在图形中拖拽出渐变效果，如图 24-73 所示。

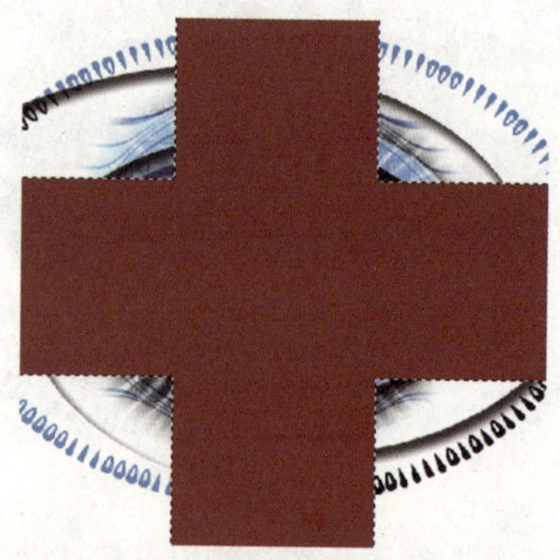

图 24-66

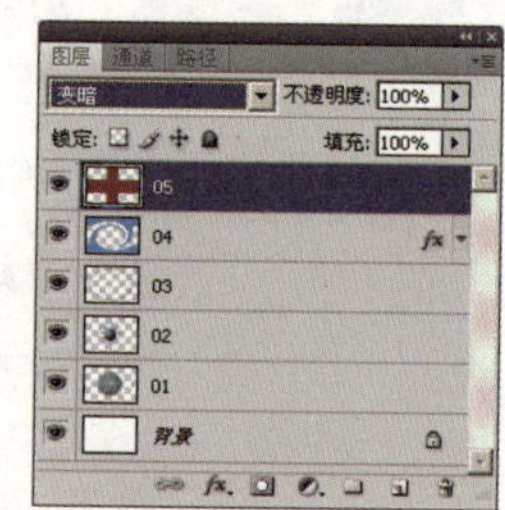

图 24-67

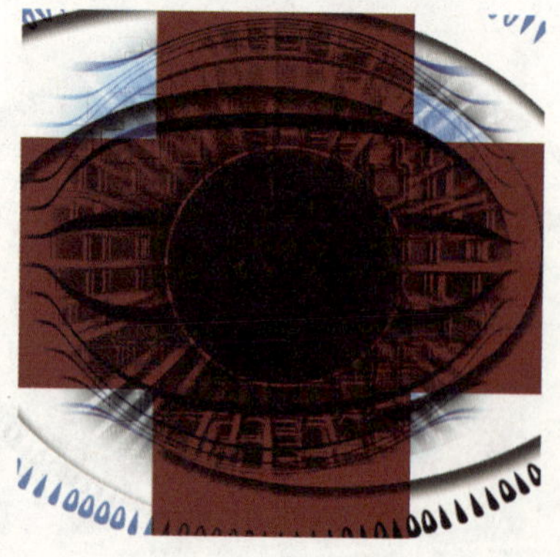

图 24-68

图 24-69

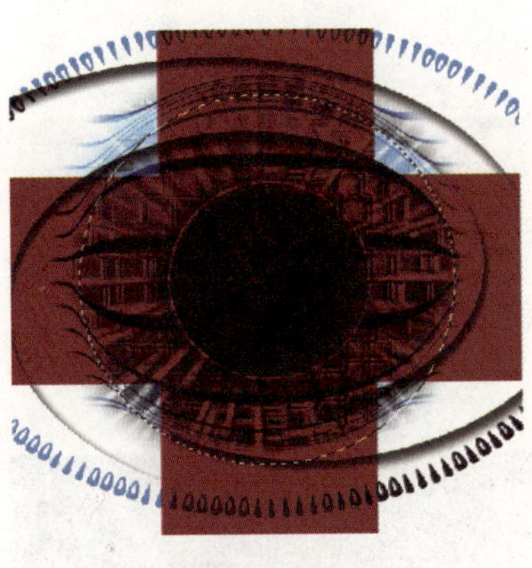

图24-70

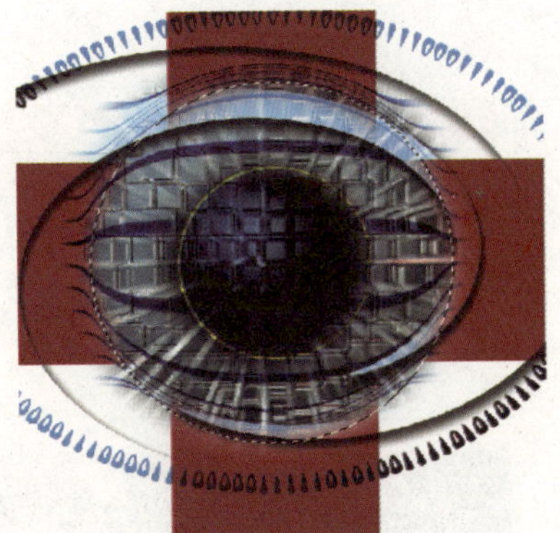

图24-71

图24-72

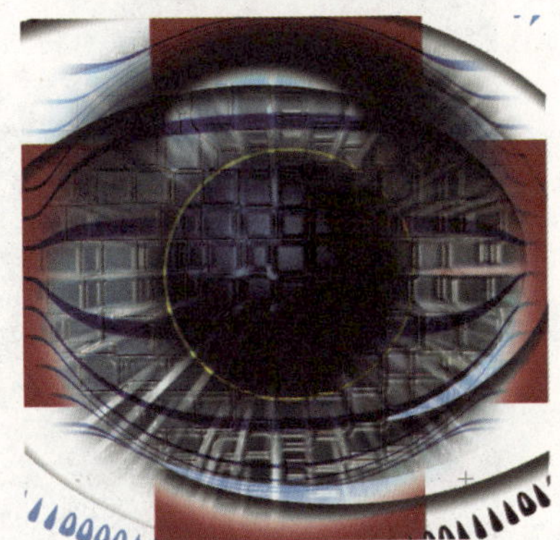

图24-73

最终效果如图 24-74 所示。

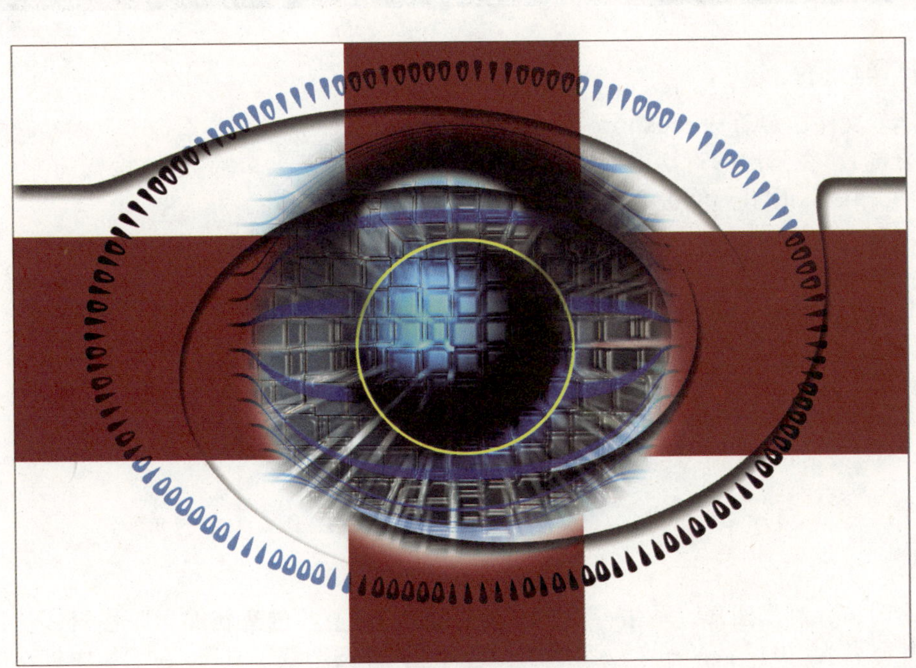

图24-74

25 宝石神器

此特效是运用通道、光照、渐变等工具制作而成。用此特效可以制作各种标志、符号等图形。

操作步骤如下：

01 创建新文件。启动Photoshop CS4，选择菜单“文件”|“新建”命令（或按Ctrl+N组合键），在弹出的对话框中将“宽度”设置为15厘米，“高度”设置为10.5厘米，如图25-1所示，单击“确定”按钮，创建一个新文件。

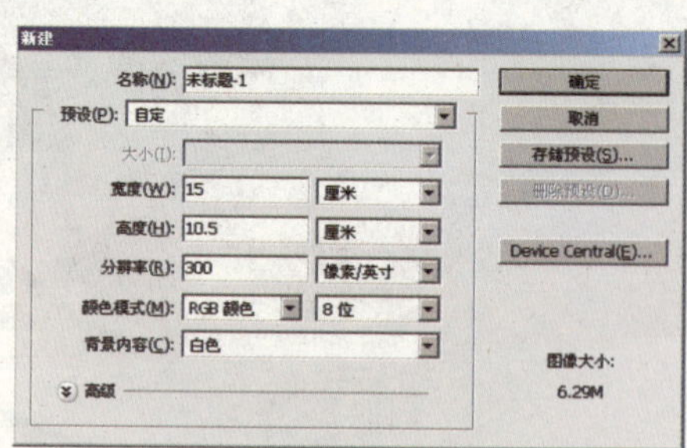

图25-1

02 新建图层并制作圆形。单击“图层”面板下方的“创建新图层”按钮，新建一个图层并命名为“01”，如图25-2所示。选择“椭圆选框工具”，在图像中框选出一个正圆选区并填充灰色，如图25-3所示。

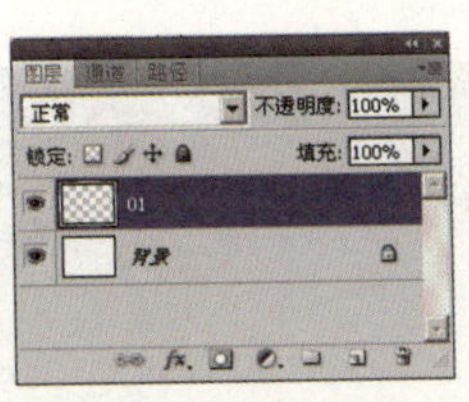

图25-2

图25-3

03 建立通道。单击“通道”面板下方的“创建新通道”按钮，新建“Alpha1”通道，在通道中确保圆形选区存在，如图25-4和图25-5所示。

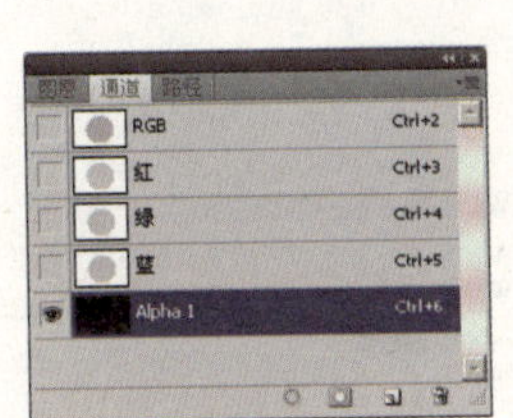

图25-4

图25-5

04 在选区内拉出渐变颜色。选择“渐变工具”，设置渐变颜色由亮灰色到黑色，工具栏设置如图25-6所示，在通道中拖拽出渐变颜色，效果如图25-7所示。

图25-6

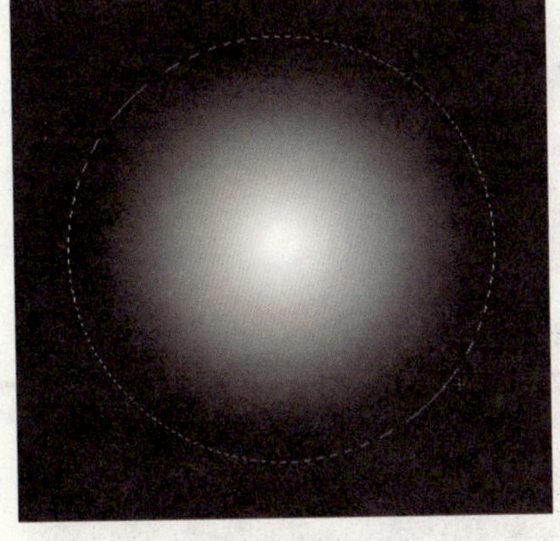

图25-7

05 调整图像色彩使色彩平滑。选择菜单“图像”|“调整”|“曲线”命令，对话框设置

如图 25−8 所示，平滑圆形里面的色彩，效果如图 25−9 所示。再次使用“椭圆选框工具”在图中框选出一个稍小一圈的圆形选区，如图 25−10 所示。

06 对选区边缘描边。选择菜单“编辑”|“描边”命令，对话框设置如图 25−11 所示，单击“确定”按钮，得到如图 25−12 所示的效果。用同样的方法再框选几个小圆并给其描边，如图 25−13 所示。

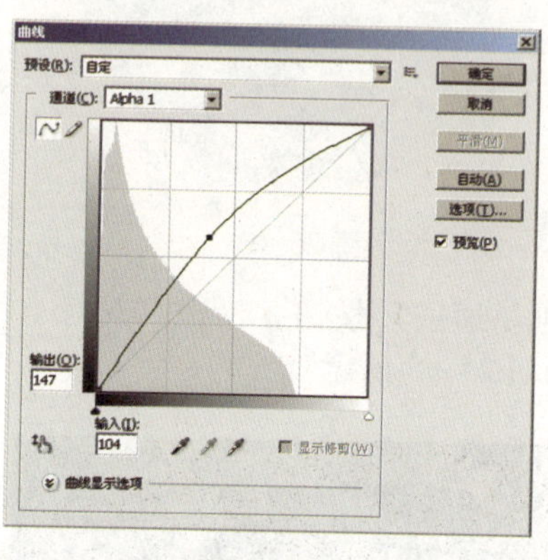

图 25−8

图 25−9

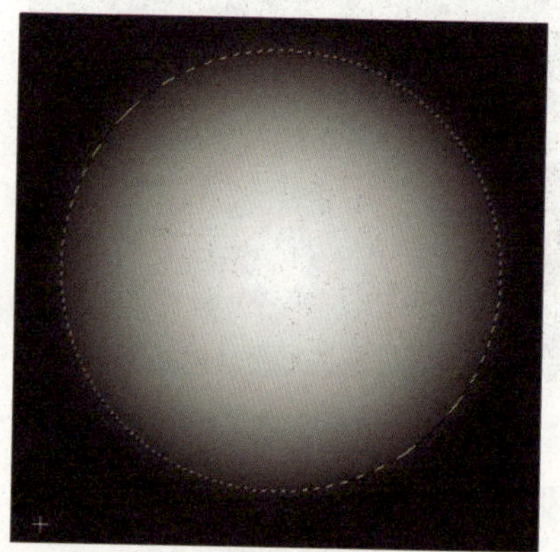

图 25−10

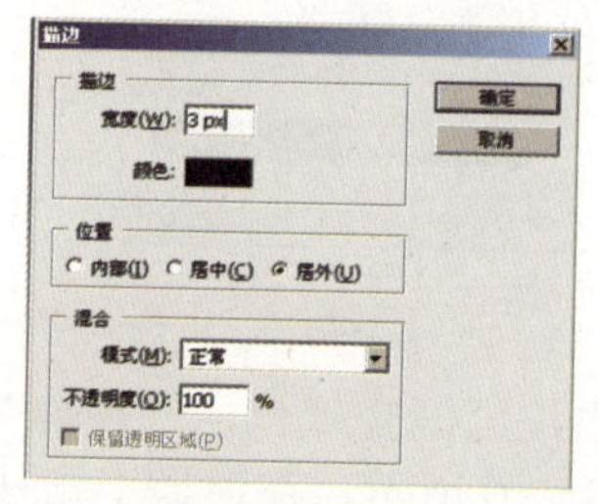

图 25−11

图 25−12

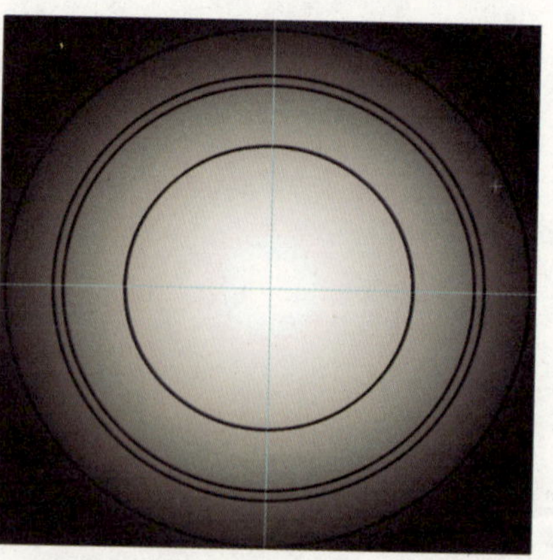

图 25−13

07 利用光照效果制作图形的立体感。选择“01”图层，如图25-14所示，选择菜单“滤镜”|“渲染”|“光照效果”命令，对话框设置如图25-15所示，单击“确定”按钮，得到如图25-16所示的效果。

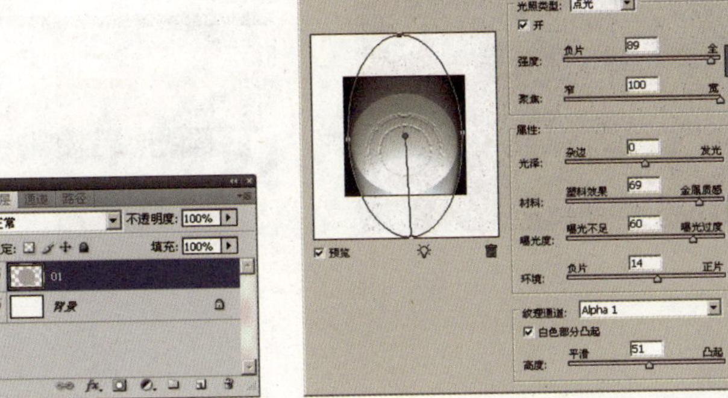

图25-14　图25-15

图25-16

08 制作花朵圆环形。在“图层”面板中单击“创建新图层”按钮，新建一个图层并命名为“02”，如图25-17所示。选择“自定形状工具”，工具栏设置如图25-18所示，参照如图25-19所示绘制花朵图形并摆成圆环形。

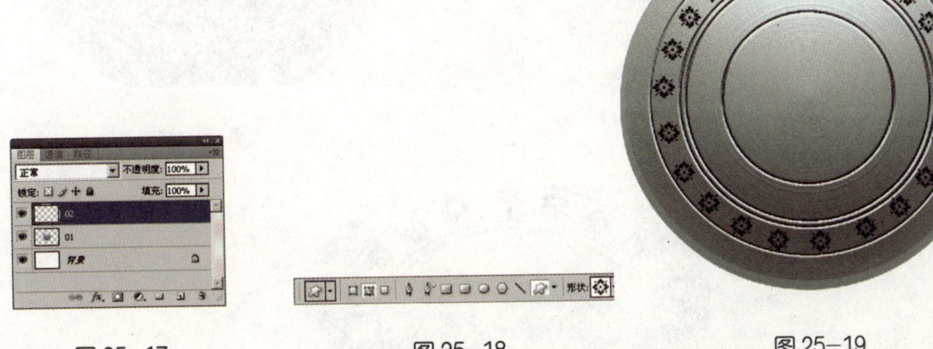

图25-17　图25-18　图25-19

09 新建通道图层并将花朵圆环形粘贴到通道中。单击“通道”面板下方的“创建新通道”按钮，新建“Alpha2”通道，如图25-20所示。将复制的图形粘贴到此通道上，效果如图25-21所示。在“图层”面板中将“02”图层隐藏，选择“01”图层，如图25-22所示。

10 利用光照效果制作花朵圆环形的立体感。选择菜单“滤镜”|“渲染”|“光照效果”命令，对话框设置如图25-23所示，单击“确定”按钮，得到如图25-24所示的效果。

11 更改图层的混合模式并新建图层。选择“02”图层并将其显示，更改其图层混合模式为“实色混合”，如图25-25所示，效果如图25-26所示。在“图层”面板中新建一个图层并命名为“03”，如图25-27所示。

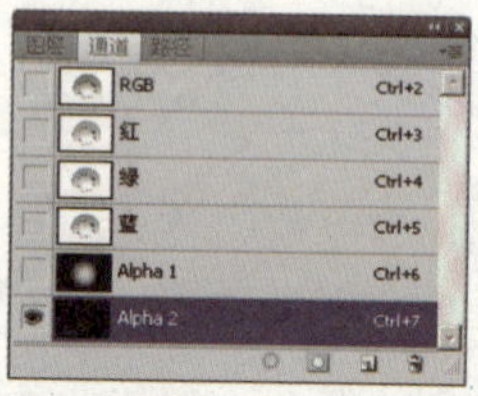

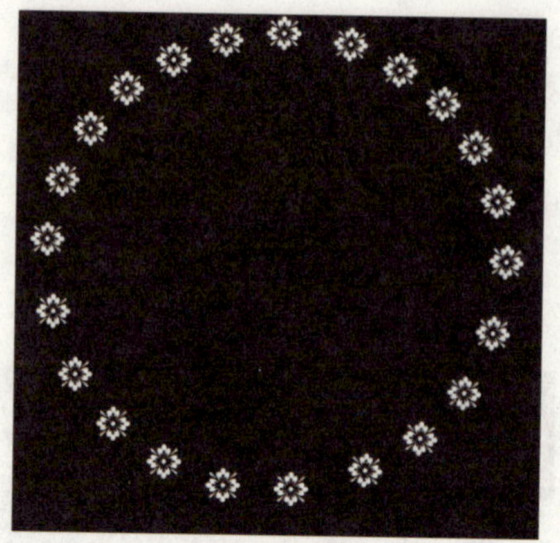

图 25-20

图 25-21

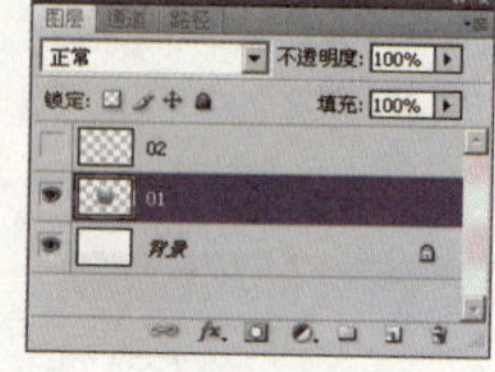

图 25-22

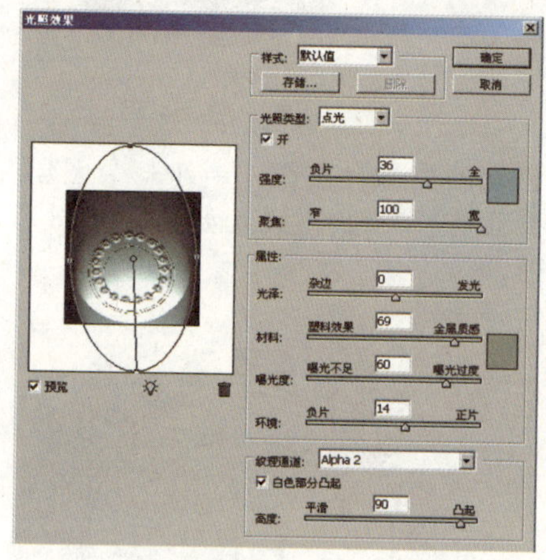

图 25-23

图 25-24

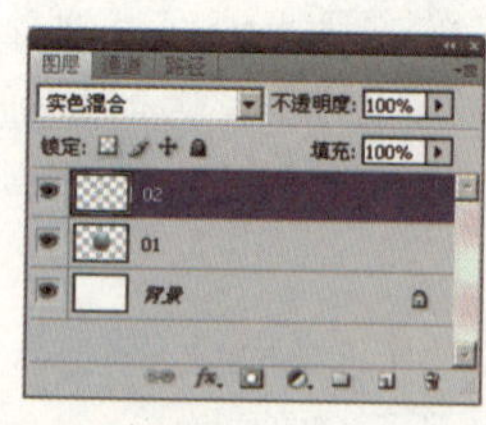

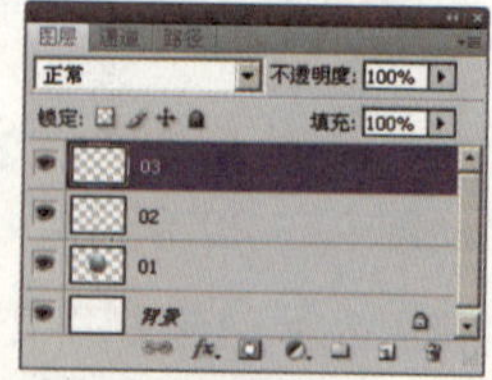

图 25-25

图 25-26

图 25-27

12 制作紫色圆形。使用“椭圆选框工具”在“03”图层中绘出一个圆形选框，如图25-28所示。更改前景色的颜色值为R：96/G：37/B：94，对话框设置如图25-29所示，在圆形中填充颜色，效果如图25-30所示。

图 25-28

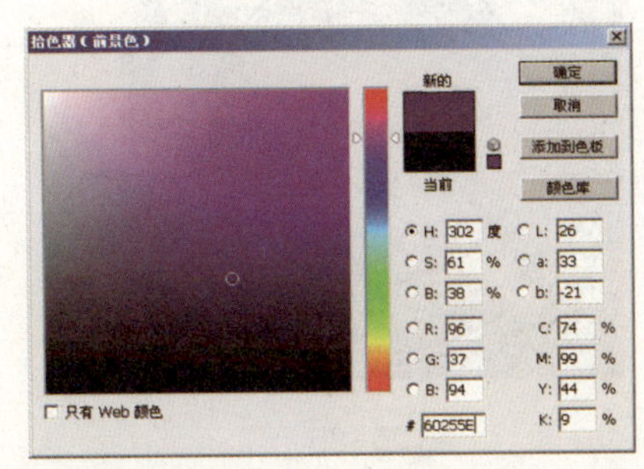

图 25-29

13 制作羽化圆形选区。选择“椭圆选框工具”，工具栏设置如图 25-31 所示，再框选出一个小一圈的圆形选区，如图 25-32 所示。

图 25-30

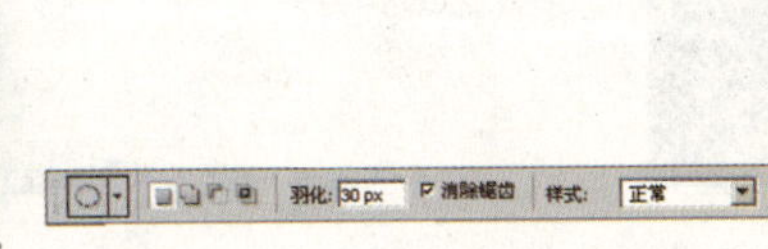

图 25-31

图 25-32

14 调整图像的亮度和对比度。选择菜单“图像”|“调整”|“亮度/对比度”命令，工具栏设置如图 25-33 所示，单击“确定”按钮，得到如图 25-34 所示的效果。再框选出一个较小的椭圆选区，如图 25-35 所示。

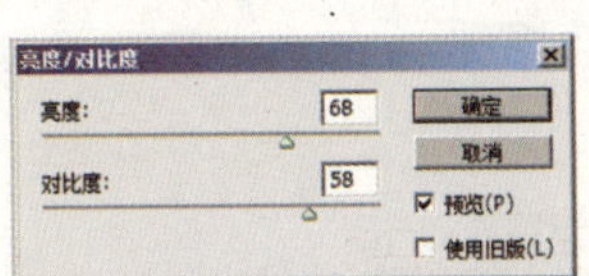

图 25-33

图 25-34

15 调整图像的色相和饱和度。选择菜单“图像”|“调整”|“色相/饱和度”命令，对话框如图 25-36 所示，单击“确定”按钮，得到如图 25-37 所示的效果。

图 25-35

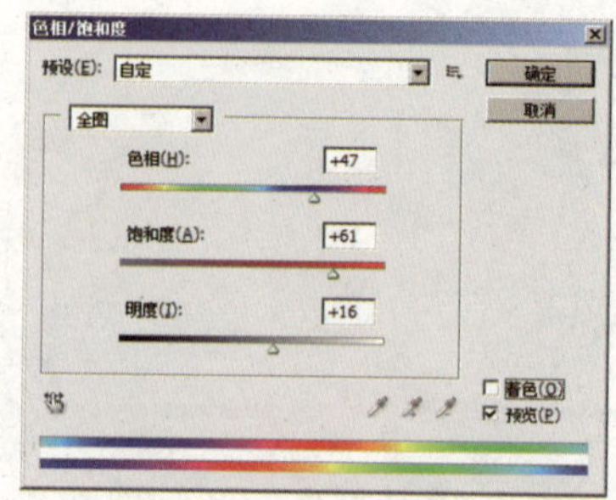

图 25-36

16 涂抹出宝石的暗色调。选择"加深工具"，工具栏设置如图 25-38 所示，使用"椭圆选框工具"框选出一个椭圆选区，如图 25-39 所示，然后使用"加深工具"参照如图 25-40 所示进行涂抹，制作出宝石的暗色部分。

图 25-37

图 25-38

图 25-39

图 25-40

17 在选区内拉出渐变颜色。选择"渐变工具"，设置渐变颜色由浅灰色到透明色，更改"不透明度"的值为 51%，工具栏设置如图 25-41 所示，在图中拉出渐变效果，如图 25-42 所示。

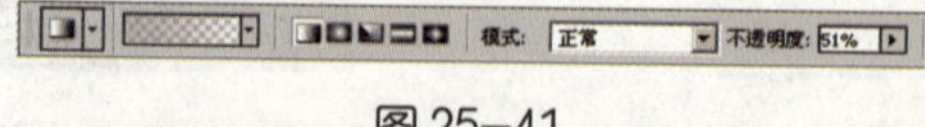

图 25-41

18 制作宝石的高光渐变颜色。在图像上方框选出一个小椭圆选框，如图 25-43 所示。选择"渐变工具"，工具栏设置如图 25-44 所示，在选区中拖拽出渐变效果，如图

25-45 所示。

图 25-42

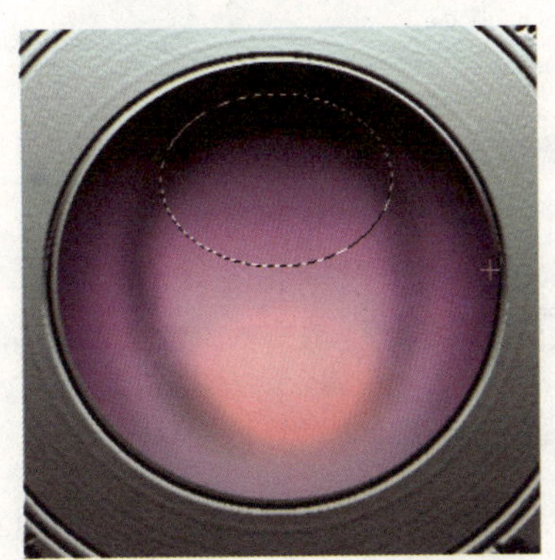

图 25-43

图 25-44

图 25-45

19 调整图像的亮度和对比度。选择菜单“图像”|“调整”|“亮度/对比度”命令，对话框设置如图 25-46 所示，单击“确定”按钮，得到如图 25-47 所示的效果。

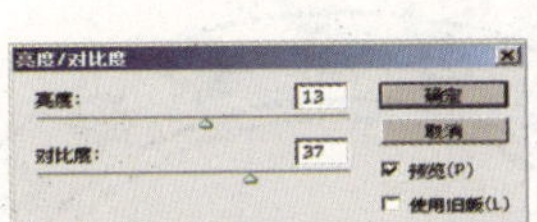

图 25-46

图 25-47

20 将图形的颜色转换成黑白色调。选择“01”图层，如图 25-48 所示。选择菜单“图像”|“调整”|“通道混合器”命令，对话框设置如图 25-49 所示，单击“确定”按钮，得到如图 25-50 所示的效果。

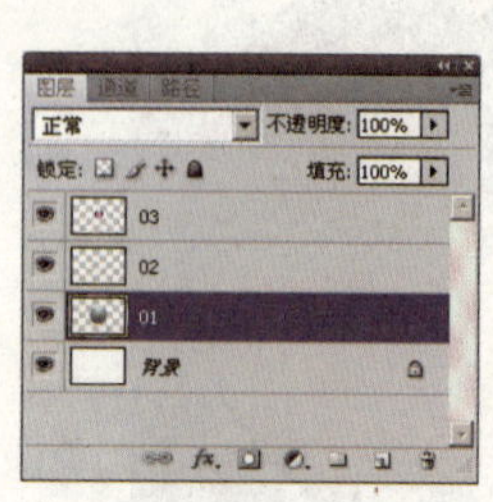
图 25-48

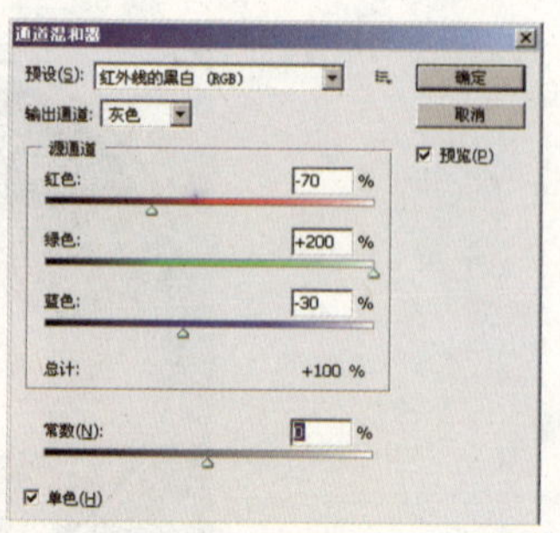
图 25-49

图 25-50

21 制作符号图形。在"图层"面板中新建一个图层并命名为"04"，如图 25-51 所示。选择"自定形状工具"，工具栏设置如图 25-52 和图 25-53 所示，在图形上方绘制如图 25-54 所示的形状。

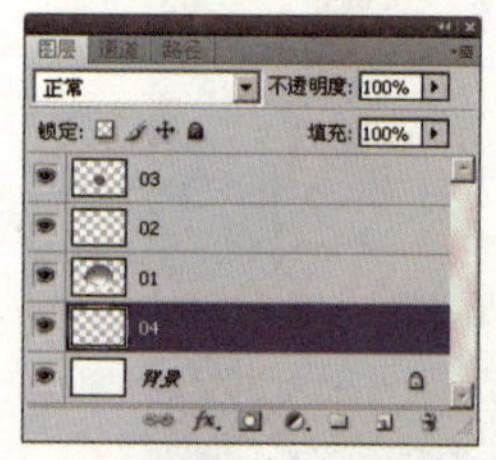
图 25-51

图 25-52

图 25-53

图 25-54

22 为符号图形制作斜面和浮雕效果。单击"图层"面板下方的"添加图层样式"按钮，在弹出的下拉菜单中选择"斜面和浮雕"命令，对话框设置如图 25-55 所示，单击"确定"按钮，得到如图 25-56 所示的效果。复制"04"图层并调整摆放，效果如图 25-57 所示。

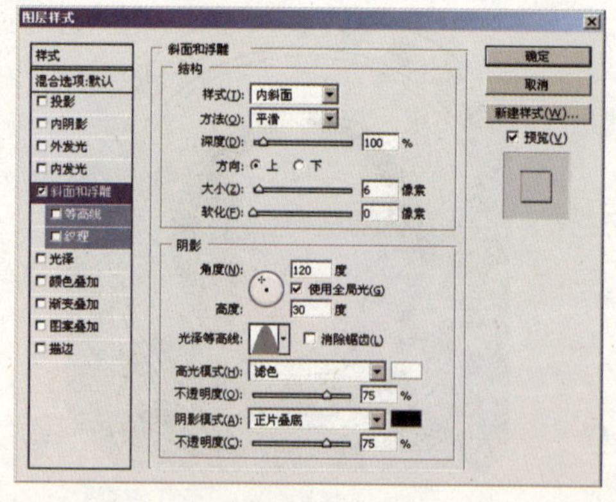
图 25-55

图 25-56

23 制作云彩效果。在"图层"面板中选择"背景"图层，如图 25-58 所示，更改前景色和背景色，如图 25-59 所示。选择菜单"滤镜"|"渲染"|"云彩"命令，如图 25-60 所示，为图层添加云彩效果，效果如图 25-61 所示。

图 25-57

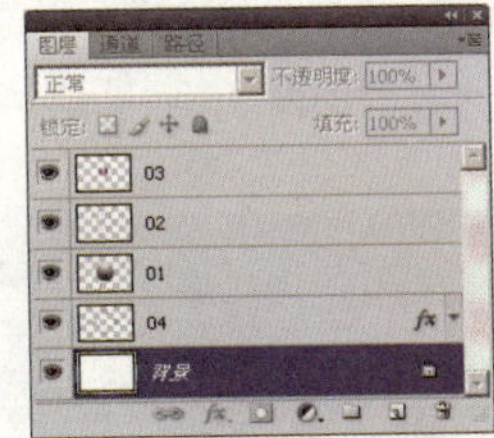

图 25-58

图 25-59

图 25-60

图 25-61

24 制作涂抹棒和铬黄效果。选择菜单“滤镜”|“艺术效果”|“涂抹棒”命令和“滤镜”|“素描”|“铬黄渐变”命令，对话框设置如图 25-62 和图 25-63 所示，单击“确定”按钮，得到如图 25-64 所示的效果。

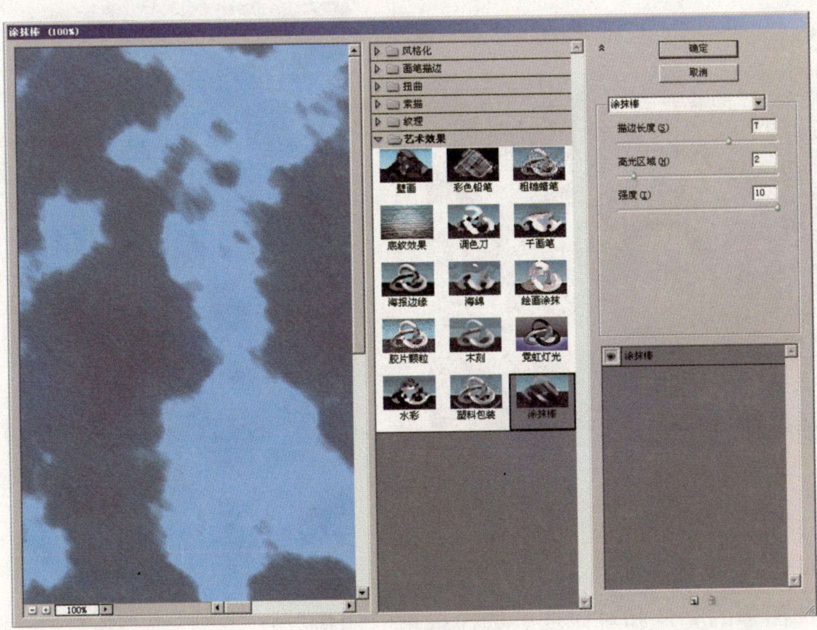

图 25-62

25 制作光照效果。选择菜单“滤镜”|“渲染”|“光照效果”命令，对话框设置如图25–65所示，单击“确定”按钮，得到如图25–66所示的效果。

26 调整所选图形的色相和饱和度。使用“矩形选框工具”框选出图像的中间部分，并进行反选，如图25–67所示。选择菜单“图像”|“调整”|“色相/饱和度”命令，对话框设置如图25–68所示，单击“确定”按钮，得到如图25–69所示的效果。

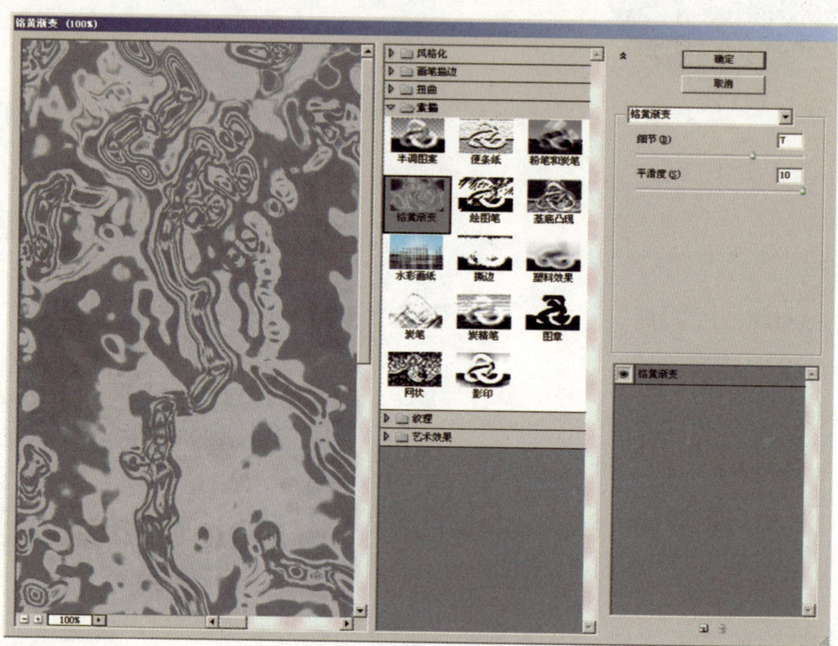

图25–63

图25–64

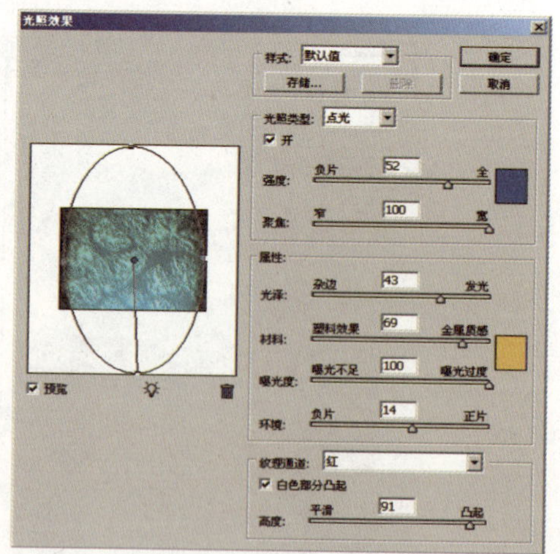

图25–65

27 框选出羽化椭圆选区。选择“椭圆选框工具”，工具栏设置如图25–70所示，框选出图像的中间部分，如图25–71所示。

28 调整所选图形的亮度和对比度。选择菜单“图像”|“调整”|“亮度/对比度”命令，对话框设置如图25–72所示，单击“确定”按钮，得到如图25–73所示的效果。

图 25-66

图 25-67

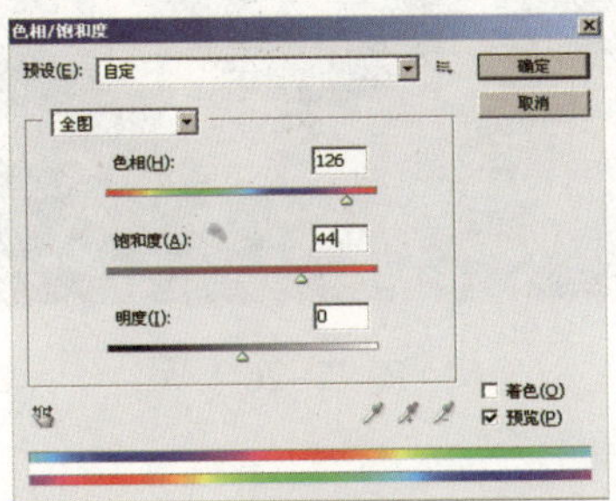

图 25-68

图 25-69

图 25-71

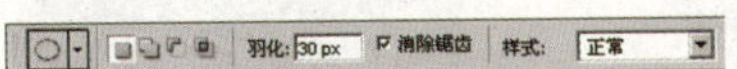

图 25-70

图 25-73

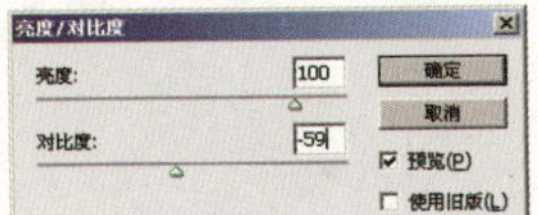

图 25-72

29 将选区反选并调整图像的亮度和对比度。保持上一步的选区存在，选择菜单“选择”|“反向”命令，如图 25-74 所示，得到如图 25-75 所示的选区。选择菜单“图像”|“调整”|“亮度/对比度”命令，对话框设置如图 25-76 所示，单击“确定”按钮调整四周的亮度和对比度。

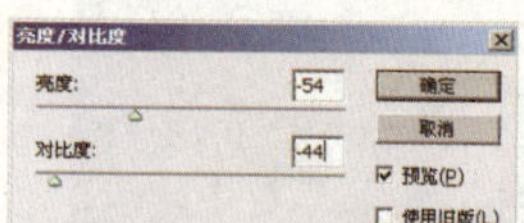

图 25-74

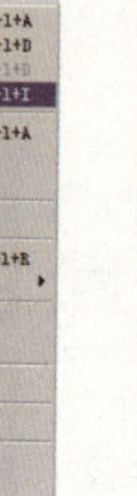

图 25-75

图 25-76

最终效果如图 25-77 所示。

图 25-77

26 宇宙星云

本特效创意是根据云彩效果制作而成的，主要采用扭曲滤镜和相关的图层样式制作出具有漩涡效果的宇宙星云。

操作步骤如下：

01 创建新文件。启动Photoshop CS4，选择菜单“文件”|“新建”命令（或按Ctrl+N组合键），在弹出的对话框中将“宽度”设置为15厘米，“高度”设置为10.5厘米，对话框设置如图26-1所示，单击“确定”按钮，创建一个新文件。

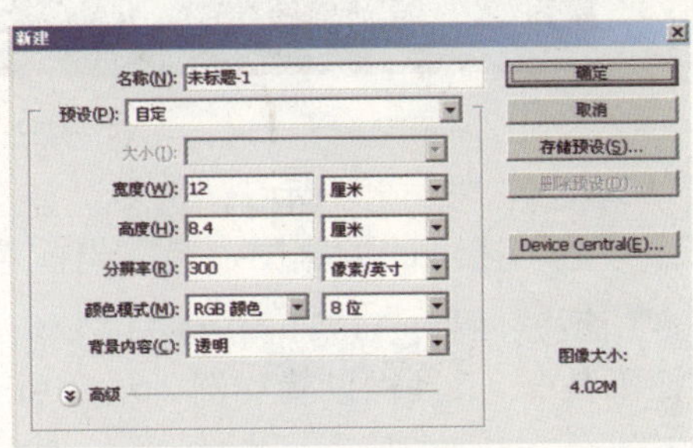

图26-1

02 添加分层云彩效果。将“背景”图层填充为“黑色”，在“图层”面板中新建“图层1”。选择菜单“滤镜”|“渲染”|“云彩”命令，为图像填充云彩效果，然后

按 Ctrl + F 组合键重复一次刚才的滤镜操作。选择“加深工具”，工具栏设置如图26-2所示，在图像中涂抹，得到如图26-3所示的效果。

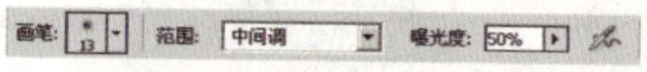

图26-2

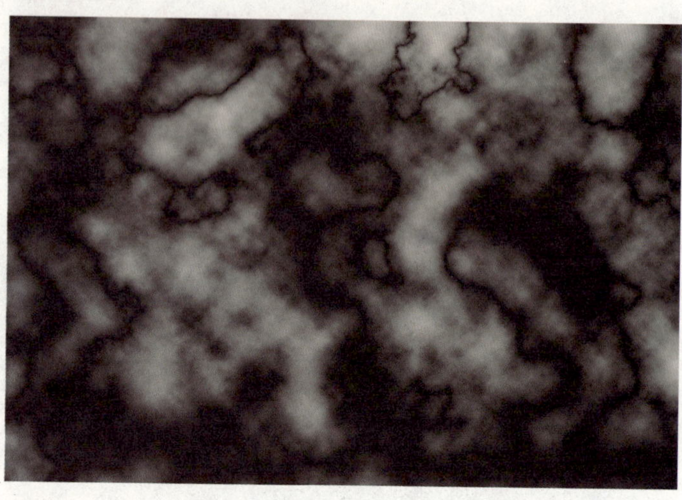

图26-3

03 为图层添加旋转扭曲效果。选择菜单“滤镜”|“扭曲”|“旋转扭曲”命令，对话框设置如图26-4所示，单击“确定”按钮，得到如图26-5所示的效果。

图26-4

图26-5

04 载入“蓝”通道的选区。切换至“通道”面板，选中“蓝”通道，如图26-6所示。按住 Ctrl 键的同时单击“蓝”通道的缩览图，载入当前通道的选区。

05 删除选区。切换到“图层”面板，按 Ctrl + Shift + I 组合键将选区反选后按 Delete 键删除。选择“橡皮擦工具”，工具栏设置如图26-7所示，擦除选区周围多余的颜色，效果如图26-8所示。

06 给图层添加图层样式。选择菜单“图层”|“图层样式”|“混合选项”命令，在弹出的对话框中勾选“外发光”和“斜面和浮雕”两个选项，设置“外发光”的颜色为“蓝色”，“斜面和浮雕”的对话框设置如图26-9所示，单击“确定”按钮为图像添加图层样式效果。

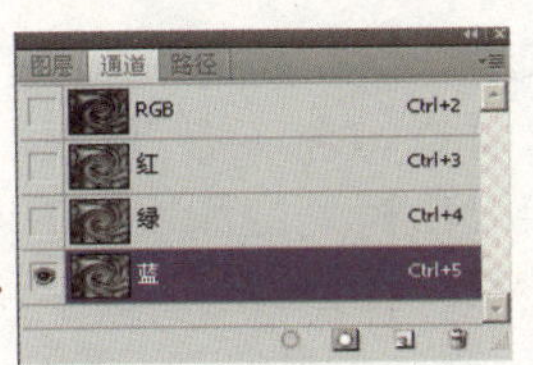

图26-6

图26-7

图26-8

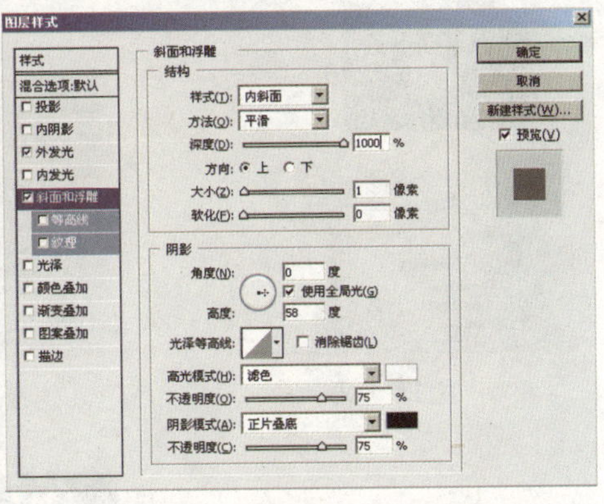

图26-9

07 调整图像形态。选择菜单“图像”|“调整”|“色阶”命令，对话框设置如图26-10所示，单击“确定”按钮提高画面的对比度。选择菜单“编辑”|“变换”|“扭曲”命令，调整后的图像效果如图26-11所示。

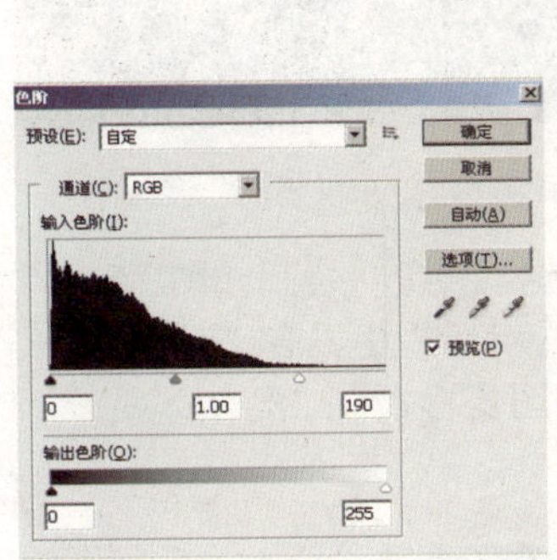

图26-10

图26-11

08 添加镜头光晕。新建一个图层并命名为“光晕”，填充黑色，选择菜单“滤镜”|“渲染”|“镜头光晕”命令，对话框设置如图26-12所示，单击“确定”按钮。在“图层”面板中更改“光晕”图层的混合模式为“线性减淡（添加）”，如图26-13所示。

09 为图层添加色相和饱和度。按Ctrl+Shift+N组合键，新建一空白图层并将其放到“图层1”下方，选择“图层1”，按Ctrl+E组合键向下合并图层，将“图层1”转换为普通图层。按Ctrl+U组合键，在弹出的“色相/饱和度”的对话框中进行设置，如图26-14所示。选择菜单“图像”|“调整”|“色阶”命令，在弹出的对话框中进行如图26-15所示的设置，单击“确定”按钮，得到如图26-16所示的效果。

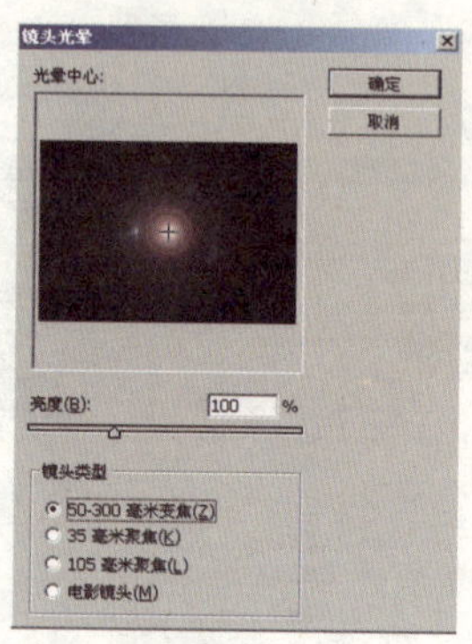

图26-12

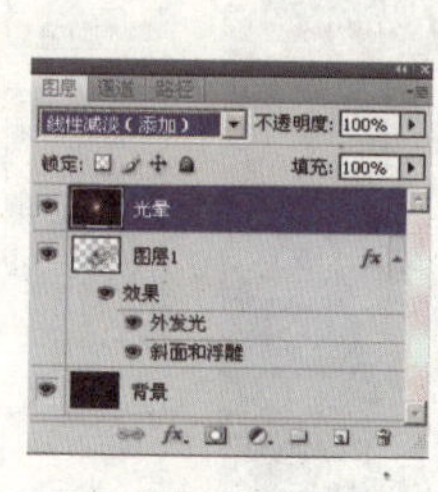

图26-13

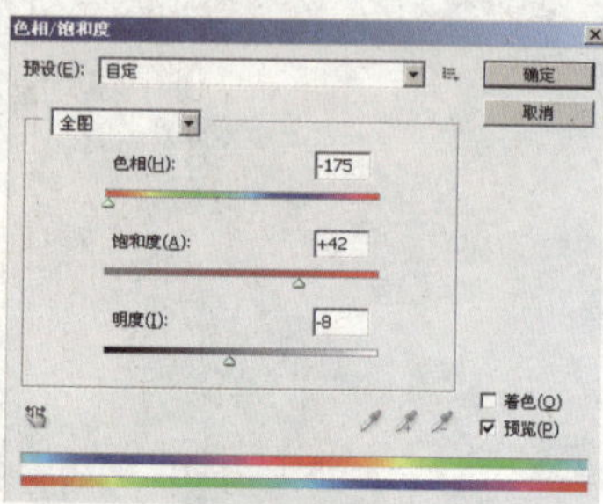

图26-14

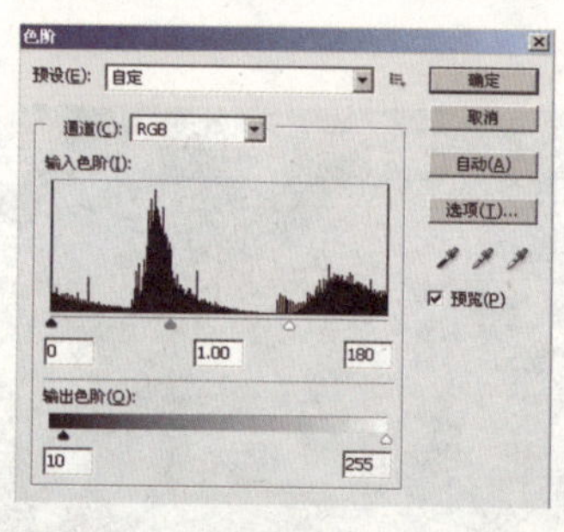

图26-15

图26-16

10 绘制光线。新建一个图层并命名为“光线”，使用“矩形选框工具”绘制如图26-17所示的图形。选择菜单“选择”|“修改”|“羽化”命令，在弹出的对话框中设置“羽化半径”为“5”，如图26-18所示。将其填充为白色，选择菜单“图层”|“图层样式”|“混合选项”命令，在弹出的对话框中勾选“外发光”选项并设置颜色为红色。

图26-17

图26-18

11 改变光线的形态。选择“涂抹工具”，工具栏设置如图26-19所示，对图像进行涂抹，然后按Ctrl+T组合键调出自由变换控制框对其进行旋转，效果如图26-20所示。

画笔: 17 模式: 正常 强度: 35

图26-19

图26-20

12 添加星光。打开随书光盘中“外用图\2601.png”的文件，使用“移动工具”将其拖入制作图像中，得到“图层1”。多次复制“图层1”并调整摆放位置，直到满意为止，然后合并所有星星所在的图层，更改图层的混合模式为“线性减淡（添加）”。选择“橡皮擦工具”，工具栏设置如图26-21所示，在图像窗口中擦除多余的部分，得到如图26-22所示的效果。

13 添加背景。选择“渐变工具”，打开“渐变编辑器”对话框，设置如图26-23所示，为“背景”图层添加渐变。打开随书光盘中“外用图\2602.jpg”的文件，将其拖入制作文件中并摆放在合适的位置。

画笔: 83 模式: 画笔 不透明度: 25% 流量: 72%

图26-21

图26-22

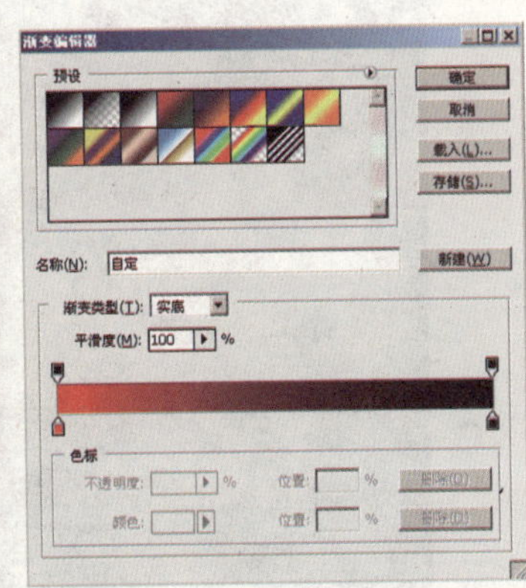

图26-23

最终效果如图 26-24 所示。

图26-24

27 梦幻星球

本特效制作的是夜景和石雕人物效果，主要运用图层样式和杂色滤镜制作出梦幻的合成效果。

操作步骤如下：

01 创建新文件。启动Photoshop CS4，选择菜单“文件”|“新建”命令（或按Ctrl+N组合键），在弹出的对话框中将“宽度”设置为15厘米，“高度”设置为10.5厘米，对话框设置如图27-1所示，单击“确定”按钮，创建一个新文件。

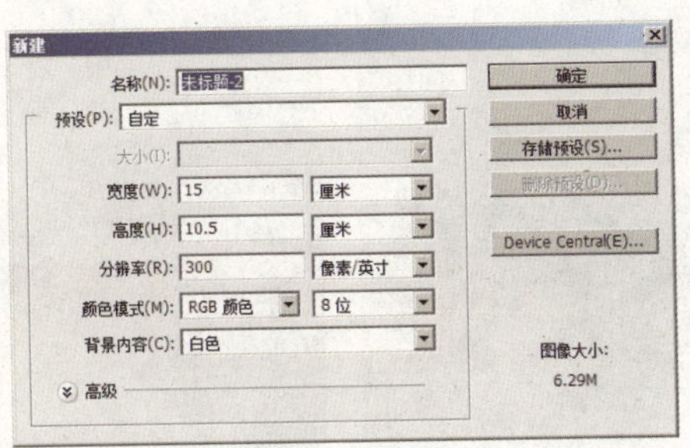

图27-1

02 调整图像的亮度和对比度。打开随书光盘中“外用图\2701.jpg”的文件，如图27-2所示。选择菜单“图像”|“调整”|“亮度/对比度”命令，对话框设置如图27-3所示，单击“确定”按钮，得到如图27-4所示的效果。

图27-2

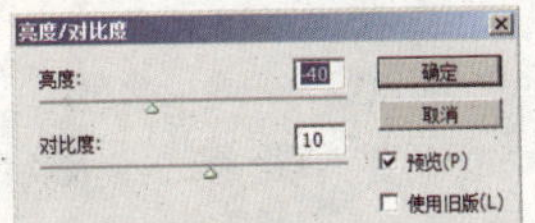

图27-3

图27-4

03 复制图像并创建选区。将该图像拖入制作文件中，得到“图层 1”。然后按Ctrl+T组合键调出自由变换控制框放大此图像，如图 27−5 所示。选择“矩形选框工具”，绘制如图 27−6 所示的矩形选区。

图27−5

图27−6

04 创建图像并垂直翻转。按Ctrl+C组合键复制选区内的图像，按Ctrl+V组合键粘贴图像，得到“图层 2”。选择菜单“编辑”|“变换”|“垂直翻转”命令，将图像垂直翻转并适当向下移动，如图 27−7 所示。选择菜单“图像”|“调整”|“色彩平衡”命令，对话框设置如图 27−8 所示，单击“确定”按钮，得到如图 27−9 所示的效果。

图27−7

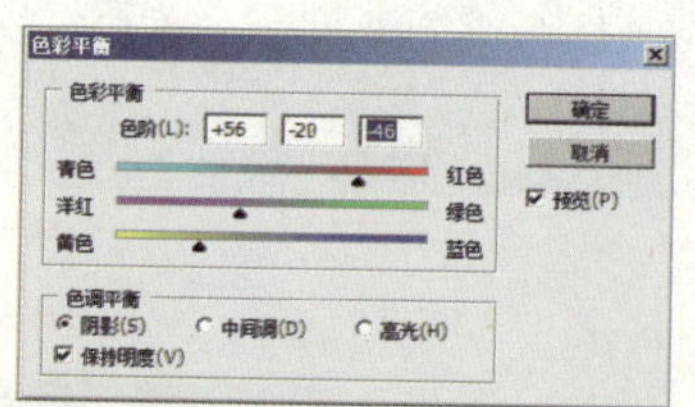

图27−8

05 调整图像的对比度。将“图层 1”和“图层 2”合并为“图层 1”，选择菜单“图像”|“调整”|“亮度 / 对比度”命令，对话框设置如图 27−10 所示，单击“确定”按钮，得到如图 27−11 所示的效果。

06 对图像进行模糊处理。复制“图层 1”，得到“图层1副本”。选择菜单“滤镜”|“模糊”|“高斯模糊”命令，对话框设置如图 27−12 所示，单击“确定”按钮为图像添

图27−9

加模糊效果。选择"橡皮擦工具"，适当设置笔刷的类型，在图像中间的山体处进行适当的擦除，效果如图 27-13 所示。

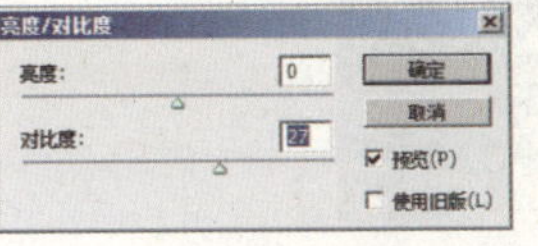

图27-10

图27-11

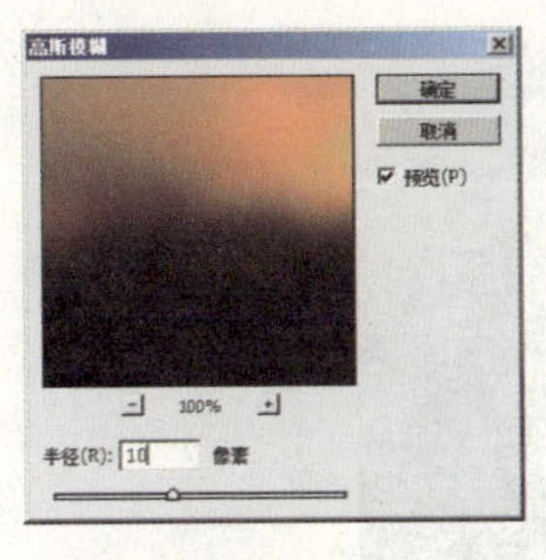

图27-12

图27-13

07 调整图像的混合模式。打开随书光盘中"外用图\2702.jpg"的文件，如图 27-14 所示。将图片拖入制作文件中，适当调整其大小和位置，并将图层的混合模式设置为"滤色"，效果如图 27-15 所示。

图27-14

图27-15

08 绘制星星。选择“画笔工具”，设置前景色为纯白色，新建一个图层，绘制如图27-16所示的星星效果。

图27-16

09 调整图像的混合模式。打开随书光盘中“外用图\2703.jpg”和“外用图\2704.jpg”的文件，分别拖入制作文件中，适当调整其大小和位置，并将这两个图层的混合模式都设置为“叠加”，“不透明度”都设置为50%，效果如图27-17所示。

图27-17

10 复制图像。打开随书光盘中“外用图\2705.jpg”的文件，选择“套索工具”，在工具栏中设置“羽化”值为6px，沿着山石的轮廓绘制如图27-18所示的选区。将选区内的图像拖入制作文件中，适当调整其大小和位置，得到如图27-19所示的效果。

图27-18

图27-19

11 调整图像的亮度和对比度。选择菜单“图像”|“调整”|“亮度／对比度”命令，对话框设置如图27-20所示，单击“确定”按钮，得到如图27-21所示的效果。

12 复制图像。打开随书光盘中“外用图\2706.jpg”的文件，使用“钢笔工具”沿着人物的轮廓绘制如图27-22所示的封闭路径，将路径转换为选区后拖入制作图像文件中，适当调整其大小和位置，得到如图27-23所示的效果。

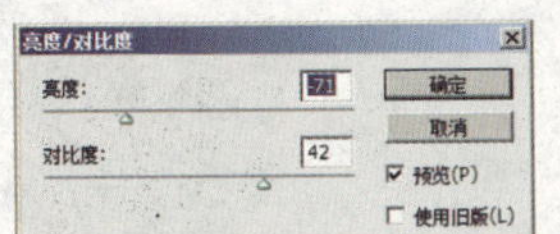

图27-20

图27-21

图27-22

图27-23

13 为图像去除杂色。载入“人物”图层的选区，选择菜单“图像”|“调整”|“去色”命令，去除图像的颜色，效果如图27-24所示。选择菜单“滤镜”|“杂色”|“减少杂色”命令，对话框设置如图27-25所示。

图27-24

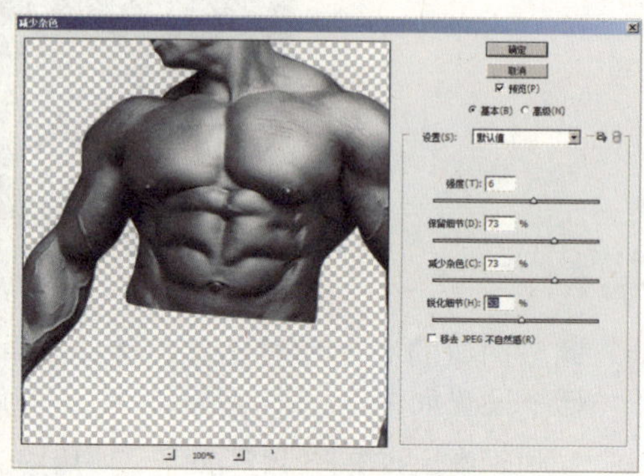

图27-25

14 为图像添加杂色。载入当前图层的选区，选择菜单“滤镜”|“杂色”|“添加杂色”命令，对话框设置如图27-26所示，单击“确定”按钮为选区添加杂色。将当前图层的混合模式设置为“叠加”，此时的图像效果如图27-27所示。

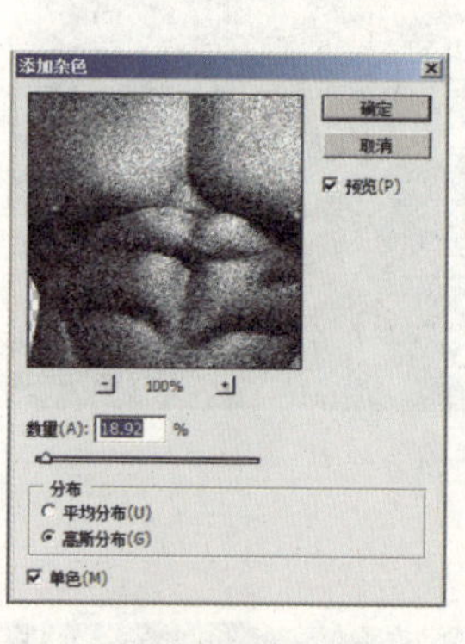

图27-26

图27-27

15 调整图像的亮度。选择菜单“图像”|“调整”|“曲线”命令，对话框设置如图27-28所示，单击“确定”按钮，得到如图27-29所示的效果。

16 调整图像的亮度和对比度。打开随书光盘中“外用图\2707.jpg”的文件，选择菜单“图像”|“调整”|“亮度/对比度”命令，对话框设置如图27-30所示，单击“确定”按钮，得到如图27-31所示的效果。

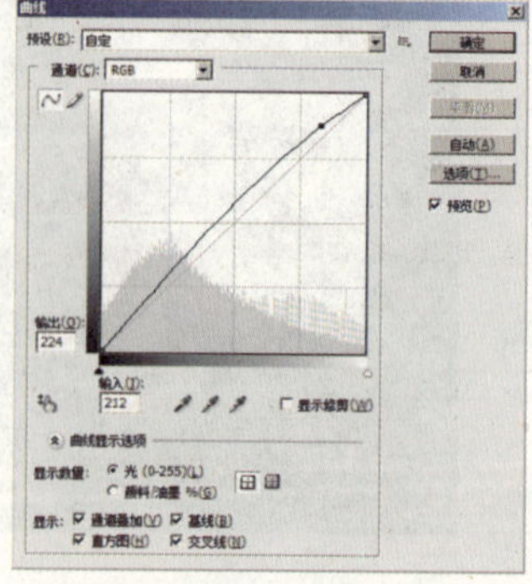

图27-28

图27-29

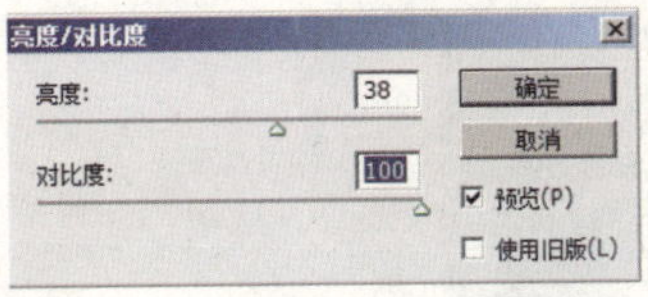

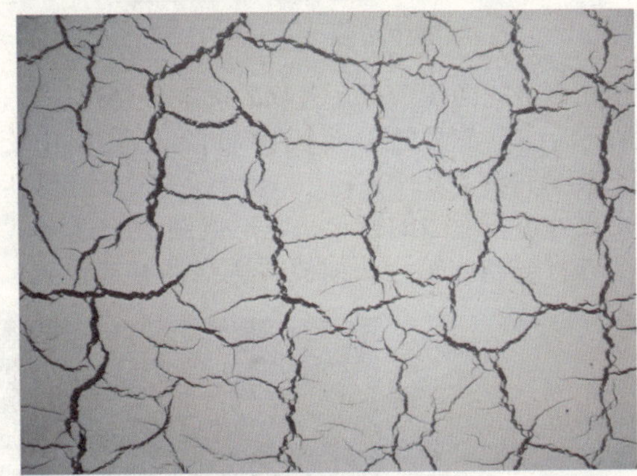

亮度/对比度
亮度: 38
对比度: 100
确定
取消
预览(P)
使用旧版(L)

图27-30

图27-31

17 创建图像的纹理选区。选择菜单“选择”|“色彩范围”命令，对话框设置如图27-32所示，单击“确定”按钮创建出纹理的选区。然后将选区内的图像复制到制作文件中，按Ctrl+T组合键调出自由变换控制框，适当调整其大小和位置，效果如图27-33所示。

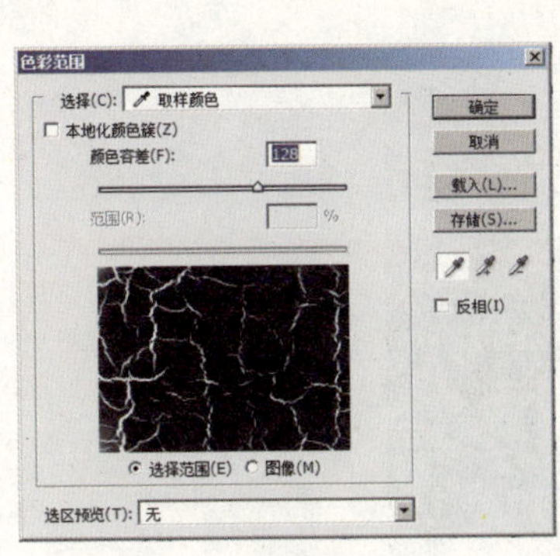

图27-32

图27-33

18 添加图层样式。单击“图层”面板下方的 fx.“添加图层样式”按钮，在弹出的下拉菜单中分别选择“斜面和浮雕”和“内阴影”命令，对话框设置如图 27-34 和图 27-35 所示，单击“确定”按钮。

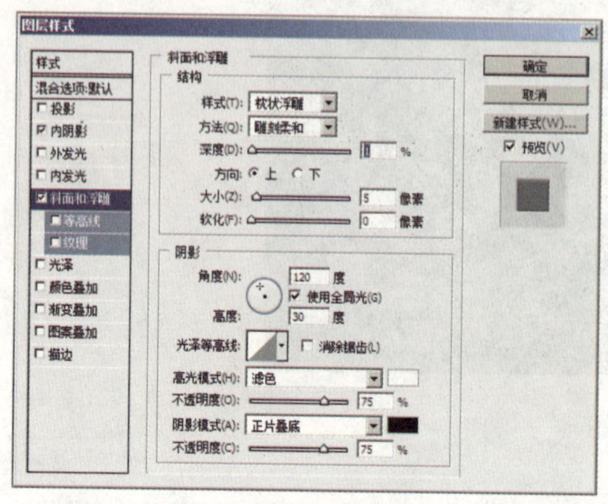

图27-34

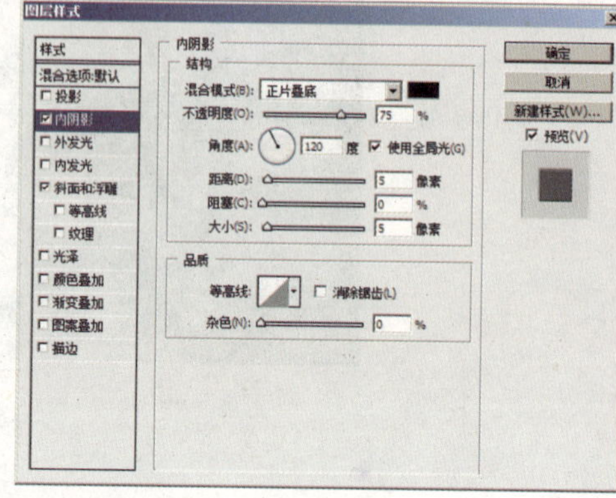

图27-35

19 删除多余的图像。载入人物的选区，将选区反选后删除多余的纹理图像，效果如图 27-36 所示。在“图层”面板中将除人物和山石之外的所有图层都设置为不可见，按 Ctrl + Shift + Alt + E 组合键盖印可见图层，然后使用“橡皮擦工具”在图像的交接处进行适当的擦除，以形成圆滑的过渡，擦除后的效果如图 27-37 所示。将当前图层进行适当的等比例缩放并适当调整其位置，最终效果如图 27-38 所示。

图27-36

图27-37

图27-38

28 燃烧效果

运用“调整”图层、图层混合模式、“模糊”滤镜和图层样式制作出具有视觉冲击力的燃烧效果，通过本实例进一步强化火焰效果的制作方法。

操作步骤如下：

01 创建新文件。启动Photoshop CS4，选择菜单“文件”|“新建”命令（或按Ctrl+N组合键），在弹出的对话框中将“宽度”设置为15厘米，“高度”设置为10.5厘米，如图28－1所示，单击“确定”按钮，创建一个新文件。

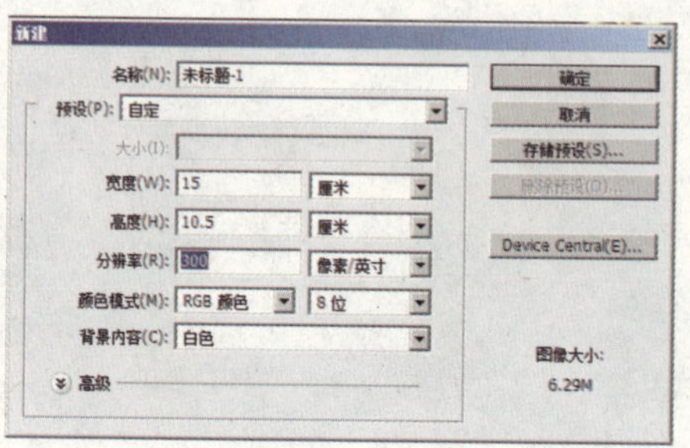

图28－1

02 调整图像大小。打开随书光盘中“外用图\2801.jpg”的文件，如图28－2所示。将其拖入制作文件中，得到“图层1”，按Ctrl+T组合键调出自由变换控制框将图像放大，使其充满整个图像窗口，如图28－3所示。

图28－2

图28－3

03 为图像添加照亮边缘效果。选择菜单“滤镜”|“风格化”|“照亮边缘”命令，对话框设置如图28－4所示，单击“确定”按钮，得到如图28－5所示的效果。

04 调整图像的形状。打开随书光盘中“外用图\2802.jpg”的文件，如图28－6所示。将其拖拽到制作文件中，得到“图层2”，按Ctrl+T组合键调出自由变换控制框适当调整图像的位置和形状，如图28－7所示。

05 调整图像的形状。在“图层”面板中将当前图层的混合模式设置为“滤色”，效果如图28－8所示。选择菜单“编辑”|“变换”|“变形”命令，适当调整变形网格的形状，使火焰图形与人物的头发走势相吻合，效果如图28－9所示。

06 添加图层蒙版。单击“图层”面板下方的“添加图层蒙版”按钮为当前图层添加蒙版，设置前景色为纯黑色，选择“画笔工具”并在其工具属性栏中设置适当的笔刷类型，在图像窗口中沿着头发的走势绘制出纹理，如图28－10所示。复制“图层2”，得到“图层2副本”，在右侧的蒙版缩览图上单击鼠标右键，在弹出的快捷菜单中选择“删除图层蒙版”命令，如图28－11所示。

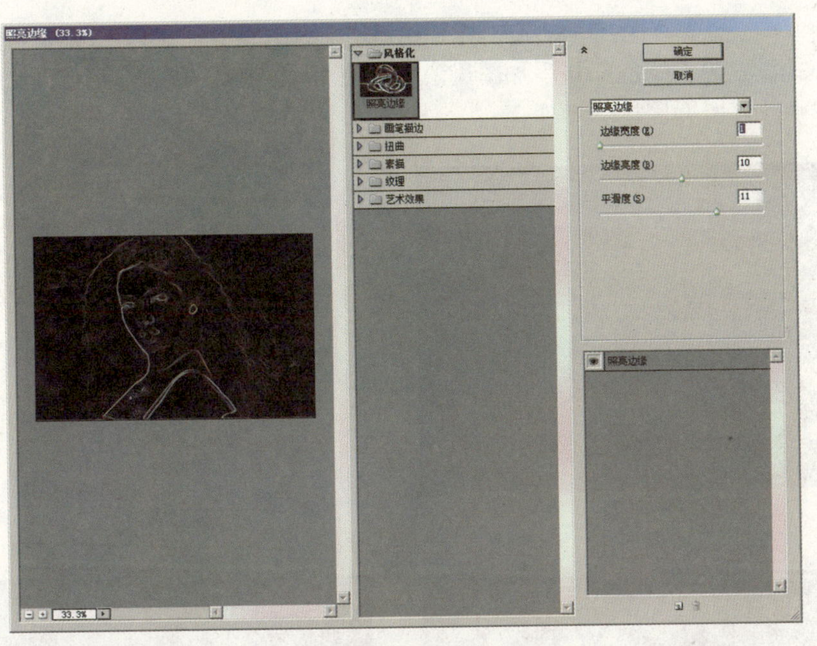

图28-4

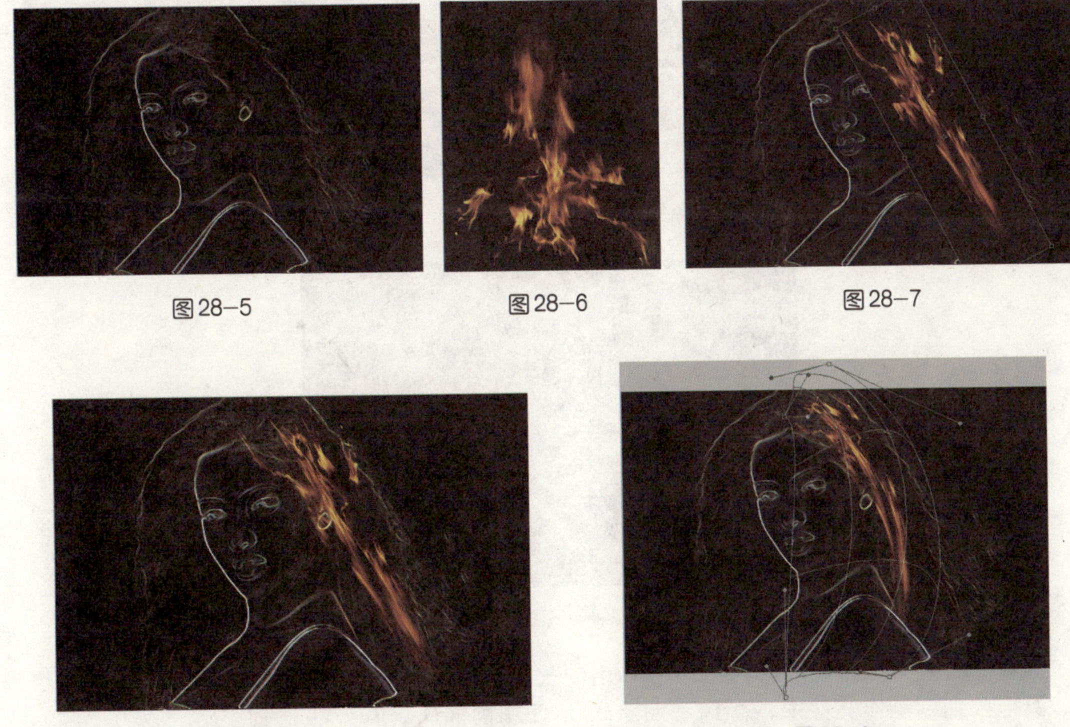

图28-5 图28-6 图28-7

图28-8 图28-9

07 复制图像并调整形状。使用前面所讲的方法对复制出的图像进行变形处理，效果如图28-12所示。继续复制当前图层，并将其调整为如图28-13所示的形状。

08 擦除图像。选择“橡皮擦工具”，在其工具栏中选择合适的笔刷类型，对“图层2副本”和“图层2副本2”中的图像进行适当的擦除，使整个图像看起来更加自然，完成后将“图层 2”、“图层 2 副本”和“图层 2 副本 2”进行合并，得到“图层 2”，将其混合模式设置为“滤色”并添加图层蒙版，使用“画笔工具”沿着头发的纹理进行适当的涂抹，此时的图像效果如图 28-14 所示。

图 28-10

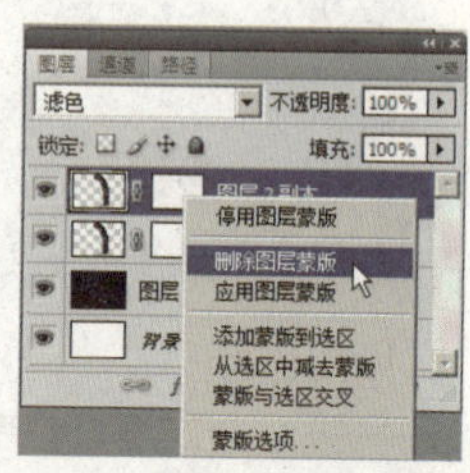

图 28-11

图 28-12

图 28-13

图 28-14

09 调整图像效果。打开随书光盘中“外用图 \2803.jpg”的文件，如图 28-15 所示。将图像拖拽到到制作文件中，得到“图层 3”，使用前面所讲的方法，制作出人物另一侧的头发，效果如图 28-16 所示。

10 调整图像的形状。打开随书光盘中“外用图 \2804.jpg”的文件，如图 28-17 所示。将其拖拽到制作文件中，得到“图层 4”，将当前图层的混合模式设置为“滤色”，然后使用前面所讲的方法，对图像进行如图 28-18 所示的变形。

图28-15

图28-16

图28-17

图28-18

11 擦除图像并调整透明度。选择“橡皮擦工具”，在其工具栏中选择合适的笔刷类型，对当前图层中的图像进行适当的擦除，效果如图28-19所示。然后在“图层”面板中更改图层的“不透明度”值为40%，效果如图28-20所示。

图28-19

图28-20

12 调整图像的形状。打开随书光盘中“外用图\2805.jpg”的文件，如图28-21所示。将其拖拽到制作文件中，得到“图层5”，更改其图层的混合模式为“滤色”，并用前面所讲的方法对其进行适当的变形处理，此时图像的效果如图28-22所示。

13 擦除图像并调整透明度。选择“橡皮擦工具”，在其工具栏中选择合适的笔刷类型，沿着人物的面部轮廓对图像进行适当的擦除，效果如图28-23所示。然后在“图层”面板中将图层的“不透明度”设置为60%，效果如图28-24所示。

图28-21

图28-22

图28-23

图28-24

14 添加图层蒙版并盖印图层。单击“图层”面板下方的“添加图层蒙版”按钮为当前图层添加蒙版，设置前景色为纯黑色。选择“画笔工具”并在工具栏中设置适当的笔刷类型，在刚调整好的图像上进行适当的涂抹，以显示出人物的眼睛、鼻子和嘴巴，效果如图28-25所示。按Shift+Ctrl+Alt+E组合键对所有可见图层执行盖印操作，得到“图层6”。选择菜单“选择”|“色彩范围”命令，对话框设置如图28-26所示，单击“确定”按钮，得到如图28-27所示的效果。

图28-25

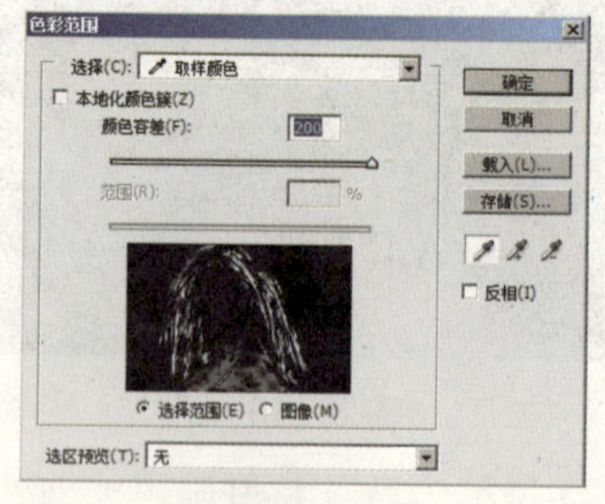

图28-26

15 添加图层样式。复制选区，得到“图层7”，单击“图层”面板下方的“添加图层样式”按钮，在弹出的下拉菜单中选择“外发光”命令，对话框设置如图28-28所示，单击“确定”按钮，得到如图28-29所示的效果。

图28-27

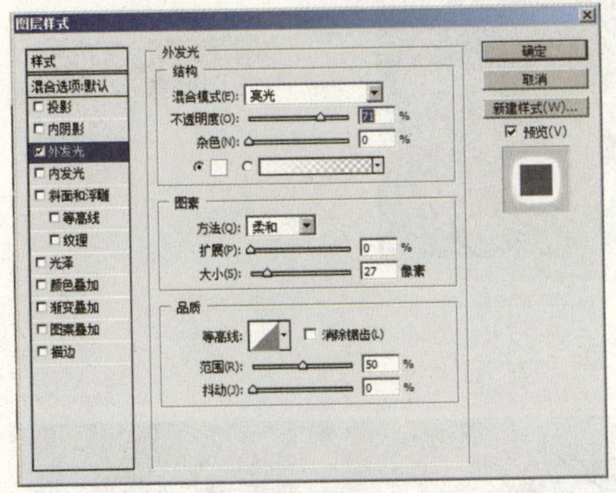

图28-28

图28-29

16 添加模糊效果。选择菜单“滤镜”|“模糊”|“高斯模糊”命令，对话框设置如图28-30所示，单击“确定”按钮，得到如图28-31所示的效果。

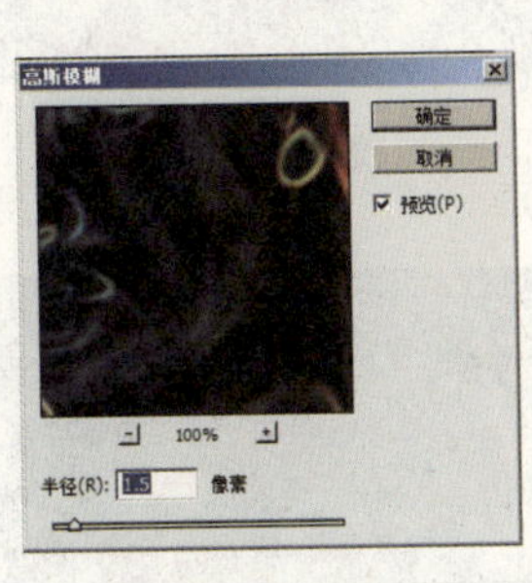

图28-30

图28-31

17 液化处理图像。选择“图层6”，选择菜单“滤镜”|“液化”命令，对话框设置如图28-32所示，对嘴部进行适当的液化处理，单击“确定”按钮，得到如图28-33所示的效果。

18 添加图层蒙版。更改当前图层的图层混合模式为“滤色”，在其下方新建“图层8”并填充纯黑色。选择“图层6”并为其添加蒙版，选择“画笔工具”，在人物面部轮廓线上进行适当的涂抹，以减少其亮度，效果如图28-34所示。在“图层”面板中将“图层5”移到“图层6”的上方，如图28-35所示，图像效果如图28-36所示。

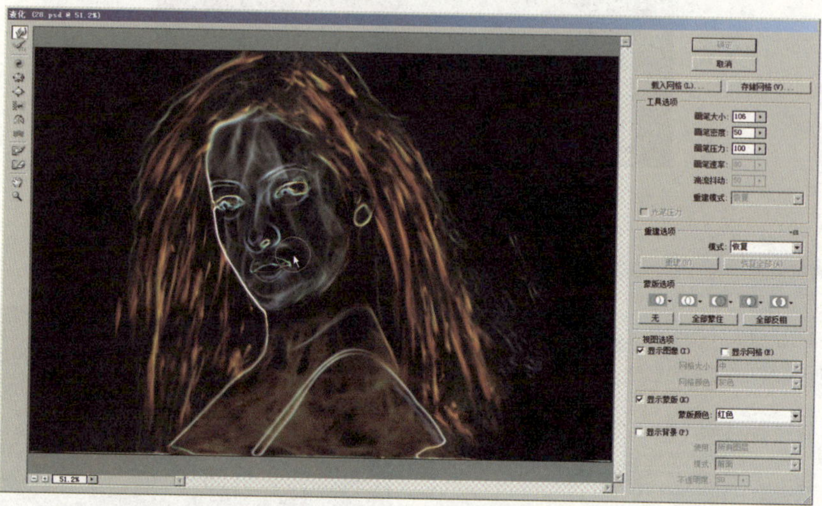

图28-32

图28-33

图28-34

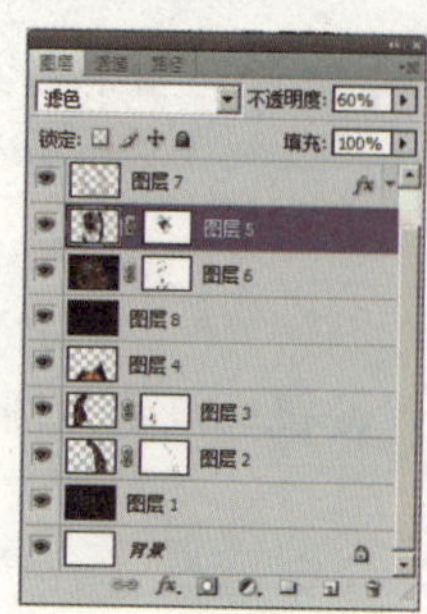

图28-35

图28-36

19 添加图层蒙版。选择“图层 7”，单击“图层”面板下方的 “创建新的填充和调整图层”按钮，在弹出的下拉菜单中选择“渐变映射”命令，如图 28－37 所示，“调整”面板中的设置如图 28-38 所示，在所有图层的上方添加渐变映射效果。

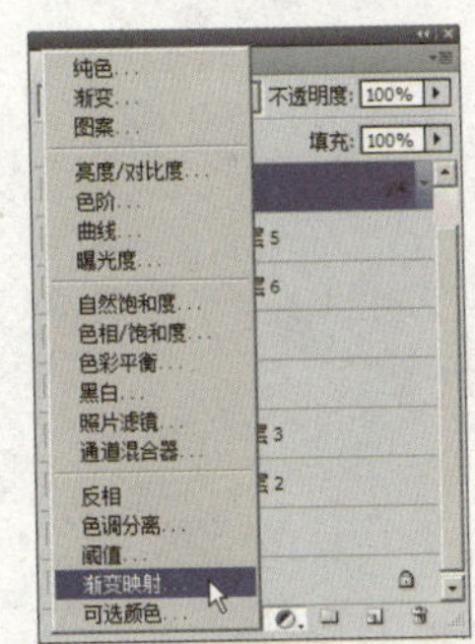

图28–37

图28–38

最终效果如图 28-39 所示。

图28–39

29 金手指

将真实的图片转变成金属的质感是本章特效的重点。

操作步骤如下：

01 创建新文件。启动Photoshop CS4，选择菜单“文件”|“新建”命令（或按Ctrl+N组合键），在弹出的对话框中将“宽度”设置为15厘米，“高度”设置为10.5厘米，如图29－1所示，单击“确定”按钮，创建一个新文件。

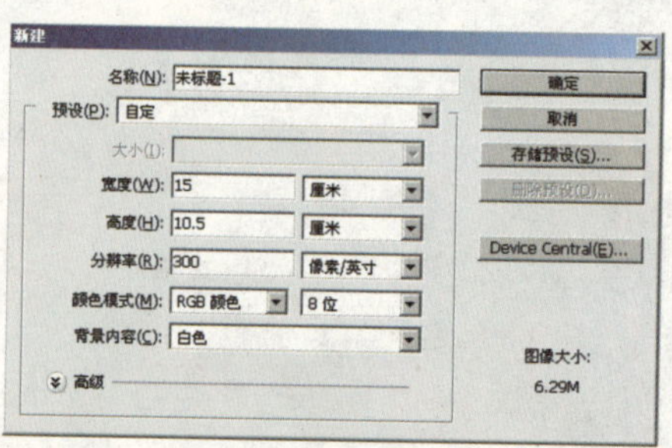

图29–1

02 载入并放大图像。打开随书光盘中“外用图\2901.tif”的文件，如图29－2所示。将图像拖入制作文件中，得到“图层1”，按Ctrl+T组合键将图像放大，如图29－3所示。

03 选择多余的图像并删除。选择“魔棒工具”，如图29－4所示，在图像的白色区域处单击，创建出白色区域的选区，随后按Delete键将白色删除，如图29－5所示。

04 扩展选区并删除毛边。选择菜单“选择”|“修改”|“扩展”命令，对话框设置如图29－6所示，单击“确定”按钮。随后按Delete键删除毛边，效果如图29－7所示。

05 将图像色彩调整成黄色。选择菜单“图像”|“调整”|“变化”命令，在弹出的对话框中选择“加深黄色”，反复单击多次。再选择“较暗”，也反复单击多次，如图29－8所示，然后单击“确定”按钮，得到如图29－9所示的效果。

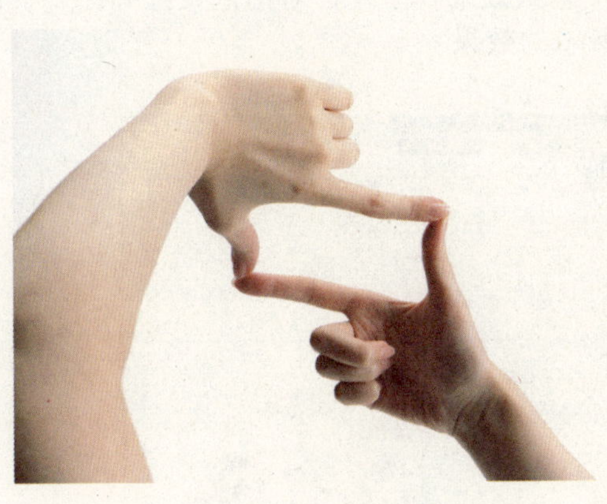

图29-2

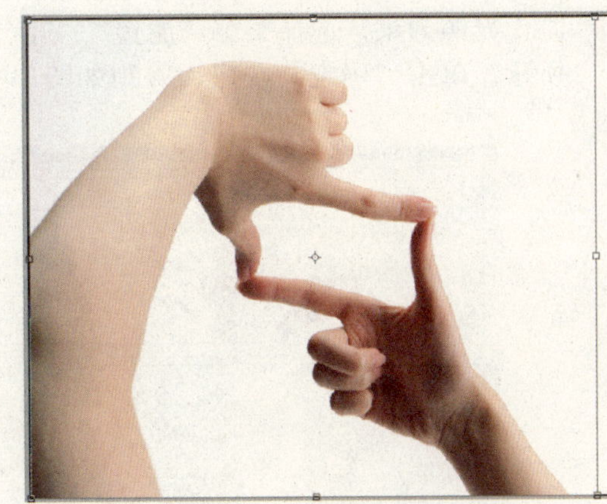

图29-3

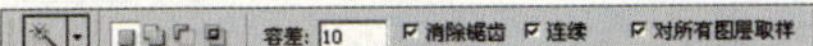

图29-4

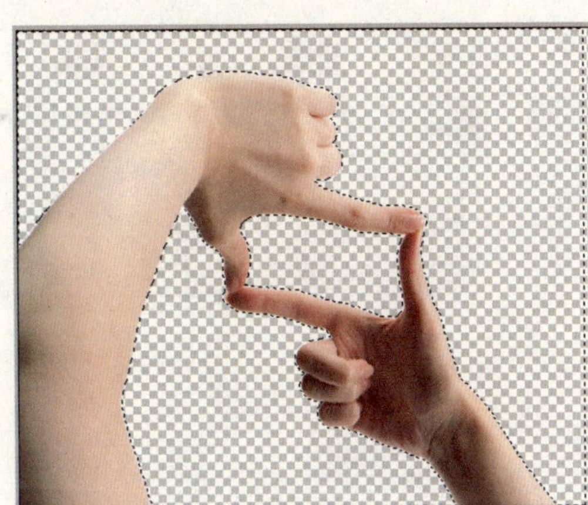

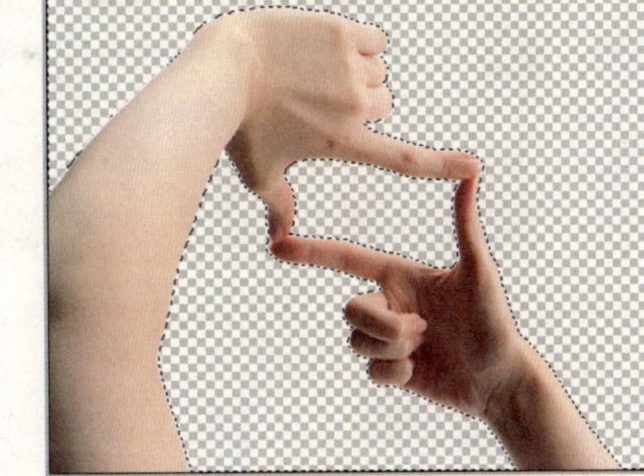

图29-5

图29-6

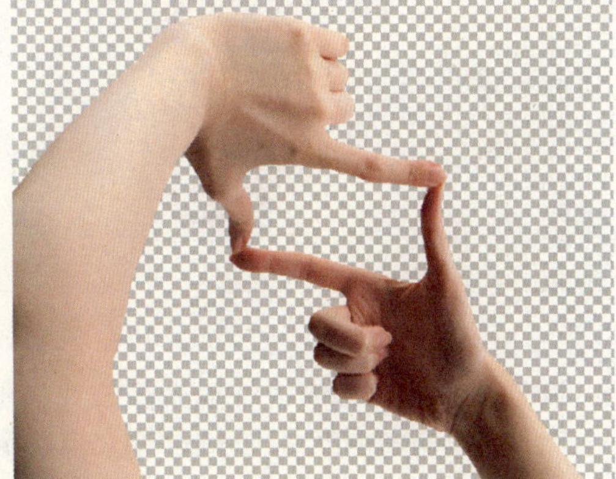

图29-7

06 制作光照效果。选择菜单“滤镜”|“渲染”|“光照效果”命令，对话框设置如图 29-10 所示，单击“确定”按钮，得到如图 29-11 所示的效果。

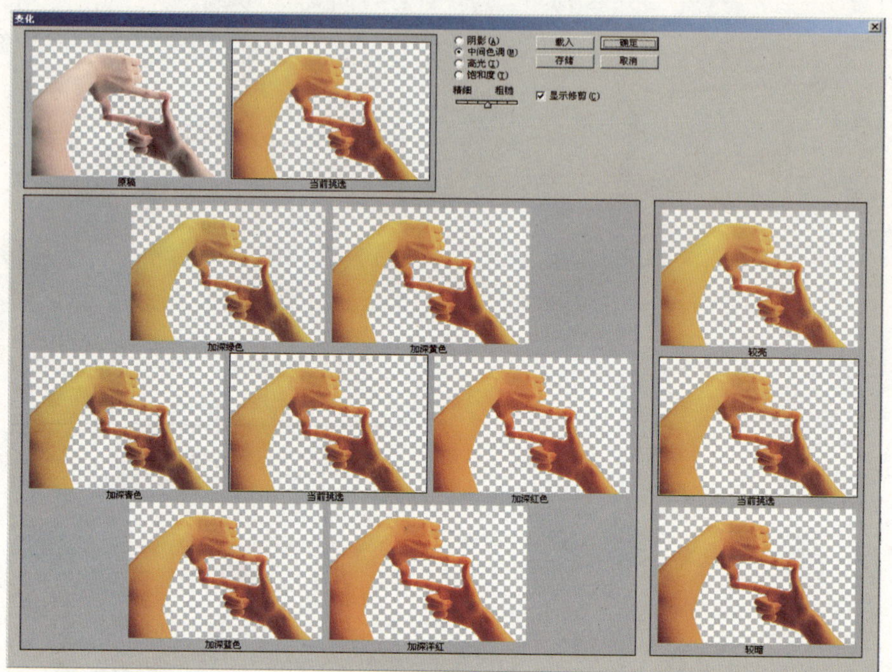

图29-8

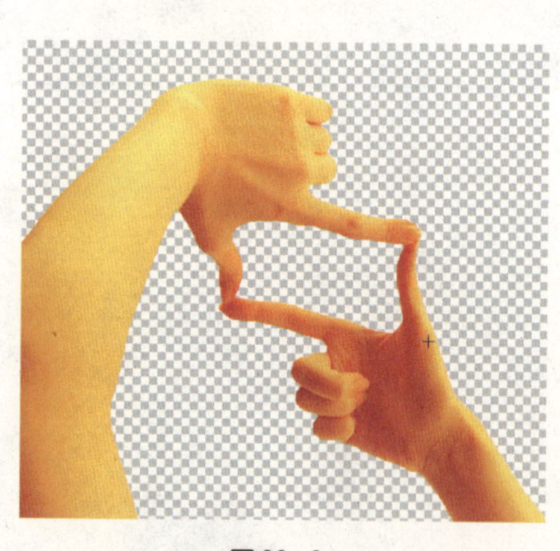

图29-9

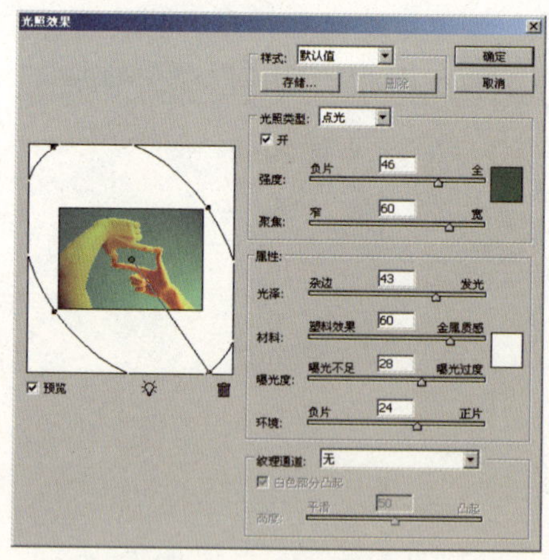

图29-10

07 调整图像的色彩形成金属光泽。选择菜单“图像”|“调整”|“曲线”命令，参照如图 29-12 所示调整曲线形态，单击“确定”按钮，得到如图 29-13 所示的效果。

08 再次调整图像色彩。使用“多边形套索工具”框选出左边的一只手，如图 29-14 所示。选择菜单“图像”|“调整”|“曲线”命令，参照如图 29-15 所示调整曲线形态，单击“确定”按钮，得到如图 29-16 所示的效果。

图29-11

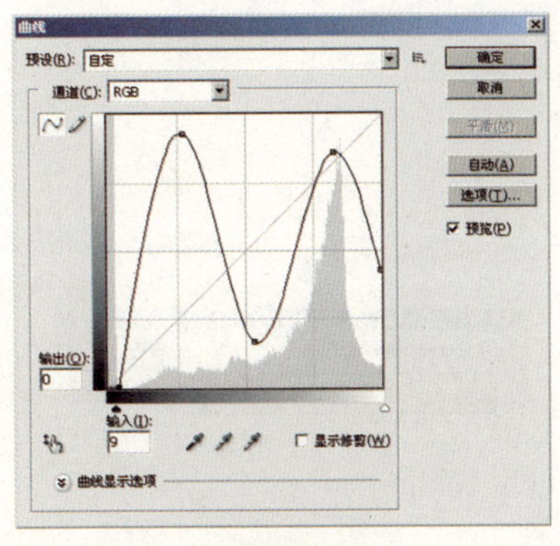

图29-12

图29-13

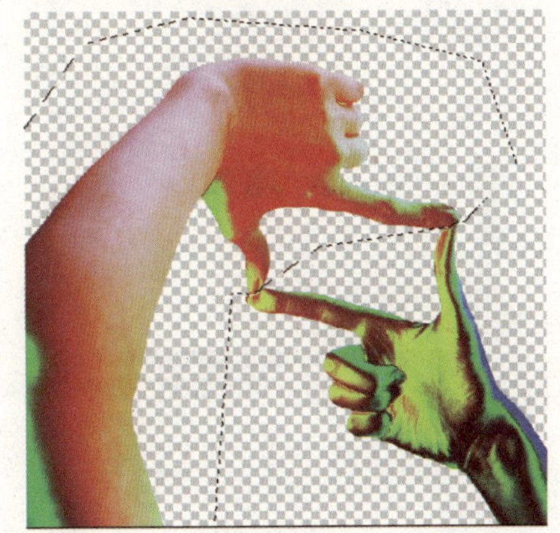

图29-14

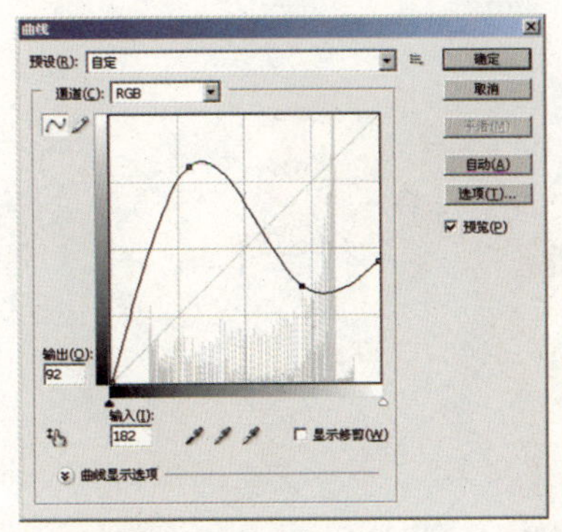

图29-15

图29-16

09 将图像运用渐变映射工具调整色彩。选择菜单“图像”|“调整”|“渐变映射”命令，参照如图29-17所示选择渐变颜色，单击“确定”按钮，得到如图29-18所示的效果。

10 调整图像的亮度和对比度。选择菜单“图像”|“调整”|“亮度/对比度”命令，对话框设置如图29-19所示，单击“确定”按钮，得到如图29-20所示的效果。

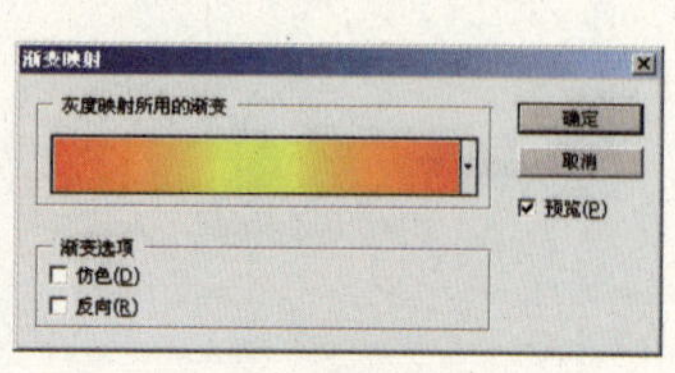

图29-17

图29-18

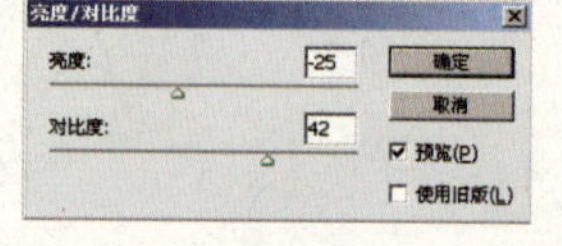

图29-19

图29-20

11 运用通道载入单色选区。在“通道”面板中选择“绿”通道，如图 29－21 所示。按住 Ctrl 键的同时单击此通道的缩览图载入通道选区，如图 29－22 所示。

图29-21

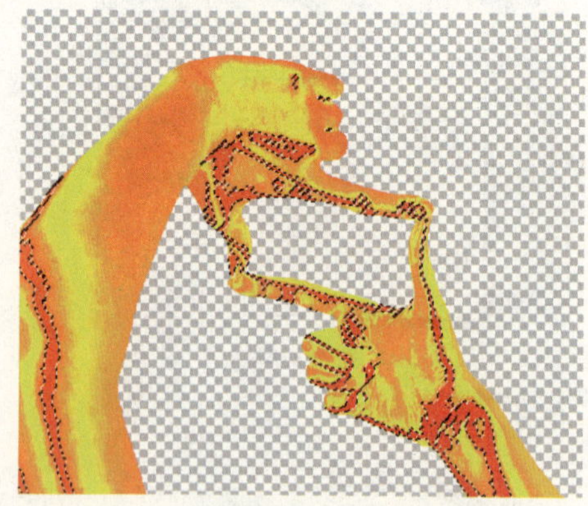

图29-22

12 羽化并反选选区。选择菜单“选择”|“修改”|“羽化”命令，对话框设置如图 29－23 所示，单击“确定”按钮。选择菜单“选择”|“反向”命令，如图 29－24 所示，将选区反选，效果如图 29－25 所示。

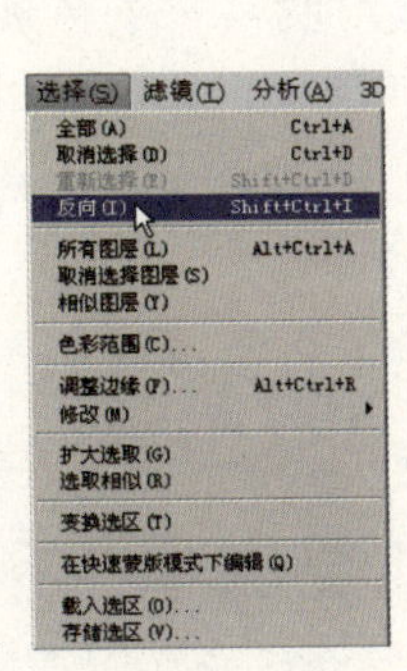

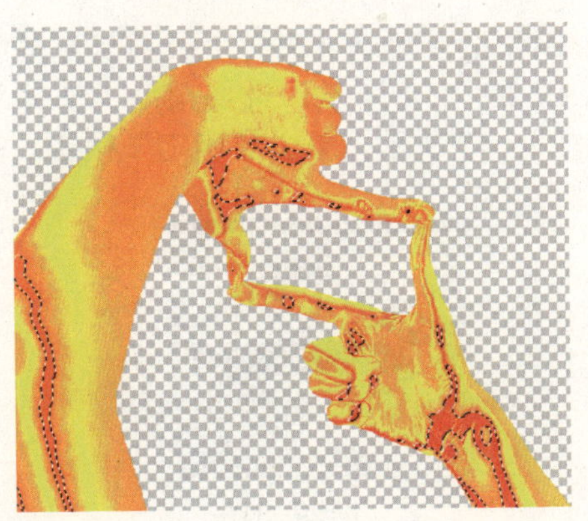

图29-23　　图29-24　　图29-25

13 调整图像的阈值改变色彩。在“图层”面板中选择“图层1”，如图29-26所示，选择菜单“图像”|“调整”|“阈值”命令，对话框设置如图29-27所示，单击“确定”按钮，得到如图29-28所示的效果。

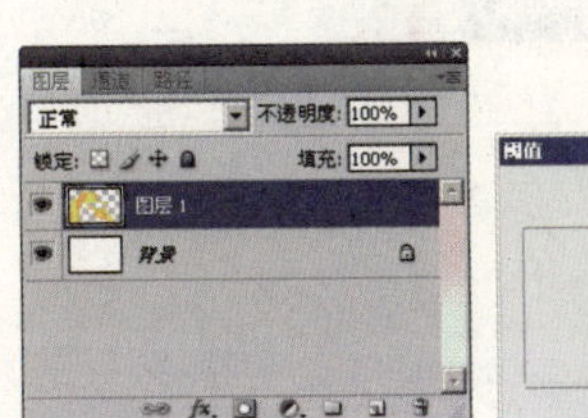

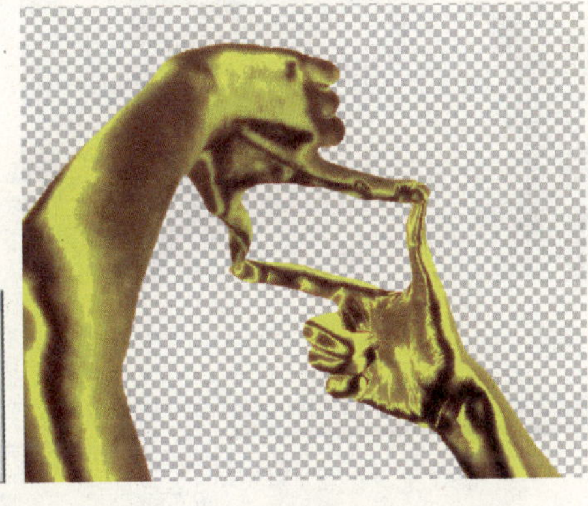

图29-26　　图29-27　　图29-28

14 调整图像的亮度和对比度。选择菜单“图像”|“调整”|“亮度/对比度”命令，对话框设置如图29-29所示，单击“确定”按钮，得到如图29-30所示的效果。

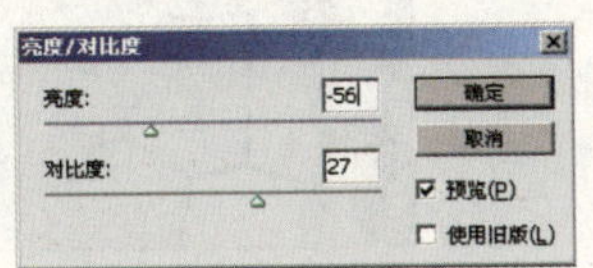

图29-29　　图29-30

15 在画面中拖拽出渐变色彩。在“图层”面板中新建一个图层并命名为“01”，如图29-31所示。选择“渐变工具”，设置渐变颜色由米黄色到褐色，工具栏设置如图29-32所示。在画面中由左向右拖拽出渐变效果，如图29-33所示。

16 制作染色玻璃效果。更改前景色的颜色值为R：48/G：23/B：17，对话框设置如图29－34所示。选择菜单“滤镜”|“纹理”|“染色玻璃”命令，对话框设置如图29－35所示，单击“确定”按钮，得到如图29－36所示的效果。

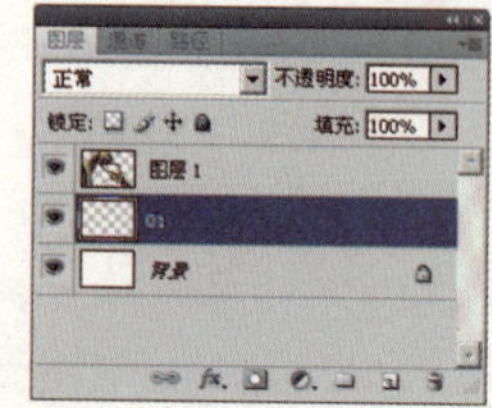

图29－31

图29－32

图29－33

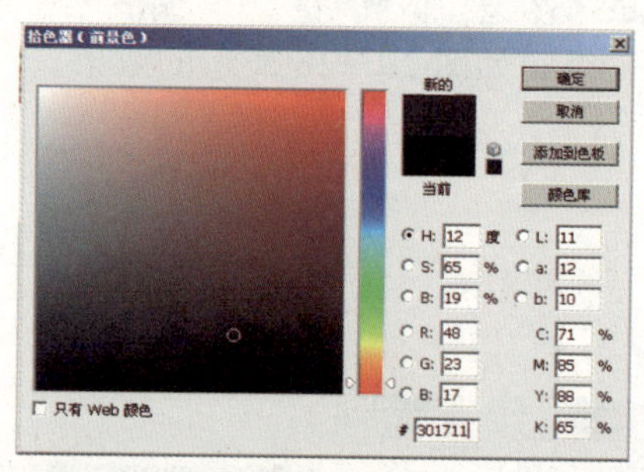

图29－34

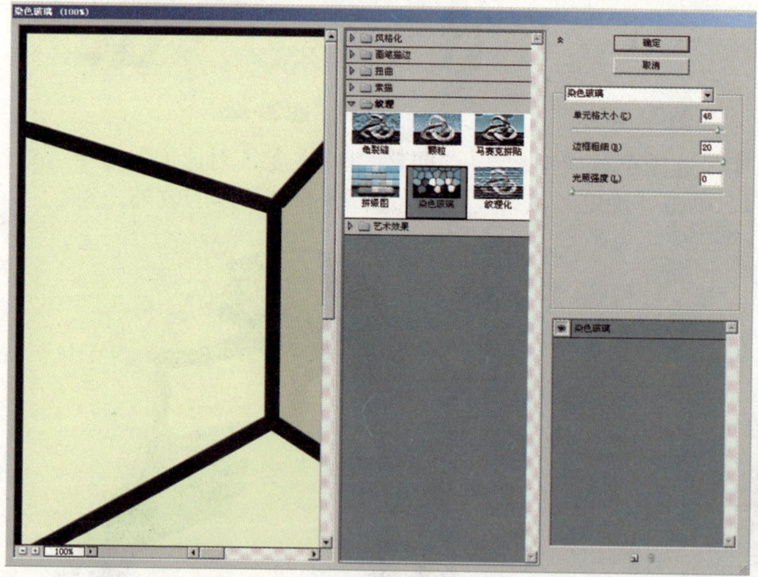

图29－35

图29－36

17 制作光照效果增加图像的立体感。选择菜单“滤镜”|“渲染”|“光照效果”命令，对话框设置如图29－37所示，单击“确定”按钮，得到如图29－38所示的效果。

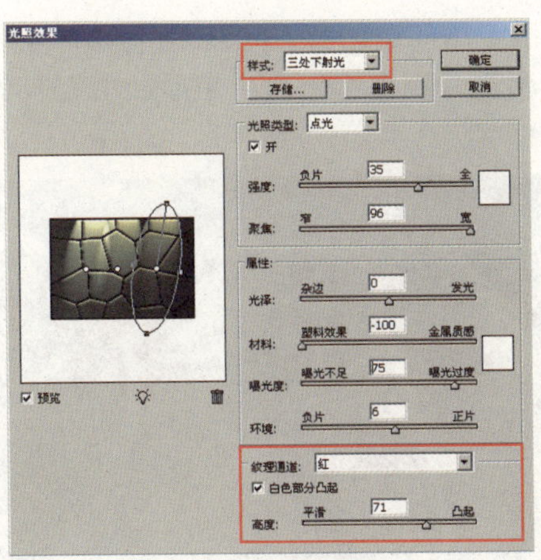

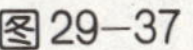
图29-37

图29-38

18 多次运用光照效果增加图像的纹理。按Ctrl+F组合键执行上次的滤镜命令，直至达到如图29-39所示的效果。在“图层”面板中选择“图层1”，如图29-40所示。

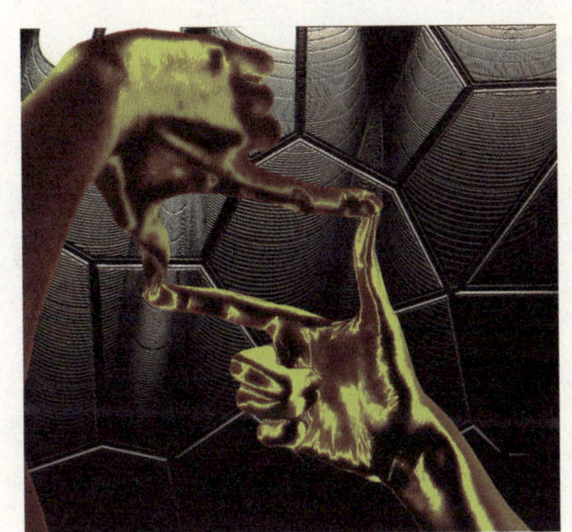

图29-39

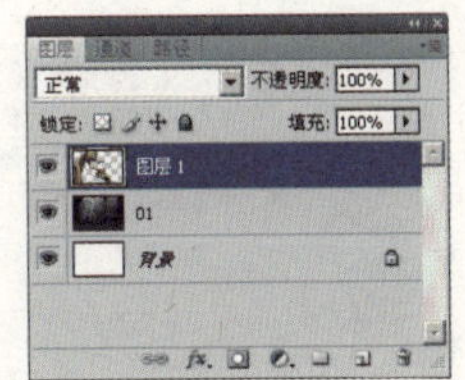

图29-40

19 制作图像的白色投影。单击“图层”面板下方的fx.“添加图层样式”按钮，在弹出的下拉菜单中选择“投影”命令，对话框设置如图29-41所示，单击“确定”按钮，得到如图29-42所示的效果。

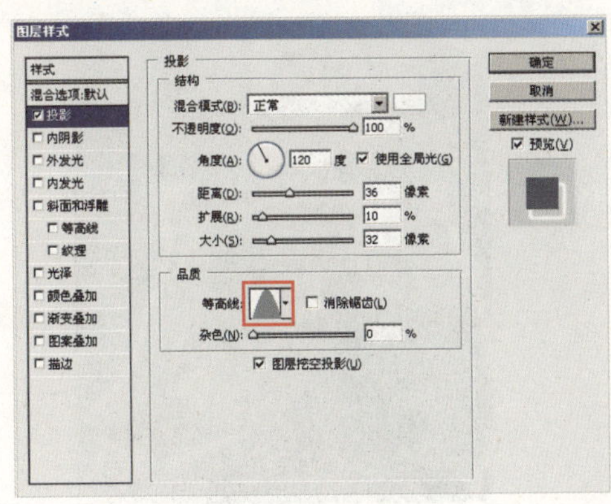

图29-41

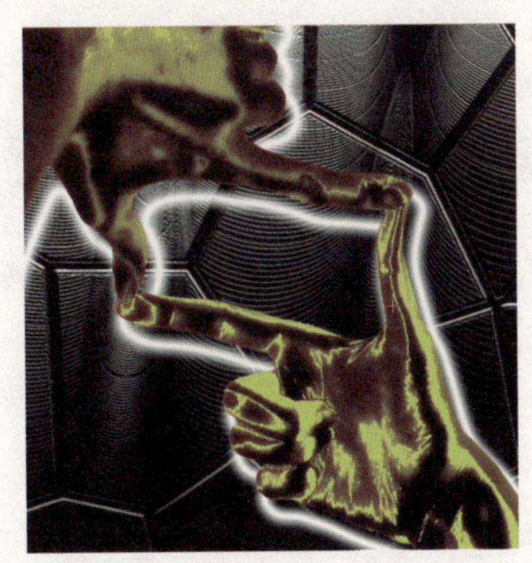

图29-42

20 制作两个矩形图形。在“图层”面板中新建一个图层并命名为“02”，如图 29−43 所示。使用“矩形选框工具”在新建图层的上、下两边分别框选出两个矩形并填充灰色，如图 29−44 所示。

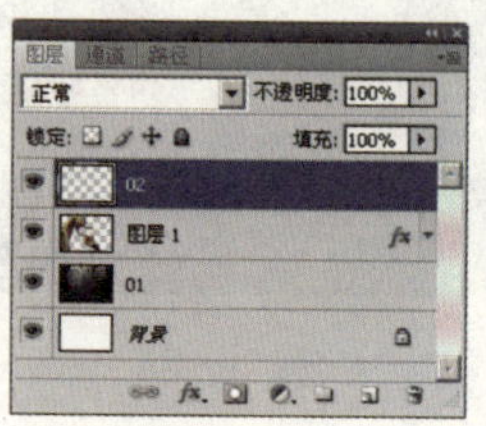

图29−43

图29−44

21 更改图层的混合模式。更改“02”图层的混合模式为“饱和度”，如图 29−45 所示，得到如图 29−46 所示的效果。

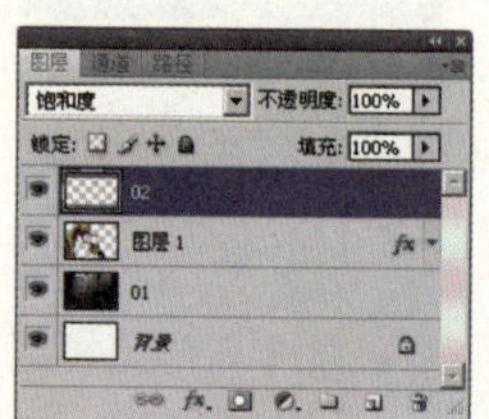

图29−45

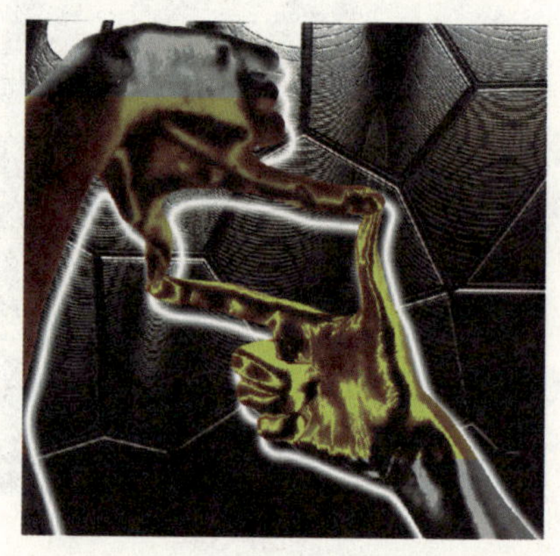

图29−46

22 为矩形边框制作黑色投影。单击“图层”面板下方的“添加图层样式”按钮，在弹出的下拉菜单中选择“投影”命令，对话框设置如图 29−47 所示，单击“确定”按钮，得到如图 29−48 所示的效果。

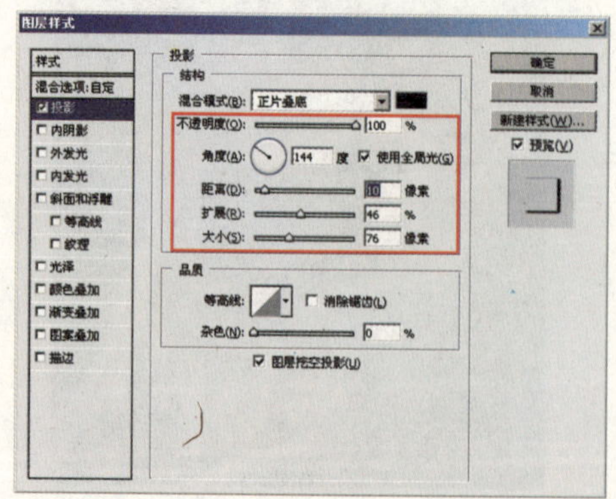

图29−47

图29−48

最终效果如图 29-49 所示。

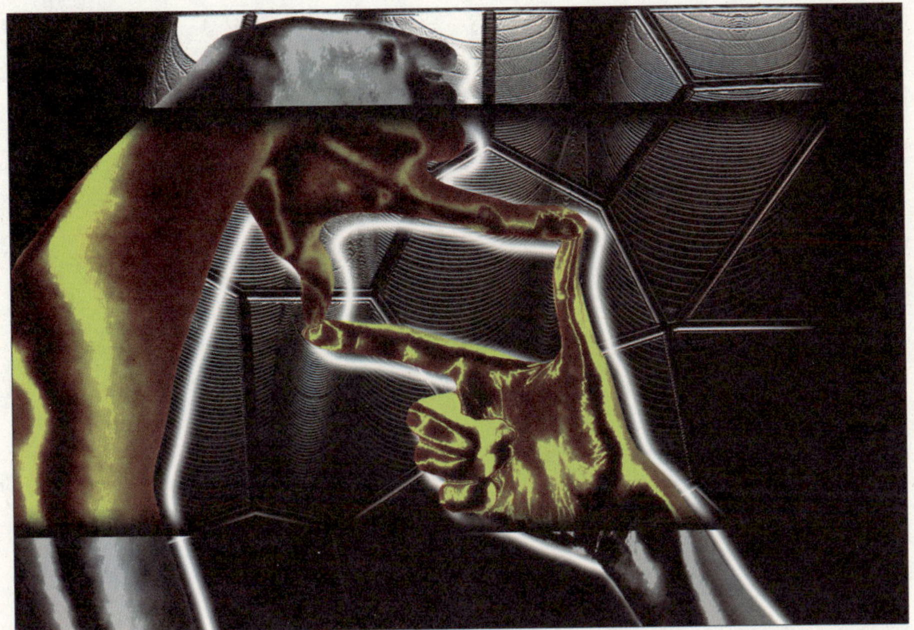

图29-49

Chapter05

第5章　创意特效技法

Photoshop CS4

30 年轮的时钟

时光悄无声息的流失，但苍松翠柏会把这个流失的过程用岁月的年轮清晰地记录下来，本特效就是根据此意进行设计的。

操作步骤如下：

01 创建新文件。启动Photoshop CS4，选择菜单“文件”|“新建”命令（或按Ctrl+N组合键），在弹出的对话框中将“宽度”设置为15厘米，“高度”设置为10.5厘米，如图30-1所示，单击“确定”按钮，创建一个新文件。

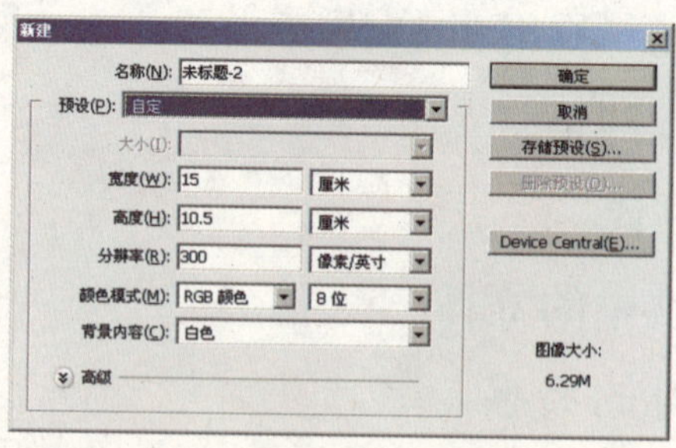

图30-1

02 制作云彩效果。单击“图层”面板下方的“创建新图层”按钮，新建一个图层并命名为“01”，如图30-2所示。选择菜单“滤镜”|“渲染”|“云彩”命令，如图30-3所示，制

作出黑白相间的云彩图像。反复按Ctrl+F组合键，直到制作出如图30-4所示的云彩图像效果。

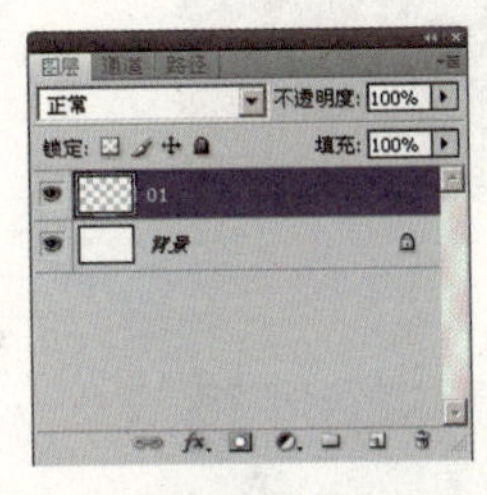

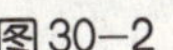

图30-2

图30-3

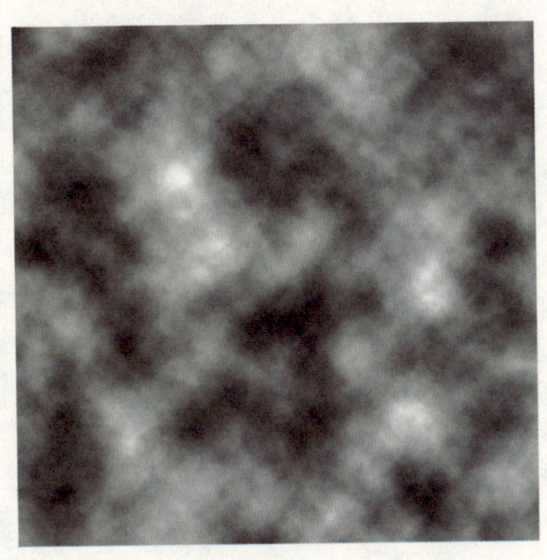

图30-4

03 制作查找边缘效果。选择菜单“滤镜”|“风格化”|“查找边缘”命令，如图30-5所示，图像效果如图30-6所示。

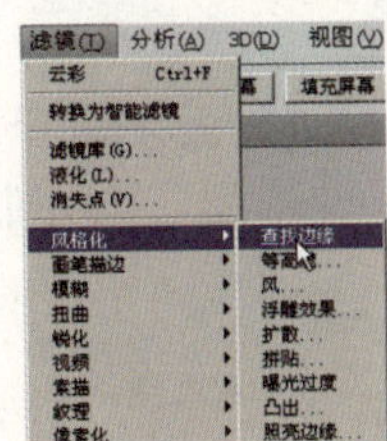

图30-5

图30-6

04 调整图像的亮度和对比度。选择菜单“图像”|“调整”|“亮度/对比度”命令，对话框设置如图30-7所示，单击“确定”按钮，得到如图30-8所示的效果。

05 调整图像的色彩平衡。选择菜单“图像”|“调整”|“色彩平衡”命令，对话框设置如图30-9所示，单击“确定”按钮，得到如图30-10所示的效果。

图30-7

图30-8

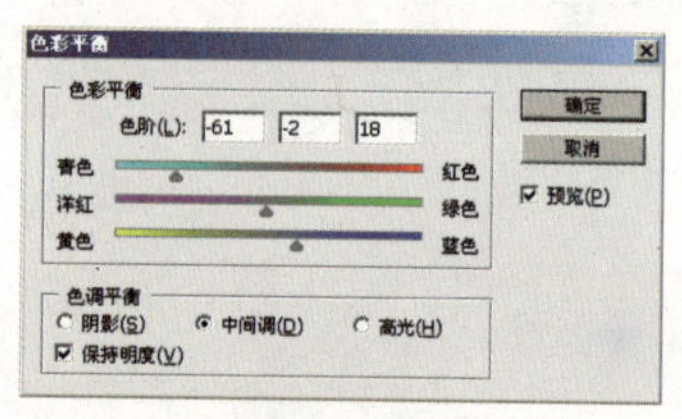

图30-9

图30-10

06 为图像添加杂色并复制图层。选择菜单“滤镜”|“杂色”|“添加杂色”命令，对话框设置如图30-11所示，单击“确定”按钮。复制“01”图层，得到“01副本”图层，如图30-12所示。

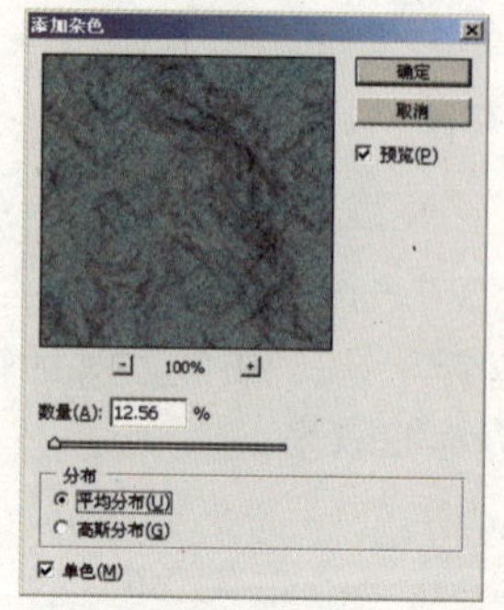

图30-11

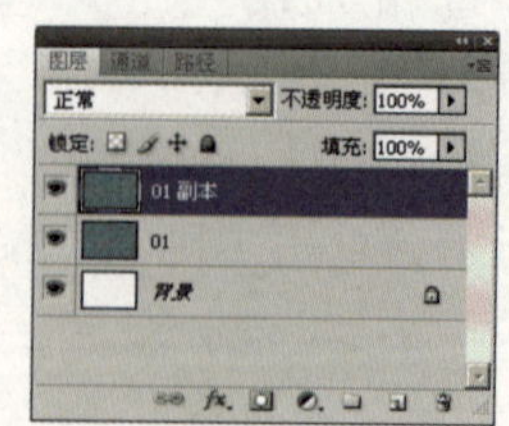

图30-12

07 调整图像的色彩阈值。选择菜单“图像”|“调整”|“阈值”命令，如图 30-13 所示，对话框设置如图 30-14 所示，单击“确定”按钮，得到如图 30-15 所示的效果。

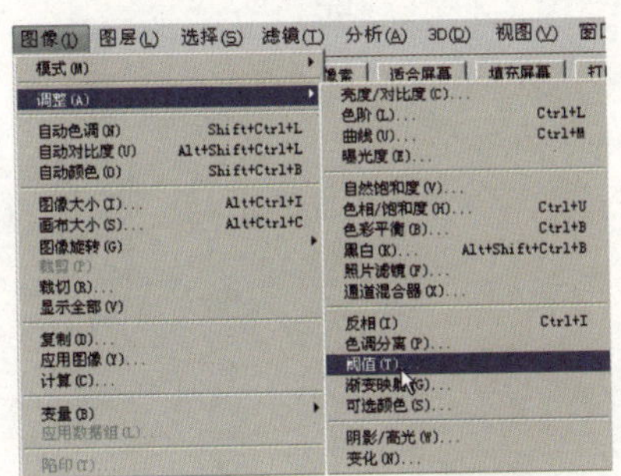

图 30-13

图 30-14

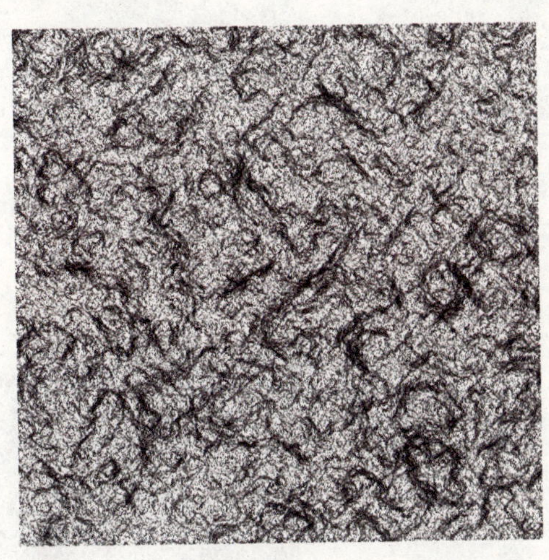
图 30-15

08 对图像进行水波扭曲处理。选择菜单“滤镜”|“扭曲”|“水波”命令，对话框设置如图 30-16 所示，单击“确定”按钮，得到如图 30-17 所示的效果。

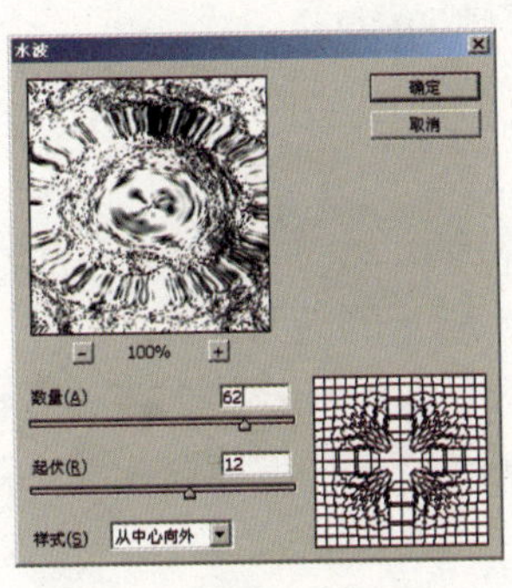

图 30-16

图 30-17

09 复制图像到通道中。按Ctrl+A组合键全选图像，然后再按Ctrl+C组合键复制。单击"通道"面板下方的"创建新通道"按钮，创建"Alpha1"通道，如图30-18所示，按Ctrl+V组合键，将复制好的图形粘贴到新建立的通道中，效果如图30-19所示。

10 制作光照效果。在"图层"面板中选择"01"图层，如图30-20所示。选择菜单"滤镜"|"渲染"|"光照效果"命令，对话框设置如图30-21所示，单击"确定"按钮，得到如图30-22所示的效果。

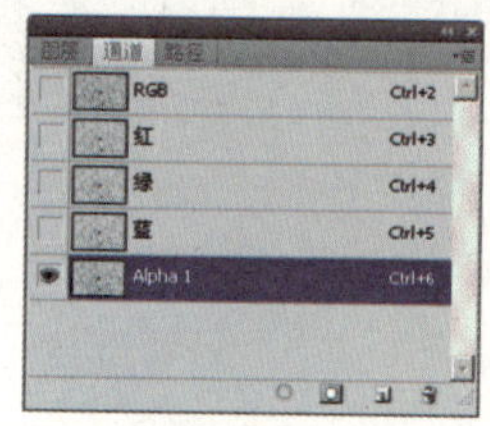

图30-18

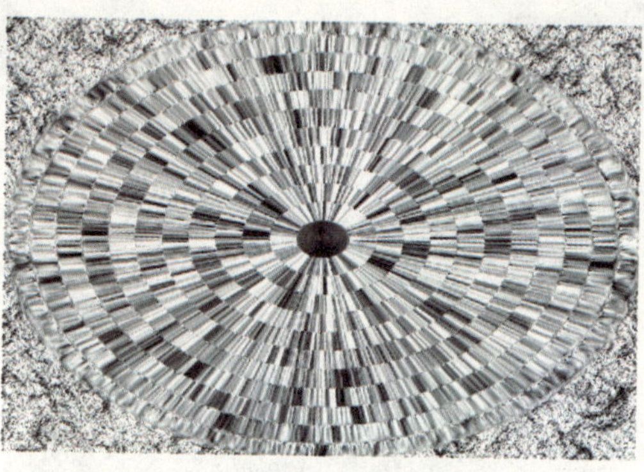

图30-19

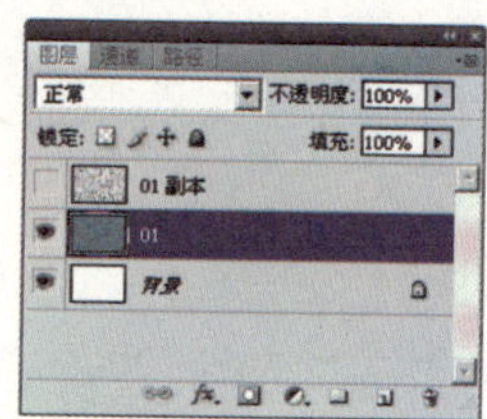

图30-20

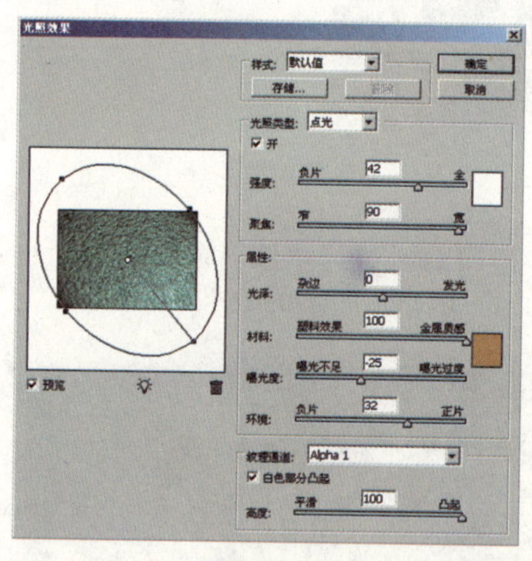

图30-21

图30-22

11 勾选选区形状。在"图层"面板中选择"01 副本"图层，如图30-23所示。选择"多边形套索工具"，参照如图30-24所示制作出选区。

12 调整图像的色彩平衡。选择菜单"图像"|"调整"|"色彩平衡"命令，对话框设置如图30-25所示，单击"确定"按钮，得到如图30-26所示的效果。

13 将选区边缘描边。选择如图30-27所示的圆环选区，在"图层"面板中新建一个图层并命名为"02"，如图30-28所示。选择菜单"编辑"|"描边"命令，对话框设置如图30-29所示，单击"确定"按钮对圆环进行描边。

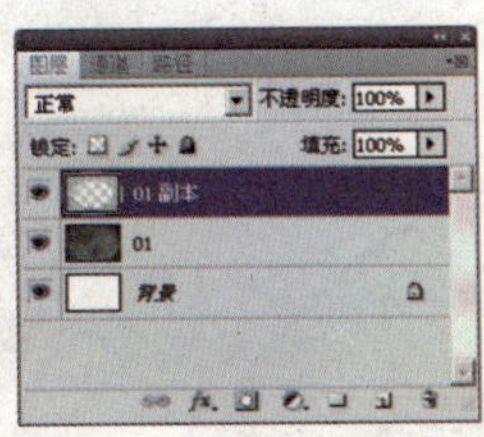

图30-23

图30-24

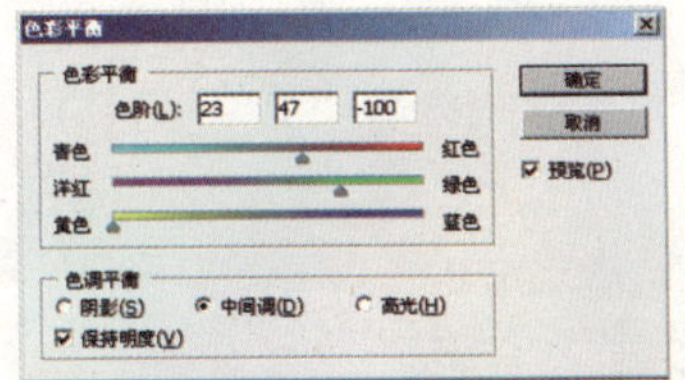

图30-25

图30-26

图30-27

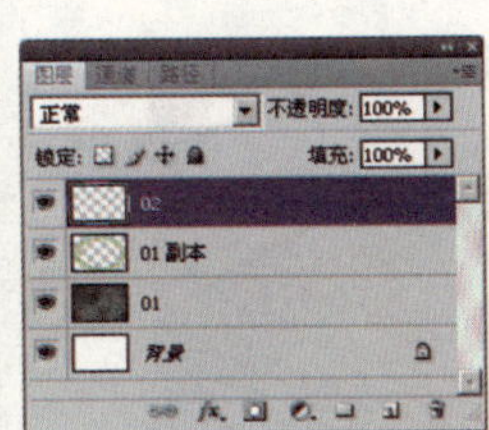

图30-28

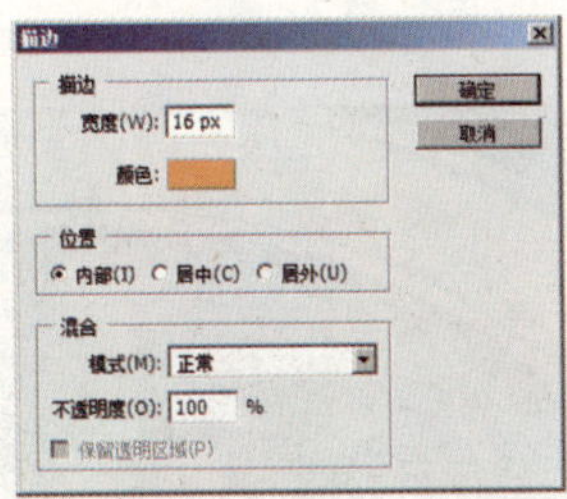

图30-29

14 制作外阴影效果。单击“图层”面板下方的 fx “添加图层样式”按钮，在弹出的下拉菜单中选择“投影”命令，对话框设置如图30-30所示，单击“确定”按钮，得到如图30-31所示的效果。此时会发现圆环周围出现了模糊的黑色阴影效果，图层关系如图30-32所示。

15 制作时针形状。单击“图层”面板下方的“创建新图层”按钮，新建一个图层并命名为“03”，如图30-33所示。选择“椭圆工具”，工具栏设置如图30-34所示，参照如图30-35所示绘出一个中心圆点和两个扁长椭圆，并填充相应的颜色，作为时针的基本形状。

16 进一步制作时针形状。选择“钢笔工具”，工具栏设置如图30－36所示，参照如图30－37所示，绘制出钟表时针和分针的平面图形，随后将此图层栅格化。

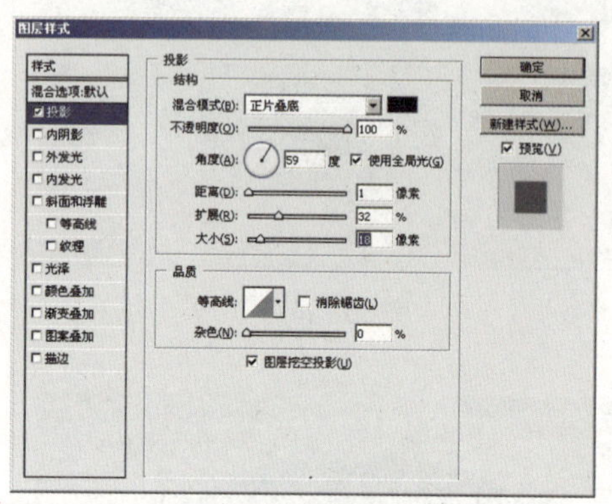

图30－30

图30－31

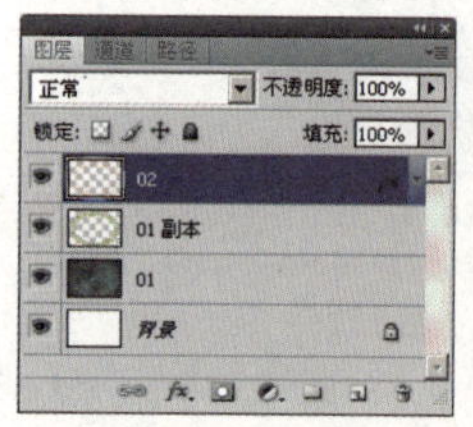

图30－32

图30－33

图30－34

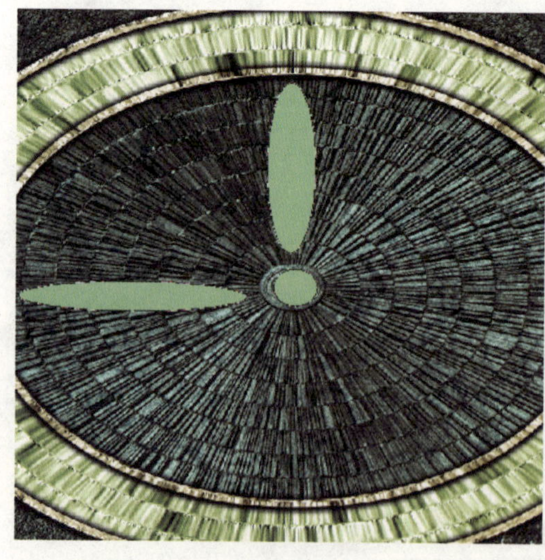

图30－35

图30－36

图30－37

17 制作时针的立体效果。单击“图层”面板下方的 fx.“添加图层样式”按钮，在弹出的下拉菜单中分别选择“斜面和浮雕”、“内发光”和“投影”命令，对话框设置如图30-38至图30-40所示，单击“确定”按钮，得到如图30-41所示的效果。

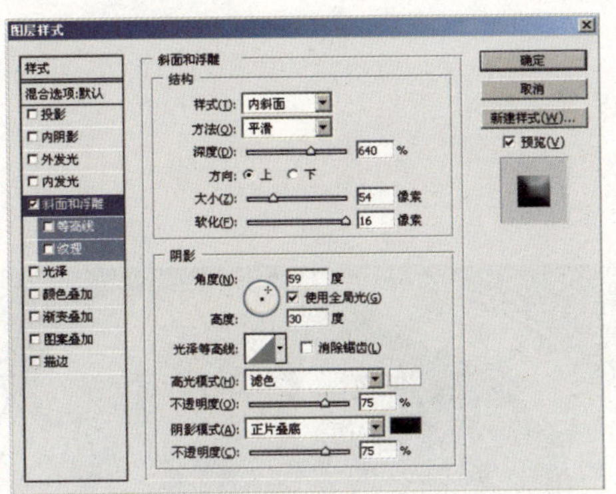

图30-38

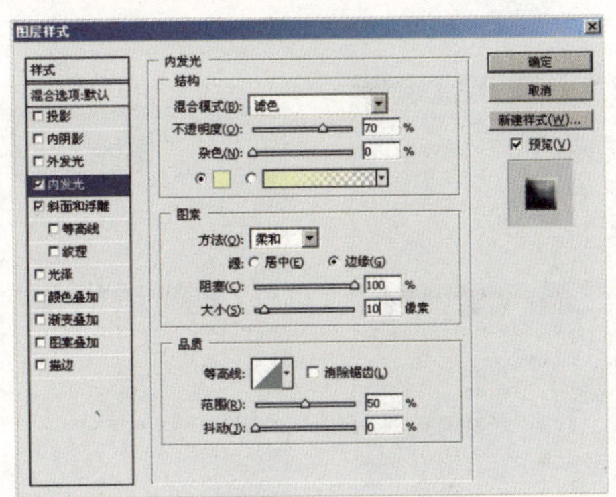

图30-39

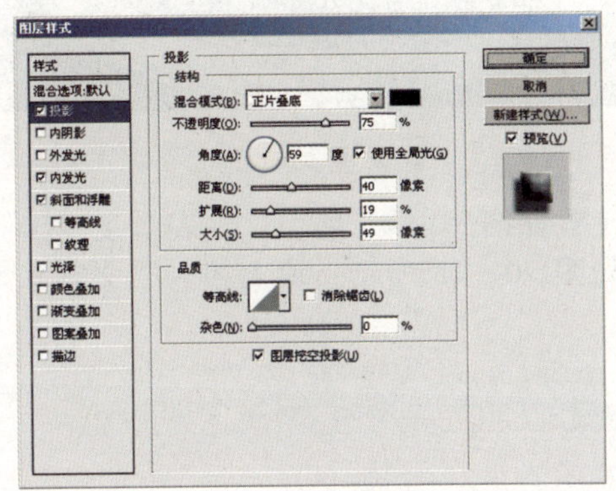

图30-40

图30-41

18 输入数字。选择 T.“横排文字工具”，工具栏设置如图30-42所示，参照如图30-43所示在表盘上输入“3”、“6”、“9”、“12”。

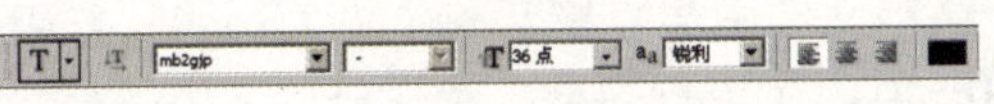

图30-42

图30-43

19 复制时针的图层样式到数字形状上。选择“03”图层并单击鼠标右键，在弹出的快捷菜单中选择“拷贝图层样式”命令，如图30－44所示。然后选择新输入的数字图层，单击鼠标右键，在弹出的快捷菜单中选择“粘贴图层样式”命令，如图30－45所示。此时的图像效果如图30－46所示。

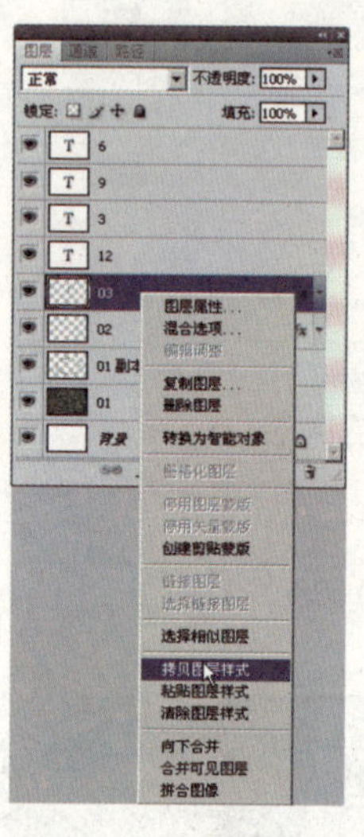

图30－44

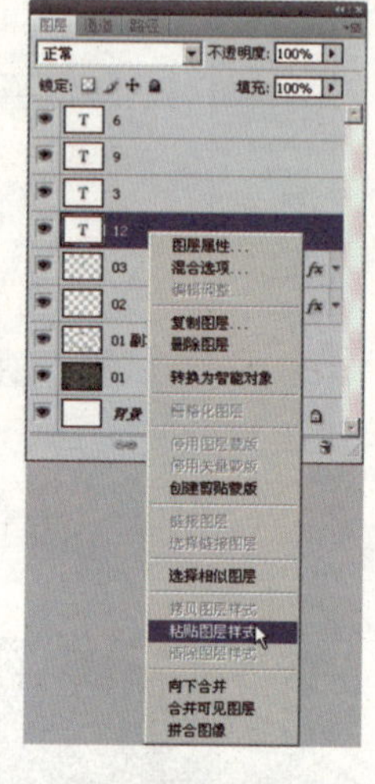

图30－45

图30－46

20 制作路径文字。选择“椭圆工具”，工具栏设置如图30－47所示，在表盘上画出椭圆路径。选择“横排文字工具”，工具栏设置如图30－48所示，输入相应的文字，如图30－49所示。

图30－47

图30－48

图30－49

21 调整路径文字形状并更改图层的混合模式。把路径文字图层复制两次，按 Ctrl + T 组合键调出自由变换控制框依次缩小，参照如图30－50所示进行摆放。选择路径文字图层，如图30－51所示，更改其图层混合模式为“叠加”，如图30－52所示，此时的图像效果如图30－53所示。

图30-50

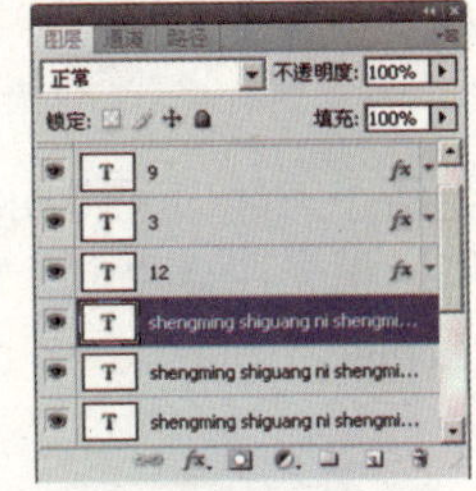

图30-51

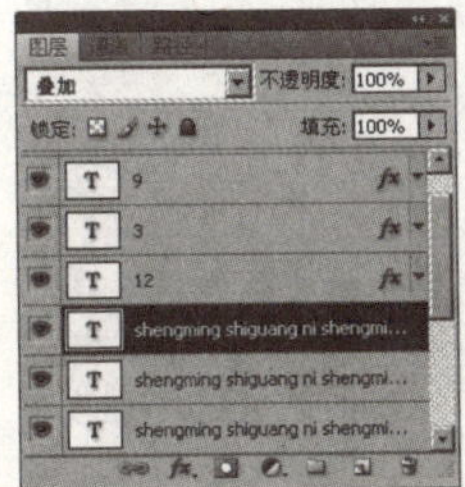

图30-52

图30-53

最终效果如图 30-54 所示。

图30-54

31 阳光与绿叶的恋语

阳光给予万物以恩泽四方的爱，但它似乎更偏爱叶子，让它在阳光中得到永恒的活力。此特效实例运用光照效果制作出阳光的立体纹理，绘制的叶子经过合理组合变形，形成很好的平面特效创意作品。

操作步骤如下：

01 创建新文件。启动Photoshop CS4，选择菜单“文件”|“新建”命令（或按Ctrl+N组合键），在弹出的对话框中将“宽度”设置为15厘米，“高度”设置为10.5厘米，如图31-1所示，单击“确定”按钮，创建一个新文件。

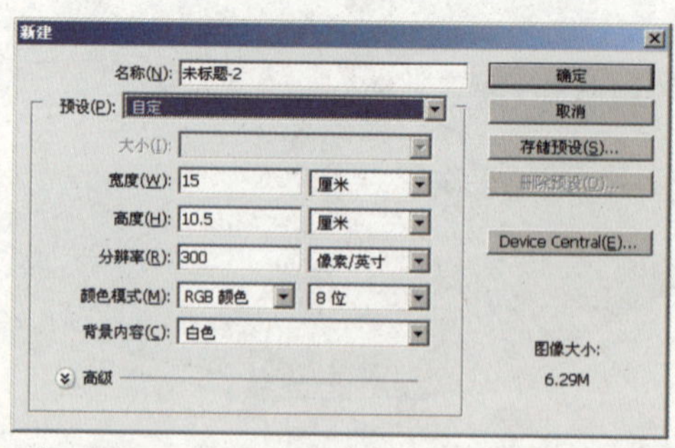

图31-1

02 新建图层并拖拽出渐变色彩。单击“图层”面板下方的“创建新图层”按钮，新建一个图层并命名为“01”，如图31−2所示。选择“渐变工具”，设置渐变颜色由深蓝色到墨蓝色，如图31−3所示，在图层中由左到右拖拽出渐变颜色，效果如图31−4所示。

图31−2

图31−3

图31−4

03 制作镜头光晕效果。选择菜单“滤镜”|“渲染”|“镜头光晕”命令，对话框设置如图31−5所示，单击“确定”按钮，得到如图31−6所示的效果。

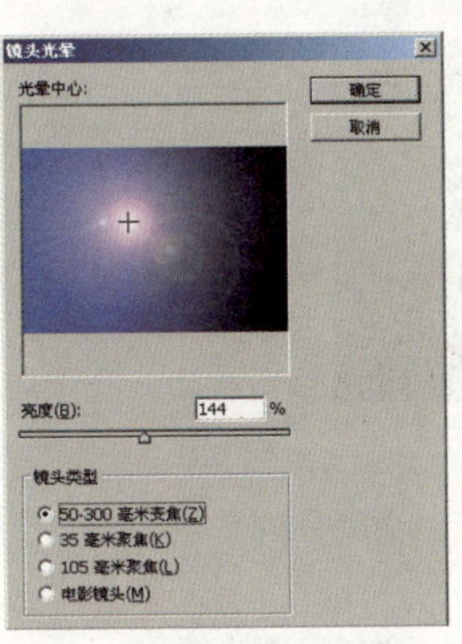

图31−5

图31−6

04 制作光照效果增加光晕的纹理立体感。选择“滤镜”|“渲染”|“光照效果”命令，对话框设置如图31−7所示，单击“确定”按钮，得到如图31−8所示的效果。按Ctrl+F组合键多次执行此滤镜命令，直到得出如图31−9所示的效果。

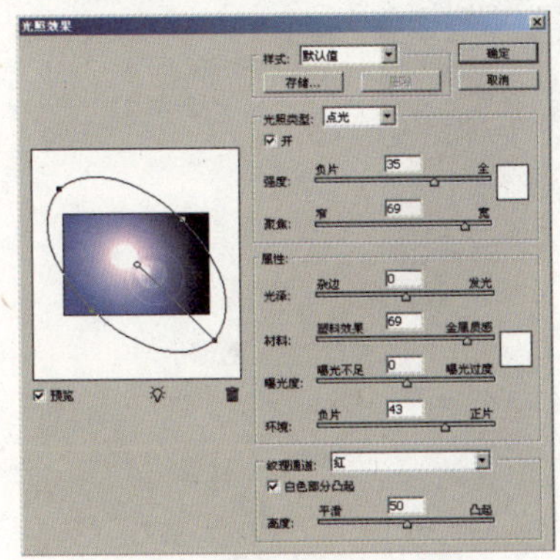

图31−7

图31−8

图31-9

05 绘制叶子。在“图层”面板中新建一个图层并命名为“02”，如图31-10所示。更改前景色的颜色值为R：72/G：128/B：60，对话框设置如图31-11所示。选择“钢笔工具”，工具栏设置如图31-12所示，在图层中绘制如图31-13所示的叶子。

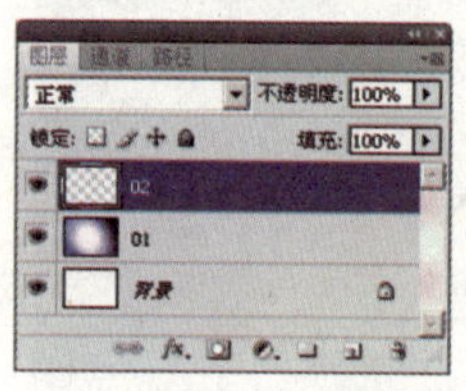

图31-10

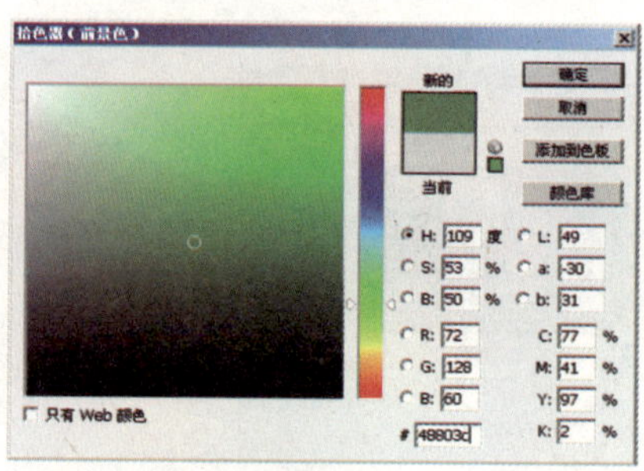

图31-11

图31-12

图31-13

06 转化图层并制作长条形叶脉。在“图层”面板中选择“02”图层并单击鼠标右键，在弹出的快捷菜单中选择“栅格化图层”命令，将图层栅格化，如图31-14所示。在叶子中央框选一个长条形选区，并填充翠绿色，如图31-15所示。

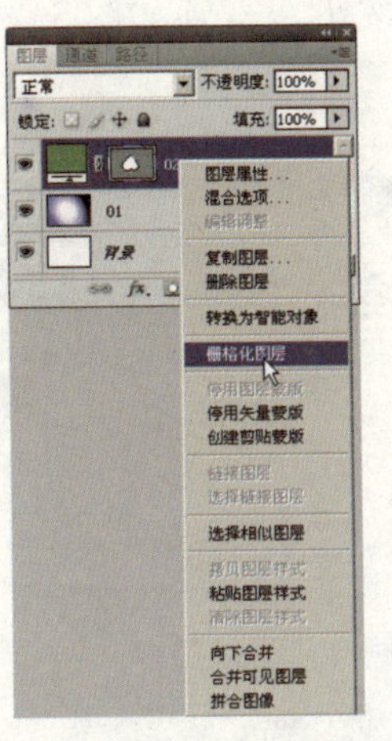

图31-14

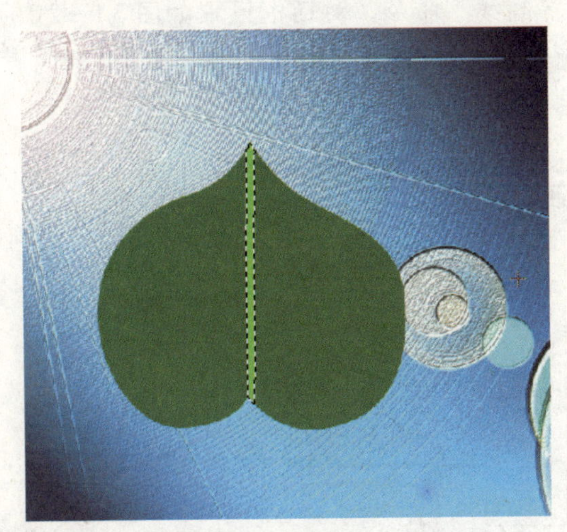

图31-15

07 制作斜面和浮雕效果。单击“图层”面板下方的 *fx*“添加图层样式”按钮，在弹出的下拉菜单中选择“斜面和浮雕”命令，对话框设置如图31-16所示，单击“确定”按钮。

08 制作投影和内阴影效果。执行同样的操作，在弹出的下拉菜单中分别选择“投影”和“内阴影”命令，对话框设置如图31-17和图31-18所示。

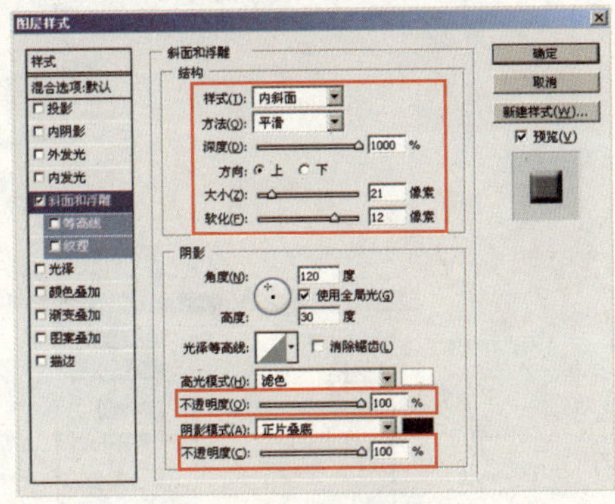

图31-16

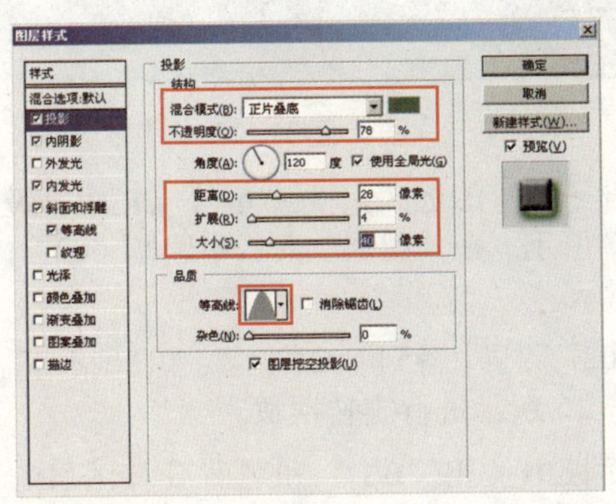

图31-17

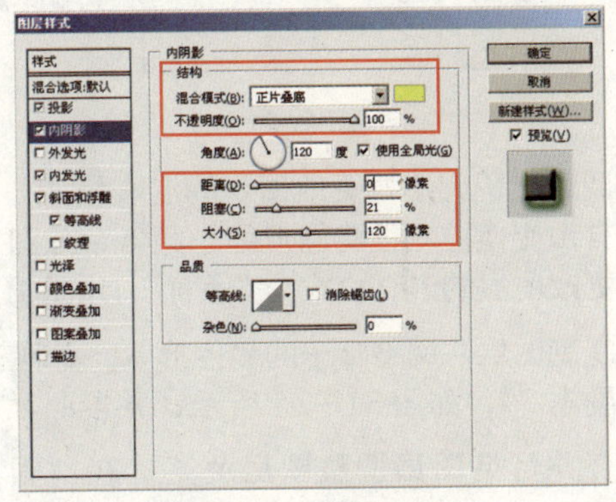

图31-18

09 制作内发光效果。执行同样的操作，在弹出的下拉菜单中选择“内发光”命令，对话框设置如图 31－19 所示，单击“确定”按钮。

10 调整等高线参数。执行同样的操作，在弹出的下拉菜单中选择“斜面和浮雕”下的“等高线”命令，对话框设置如图 31－20 所示。单击“等高线”图标打开“等高线编辑器”对话框，设置如图 31－21 所示，单击“确定”按钮，得到如图 31－22 所示的效果。

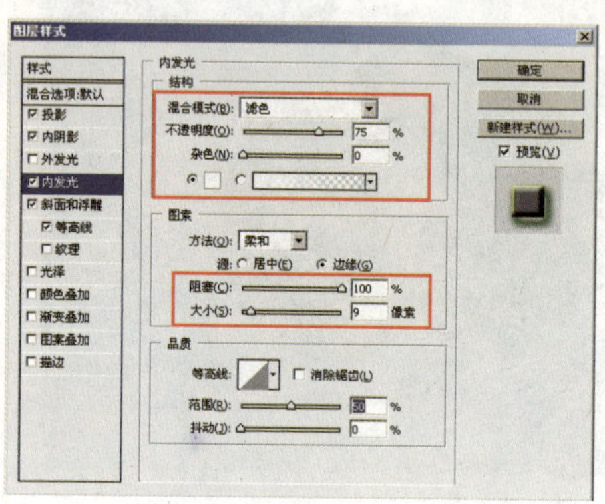

图31－19

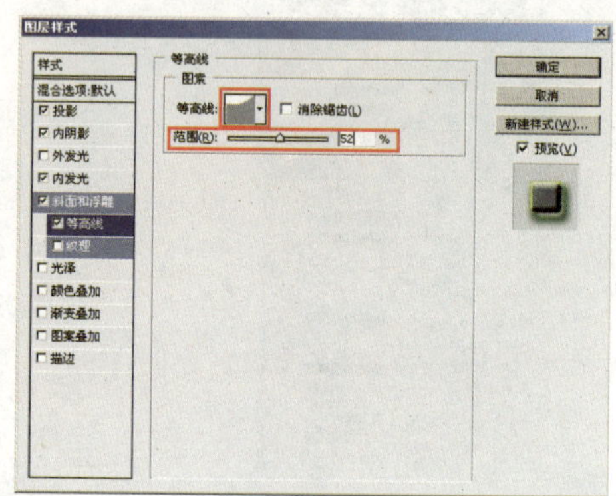

图31－20

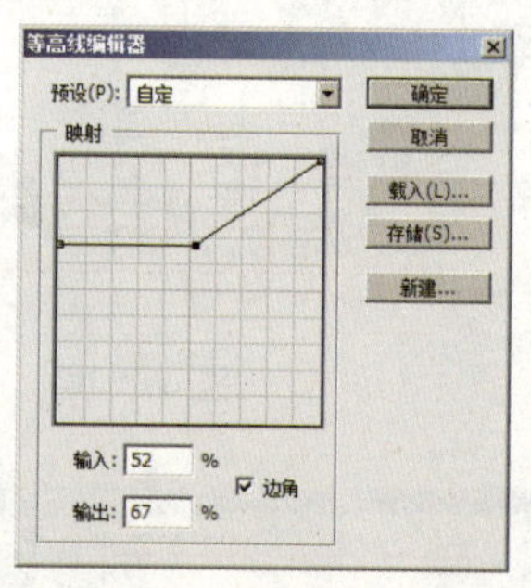

图31－21

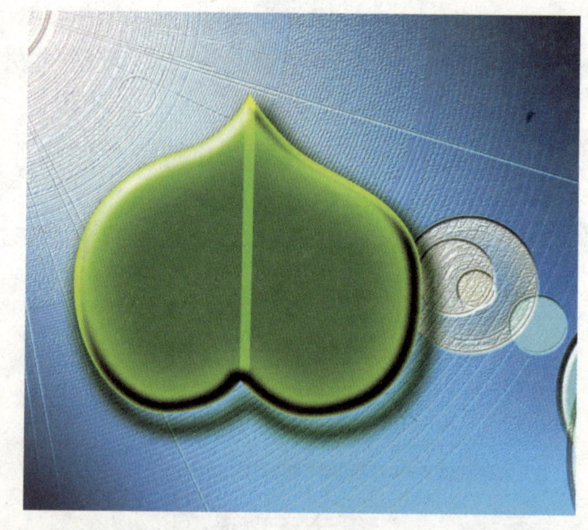

图31－22

11 调整叶子大小并更改图层的混合模式。载入叶子图层的选区，按 Ctrl + T 组合键调出自由变换控制框将图形缩小倾斜，如图 31－23 所示。在“图层”面板中选择“02”图层，更改图层的混合模式为“叠加”，如图 31－24 所示。

12 复制图层并调整叶子的整体形状。复制三个“02”图层，得到“02 副本”、“02 副本 2”、“02 副本 3”，如图 31－25 所示，并参照如图 31－26 所示进行旋转摆放。

13 合并可见图层调整图层关系。在“图层”面板中关闭“01”和“背景”图层的可视功能，如图 31－27 所示，单击面板右侧的小三角按钮，在弹出的菜单中选择“合并可见图层”命令，如图 31－28 所示。此时的图层关系如图 31－29 所示。

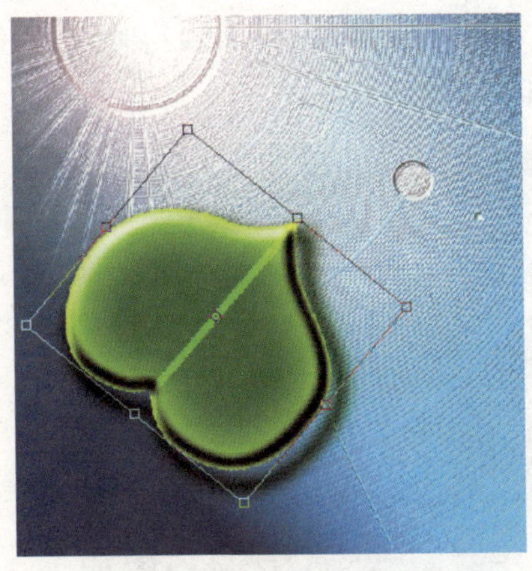

图31–23

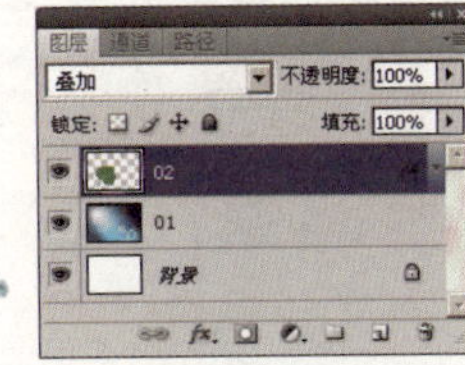

图31–24

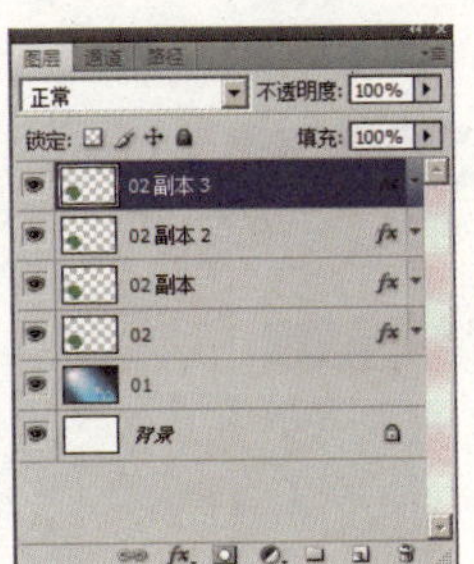

图31–25

图31–26

图31–27

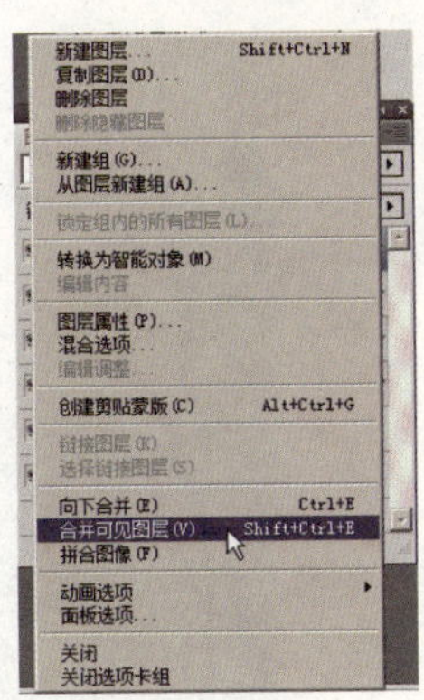

图31–28

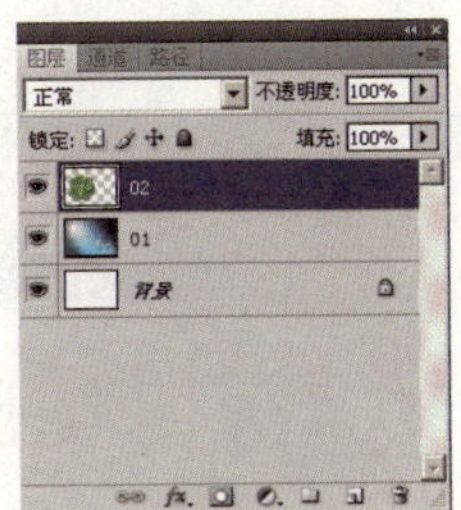

图31–29

14 复制图层并调整叶子形状。复制两次“02”图层，得到“02副本”和“02副本2”图层，如图31－30所示。参照如图31－31所示摆放复制的图层。

图31－30

图31－31

15 更改图层的混合模式。在“图层”面板中选择“02”图层，更改其混合模式为“颜色加深”，如图31－32所示。更改图层“02副本”的混合模式为“线性加深”，如图31－33所示。再更改图层“02副本2”的混合模式为“变亮”，如图31－34所示。此时的图像效果如图31－35所示。

图31－32

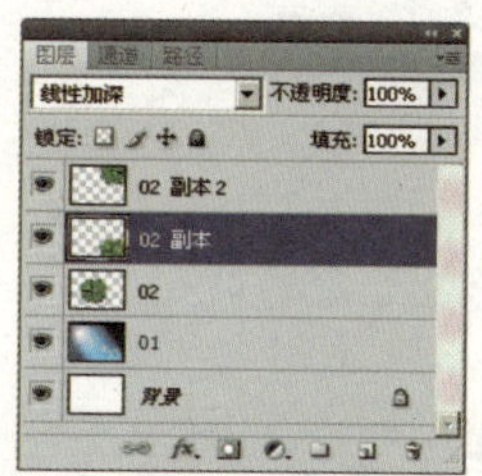

图31－33

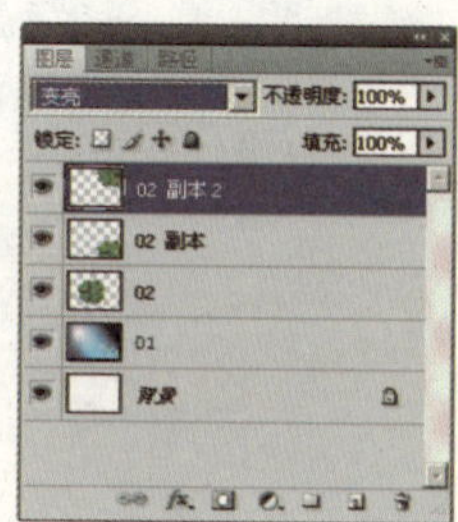

图31－34

图31－35

16 绘制叶茎。在“图层”面板中新建一个图层并命名为“03”，如图31-36所示。更改前景色为豆绿色，选择“钢笔工具”，工具栏设置如图31-37所示，在新建图层中绘出叶茎，如图31-38所示。

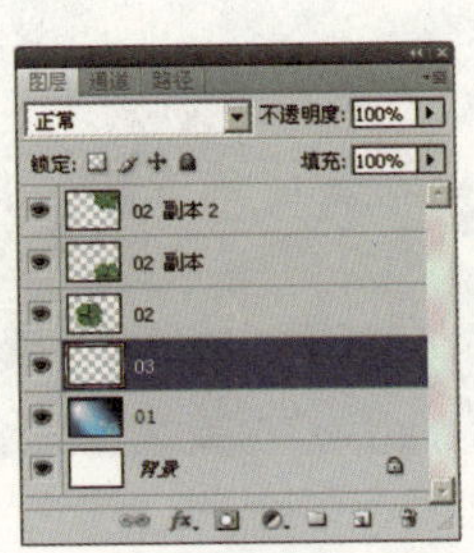

图31-36

图31-37

图31-38

17 调整图层。在“图层”面板中选择图层“03”并单击鼠标右键，在弹出的快捷菜单中选择“栅格化图层”命令，将图层栅格化，如图31-39所示。载入此图层的选区，将选框向下移动，移动至框选住叶子的下半边，如图31-40所示。

图31-39

图31-40

18 调整所选图形的亮度和对比度。选择菜单“图像”|“调整”|“亮度/对比度”命令，对话框设置如图31-41所示，调整叶子下半部的亮度，单击“确定”按钮，得到如图31-42所示的效果。

19 制作投影效果。单击“图层”面板下方的“添加图层样式”按钮，在弹出的下拉菜单中选择“投影”命令，对话框设置如图31-43所示，单击“确定”按钮，得到如图31-44所示的效果。

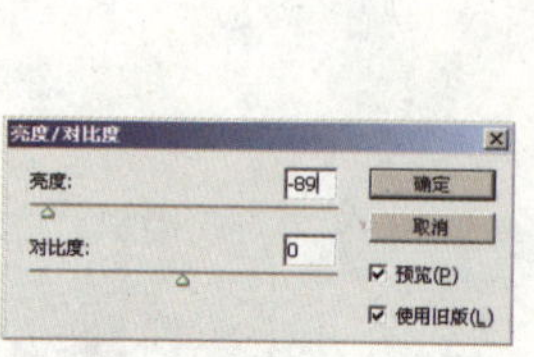

图 31-41

图 31-42

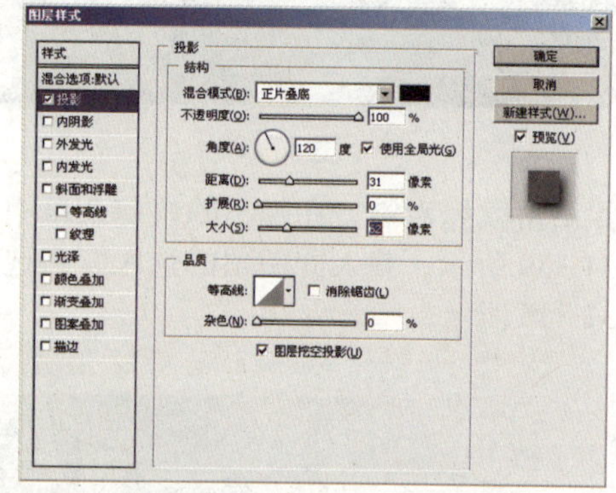

图 31-43

图 31-44

最终效果如图 31-45 所示。

图 31-45

32 时间隧道

合理运用方与圆在矛盾中的统一，可体现出很强的视觉冲击力。此特效在矛盾中寻求创意，在和谐中追求完美，旋转的排列方式会产生出很强的动感效果。

操作步骤如下：

01 创建新文件。启动Photoshop CS4，选择菜单“文件”|“新建”命令（或按Ctrl+N组合键），在弹出的对话框中将“宽度”设置为15厘米，“高度”设置为10.5厘米，如图32-1所示，单击“确定”按钮，创建一个新文件。

图32-1

02 为背景拉出渐变色彩。在“图层”面板中选择“背景”图层，如图 32－2 所示。选择“渐变工具”，设置渐变颜色由深蓝色到墨蓝色，工具栏设置如图 32－3 所示，在图层中由中央到周围拖拽出径向渐变效果，如图32－4所示。

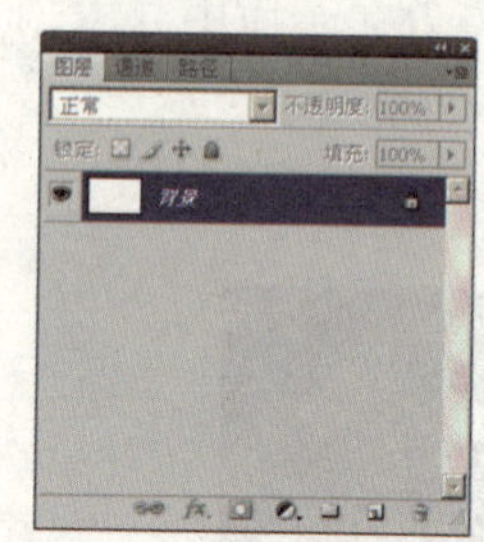

图32－2

图32－3

图32－4

03 框选出矩形选区。单击“图层”面板下方的“创建新图层”按钮，新建一个图层并命名为“01”，如图 32－5 所示。使用“矩形选框工具”在图层中框选出一个条形矩形选区，如图 32－6 所示。

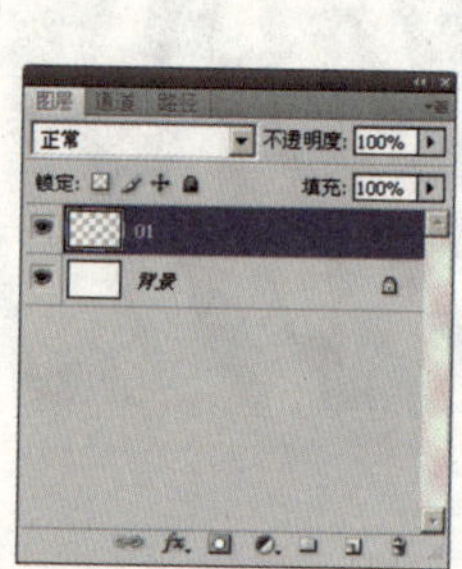

图32－5

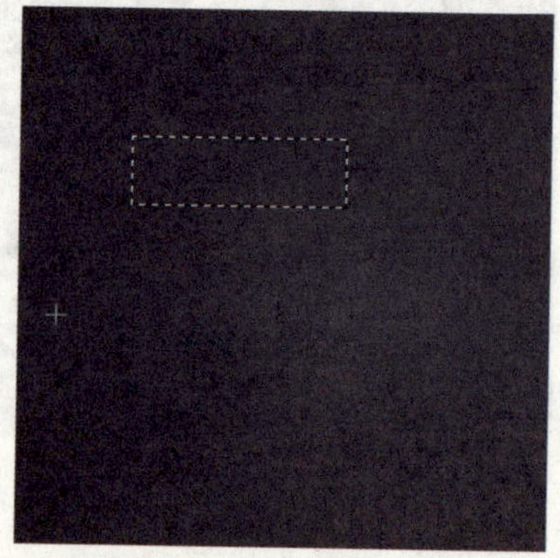

图32－6

04 在选区内拖拽出渐变颜色。选择“渐变工具”，工具栏设置如图 32－7 所示，在矩形选区中由左向右拖拽出渐变效果，如图 32－8 所示。

图32－7

图32－8

05 修饰立体感并使矩形倾斜变形。选择"减淡工具"，工具栏设置如图 32-9 所示，将长条矩形上下两边的颜色减淡，使其看上去具有立体感，效果如图32-10所示。按Ctrl+T组合键调出自由变换控制框，配合Ctrl键将图形倾斜变形，如图 32-11 所示。

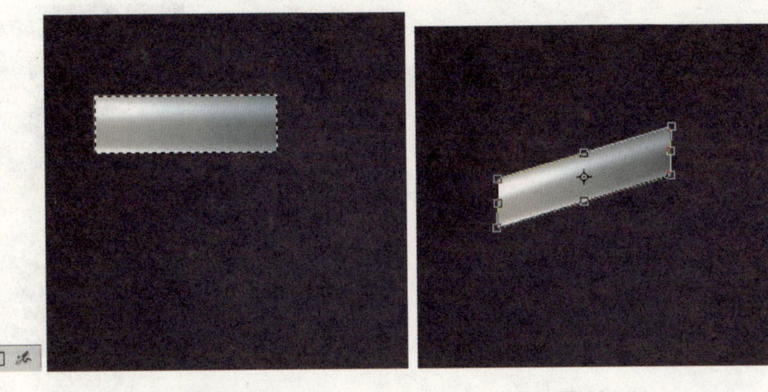

图32-9　　图32-10　　图32-11

06 制作立方体另外两个面。使用"矩形选框工具"在多边形的一头再绘出一个矩形，并填充白色，如图 32-12 所示。再绘出一个长条矩形，并拖拽出由灰色到灰蓝色的渐变颜色，如图 32-13 所示。将新绘制的长条矩形放在多边形的上面，按Ctrl+T组合键调出自由变换控制框，配合Ctrl键将此长条矩形变形，使其形成多边形的另一个面，如图 32-14 所示。

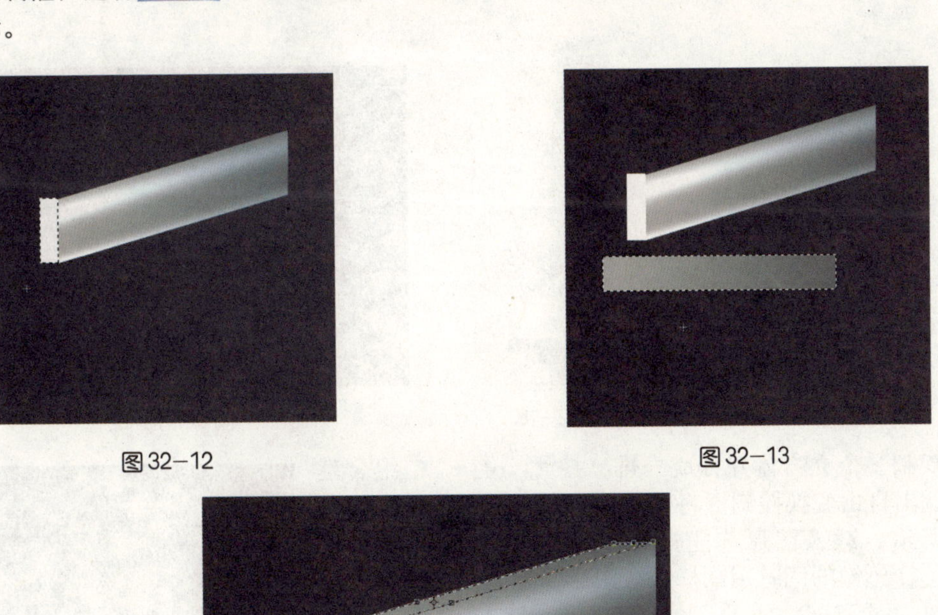

图32-12　　图32-13

图32-14

07 调整图形的色相和饱和度。选择菜单“图像”|“调整”|“色相／饱和度”命令，对话框设置如图32－15所示，调整上面边的色彩，单击“确定”按钮，得到如图32－16所示的效果。

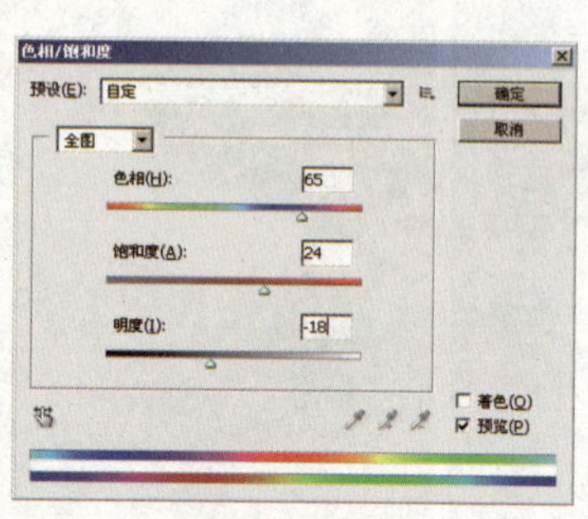

图32－15

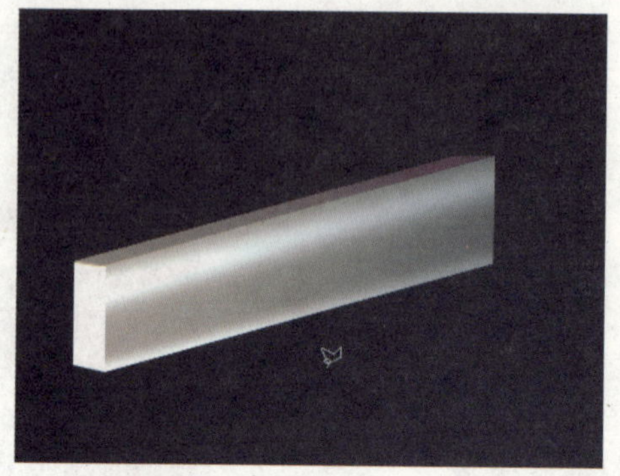

图32－16

08 更改图层的混合模式并合并图层。在“图层”面板中复制“01”图层，得到“01副本”图层，并更改复制图层的混合模式为“颜色加深”，如图32－17所示。单击面板右侧的▶小三角按钮，在弹出的菜单中选择“向下合并”命令，如图32－18所示。此时的图像效果如图32－19所示。

图32－17

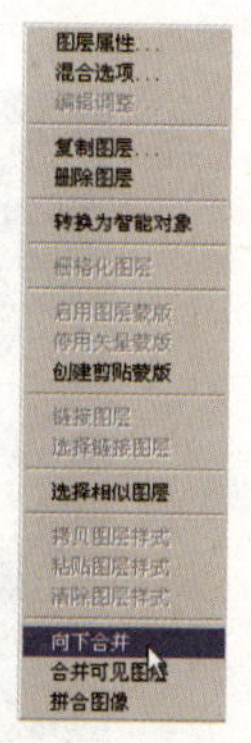

图32－18

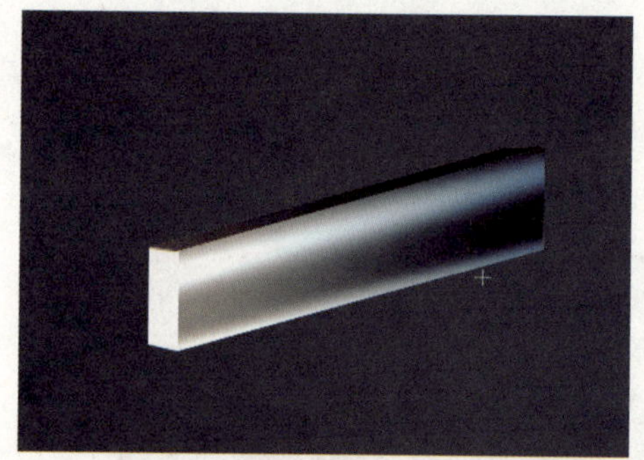

图32－19

09 复制多个立方体并摆成一排。按Ctrl＋T组合键调出自由变换控制框将图形缩小、倾斜，如图32－20所示。载入图形选区，选择“移动工具”，按住Alt键的同时用鼠标拖拉图形，复制多个图形，摆放如图32－21所示。

10 运用极坐标扭曲将图形变形成一个环形。选择菜单“滤镜”|“扭曲”|“极坐标”命令，对话框设置如图32－22所示，单击“确定”按钮，此时的图形形成一个环形。按Ctrl＋T组合键调出自由变换控制框将环形缩小，如图32－23所示。

图32－20

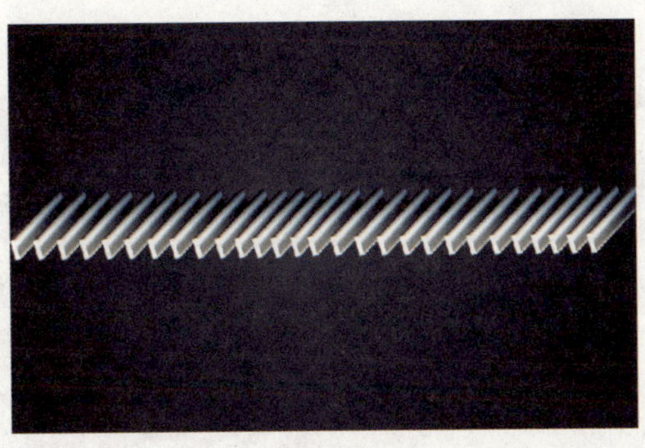

图32-21

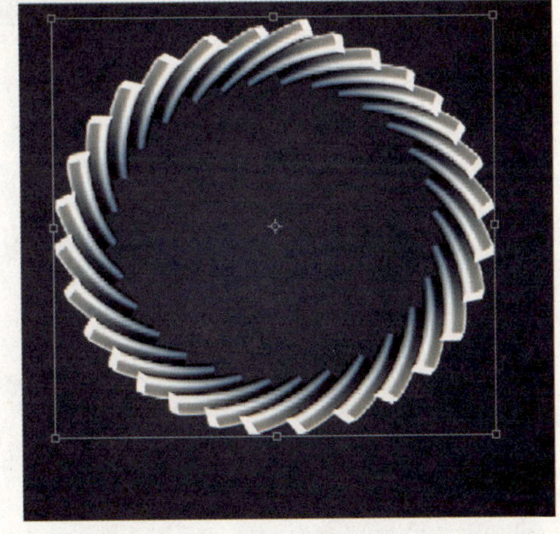

图32-22

图32-23

11 复制图层并调整环形的大小和空间位置。在“图层”面板中将图层“01”复制8次，选择“01副本9”图层，如图32-24所示，按Ctrl+T组合键调出自由变换控制框将图形放大，如图32-25所示。选择图层“01副本8”，如图32-26所示，用同样的方法将此图形放大到比图层“01副本9”小半圈，并放在上个图形的里圈，如图32-27所示。

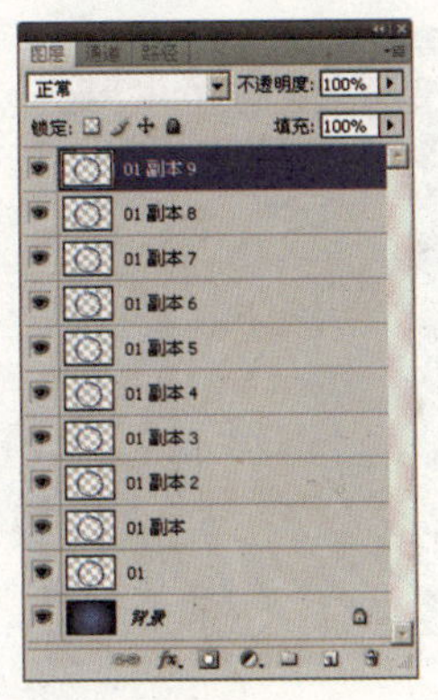

图32-24

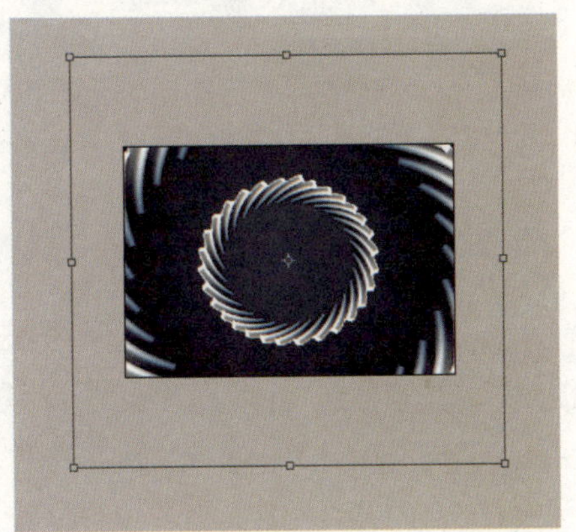

图32-25

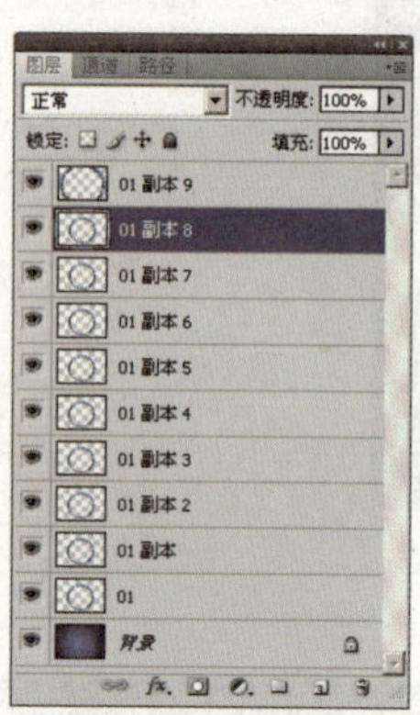

图32-26

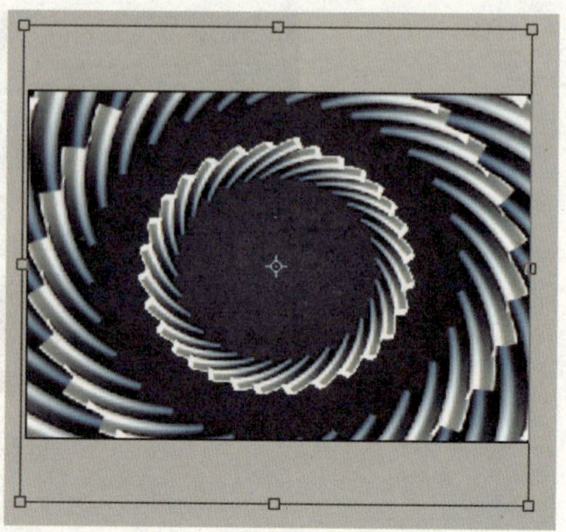

图32-27

12 调整其他复制图层的环形大小和位置。分别选择其他图层，然后用同样的方法调整大小和位置，如图32-28至图32-41所示。

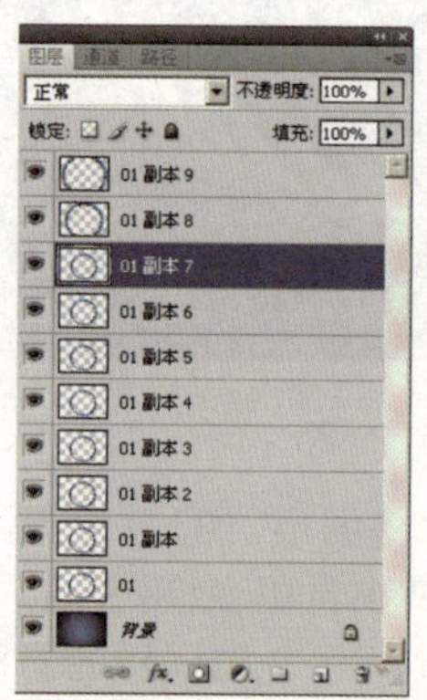

图32-28

图32-29

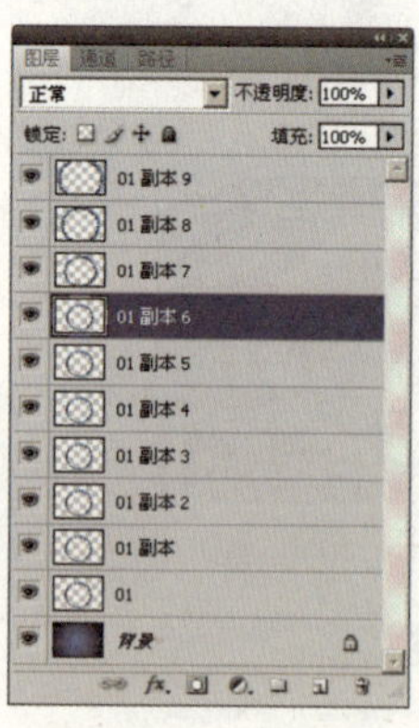

图32-30

图32-31

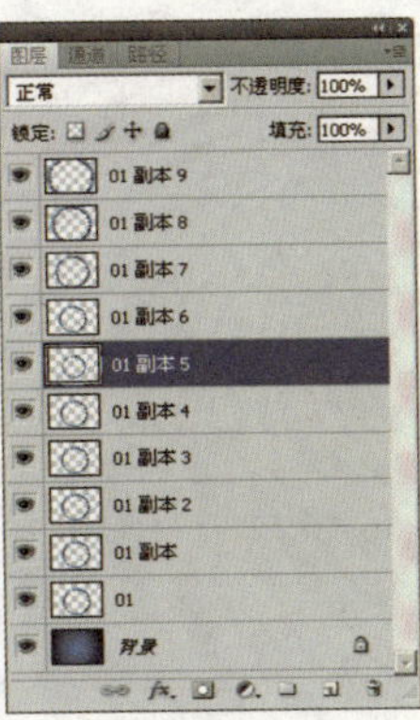

图32-32

图32-33

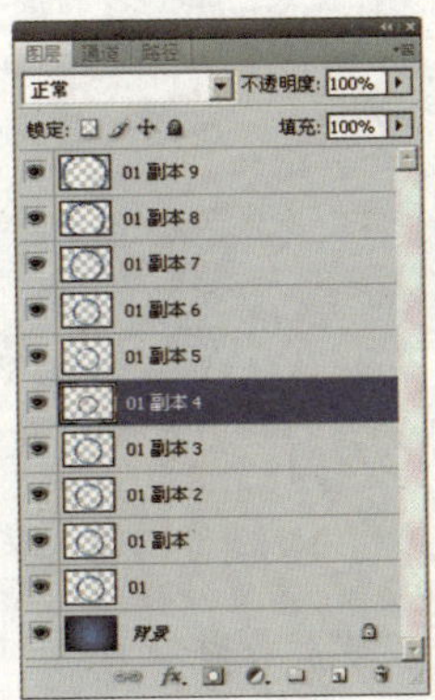

图32-34

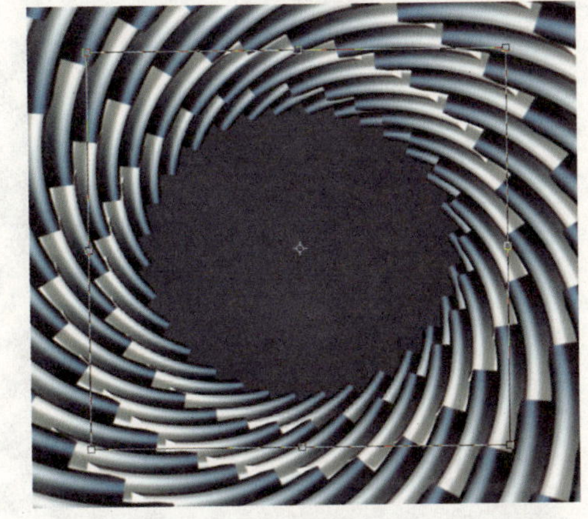
图32-35

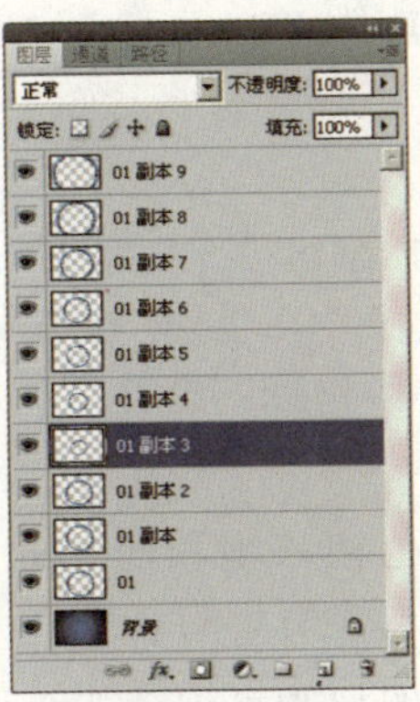

图32-36

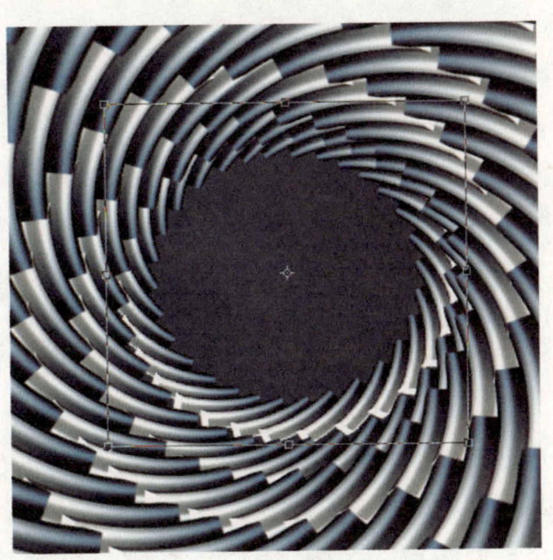
图32-37

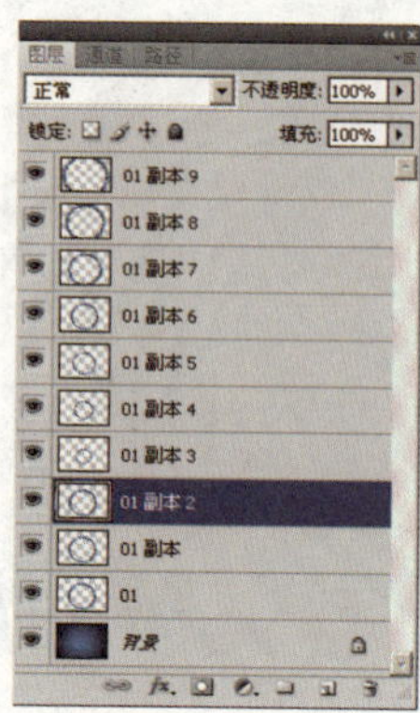

图32-38

图32-39

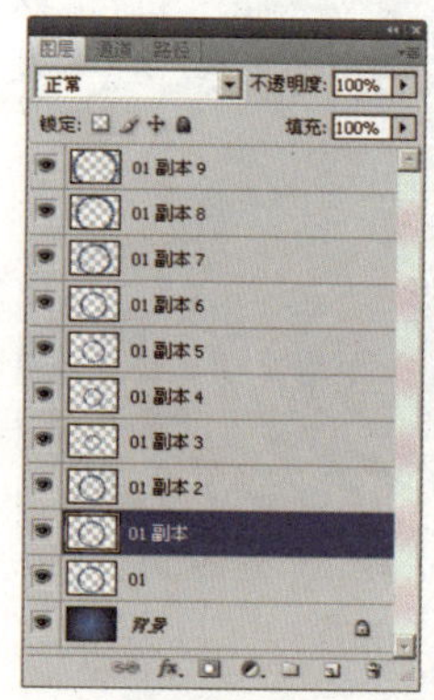

图32-40

图32-41

13 复制图层并调整图层关系。在"图层"面板中选择"01"图层，如图32-42所示，并参照如图32-43所示进行缩放和摆放。复制"01"图层，得到"01副本10"图层，并放在图层"01副本"的下方，如图32-44所示，参照如图32-45所示，将此图层放在图形的最里面，效果如图32-46所示。

14 合并可见图层。关闭"01 副本5"、"01 副本4"、"01 副本3"、"01 副本2"、"01副本"、"01"、"01副本10"、"背景"图层的可视功能，选择"01 副本 6"图层，如图32-47所示，单击面板右侧的小三角按钮，在弹出的菜单中选择"合并可见图层"命令，如图32-48所示。

15 调整图形的色相和饱和度。选择菜单"图像"|"调整"|"色相/饱和度"命令，对话框设置如图32-49所示，单击"确定"按钮，得到如图32-50所示的效果。

16 合并可见图层。关闭"01副本6"（也就是合并后的图层）图层的可视功能，打开"01副本3"、"01副本4"、"01副本5"图层的显示功能，如图32-51所示，参照上一步的方法合并可见图层，如图32-52所示。

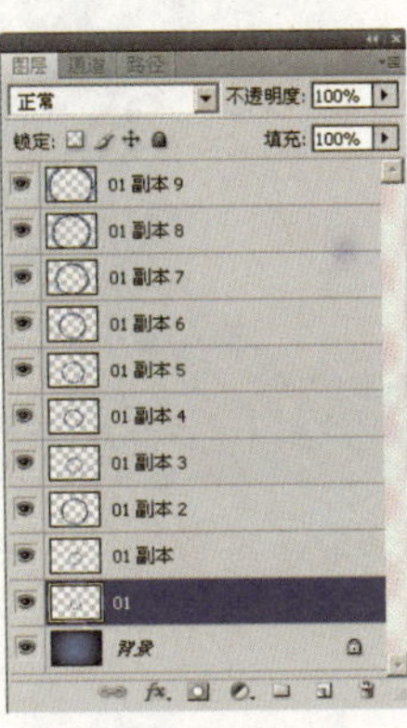

图32-42

图32-43

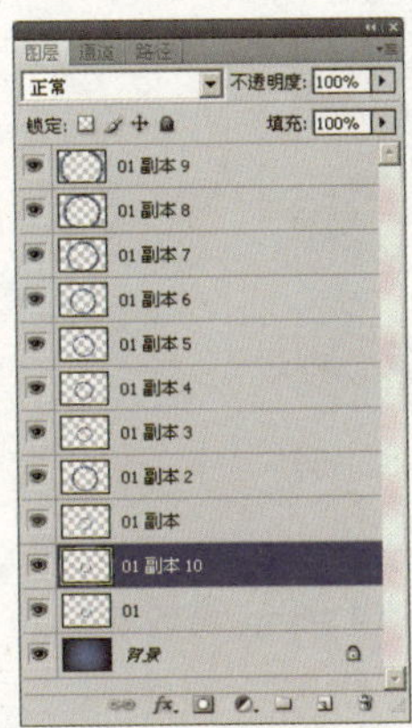

图32-44

图32-45

图32-46

图32-47

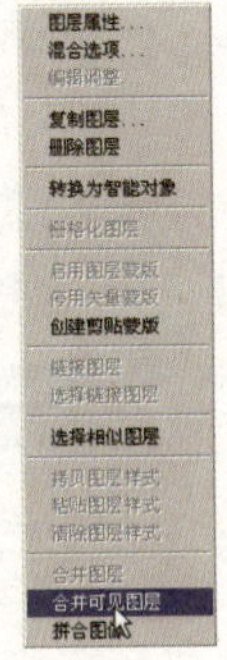

图32-48

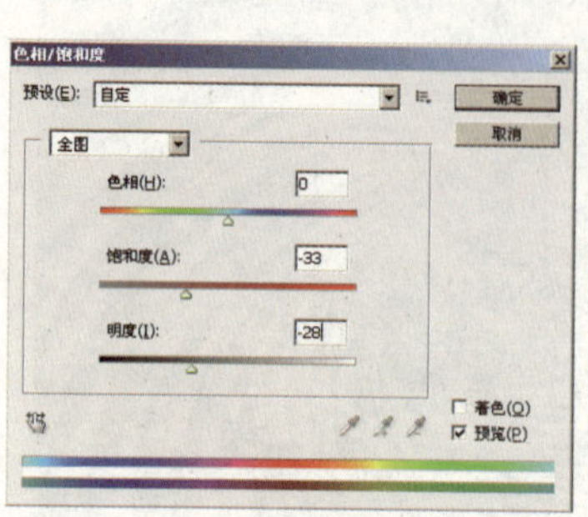

图32-49

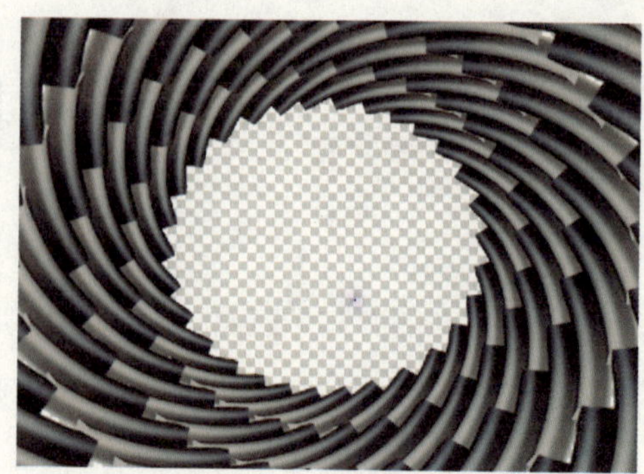

图32-50

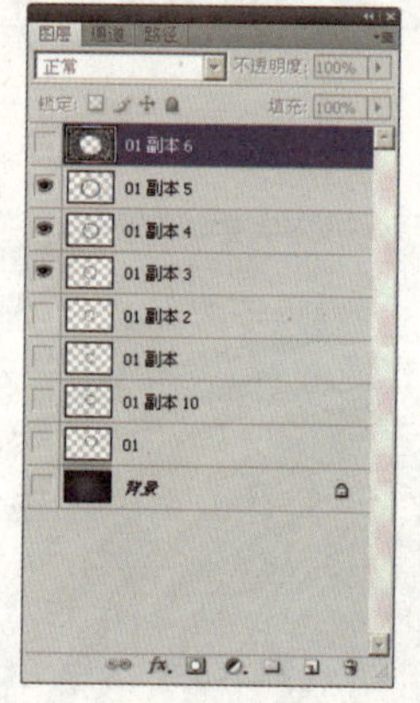

图32-51

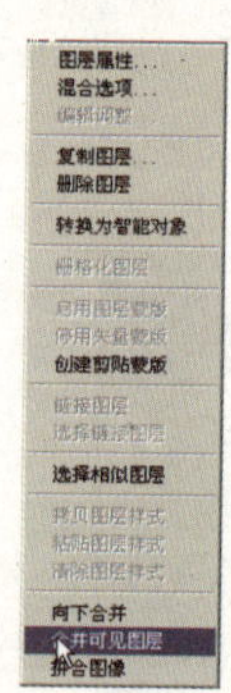

图32-52

17 调整图形的色相和饱和度。选择菜单“图像”|“调整”|“色相／饱和度”命令，对话框设置如图32-53所示，单击“确定”按钮，得到如图32-54所示的效果。

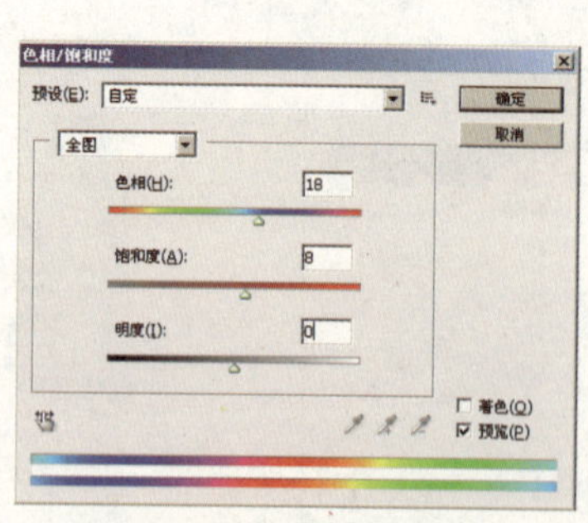

图32-53

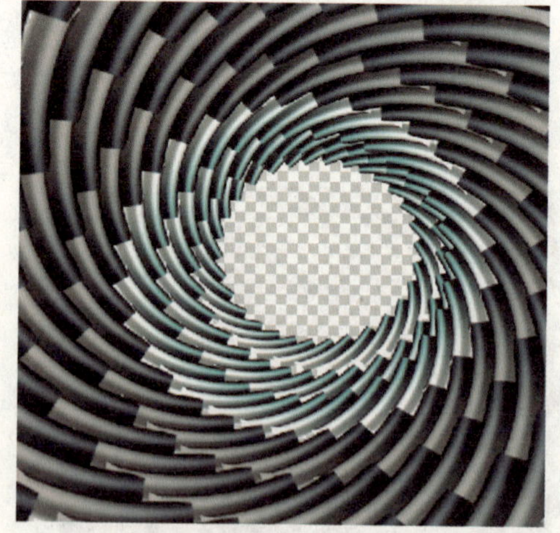

图32-54

18 合并可见图层。关闭“01副本5”（第2次合并后的图层）图层的可视功能，打开“01”、“01副本”、“01副本2”图层的可视功能，如图32-55所示，参照上一步的方法合并可见图层，如图 32−56 所示。

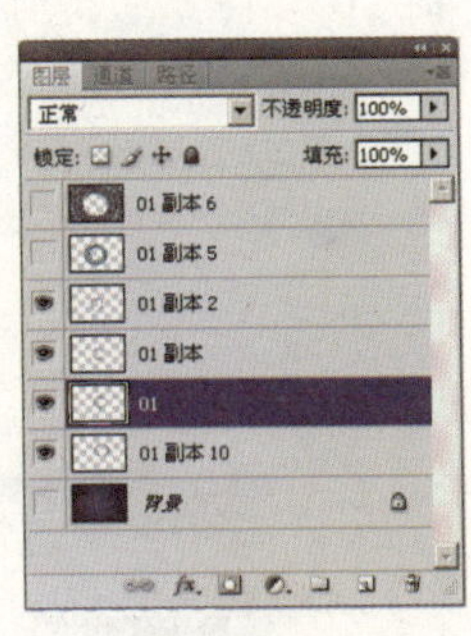

图 32−55

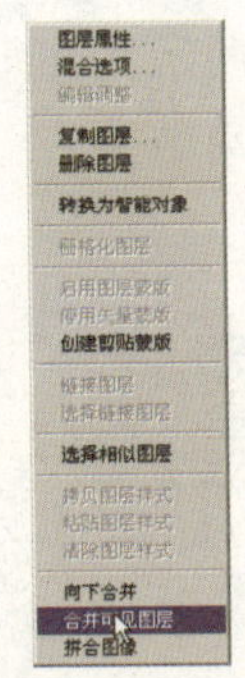

图 32−56

19 调整图形的色相和饱和度。选择菜单“图像”|“调整”|“色相 / 饱和度”命令，对话框设置如图 32−57 所示，单击“确定”按钮，得到如图 32−58 所示的效果。

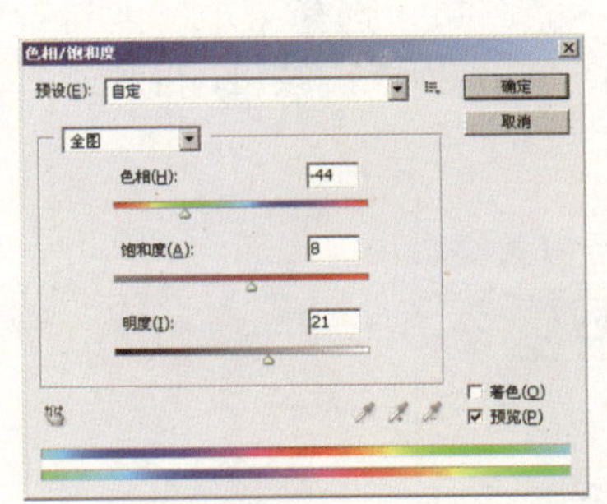

图 32−57

图 32−58

20 制作光照效果。在“图层”面板中选择“01 副本 6”图层，如图 32−59 所示。选择菜单“滤镜”|“渲染”|“光照效果”命令，对话框设置如图 32−60 所示，单击“确定”按钮，得到如图 32−61 所示的效果。

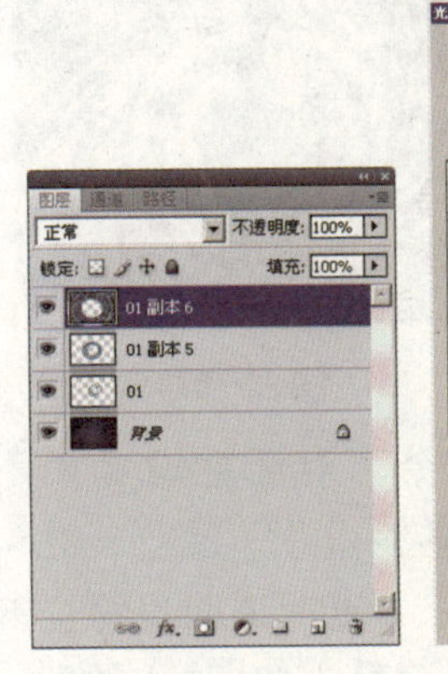

图 32−59

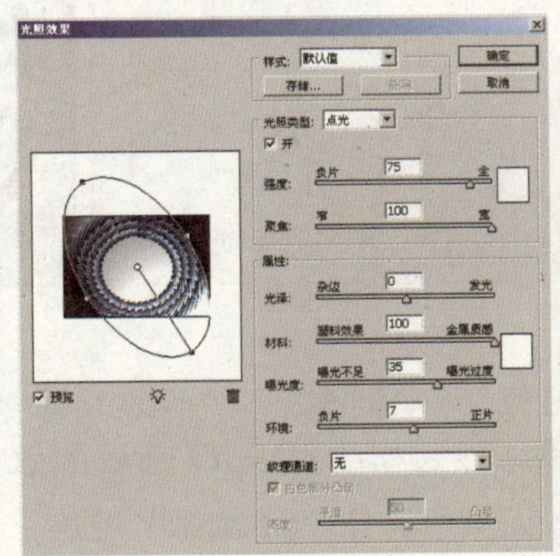

图 32−60

图 32−61

21 调整图层关系并合并可见图层。关闭“背景”图层的可视功能，选择“01”图层，如图32-62所示，单击面板右侧的小三角按钮，在弹出的菜单中选择“合并可见图层”命令，如图32-63所示。此时的图层关系如图32-64所示，复制“01”图层，得到“01 副本”图层，如图32-65所示。

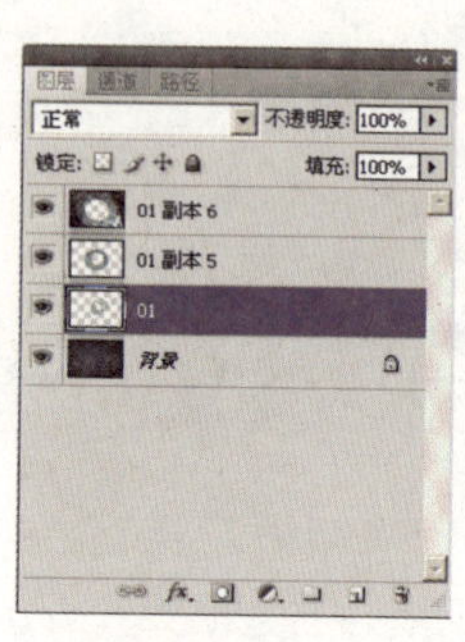

图32-62

图32-63

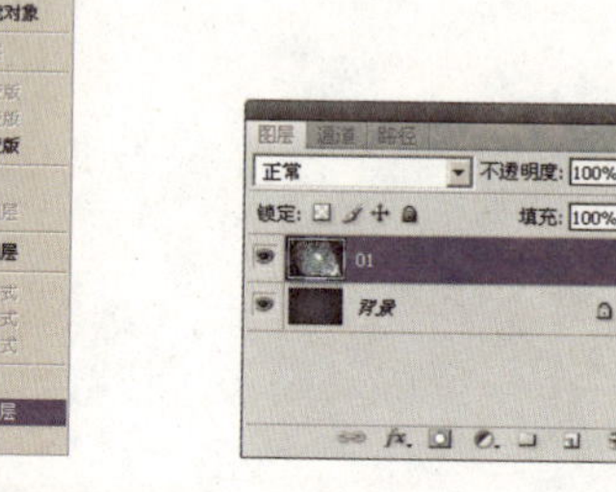

图32-64

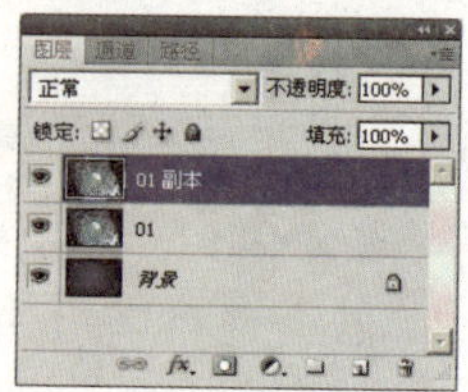

图32-65

22 制作调色刀效果。在“图层”面板中选择“01 副本”图层，选择菜单“滤镜”|“艺术效果”|“调色刀”命令，对话框设置如图32-66所示，单击“确定”按钮，得到如图32-67所示的效果。

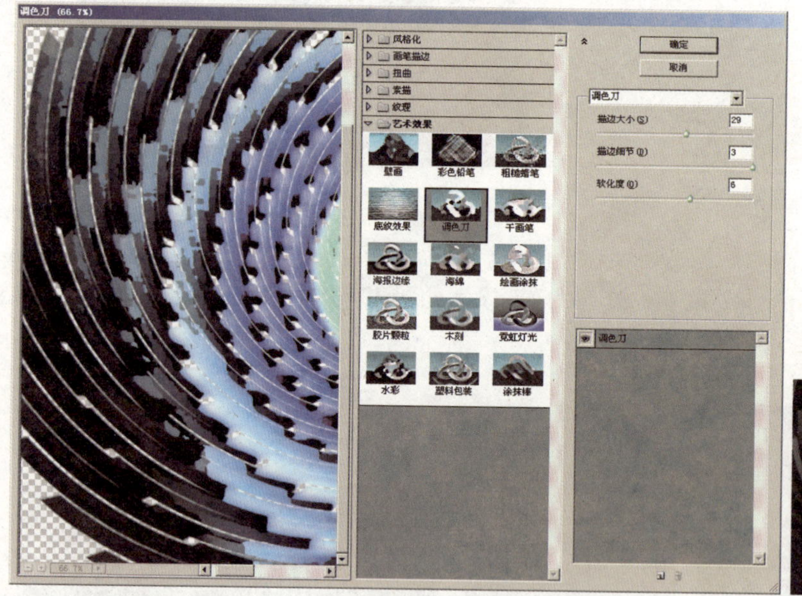

图32-66

图32-67

23 调整图像的色彩。选择菜单“图像”|“调整”|“曲线”命令，对话框设置如图32-68所示，单击“确定”按钮，得到如图32-69所示的效果。

24 降低图层的不透明度。在“图层”面板中选择“01 副本”图层，并更改该图层的“不透明度”值为39%，如图32-70所示，使此图像成半透明状，以衬托下面图层的效果，效果如图32-71所示。

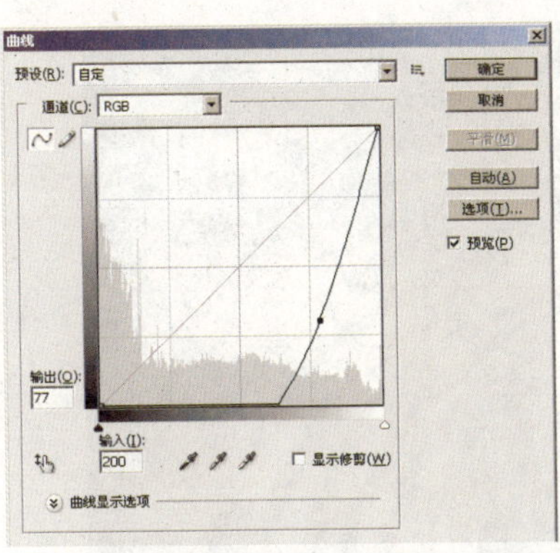

图32-68

图32-69

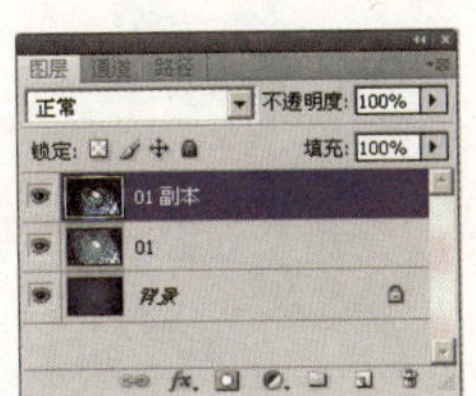

图32-70

图32-71

25 制作时间隧道的幽光。在“图层”面板中选择“背景”图层，如图32－72所示。选择“渐变工具”，设置渐变颜色由豆绿到透明色，工具栏设置如图32－73所示，在图层中由右上到左下拖拽出渐变效果，如图32－74所示。

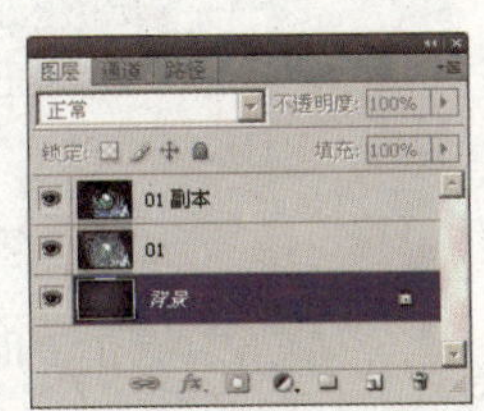

图32-72

图32-73

图32-74

最终效果如图 32－75 所示。

图32－75

33 e时代

运用多层空间、多样元素来表现e时代的网络性、全球性、信息性和科技性。在设计中使用点、线、面来表现内容，用多层面表现空间感。

操作步骤如下：

01 创建新文件。启动Photoshop CS4，选择菜单“文件”|“新建”命令（或按Ctrl+N组合键），在弹出的对话框中将“宽度”设置为15厘米，“高度”设置为10.5厘米，如图33-1所示，单击“确定”按钮，创建一个新文件。

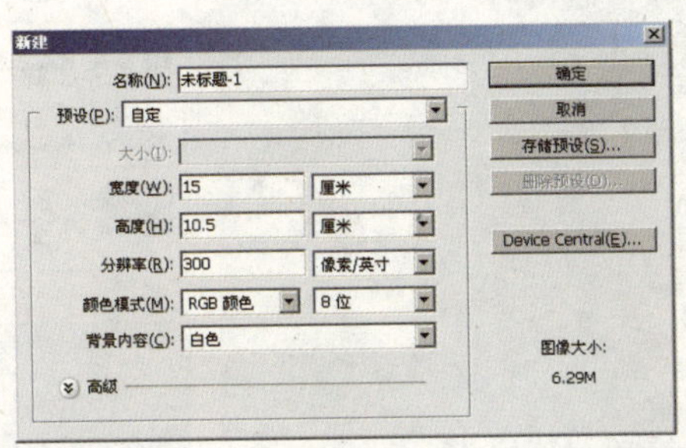

图33-1

02 新建图层并设置颜色。单击“图层”面板下方的“创建新图层”按钮，新建一个图层并命名为“01”，如图33-2所示。更改前景色和背景色的颜色分别为豆绿色和蓝灰色，如图33-3所示。

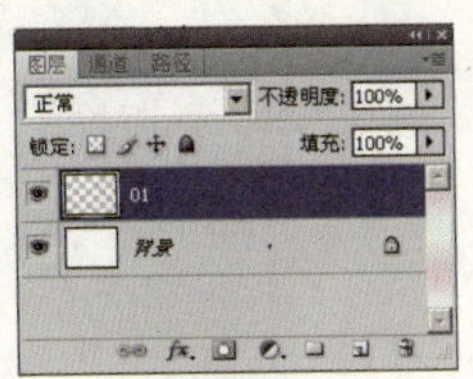

图33-2

图33-3

03 制作云彩效果。选择菜单“滤镜”|“渲染”|“云彩”命令，如图33-4所示，添加图层的云彩效果，如图33-5所示。

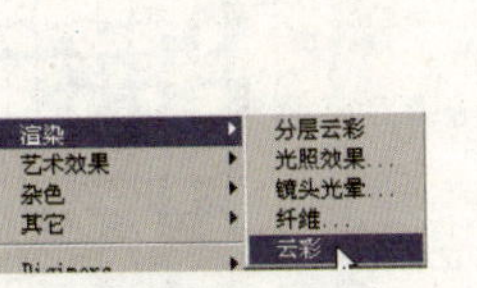

图33-4

图33-5

04 制作半调图案效果形成网格。复制“01”图层，得到“01副本”图层，如图33-6所示。选择菜单“滤镜”|“素描”|“半调图案”命令，对话框设置如图33-7所示，单击“确定”按钮，得到如图33-8所示的效果。

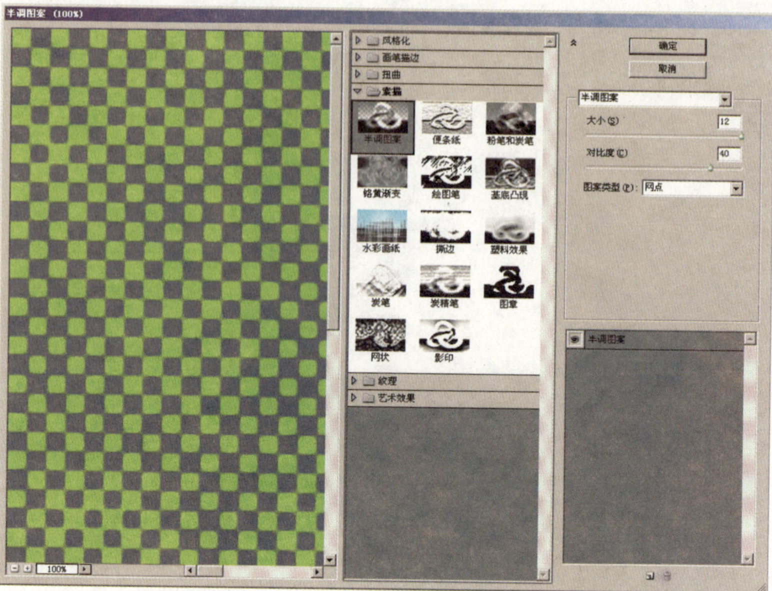

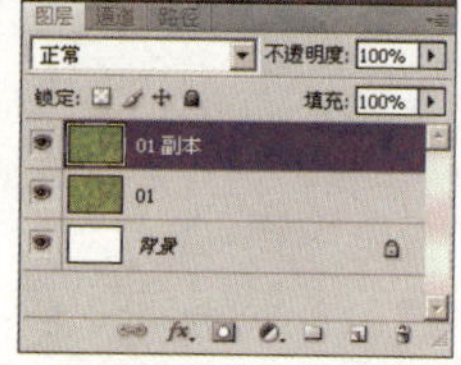

图33-6

图33-7

05 制作壁画效果。选择菜单“滤镜”|“艺术效果”|“壁画”命令，对话框设置如图33-9所示，单击“确定”按钮，得到如图33-10所示的效果。

图33-8

06 将图像扭曲变形处理。选择菜单“滤镜”|“扭曲”|“镜头校正”命令，单击对话框中的按钮，如图33-11所示，从图形中央向周边拖拽，使图形中央形成凸起状，单击“确定”按钮，得到如图33-12所示的效果。

图33-9

图33-10

07 框选圆形选区并删除所选图像。选择“椭圆选框工具”，按住Alt+Shift组合键，在图形中央部位拖拽出一个正圆选区，再按Delete键删除选区中的图像，如图33-13所示。

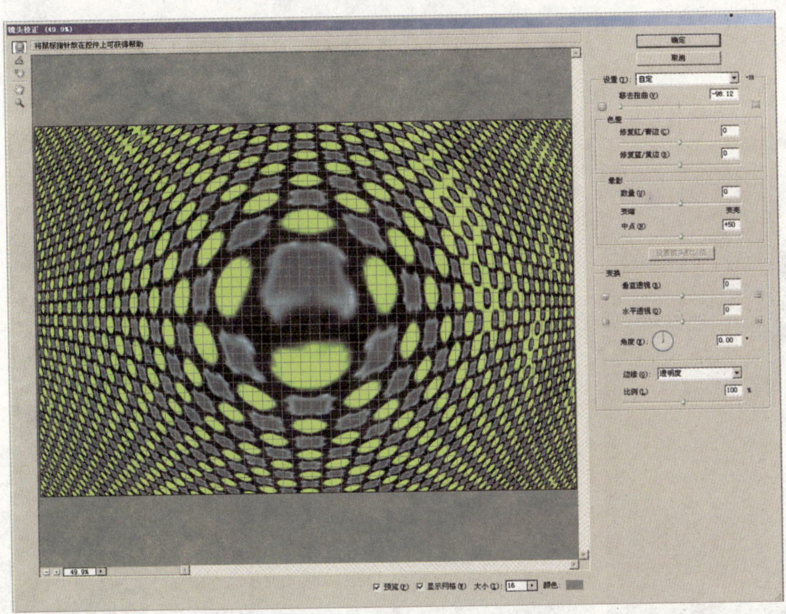

图33-11

图33-12

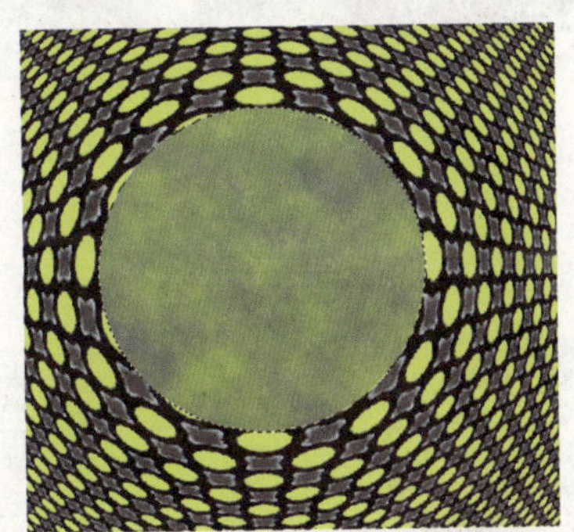

图33-13

08 为选区边缘描边。选择菜单“编辑”|“描边”命令，对话框设置如图33-14所示，单击“确定”按钮，得到如图33-15所示的效果。

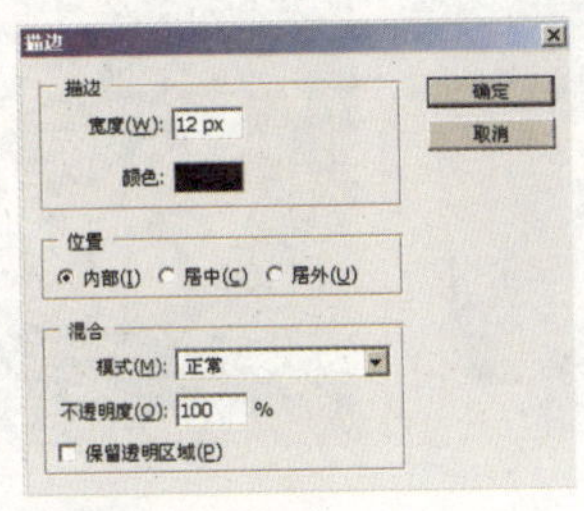

图33-14

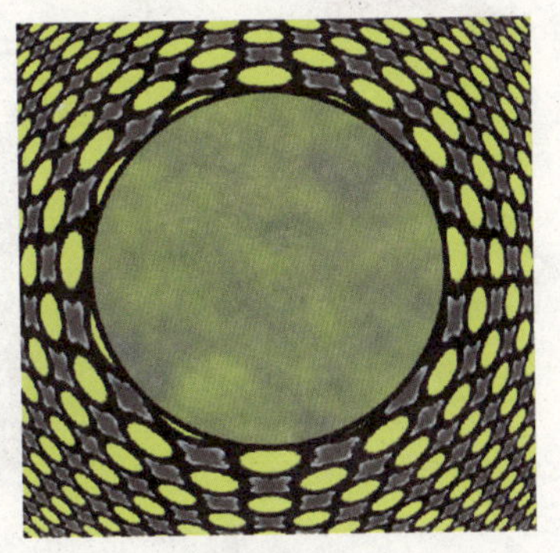

图33-15

09 制作网状效果。在“图层”面板中选择“01”图层，如图33－16所示。选择菜单“滤镜”|“素描”|“网状”命令，对话框设置如图33－17所示，单击“确定”按钮，得到如图33－18所示的效果。

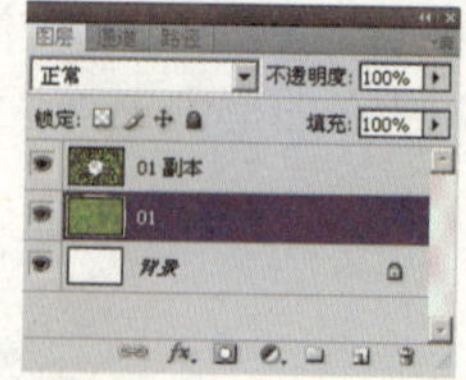

图33－16

图33－17

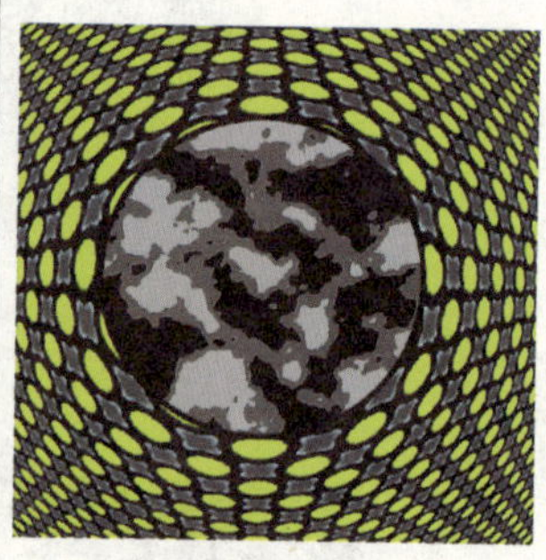

图33－18

10 制作影印图像效果。选择菜单“滤镜”|“素描”|“影印”命令，对话框设置如图33－19所示，单击“确定”按钮，得到如图33－20所示的效果。

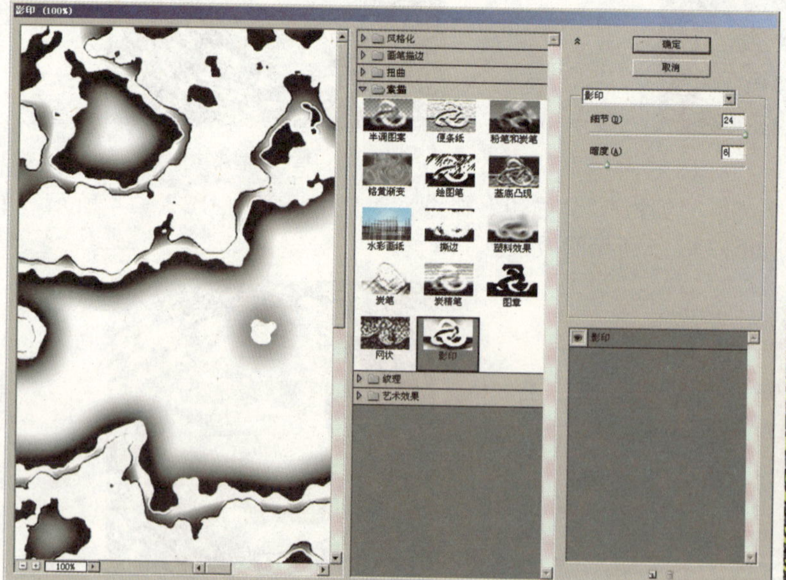

图33－19

图33－20

11 更改图层的混合模式并降低图层的不透明度。在“图层”面板中选择“01 副本”图层，更改图层的混合模式为“正片叠底”，“不透明度”值为56%，如图33-21所示，效果如图33-22所示。

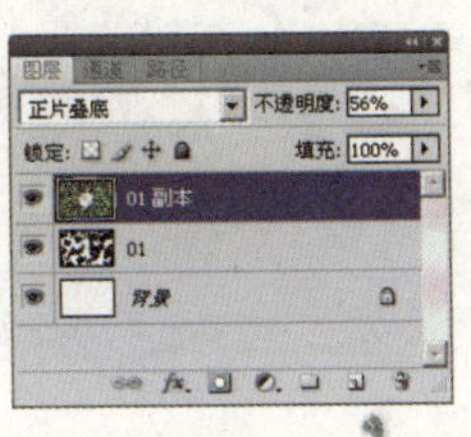

图33-21

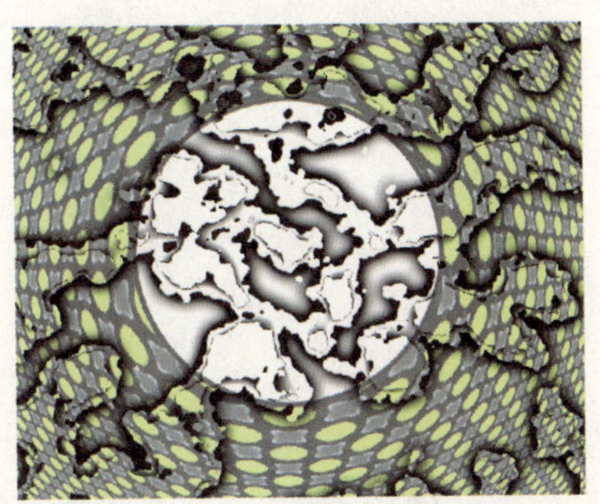

图33-22

12 制作圆形。在“图层”面板中新建一个图层并命名为“02”，如图33-23所示。选择“椭圆选框工具”，按住Alt+Shift组合键，在新建图层中拖拽出一个正圆选区，填充深灰色，如图33-24所示。

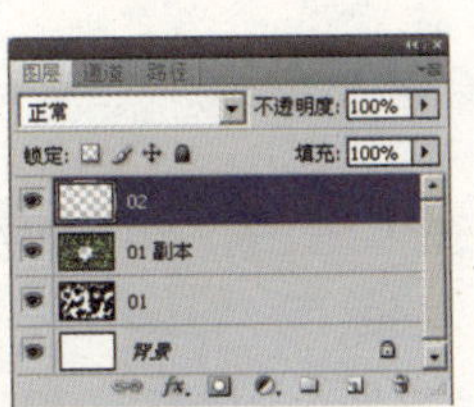

图33-23

图33-24

13 制作长方形。选择“矩形选框工具”，如图33-25所示，按住Shift键，以正圆直径为宽度拖拽出一个长方形，并填充深灰色，如图33-26所示。

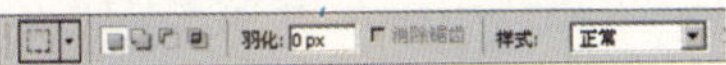

图33-25

图33-26

14 框选圆形选区并删除所选图形。选择"椭圆选框工具"，工具栏设置如图 33-27 所示。在图中再框选出一个正圆选区并删除选区内的颜色，如图 33-28 所示。

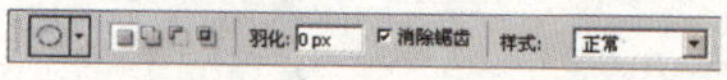

图 33-27

图 33-28

15 制作中空不规则图形并设置渐变颜色。选择"矩形选框工具"，按住 Shift 键在正圆右侧框选出两个正方形选区并删除选区中的颜色，如图 33-29 所示。选择"渐变工具"，工具栏及颜色设置如图 33-30 和图 33-31 所示。

图 33-29

图 33-30

16 拉出渐变颜色并移动选区位置。在图层中从左向右拖拽出渐变效果，如图 33-32 所示。将不规则图形选区整体向右移动，如图 33-33 所示。

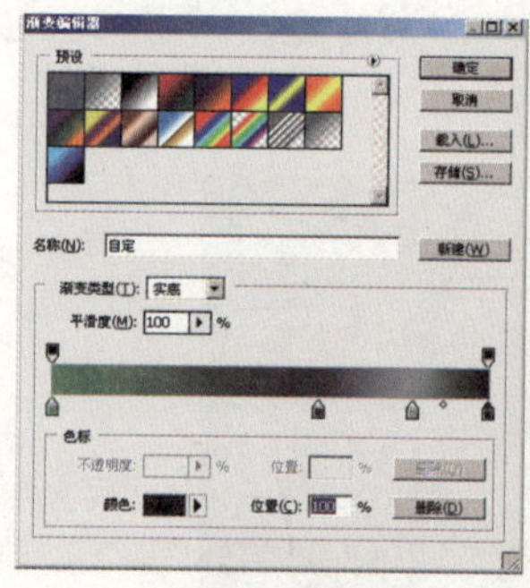

图 33-31

图 33-32

图 33-33

17 为选区边缘描边制作出白色线框形状。在"图层"面板中新建一个图层并命名为"03"，如图 33-34 所示。选择菜单"编辑"|"描边"命令，对话框设置如图 33-35 所示，单击"确定"按钮，得到如图 33-36 所示的效果。用同样的方法再描绘出两个描边，如图 33-37 所示。

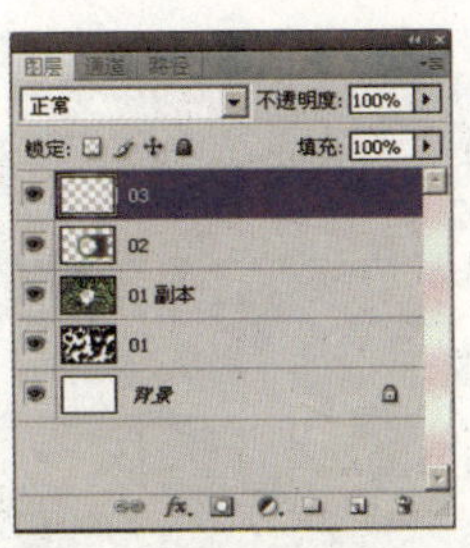

图33-34

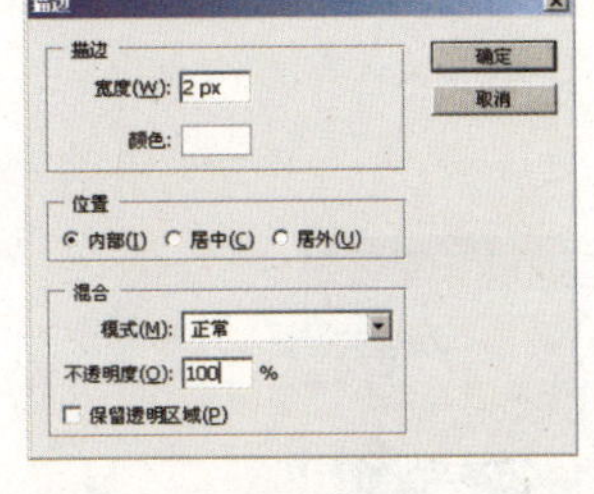

图33-35

图33-36

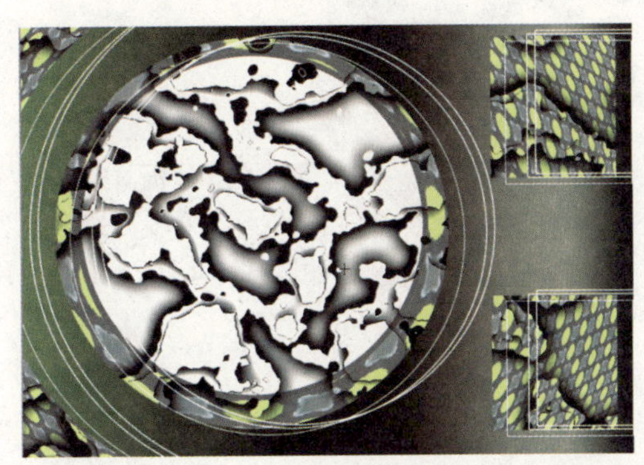

图33-37

18 新建图层并拖拽出渐变颜色。在“图层”面板中新建一个图层并命名为“04”，并放在“02”图层的下方，如图33-38所示。选择“渐变工具”，设置渐变颜色由豆绿色到深绿色，工具栏设置如图33-39所示，在新建图层中从左向右拖拽出渐变效果，如图33-40所示。

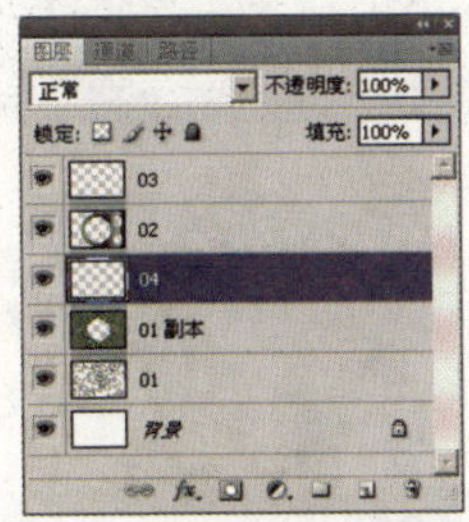

图33-38

图33-39

19 更改图层的混合模式。在“图层”面板中更改图层的混合模式为“强光”，如图33-41所示，效果如图33-42所示。

图33-40

图33-41

图33-42

20 制作文字选区。在“图层”面板中新建一个图层并命名为“05”，如图33-43所示。选择T“横排文字工具”，工具栏设置如图33-44所示，在新建的图层中输入“e”字并将文字转成选区，如图33-45所示。

图33-43

图33-44

图33-45

21 对文字选区的边缘描边。选择菜单“编辑”|“描边”命令，对话框设置如图33-46所示，单击“确定”按钮，得到如图33-47所示的效果。

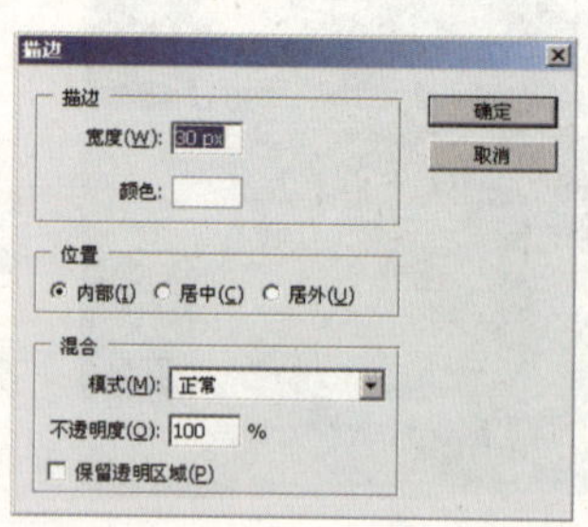

图33-46

图33-47

22 模糊处理文字。选择菜单“滤镜”|“模糊”|“高斯模糊”命令，对话框设置如图33-48所示，单击“确定”按钮，得到如图33-49所示的效果。

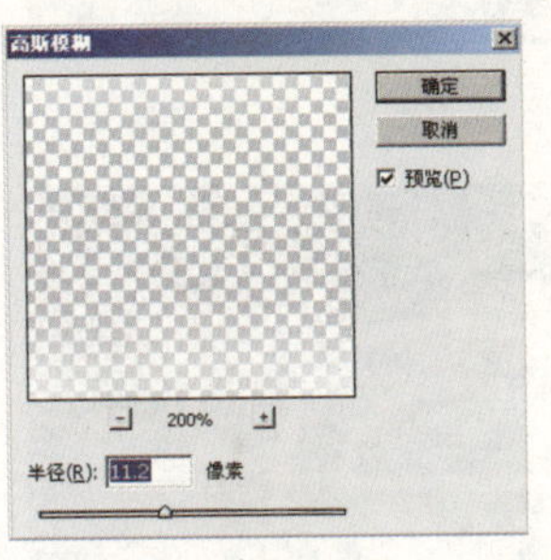

图33-48

图33-49

23 制作白色线条。选择“单列选框工具”，工具栏设置如图33-50所示，在图层中拖拽出线条并填充白色，如图33-51所示。

图33-50

图33-51

24 制作长方形边框。在“图层”面板中新建一个图层并命名为“06”，如图33-52所示。使用“矩形选框工具”在图层上方框选出一个长方形选区并填充灰色，在图层下方也制作出同样的效果，如图33-53所示。

25 更改图层的混合模式。更改“06”图层的混合模式为“线性加深”，如图33-54所示，效果如图33-55所示。

26 输入文字形成长条形文字效果。在“图层”面板中新建一个图层并命名为“07”，如图33-56所示。选择T“横排文字工具”，工具栏设置如图33-57所示，在图上方输入文字，如图33-58所示。

图33-52

图33-53

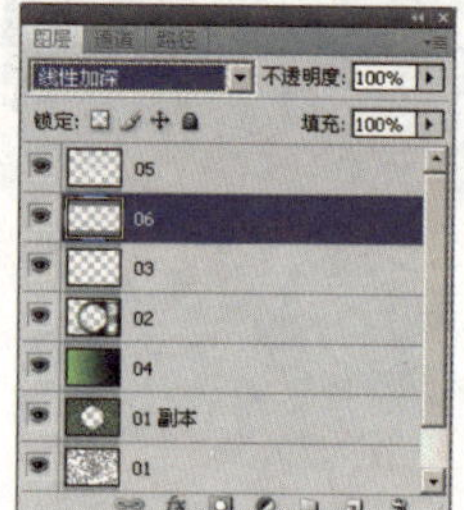

图33-54

图33-55

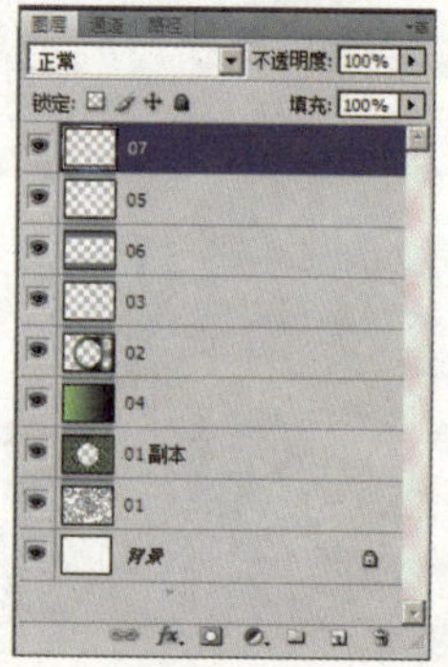

图33-56

图33-57

图33-58

27 将文字选区边缘描边。在“图层”面板中选择“07”图层并单击鼠标右键，在弹出的快捷菜单中选择“栅格化文字”命令，将图层栅格化，如图33-59所示。载入文字选区，如图33-60所示，选择菜单“编辑”|“描边”命令，对话框设置如图33-61所示，单击“确定”按钮，得到如图33-62所示的效果。

图33-59

图33-60

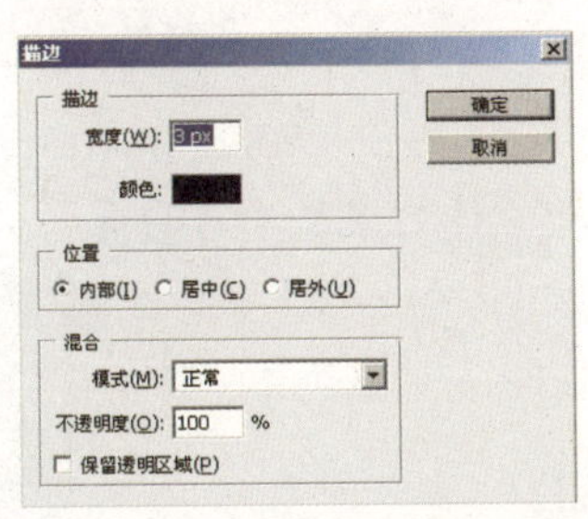

图33-61

图33-62

28 复制文字。载入文字选区，选择“移动工具”并按住Alt键拖拽文字，将文字复制并移动到下方，如图33-63所示。

图33-63

最终效果如图 33-64 所示。

图 33-64

34 二维中的立体

在这个特效中如何使图形从二维的平面中脱颖而出凸现三维立体效果是学习的重点，制作三维立体字也是学习的内容。

操作步骤如下：

01 创建新文件。启动Photoshop CS4，选择菜单“文件”|“新建”命令（或按Ctrl+N组合键），在弹出的对话框中将“宽度”设置为15厘米，“高度”设置为10.5厘米，如图34－1所示，单击“确定”按钮，创建一个新文件。

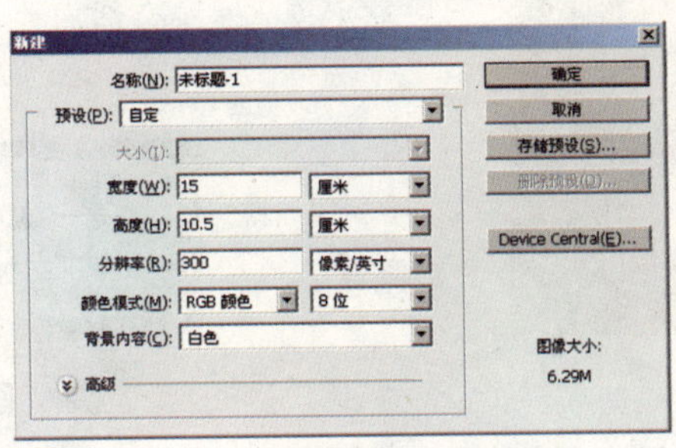

图34－1

02 新建图层并拉出渐变颜色。单击“图层”面板下方的“创建新图层”按钮，新建一个图层并命名为“01”，如图34－2所示。选择“渐变工具”，设置渐变颜色由红色到黄色，工具栏设置如图34-3所示，在图层中由左向右拖拽出由红色到黄色的渐变颜色，效果如图34-4所示。

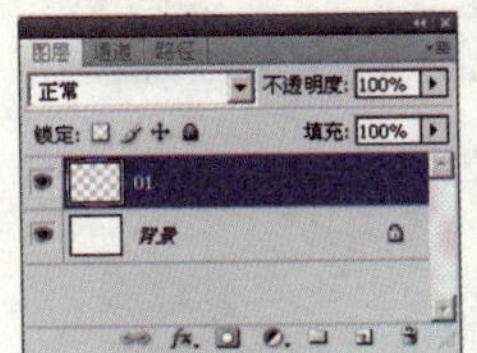

图34-2

图34-3

03 制作马赛克效果。选择菜单“滤镜”|“像素化”|“马赛克”命令，对话框设置如图34－5所示，单击“确定”按钮，得到如图34－6所示的效果。

图34-4

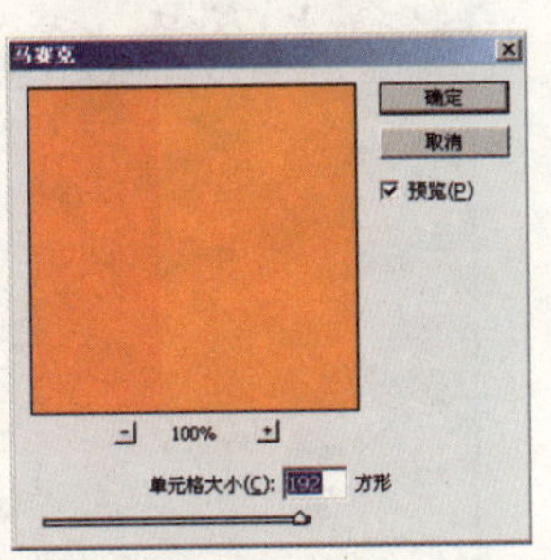

图34-5

04 制作图像凸出效果。选择菜单“滤镜”|“风格化”|“凸出”命令，对话框设置如图34－7所示，单击“确定”按钮，得到如图34－8所示的效果。

图34－6

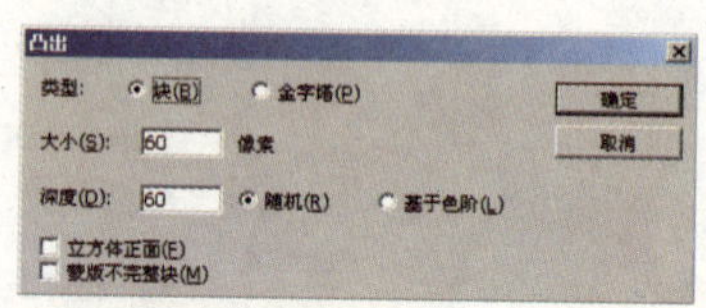

图34－7

05 复制图像并制作木刻效果。复制“01”图层，得到“01 副本”图层，如图34－9所示。选择菜单“滤镜”|“艺术效果”|“木刻”命令，对话框设置如图34－10所示，单击“确定”按钮，得到如图34－11所示的效果。

图34－8

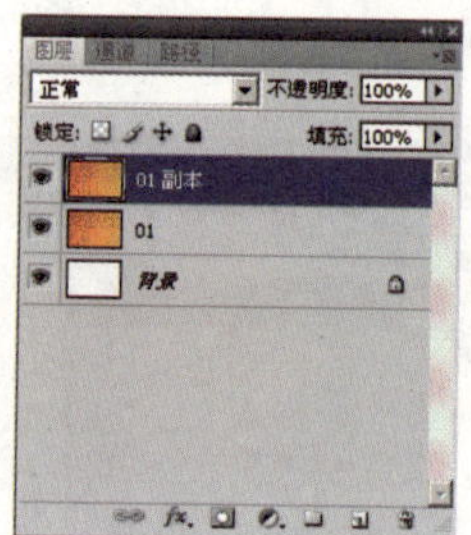

图34－9

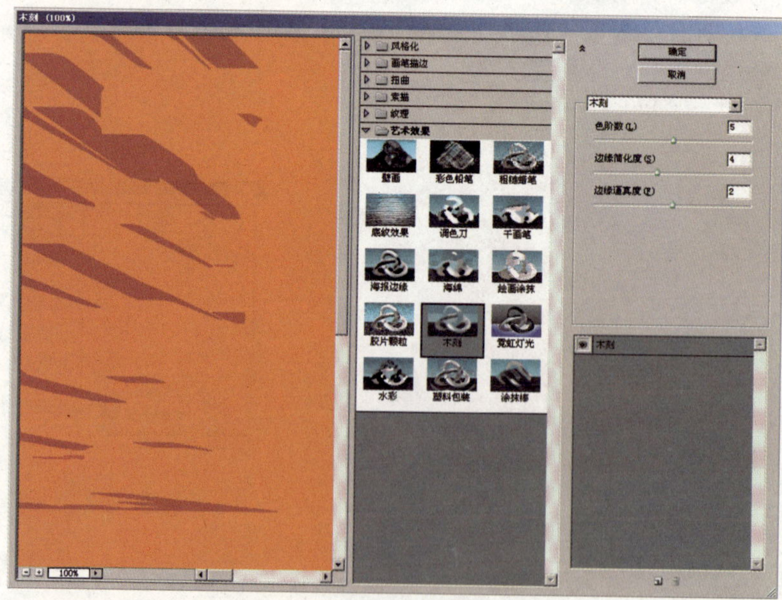

图34－10

06 选择色彩范围并删除选区内的颜色。选择菜单“选择”|“色彩范围”命令，对话框设置如图34-12所示，用吸管吸取白色，单击“确定”按钮，得到如图34-13所示的效果。按Delete键将选区内的颜色删除，如图34-14所示。

图34-11

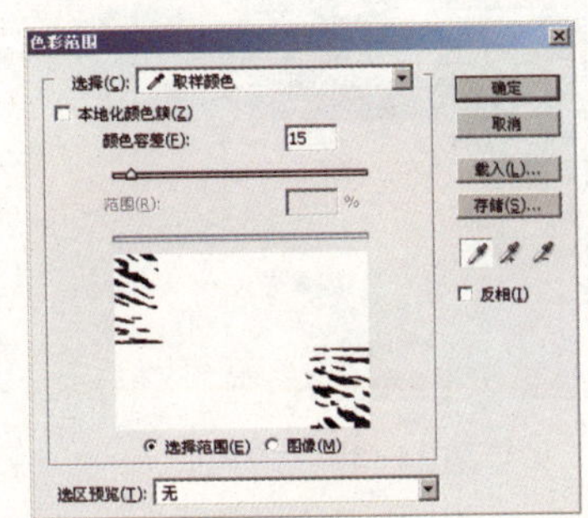

图34-12

图34-13

图34-14

07 制作投影效果。确保选区存在，单击“图层”面板下方的 fx “添加图层样式”按钮，在弹出的下拉菜单中选择“投影”命令，对话框设置如图34-15所示，单击“确定”按钮，得到如图34-16所示的效果。

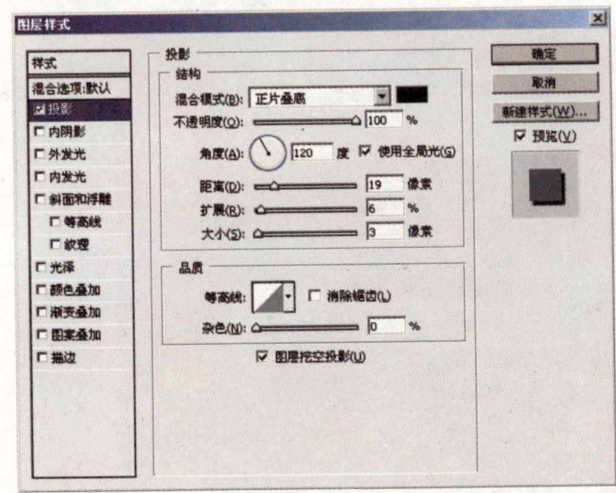

图34-15

图34-16

08 输入文字。在"图层"面板中新建一个图层并命名为"02"，如图 34-17 所示。选择 T "横排文字工具"，工具栏设置如图 34-18 所示，在新建图层中输入文字"DJ"，如图 34-19 所示。

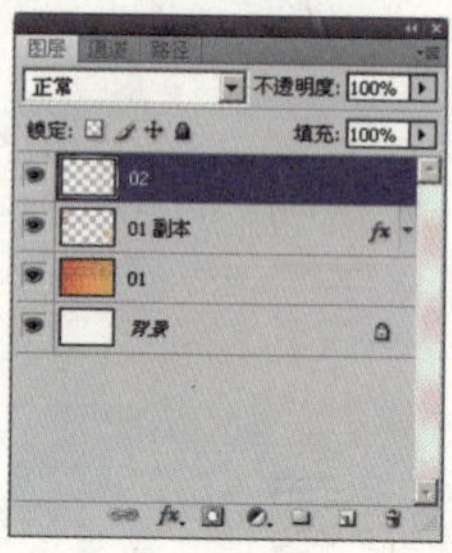

图34-17

图34-18

图34-19

09 选择文字并调整位置。在"图层"面板中选择"02"图层并单击鼠标右键，在弹出的快捷菜单中选择"栅格化文字"命令，如图 34-20 所示，然后使用"多边形套索工具"框选"J"字。选择"移动工具"，再按 → 键，选中字母"J"，再用"移动工具"将其移至"D"字右下方，如图 34-21 所示。

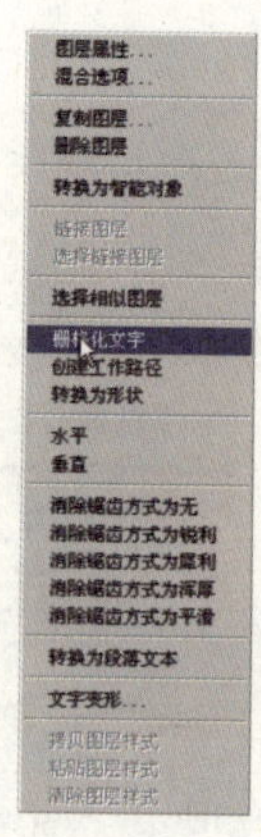

图34-20

图34-21

10 制作文字的厚度并将范围反选。载入“02”图层的选区，选择“移动工具”，按住 Alt 键的同时按↓和→箭头，移动并复制文字，如图 34-22 所示。选择菜单“选择”|“反向”命令，如图 34-23 所示，选择文字图形的外围，如图 34-24 所示。

图 34-22

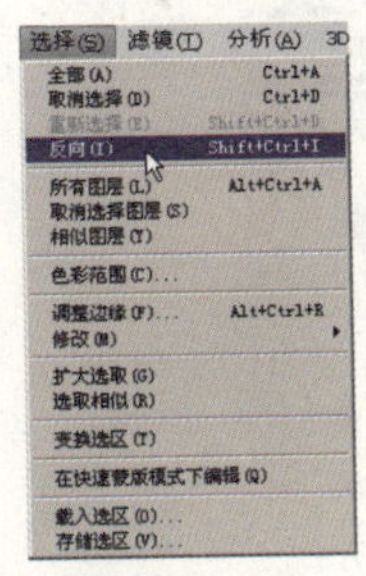

图 34-23

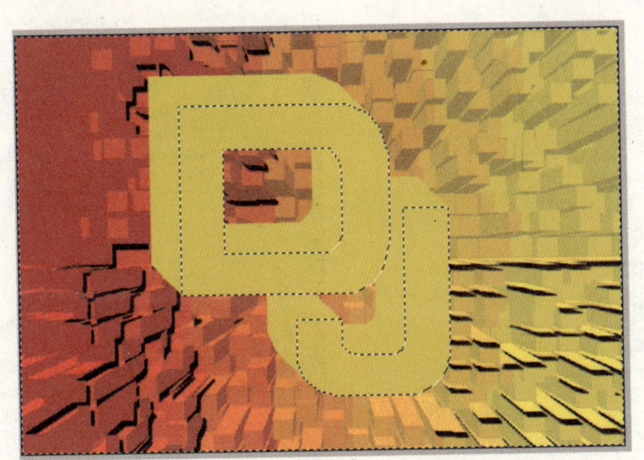

图 34-24

11 涂抹出暗色调。选择“加深工具”，工具栏设置如图 34-25 所示，在选区弯角处涂抹出立体效果，如图 34-26 所示。

画笔： 范围： 高光 曝光度： 100%

图 34-25

图 34-26

12 调整图形的亮度和对比度。选择菜单“选择”|“反向”命令，如图 34-27 所示，选中文字的正面，如图 34-28 所示。再选择菜单“图像”|“调整”|“亮度 / 对比度”命令，对话框设置如图 34-29 所示，单击“确定”按钮，得到如图 34-30 所示的效果。

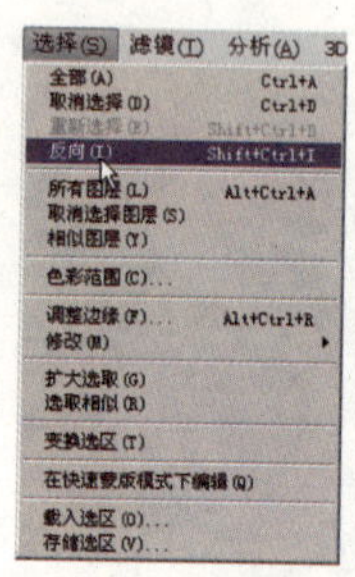

图 34-27

图 34-28

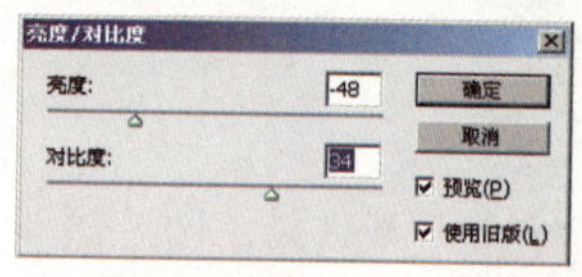

图 34-29

图 34-30

13 制作查找边缘效果。取消选区范围，选择菜单“滤镜”|“风格化”|“查找边缘”命令，如图 34-31 所示，效果如图 34-32 所示。

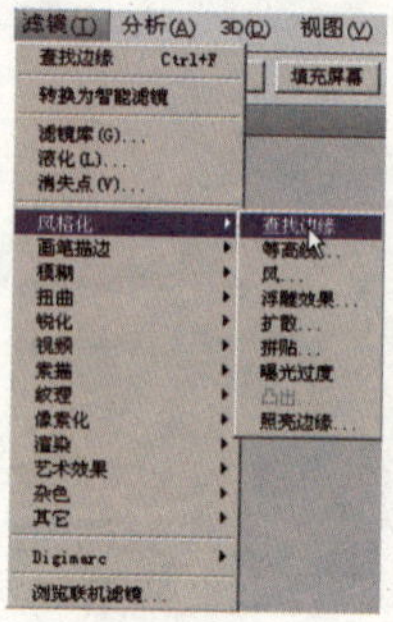

图 34-31

图 34-32

14 复制图层并调整图像的色彩阈值。复制“02”图层，得到“02 副本”图层，并选择此复制图层，如图34-33所示。选择菜单“图像”|“调整”|“阈值”命令，对话框设置如图34-34所示，单击“确定”按钮，得到如图34-35所示的效果。

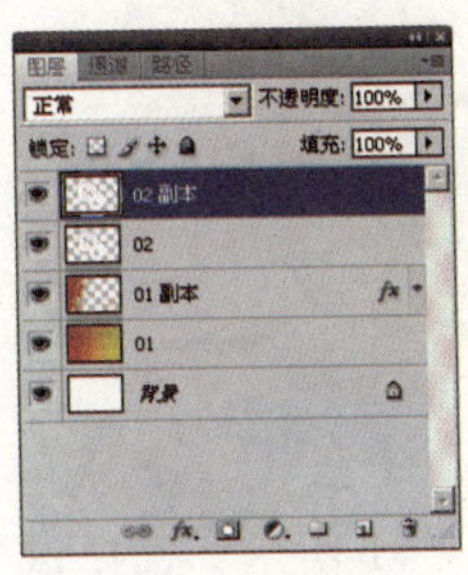
图34-33

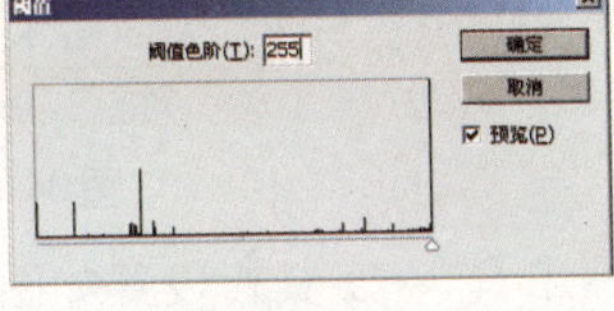
图34-34

图34-35

15 选择选区并删除。选择“魔棒工具”，工具栏设置如图34-36所示，点选文字中的白色选区，再按Delete键删除选区中的白色，如图34-37所示。

图34-36

图34-37

16 缩小文字并对文字边缘描边。载入文字选区，按Ctrl+T组合键调出自由变换控制框将文字缩小，如图34-38所示。选择菜单“编辑”|“描边”命令，对话框设置如图34-39所示，单击“确定”按钮，得到如图34-40所示的效果。

图34-38

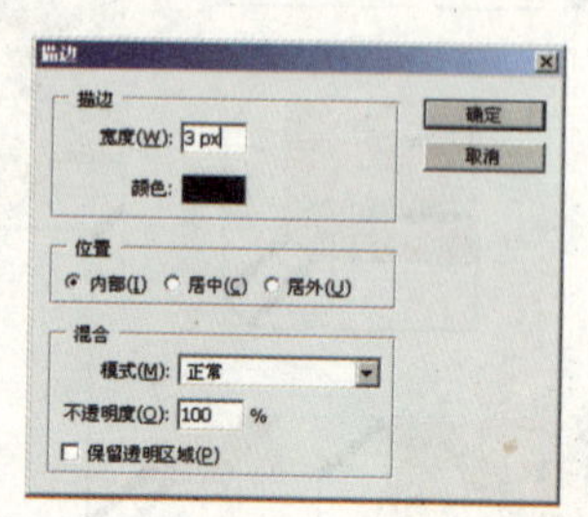

图34-39

图34-40

17 在选区内拉出渐变效果。选择“魔棒工具”，工具栏设置如图34-41所示。选择“渐变工具”，工具栏设置如图34-42所示，参照如图34-43所示，用“魔棒工具”点选出相应的选区，然后再用“渐变工具”拖拽出渐变效果。

18 更改图层的混合模式。选择“02副本”图层，更改图层的混合模式为“线性减淡”，如图34-44所示，效果如图34-45所示。

图34-41

图34-42

图34-43

图34-44

图34-45

19 缩小图形。选择“02”图层，如图34-46所示，载入此图层的选区，按Ctrl+T组合键调出自由变换控制框将图形缩小，如图34-47所示。

20 运用渐变映射命令制作渐变效果。选择菜单“图像”|“调整”|“渐变映射”命令，对话框设置如图34-48所示，单击“确定”按钮，得到如图34-49所示的效果。

21 更改图层的混合模式。载入“02”图层的选区，按Ctrl+T组合键调出自由变换控制框拉大图形，如图34-50所示。更改此图层的混合模式为“叠加”，如图34-51所示，效果如图34-52所示。

图34-46

图34-47

图34-49

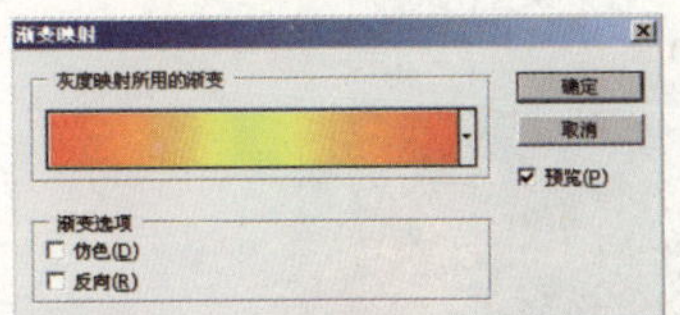

图34-48

图34-50

图34-51

图34-52

22 制作海洋波纹扭曲效果。选择菜单“滤镜”|“扭曲”|“海洋波纹”命令，对话框设置如图34-53所示，单击“确定”按钮，得到如图34-54所示的效果。

图34-53

图34-54

23 制作渐变效果。在“图层”面板中新建一个图层并命名为“03”，如图34-55所示。选择“渐变工具”，设置渐变颜色由灰色到透明色，工具栏设置如图34-56所示，在图中分别以左下角向右上角和右上角到左下角方向拖拽出渐变效果，如图34-57所示。

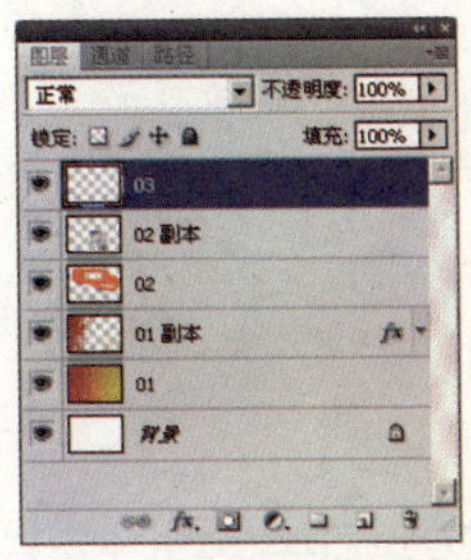

图34-55

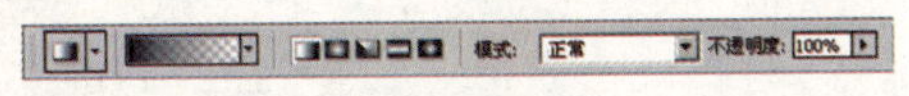

图34-56

图34-57

24 制作等高线效果。选择菜单“滤镜”|“风格化”|“等高线”命令，对话框设置如图34-58所示，单击“确定”按钮，得到如图34-59所示的效果。

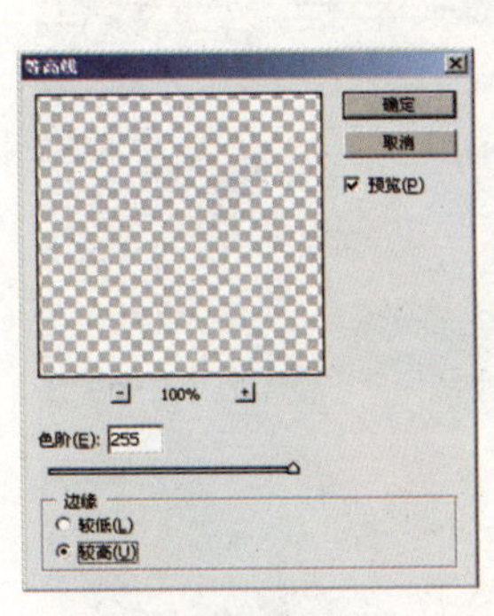

图34-58

图34-59

最终效果如图 34-60 所示。

图 34-60

35 闪烁的灵感

灵感源自万物，源自心生，灵感闪烁着智慧的光辉。本特效背景运用闪烁的光点和速度线，以及飞驰的符号表现思维和复杂的事物。

操作步骤如下：

01 创建新文件。启动Photoshop CS4，选择菜单“文件”|“新建”命令（或按Ctrl+N组合键），在弹出的对话框中将“宽度”设置为15厘米，“高度”设置为10.5厘米，如图35-1所示，单击“确定”按钮，创建一个新文件。

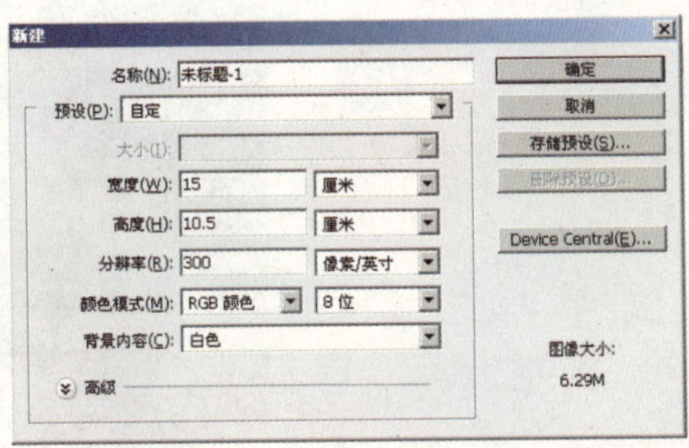

图35-1

02 新建图层并制作云彩效果。单击“图层”面板下方的“创建新图层”按钮，新建一个图层并命名为“01”，如图35-2所示。选择菜单“滤镜”|“渲染”|“云彩”命令，如图35-3所示，得到如图35-4所示的效果。

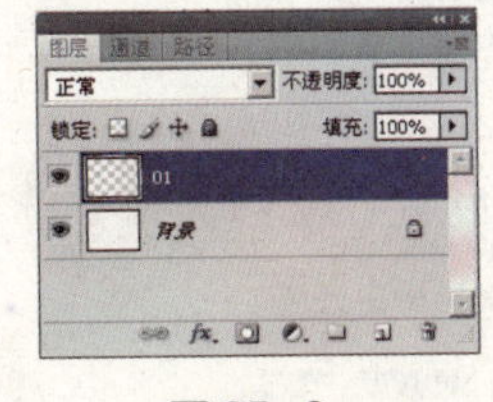

图35-2

图35-3

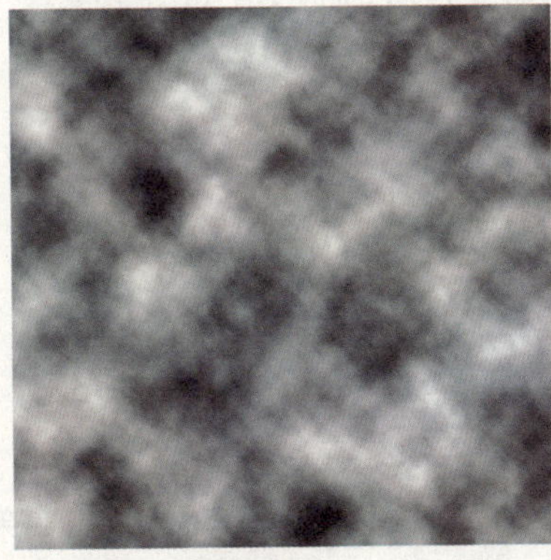

图35-4

03 制作铜版雕刻效果。选择菜单“滤镜”|“像素化”|“铜版雕刻”命令，对话框设置如图35-5所示，单击“确定”按钮，得到如图35-6所示的效果。

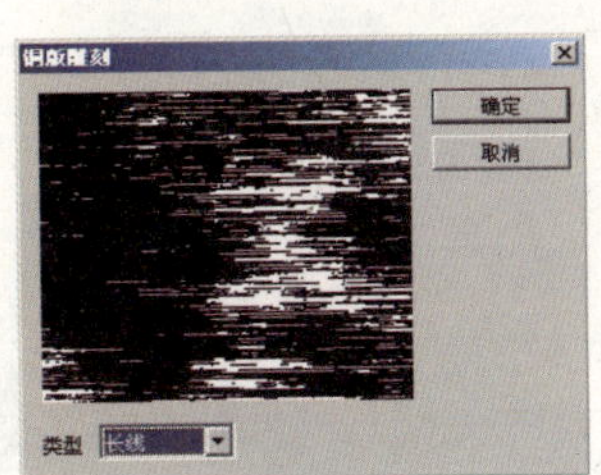

图35-5

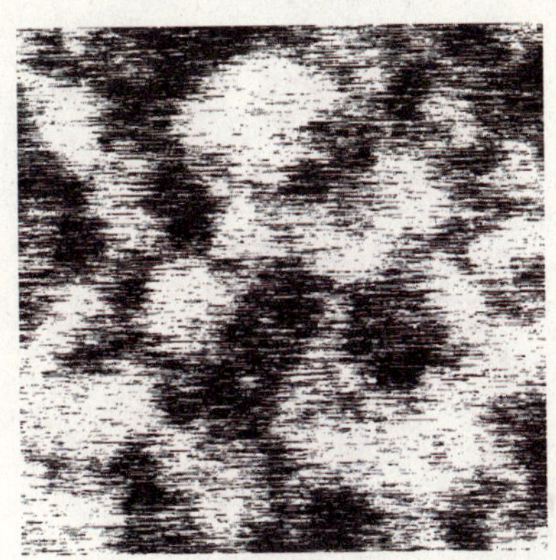

图35-6

04 对图像进行动态模糊处理。选择菜单“滤镜”|“模糊”|“动感模糊”命令，对话框设置如图35-7所示，单击“确定”按钮，得到如图35-8所示的效果。

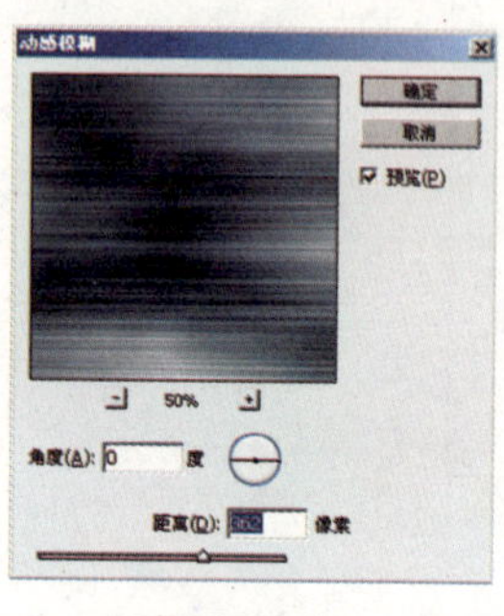
图35-7

图35-8

05 调整图像的色彩平衡以及亮度和对比度。选择菜单“图像”|“调整”|“色彩平衡”命令，对话框设置如图35-9所示。再选择菜单“图像”|“调整”|“亮度/对比度”命令，对话框设置如图35-10所示，单击“确定”按钮，得到如图35-11所示的效果。

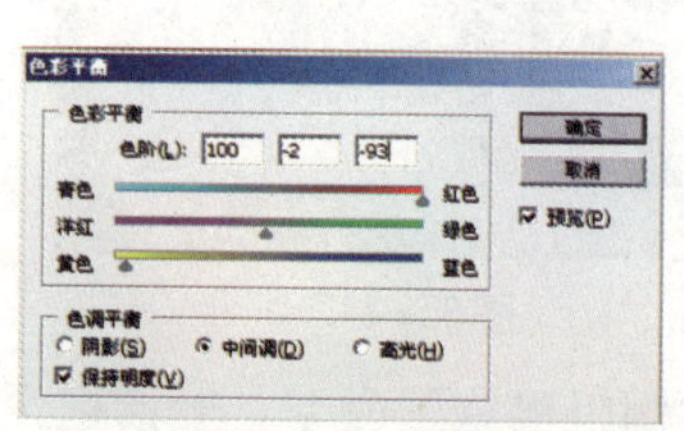
图35-9

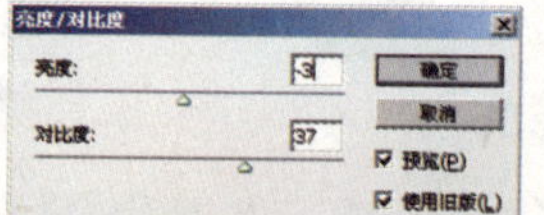
图35-10

图35-11

06 输入文字。在“图层”面板中新建一个图层并命名为“02”，如图35-12所示。选择T.“横排文字工具”，工具栏设置如图35-13所示，输入文字，如图35-14所示。

图35-12

图35-13

图35-14

07 将文字模糊处理。在“图层”面板中选择文字图层并单击鼠标右键，在弹出的快捷菜单中选择“栅格化文字”命令，如图35-15所示。复制“02”图层，得到“02副本”图层，并将其放在“02”图层的下方，如图35-16所示。选择菜单“滤镜”|“模糊”|“高斯模糊”命令，对话框设置如图35-17所示，单击“确定”按钮。

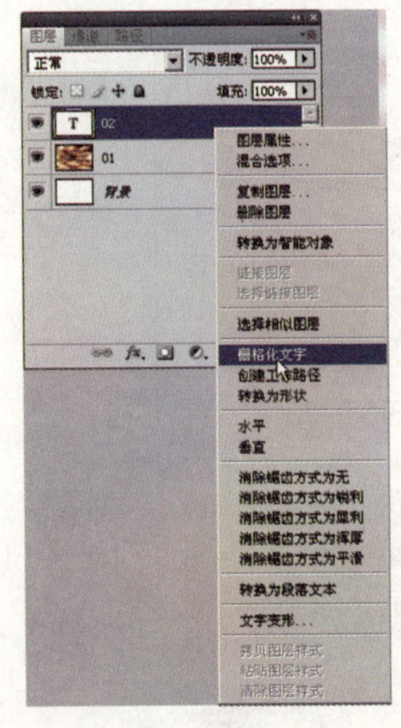

图35-15

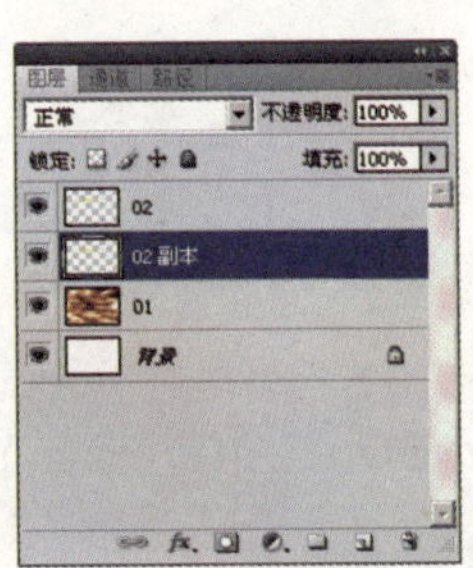

图35-16

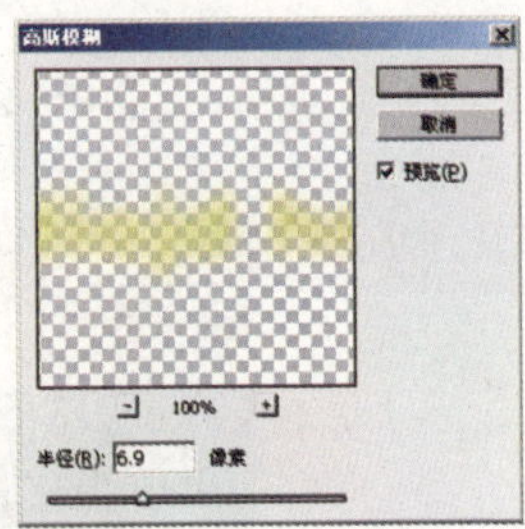

图35-17

08 绘制亮点。选择“画笔工具”，工具栏设置如图35-18所示，在文字上涂抹出亮点，如图35-19所示。

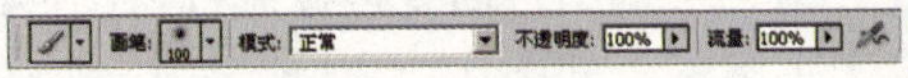

图35-18

图35-19

09 对亮点进行动态模糊处理。选择菜单“滤镜”|“模糊”|“动感模糊”命令，对话框设置如图 35-20 所示，单击“确定”按钮，得到如图 35-21 所示的效果。

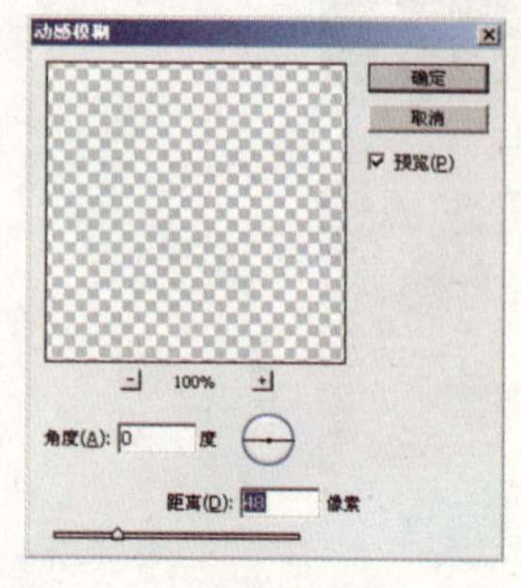

图35-20

图35-21

10 对文字边缘描边。在“图层”面板中选择“02”图层，如图 35-22 所示，选择菜单“编辑”|“描边”命令，对话框设置如图 35-23 所示，单击“确定”按钮，得到如图 35-24 所示的效果。

图35-22

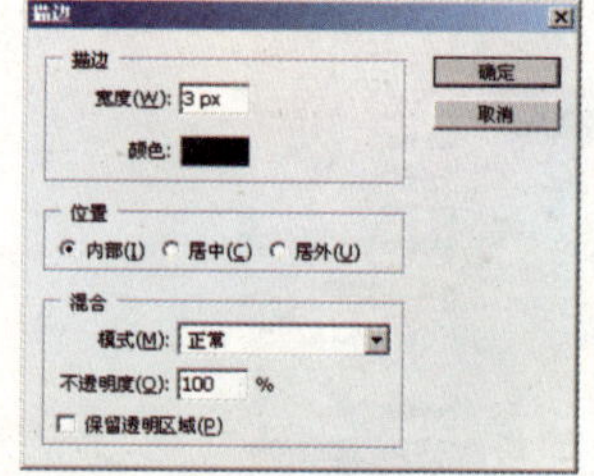

图35-23

图35-24

11 合并图层并更改图层的混合模式。单击“图层”面板右侧的小三角按钮，在弹出的菜单中选择“向下合并”命令，如图 35-25 所示，将“02”和“02 副本”图层合并为一个图层。更改合并后图层的混合模式为“叠加”，如图 35-26 所示，效果如图 35-27 所示。

12 复制文字图层并调整大小。载入“02 副本”图层的选区，选择“移动工具”，按住 Alt 键，对图形进行移动并复制。再按 Ctrl+T 组合键调出自由变换控制框将图形缩小，如图 35-28 所示。用同样的方法制作出多个文字图层，如图 35-29 所示。

图35-25

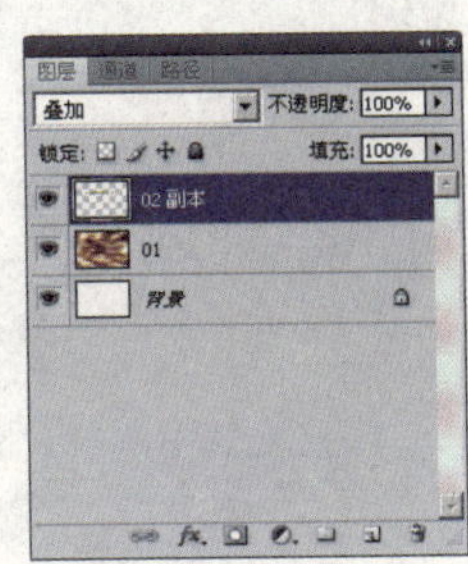

图35-26

图35-27

图35-28

图35-29

13 绘制人像侧面。选择 "钢笔工具"，工具栏设置如图 35-30 所示，在图中绘出人的侧面头像，如图 35-31 所示，得到"形状 1"图层。

图 35-30

图 35-31

14 栅格化图层并载入此图层的选区。在"图层"面板中选择"形状 1"图层并单击鼠标右键，在弹出的快捷菜单中选择"栅格化图层"命令，如图 35-32 所示。载入此头像图层的选区，如图 35-33 所示。

图 35-32

图 35-33

15 为头像制作云彩效果。更改前景色和背景色的颜色分别为灰色和黑色，如图 35-34 所示。选择菜单"滤镜"|"渲染"|"云彩"命令，如图 35-35 所示，效果如图 35-36 所示。

16 调整图形的亮度和对比度。选择菜单"图像"|"调整"|"亮度/对比度"命令，对话框设置如图 35-37 所示，单击"确定"按钮。

17 制作光照效果增加图形的立体感。选择菜单"滤镜"|"渲染"|"光照效果"命令，对话框设置如图 35-38 所示，单击"确定"按钮，得到如图 35-39 所示的效果。

18 更改图层的混合模式。在"图层"面板中选择"形状 1"图层，更改此图层的混合模式为"线性光"，如图 35-40 所示，效果如图 35-41 所示。

19 制作符号图形。在“图层”面板中新建一个图层并命名为“03”，如图35－42所示。选择“自定形状工具”，工具栏设置如图35－43所示，绘制如图35－44所示的形状。

图35－34

图35－35

图35－36

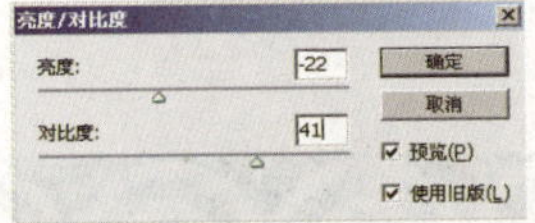

图35－37

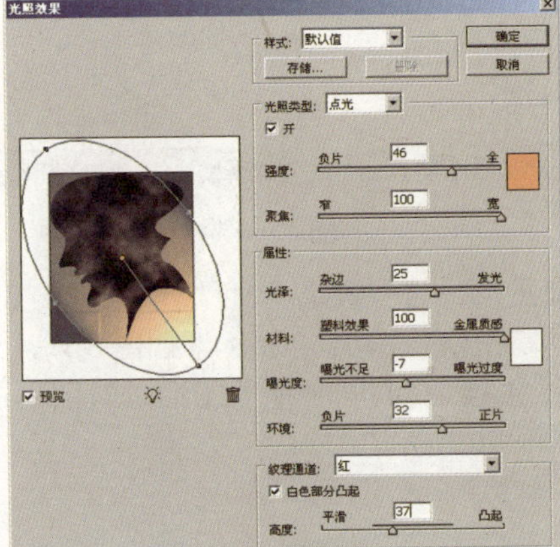

图35－38

图35－39

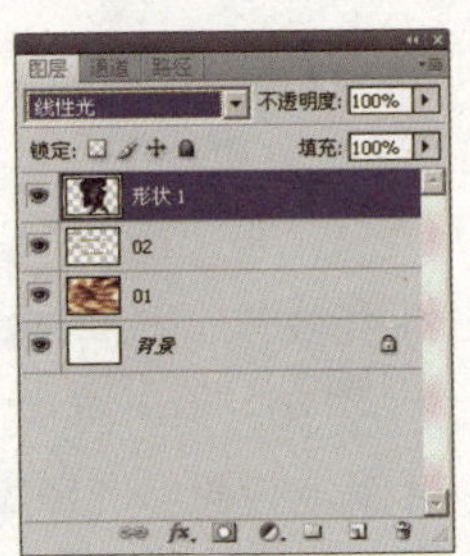

图35－40

图35-41

图35-42

图35-43

图35-44

20 复制图形。在“图层”面板中选择“03”图层并单击鼠标右键，在弹出的快捷菜单中选择“栅格化图层”命令，如图35-45所示。载入此图层的选区，选择“移动工具”，按住Alt键的同时拖动图形，对图形进行移动并复制。用同样的方法复制多个图形，如图35-46所示。

图35-45

图35-46

21 为图形拉出渐变效果。选择“渐变工具”，设置渐变颜色由黑绿色到豆绿色，工具栏设置如图35-47所示，在图形中由左到右拖拽出渐变效果，如图35-48所示。

22 制作墨水轮廓画笔效果。选择菜单“滤镜”|“画笔描边”|“墨水轮廓”命令，对话框设置如图35-49所示，单击“确定”按钮，得到如图35-50所示的效果。

图35-47

图35-48

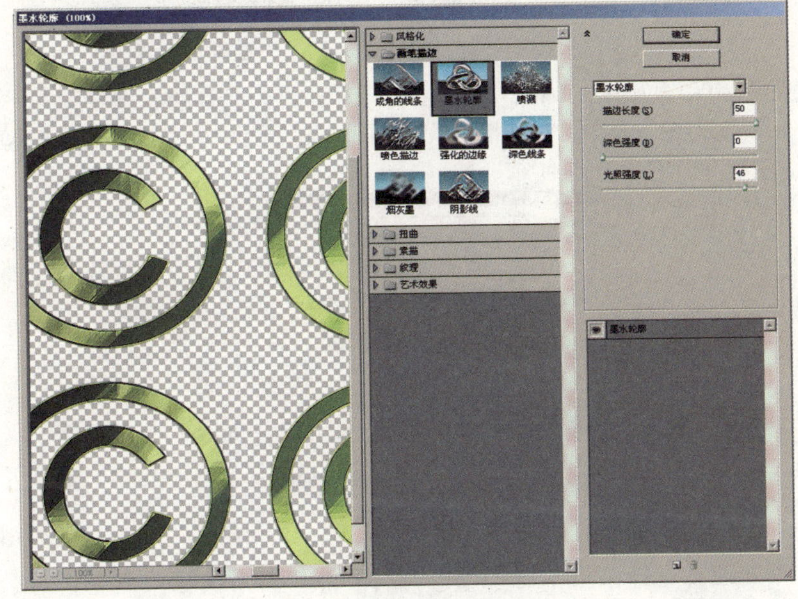

图35-49

23 将图形变形处理并调整图形空间位置。按Ctrl+T组合键调出自由变换控制框，将图形旋转变形，如图35-51所示，复制“03”图层，得到“03副本”图层，如图35-52所示。载入复制图层的选区，使用“移动工具”将其稍稍向下移动，如图35-53所示。

图35-50

图35-51

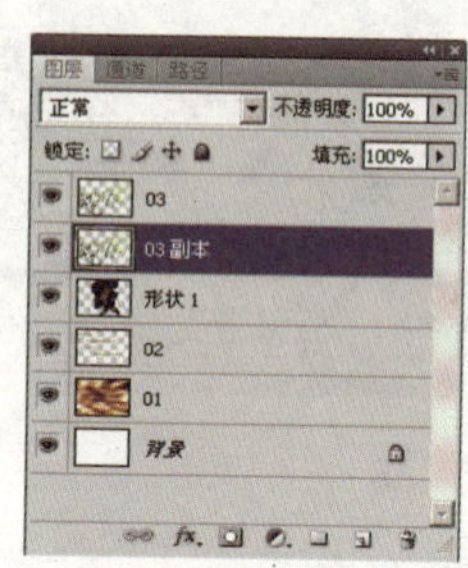

图35-52

图35-53

24 调整图像的色相和饱和度。确保“03 副本”图层的选区存在，选择菜单“图像”|“调整”|“色相/饱和度”命令，对话框设置如图35-54所示，单击“确定”按钮。

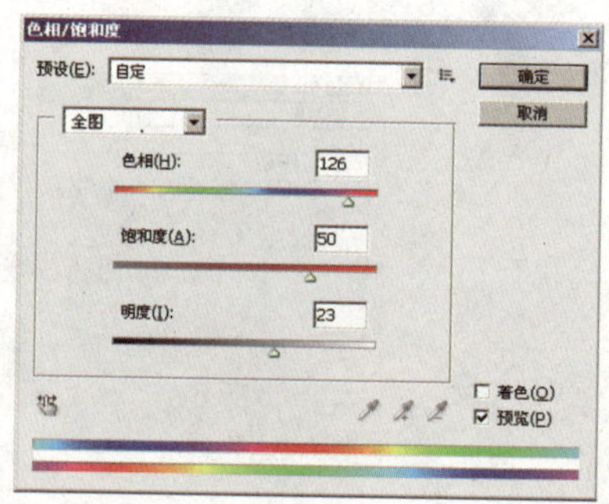

图35-54

25 将图形模糊处理。选择菜单“滤镜”|“模糊”|“高斯模糊”命令，对话框设置如图35-55所示，单击“确定”按钮，得到如图35-56所示的效果。

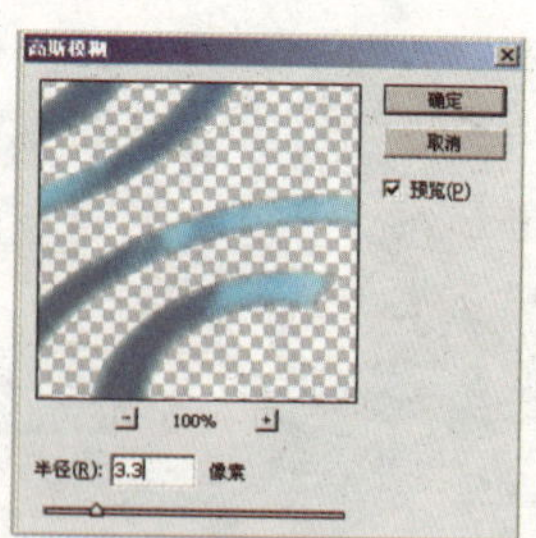

图35-55

图35-56

26 更改图层的混合模式。在“图层”面板中选择“03”图层并更改图层的混合模式为“叠加”，如图35-57所示。再选择图层“03副本”图层，更改图层的混合模式为“亮光”，如图35-58所示，效果如图35-59所示。

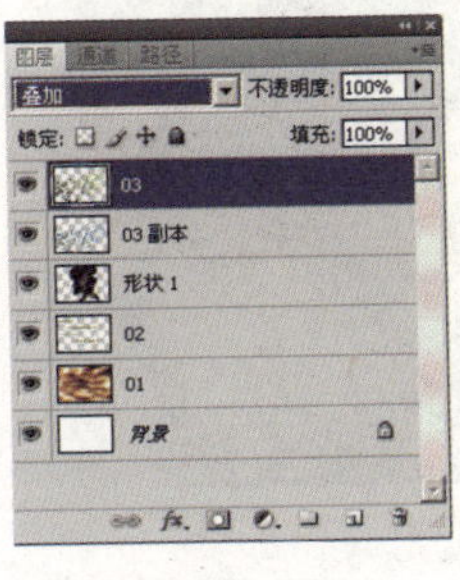

图35-57

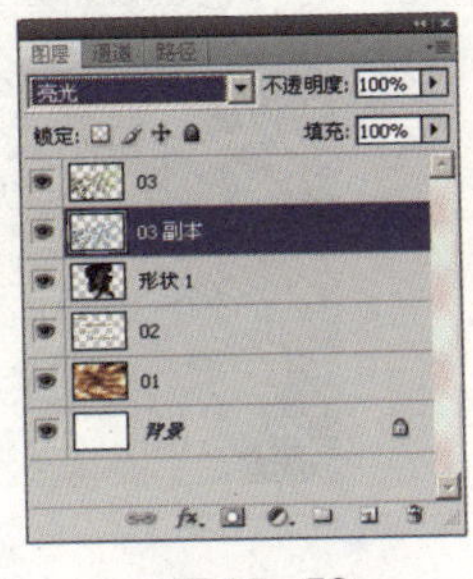

图35-58

图35-59

27 调整图像的亮度和对比度。打开随书光盘中“外用图\3501.jpg”的文件，如图35-60所示，将其拖入制作文件中，得到“图层1”，按Ctrl+T组合键调出自由变换控制框将图像放大，如图35-61所示。选择菜单“图像”|“调整”|“亮度/对比度”命令，对话框设置如图35-62所示。

图35-60

图35-61

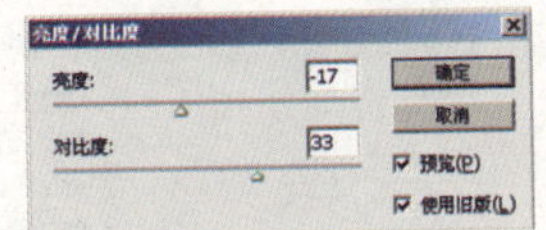

图35-62

28 选择白色范围并删除。选择菜单“选择”|“色彩范围”命令，在弹出的对话框中用吸管吸取图像中的白色选区，如图35-63所示，单击“确定”按钮，按Delete键将选区内的白色删除，得到如图35-64所示的效果。

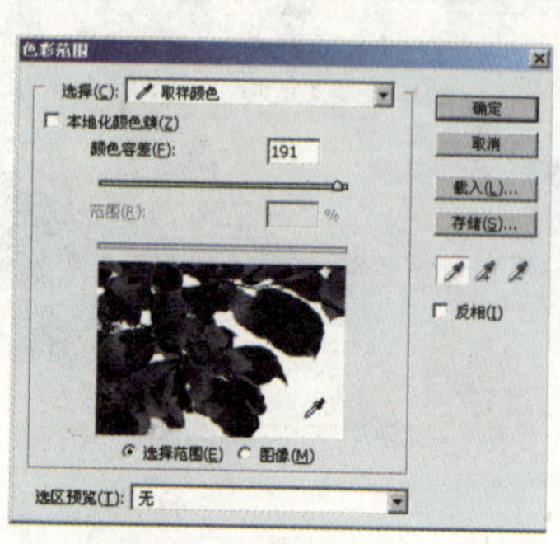

图35-63

图35-64

29 制作查找边缘效果。选择菜单“滤镜”|“风格化”|“查找边缘”命令，如图35-65所示，得到如图35-66所示的效果。

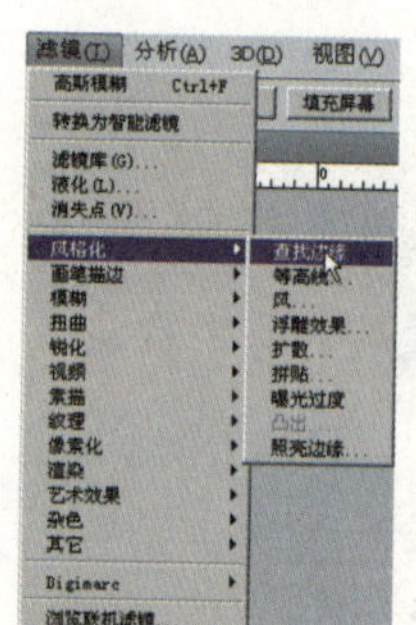

图35-65

图35-66

30 调整图像的亮度和对比度。选择菜单“图像”|“调整”|“亮度/对比度”命令，对话框设置如图35-67所示，单击“确定”按钮，得到如图35-68所示的效果。

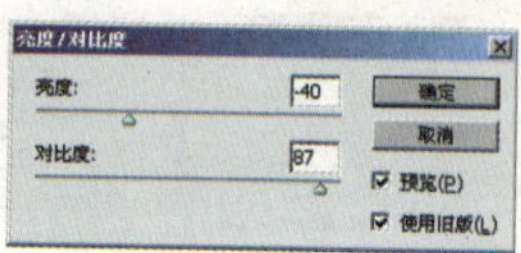

图35-67

图35-68

31 将所选图像色彩反相处理。选择菜单“图像”|“调整”|“反相”命令，如图 35–69 所示，得到如图 35–70 所示的效果。

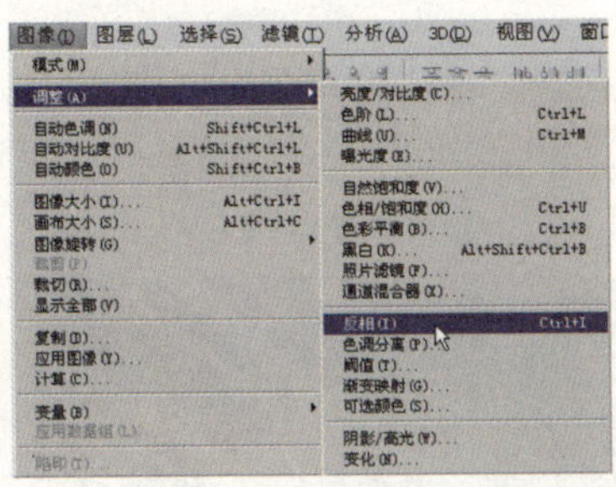

图 35–69

图 35–70

32 调整图层的混合模式。按 Ctrl + T 组合键调出自由变换控制框将图像旋转变形，如图 35–71 所示，在“图层”面板中选择“图层 1”并更改图层的混合模式为“正片叠底”，如图 35–72 所示。

图 35–71

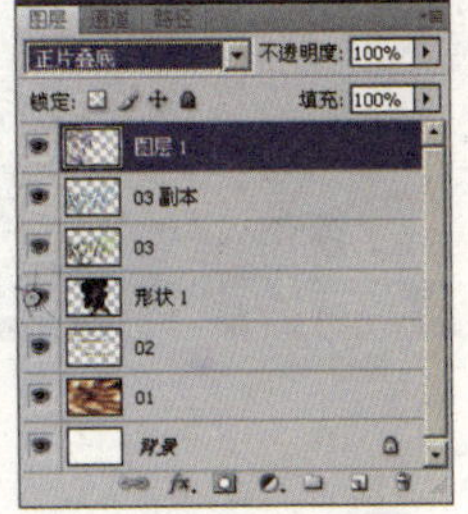

图 35–72

最终效果如图 35–73 所示。

图 35–73

36 抽象的视觉意境

运用多种滤镜制作出和谐特效，关键在于要把握创意的主题，在画面中央设计抽象的眼睛符号图形作为主题内容，使画面产生很强的视觉冲击力，多用在海报、封面、包装和网页设计中。

操作步骤如下：

01 创建新文件。启动Photoshop CS4，选择菜单“文件”|“新建”命令（或按Ctrl+N组合键），在弹出的对话框中将“宽度”设置为15厘米，“高度”设置为10.5厘米，如图36－1所示，单击“确定”按钮，创建一个新文件。

图36－1

02 新建图层并设置椭圆选框工具参数。单击“图层”面板下方的“创建新图层”按钮，新建一个图层并命名为“01”，如图 36-2 所示。选择“椭圆选框工具”，工具栏设置如图 36-3 所示。

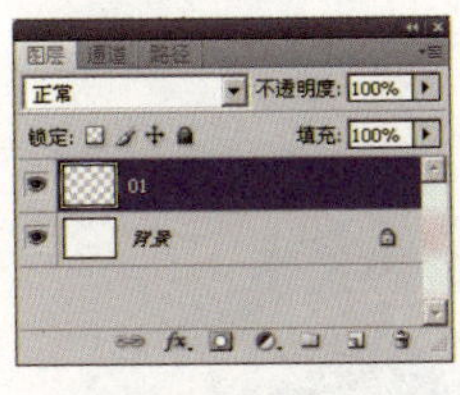

图 36-2

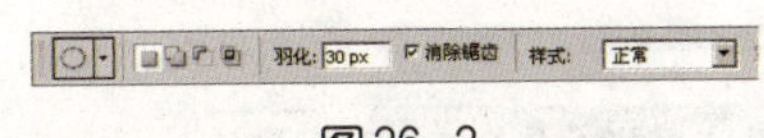

图 36-3

03 制作圆形。更改前景色的颜色值为 R：94/G：197/B：245，对话框设置如图 36-4 所示，在图中绘出一个正圆并填充前景色，如图 36-5 所示。

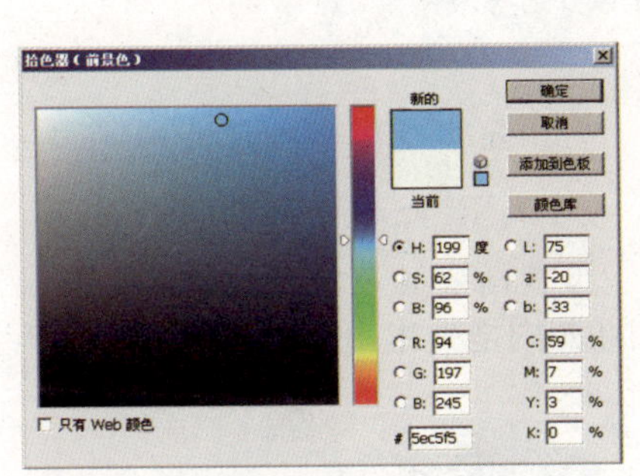

图 36-4

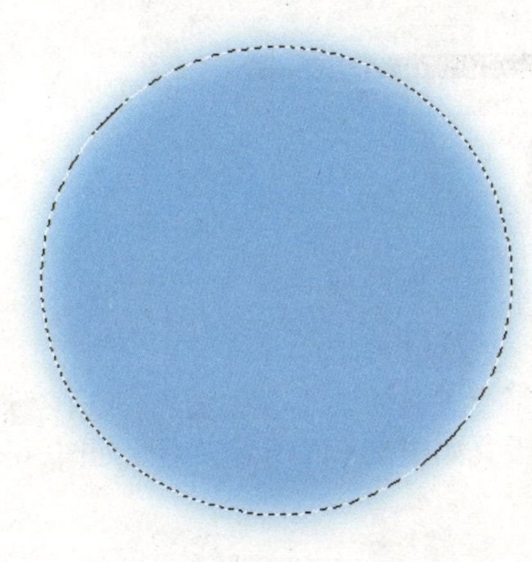
图 36-5

04 制作羽化白色小圆。选择“椭圆选框工具”，工具栏设置如图 36-6 所示，在蓝色正圆中再绘出一个小的正圆并填充白色，如图 36-7 所示。

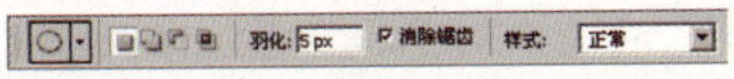

图 36-6

图 36-7

05 制作渐变色圆形。选择"渐变工具"，工具栏及颜色设置如图 36-8 和图 36-9 所示。使用"椭圆选框工具"在正圆中再绘制出一个小一圈的同心圆，再用"渐变工具"在圆形选区中从中央向周围拖拽出渐变效果，如图 36-10 所示。

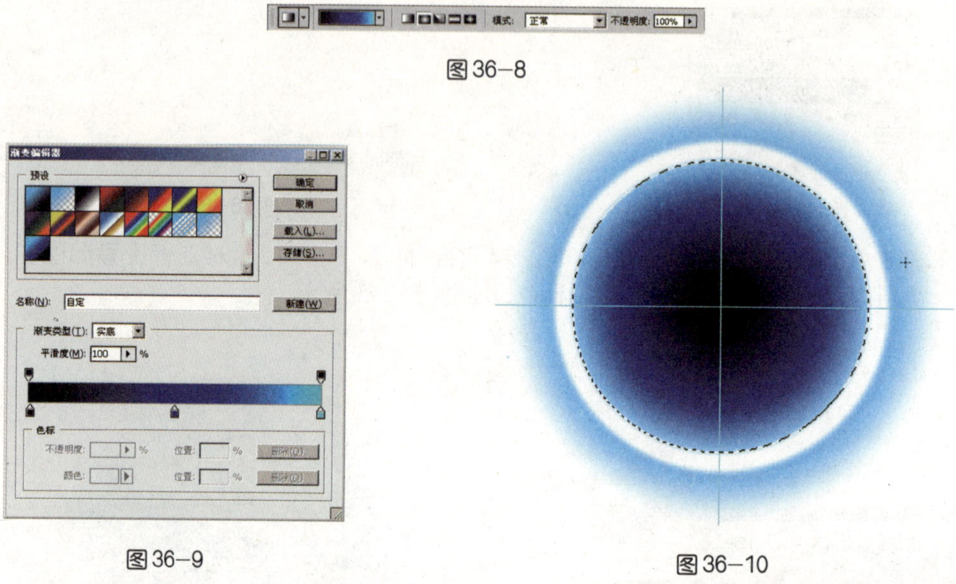

图 36-8

图 36-9

图 36-10

06 使用渐变工具将圆心颜色加黑。选择"渐变工具"，设置渐变颜色由灰色到透明色，工具栏设置如图 36-11 所示，参照如图 36-12 所示，在红圈内拖拽出由黑色到透明色的渐变效果。

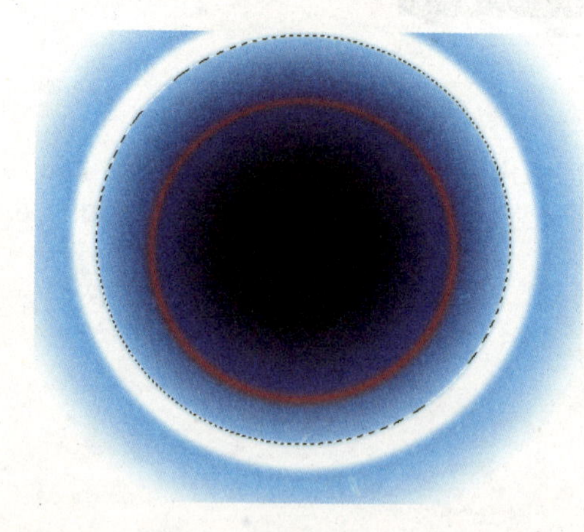

模式: 正常 不透明度: 100%

图 36-11

图 36-12

07 新建图层并确定选区范围。使用"椭圆选框工具"在正圆中拖拽出如图 36-13 所示的同心圆，在"图层"面板中新建一个图层并命名为"02"，如图 36-14 所示。

08 制作点状化效果。选择菜单"滤镜"|"像素化"|"点状化"命令，对话框设置如图 36-15 所示，单击"确定"按钮，得到如图 36-16 所示的效果。

09 调整图像色彩的阈值。选择菜单"图像"|"调整"|"阈值"命令，对话框设置如图 36-17 所示，单击"确定"按钮，得到如图 36-18 所示的效果。

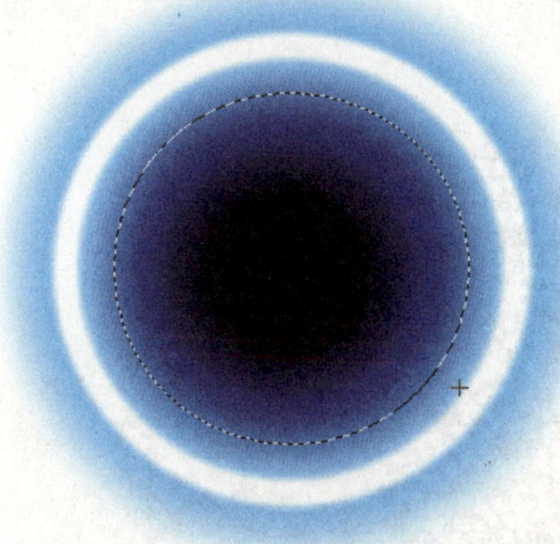

图36–13

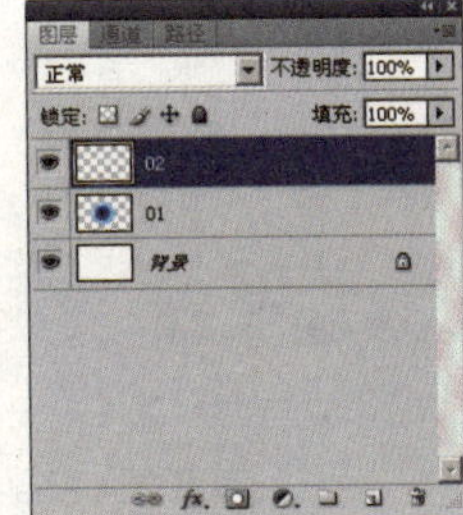

图36–14

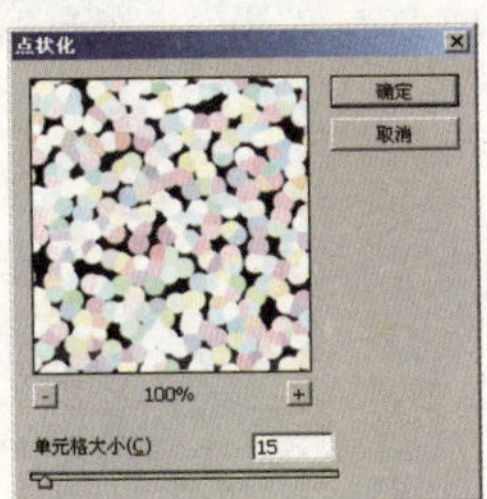

图36–15

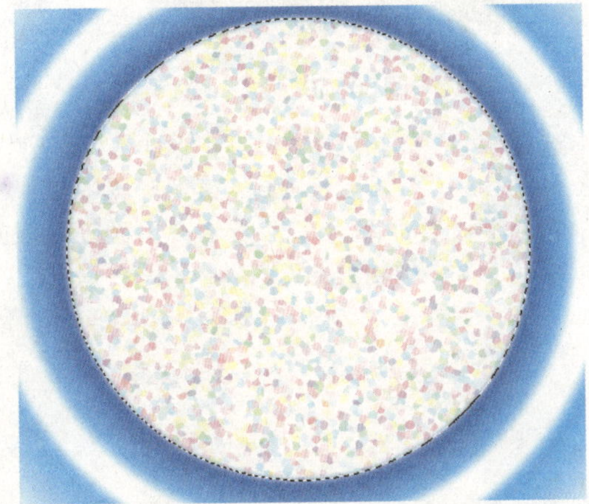

图36–16

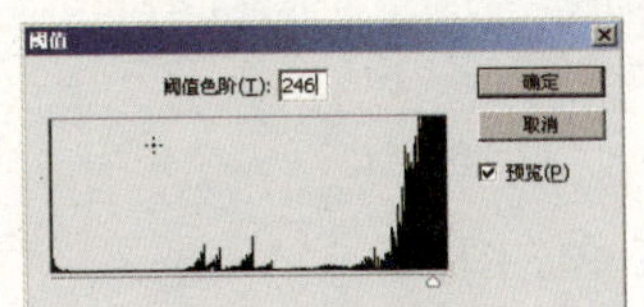

图36–17

图36–18

10 将所选的图像反相处理。选择菜单“图像”|“调整”|“反相”命令，如图 36-19 所示，得到如图 36-20 所示的效果。

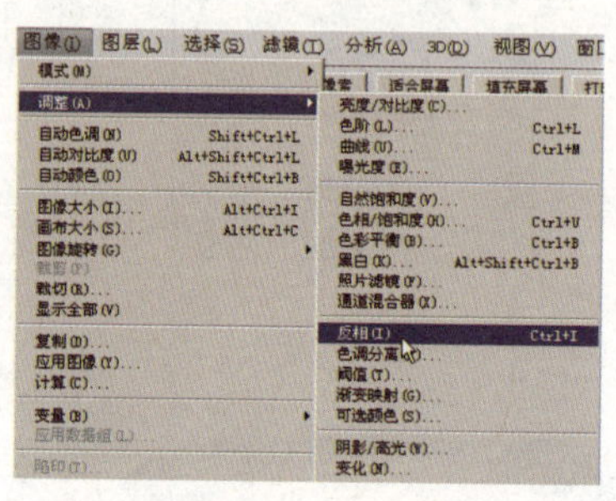

图36-19

图36-20

11 选择黑色范围并删除。在“图层”面板中选择“02”图层，如图 36-21 所示。选择菜单“选择”|“色彩范围”命令，对话框设置如图 36-22 所示，用吸管吸取黑色，单击“确定”按钮。再按Delete键将黑色删除，如图 36-23 所示。

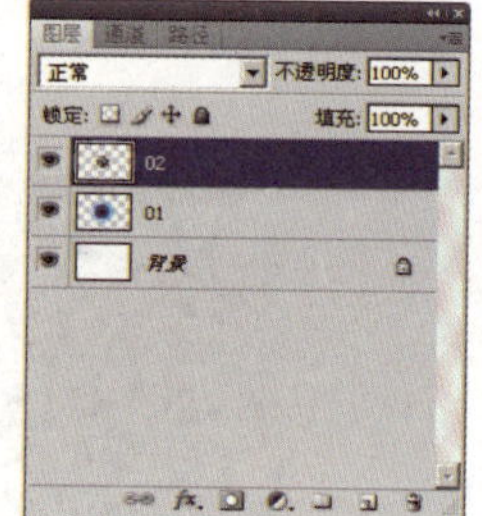

图36-21

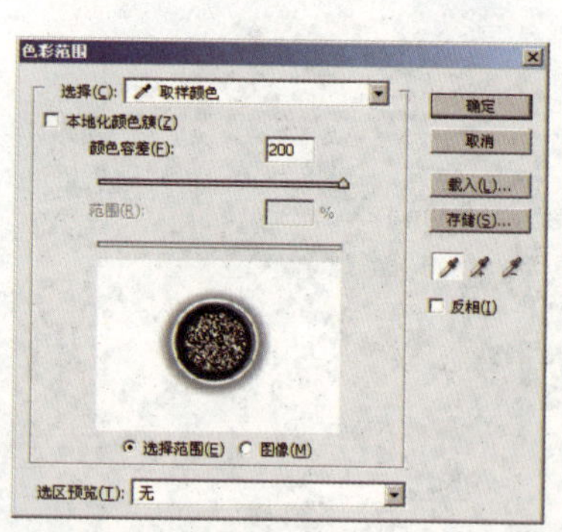

图36-22

图36-23

12 运用渐变映射并调整图像的色相和饱和度。选择菜单“图像”|“调整”|“渐变映射”命令，对话框设置如图 36-24 所示。再选择菜单“图像”|“调整”|“色相/饱和度”命令，对话框设置如图 36-25 所示，单击“确定”按钮，得到如图 36-26 所示的效果。

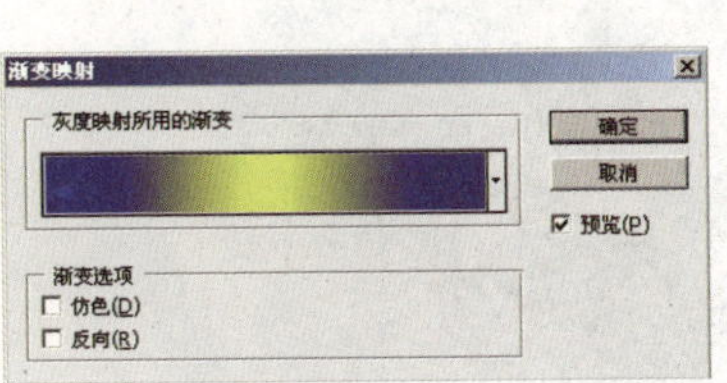

图36-24

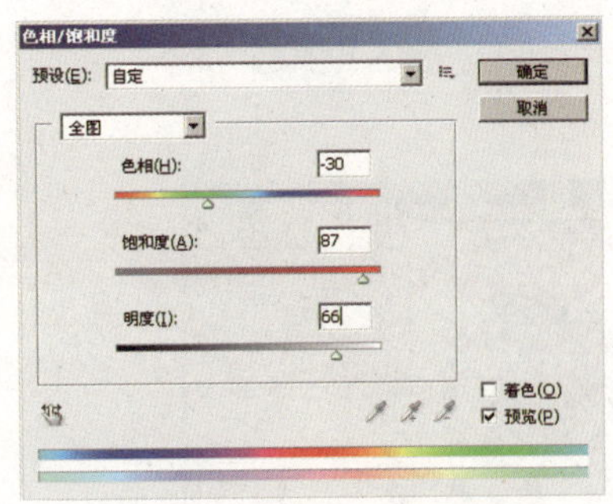

图36-25

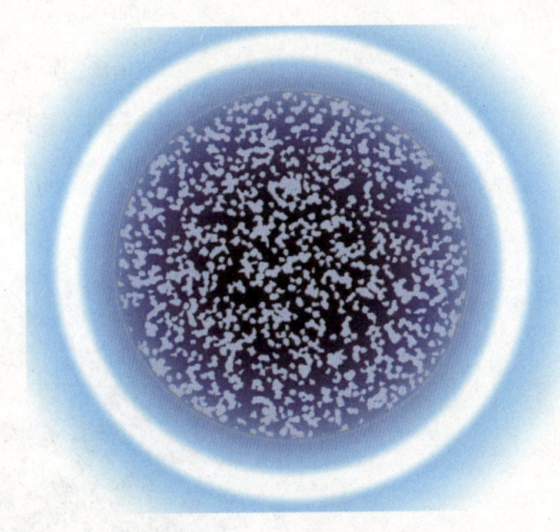

图36-26

13 框选出圆形选区范围。选择“椭圆选框工具”，工具栏设置如图36-27所示，在图层中绘出一个正圆选区，如图36-28所示。

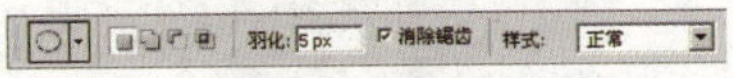

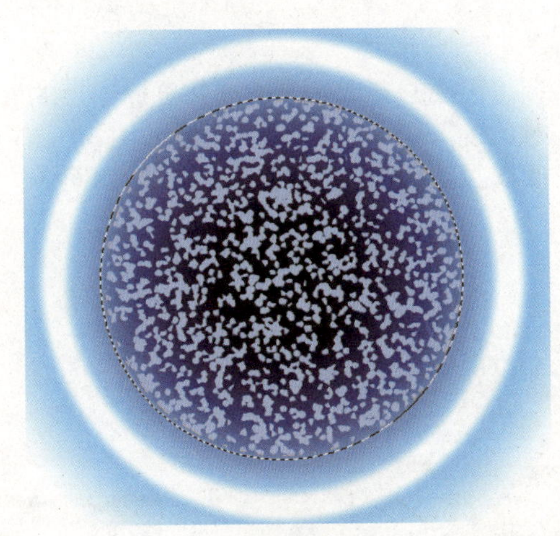

图36-27

图36-28

14 将所选图形球面化处理。选择菜单“滤镜”|“扭曲”|“球面化”命令，对话框设置如图36-29所示，单击“确定”按钮，得到如图36-30所示的效果。

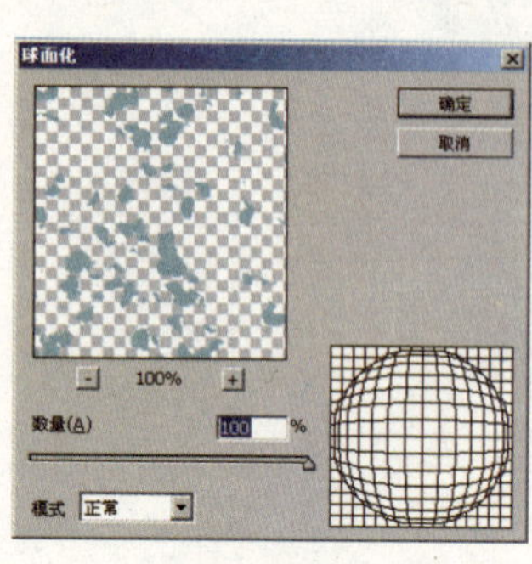

图 36-29

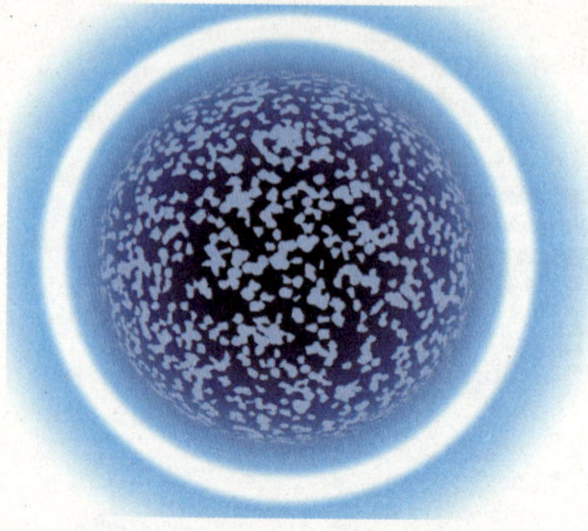
图 36-30

15 将图像模糊处理。选择菜单“滤镜”|“模糊”|“高斯模糊”命令，对话框设置如图 36-31 所示，单击“确定”按钮，得到如图 36-32 所示的效果。

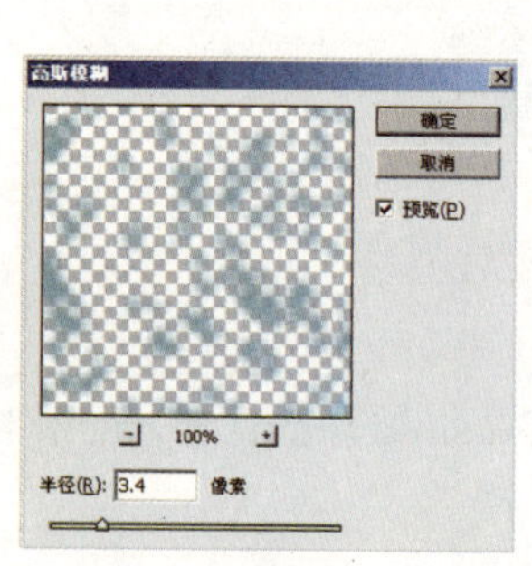

图 36-31

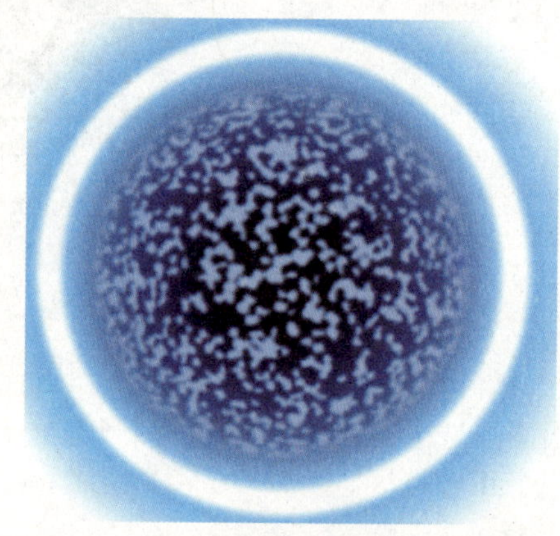
图 36-32

16 调整图像的亮度和对比度并更改图层的混合模式。选择菜单“图像”|“调整”|“亮度/对比度”命令，对话框设置如图 36-33 所示。在“图层”面板中选择“02”图层并更改图层的混合模式为“叠加”，如图 36-34 所示，效果如图 36-35 所示。

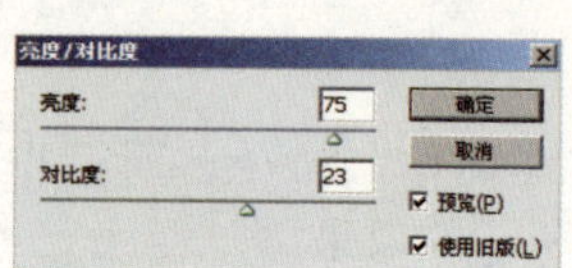

图 36-33

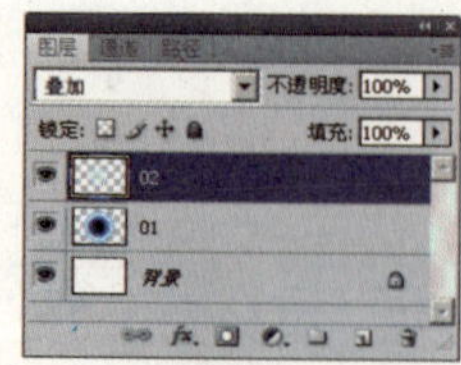

图 36-34

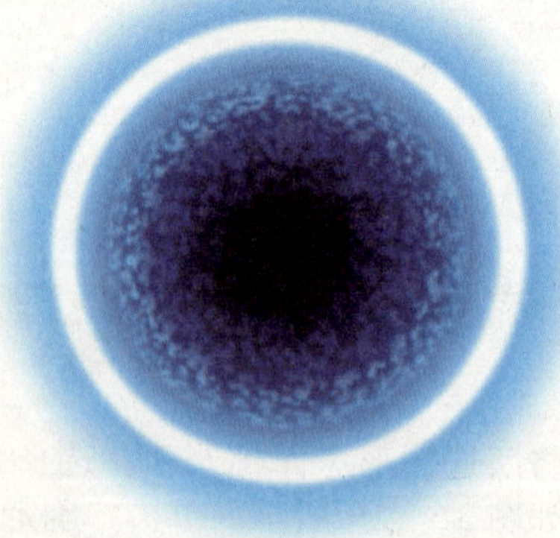
图 36-35

17 勾绘图形路径。在“图层”面板中新建一个图层并命名为“03”，如图 36-36 所示。填充为灰色，如图 36-37 所示。选择“钢笔工具”，工具栏设置如图 36-38 所示，绘制如图 36-39 所示的路径。

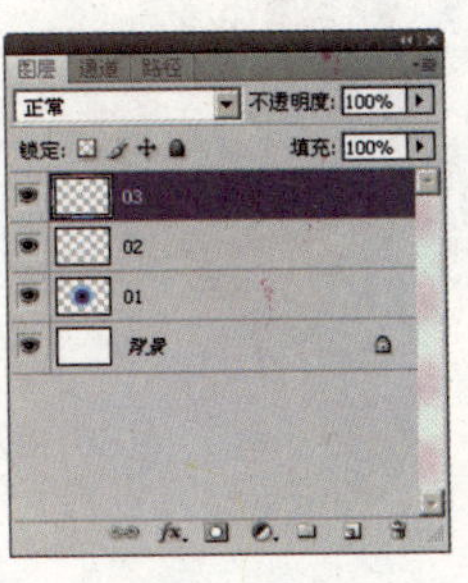

图36-36

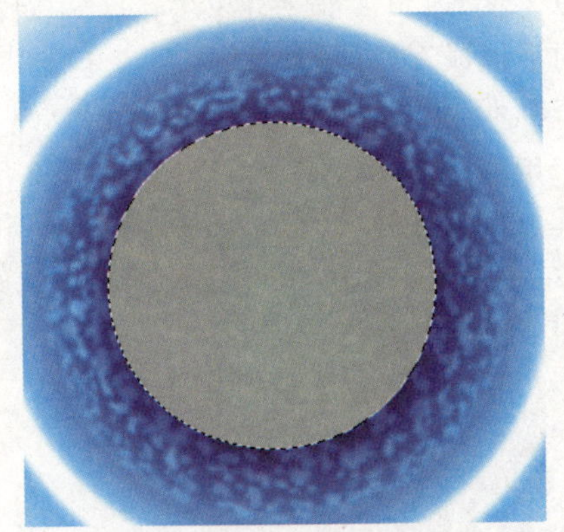

图36-37

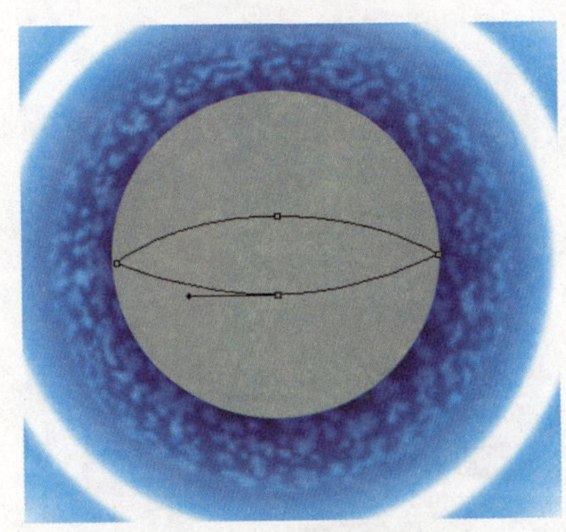

自动添加/删除

图36-38

图36-39

18 将路径转换为选区并删除选区。将“工作路径”拖到“路径”面板下方的“将路径作为选区载入”按钮上，如图 36-40 所示，将工作路径转换为选区，如图 36-41 所示，再按 Delete 键将选区内的颜色删除，如图 36-42 所示。

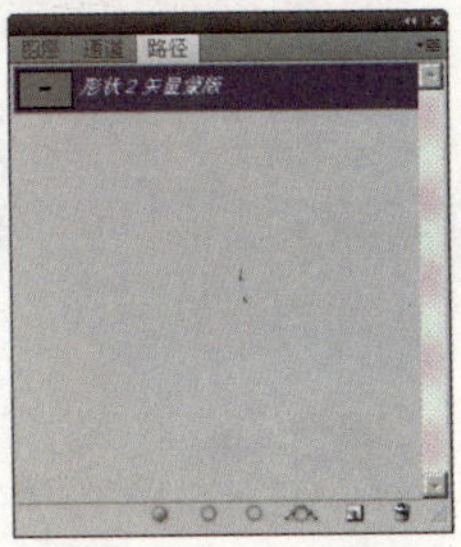

图36-40

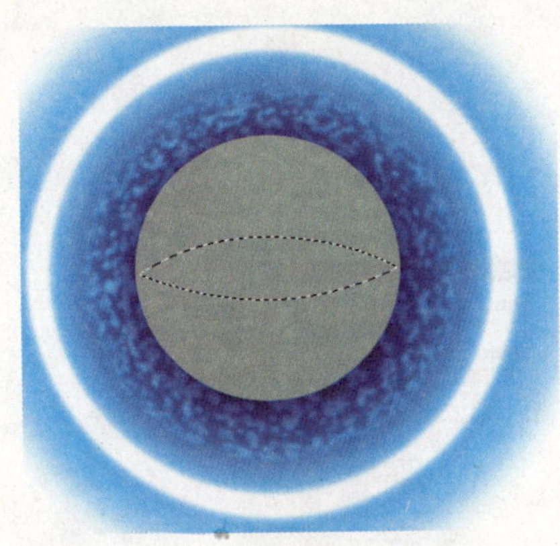

图36-41

19 调整所选图像的亮度和对比度。选择“多边形套索工具”，工具栏设置如图 36-43 所示，在图中绘出两个四边形选区，如图 36-44 所示，选择菜单“图像”|“调整”|“亮度/对比度”命令，对话框设置如图 36-45 所示，单击“确定”按钮，得到如图 36-46 所示的效果。

20 运用渐变工具制作球的立体感。选择“渐变工具”，工具栏设置与颜色如图 36-47 和图 36-48 所示，在图中由中央到周边拖拽出渐变颜色，效果如图 36-49 所示。

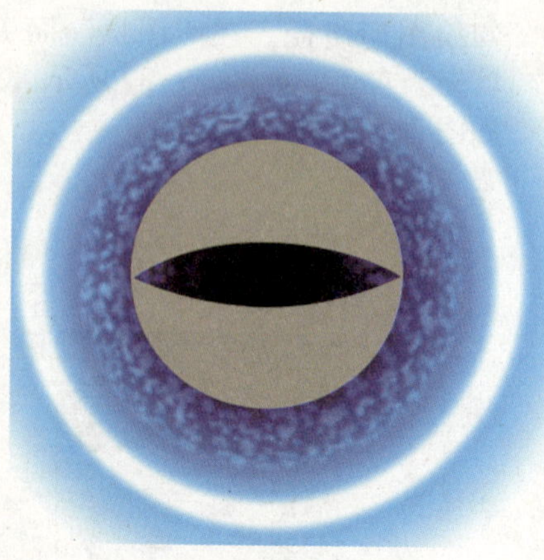

图36-42

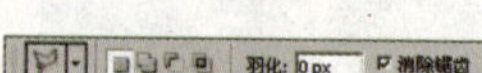

图36-43

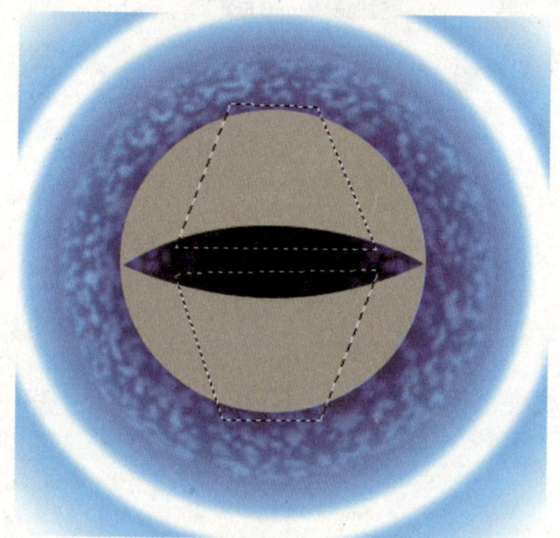
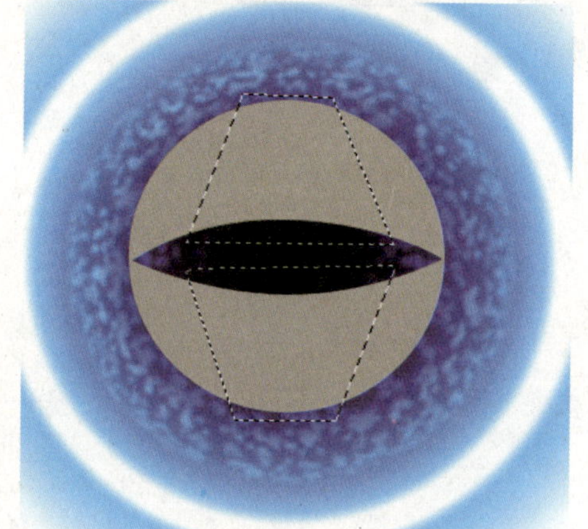

图36-44

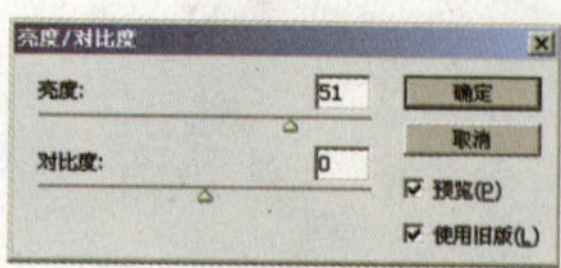

图36-45

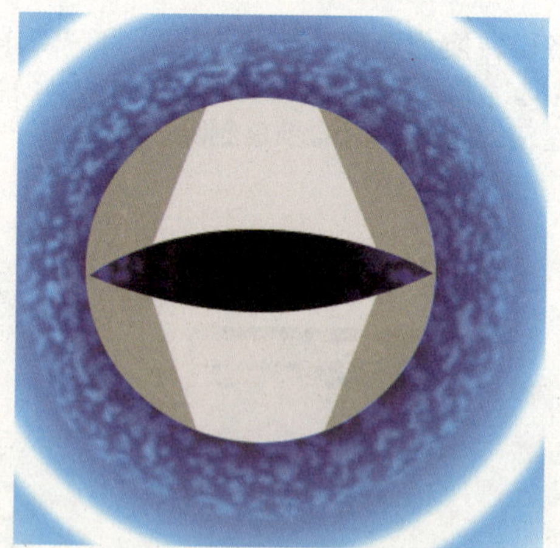

图36-46

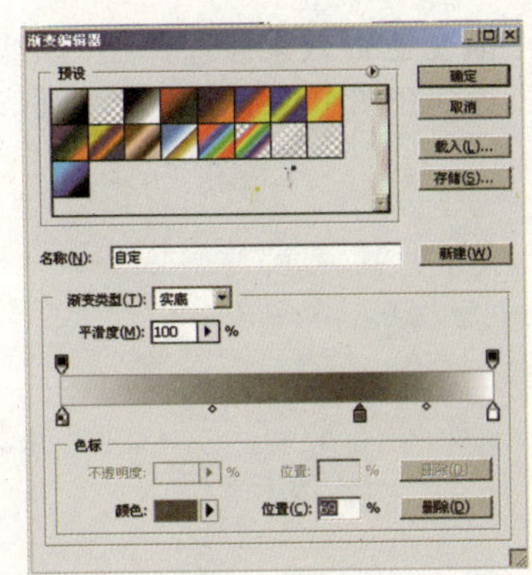

图 36-47

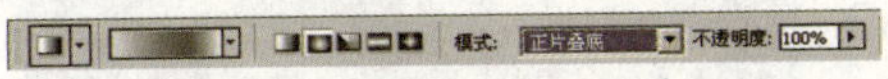

图 36-48

21 调整图形大小并制作白色圆形。在“图层”面板中选择“03”图层，按 Ctrl + T 组合键调出自由变形控制框，将图形缩小，如图 36-50 所示。再新建一个图层并命名为“04”，如图 36-51 所示。在该图层中框选出一个比眼睛图形稍大一点的圆形选区，并填充为白色，如图 36-52 所示。

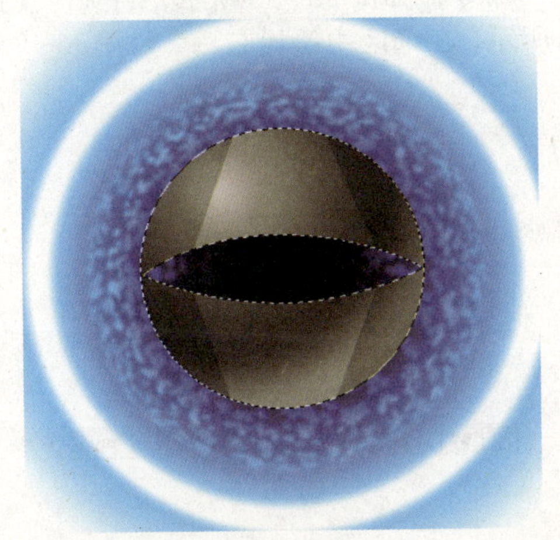

图 36-49

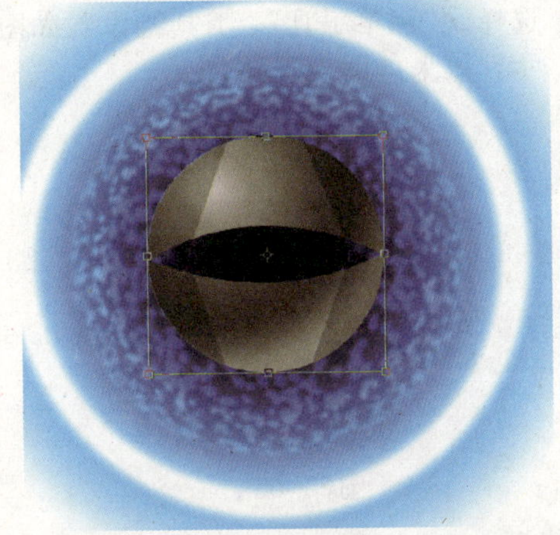

图 36-50

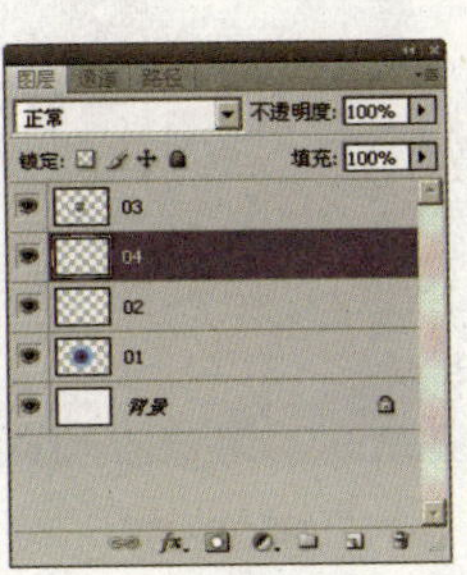

图 36-51

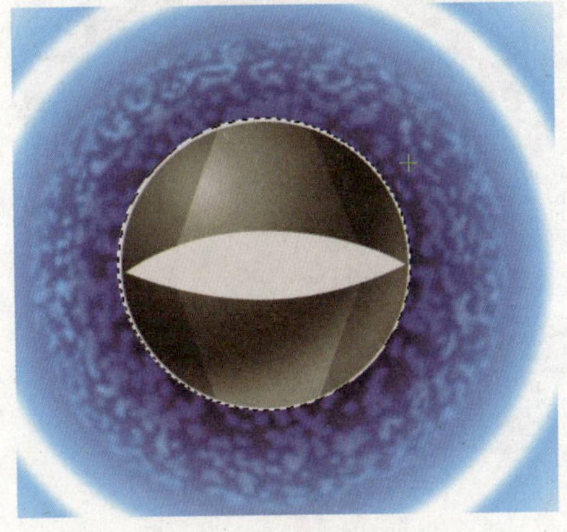

图 36-52

22 制作渐变色彩效果。选择“渐变工具”，工具栏设置如图 36−53 所示。使用“椭圆选框工具”在图中央绘出一个小圆形选区，然后拖拽出径向渐变效果，如图 36−54 所示。

图 36−53

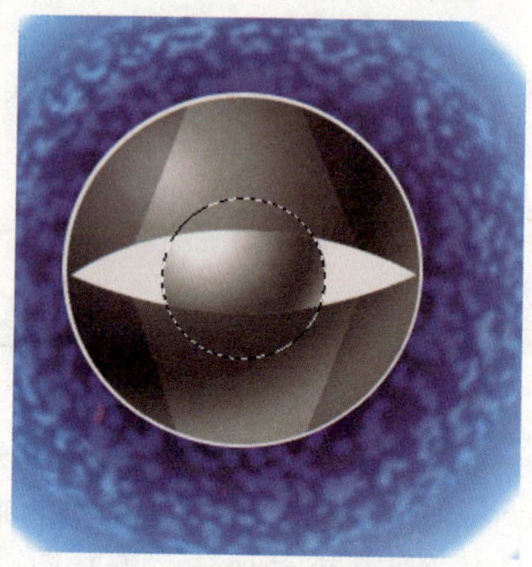

图 36−54

23 绘制出阴影效果。选择菜单“选择”|“反向”命令，如图 36−55 所示，将选区反选。选择“画笔工具”，工具栏设置如图 36−56 所示，在选区中绘出灰色，如图 36−57 所示，效果如图 36−58 所示。

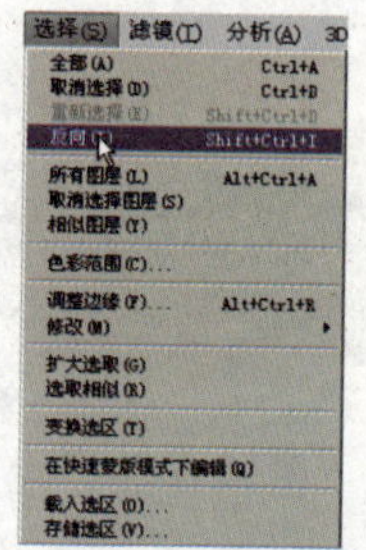

图 36−55

图 36−56

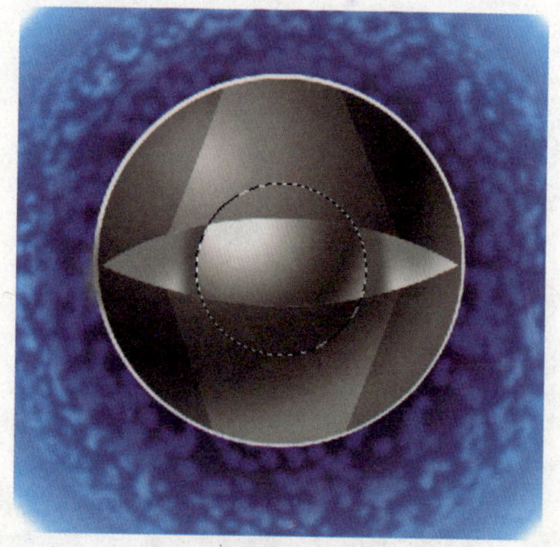

图 36−57

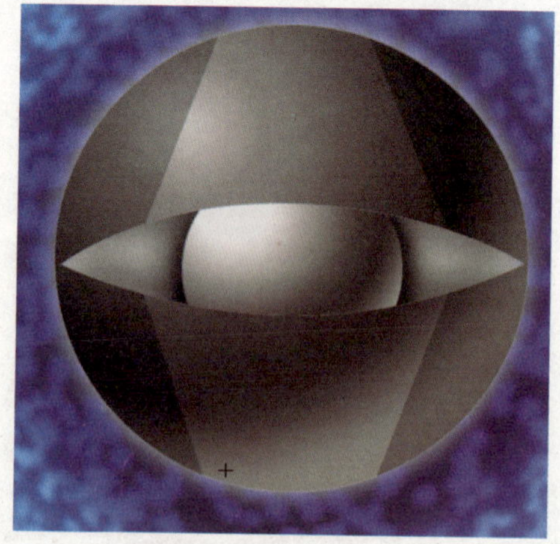

图 36−58

24 合并图层。在“图层”面板中选择“03”图层，如图36-59所示，单击面板右侧的小三角按钮，在弹出的菜单中选择“向下合并”命令，如图36-60所示。

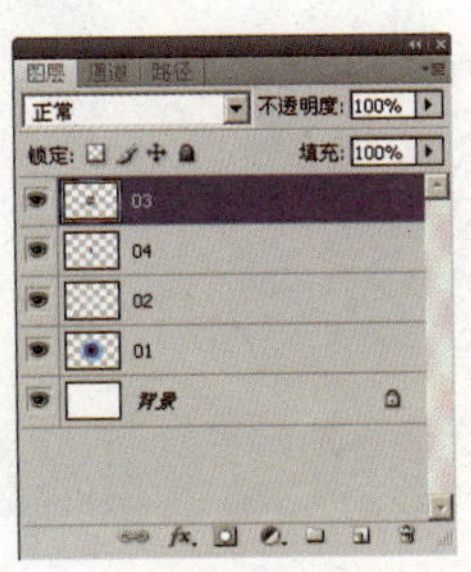

图36-59

图36-60

25 更改图层的混合模式。选择合并后的图层，更改图层的混合模式为“线性加深”，如图36-61所示，效果如图36-62所示。

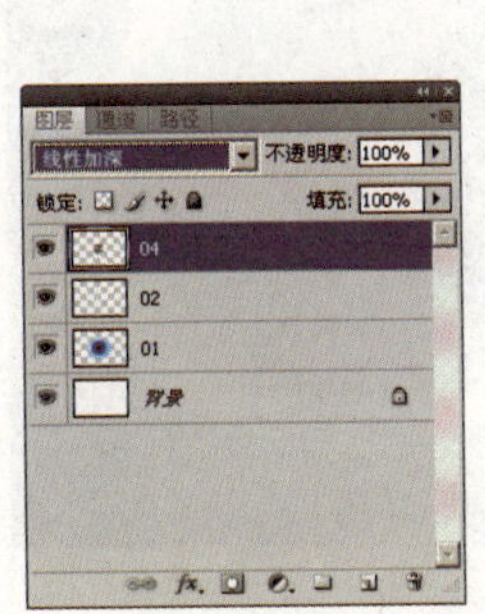

图36-61

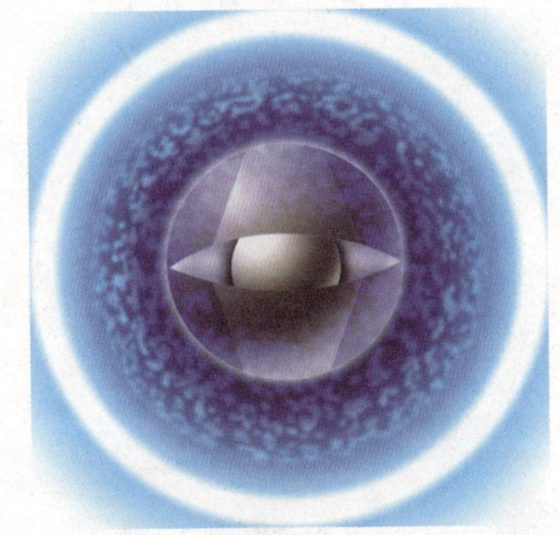
图36-62

26 新建图层并填充颜色。在“图层”面板中新建一个图层并命名为“05”，如图36-63所示。更改前景色为灰色，对话框设置如图36-64所示，填充颜色后的效果如图36-65所示。

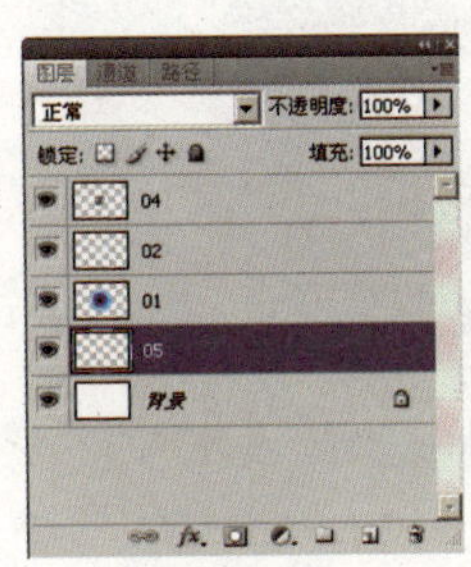

图36-63

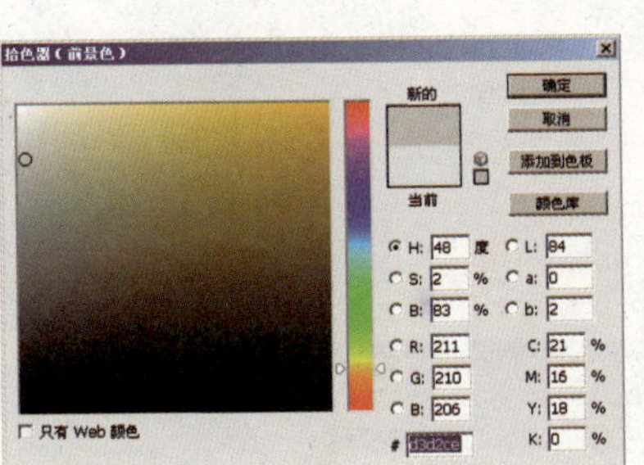

图36-64

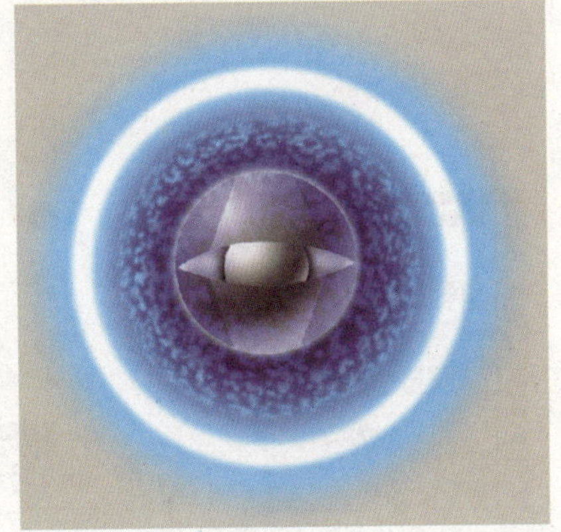
图36-65

27 制作渐变色彩效果。选择"渐变工具"，设置渐变颜色由透明色到黑蓝色，工具栏设置如图 36-66 所示。由中央到周围拖拽出渐变效果，如图 36-67 所示。

图 36-66

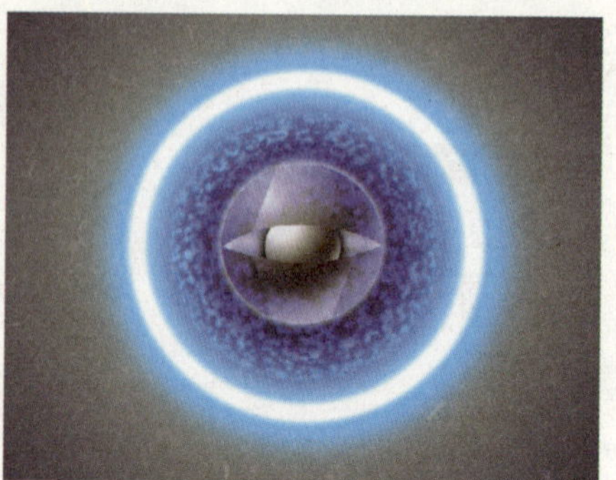

图 36-67

28 调整图像的亮度和对比度。选择菜单"图像"|"调整"|"亮度/对比度"命令，对话框设置如图 36-68 所示，单击"确定"按钮，得到如图 36-69 所示的效果。

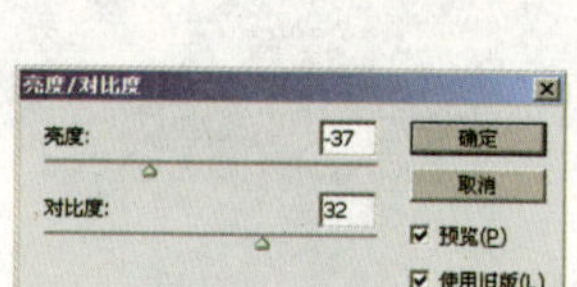

图 36-68

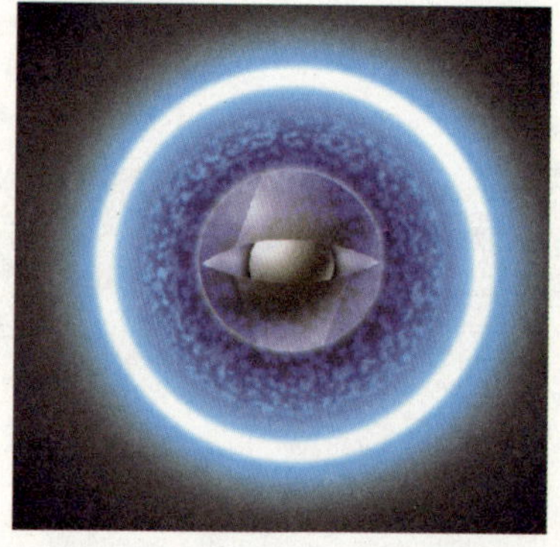

图 36-69

29 制作云彩效果。在"图层"面板中新建一个图层并命名为"06"，如图 36-70 所示。设置前景色和背景色为白色和天蓝色，如图 36-71 所示。选择菜单"滤镜"|"渲染"|"云彩"命令，如图 36-72 所示，效果如图 36-73 所示。

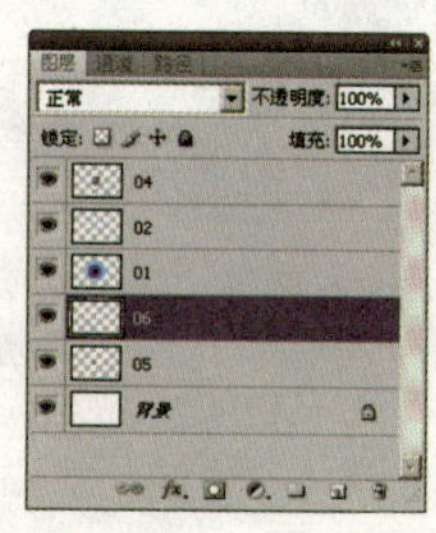

图 36-70

图 36-71

图 36-72

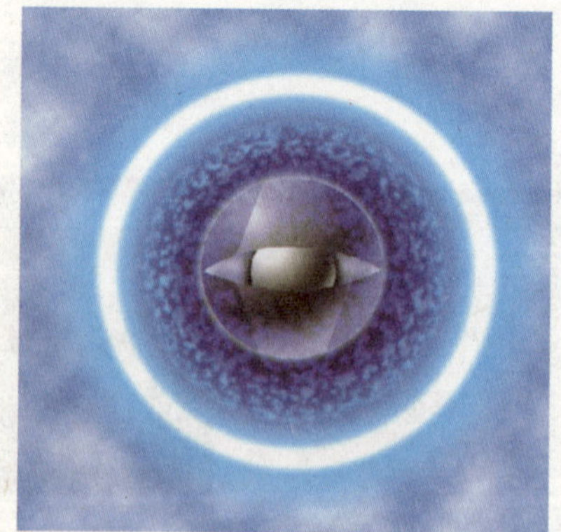

图 36-73

30 制作染色玻璃效果。选择菜单“滤镜”|“纹理”|“染色玻璃”命令，对话框设置如图 36-74 所示，单击“确定”按钮，得到如图 36-75 所示的效果。

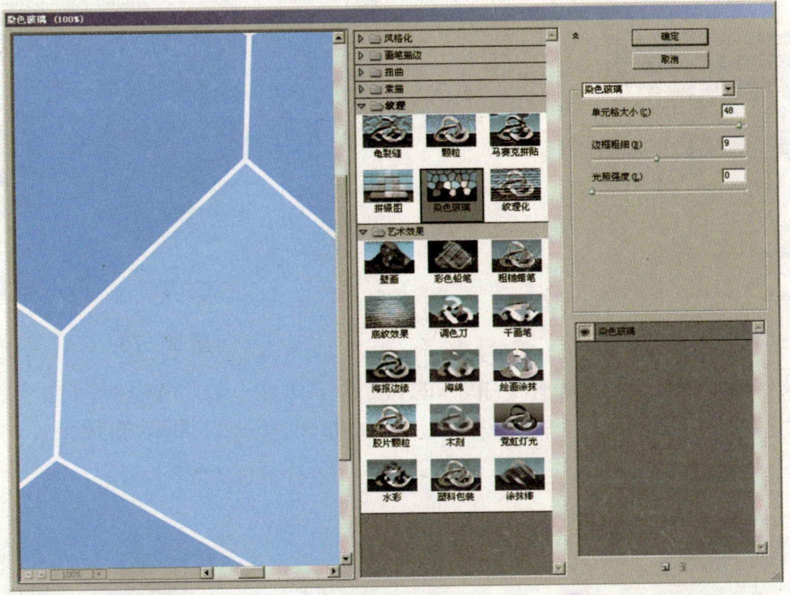

图36-74

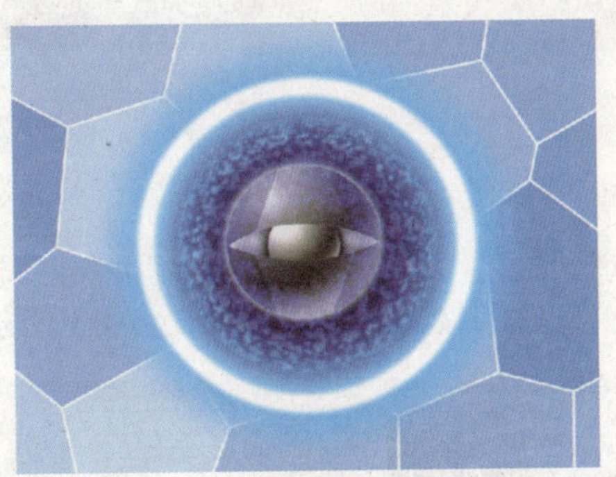

图36-75

31 调整图像的亮度和对比度。选择菜单“图像”|“调整”|“亮度/对比度”命令，对话框设置如图 36-76 所示，单击“确定”按钮，得到如图 36-77 所示的效果。

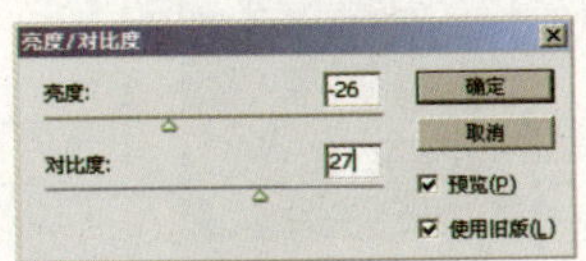

图36-76

图36-77

32 将图形波纹变形处理。选择菜单“滤镜”|“扭曲”|“波纹”命令，对话框设置如图36-78所示，单击“确定”按钮，得到如图36-79所示的效果。

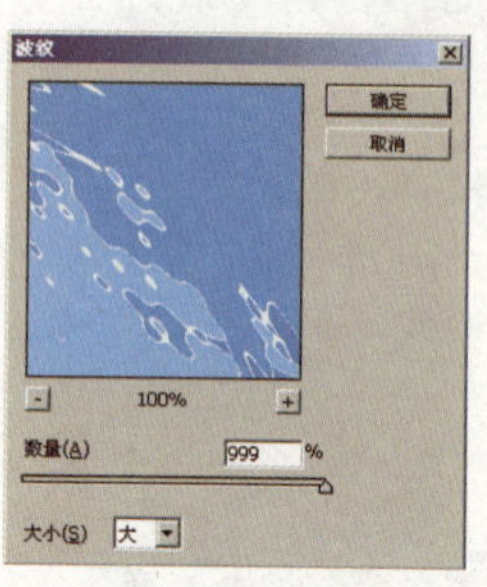

图36-78

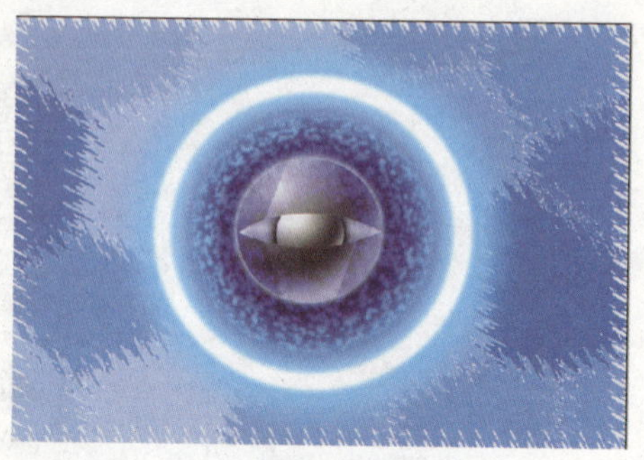

图36-79

33 将图像极坐标变形处理。选择菜单“滤镜”|“扭曲”|“极坐标”命令，对话框设置如图36-80所示，单击“确定”按钮，得到如图36-81所示的效果。

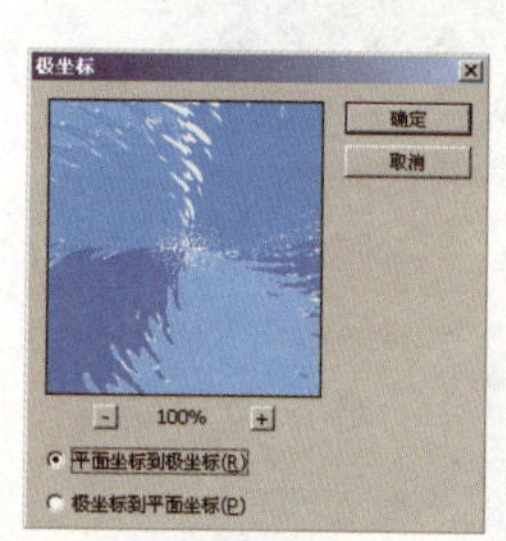

图36-80

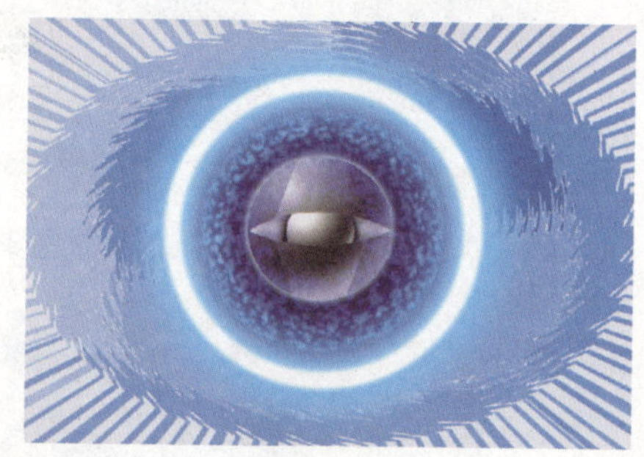

图36-81

34 制作水彩艺术效果。选择菜单“滤镜”|“艺术效果”|“水彩”命令，对话框设置如图36-82所示，单击“确定”按钮，得到如图36-83所示的效果。

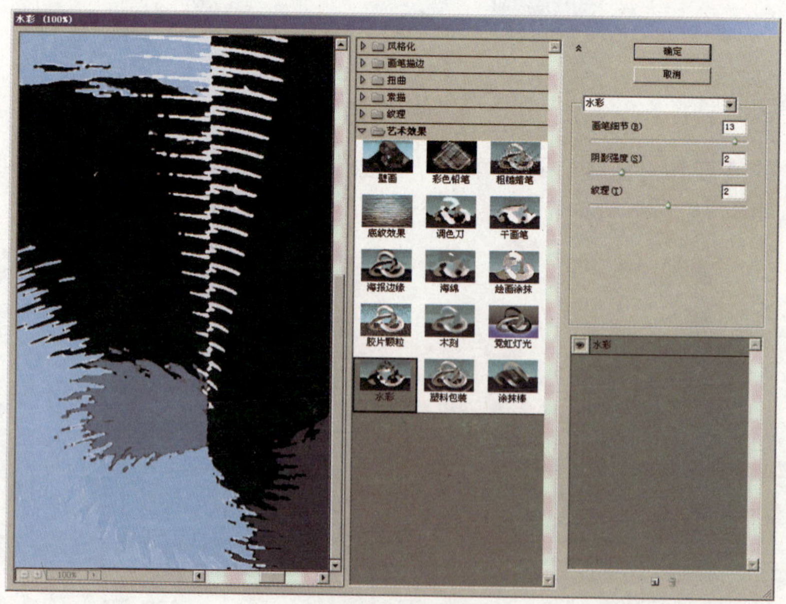

图36-82

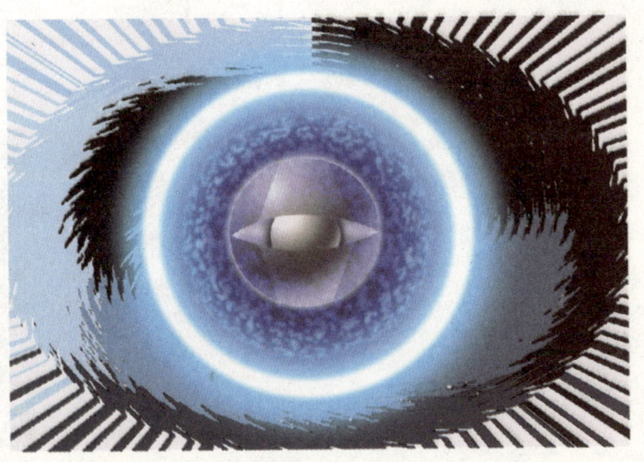

图36-83

35 剪贴图形。使用"矩形选框工具"框选图形的左半边，如图36-84所示，按Ctrl+X组合键将选区剪下，再按Ctrl+V组合键将图形贴粘，自动生成"图层1"，如图36-85所示。

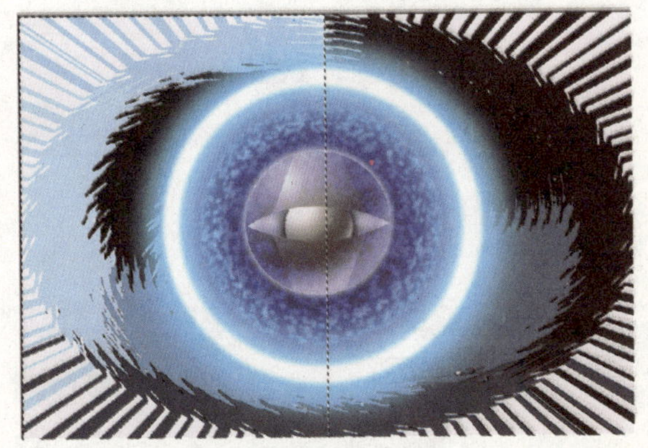

图36-84

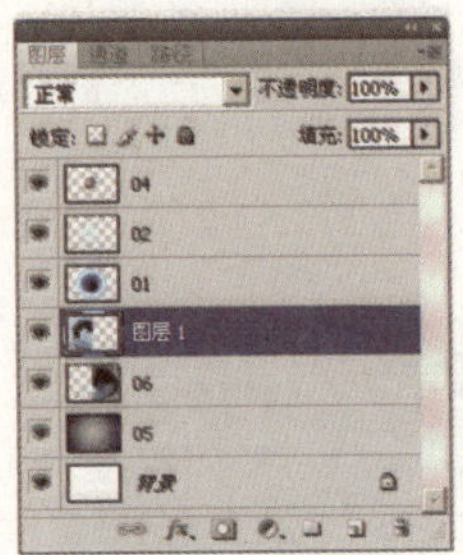

图36-85

36 调整图像的色相和饱和度。选择菜单"图像"|"调整"|"色相/饱和度"命令，对话框设置如图36-86所示，单击"确定"按钮，得到如图36-87所示的效果。

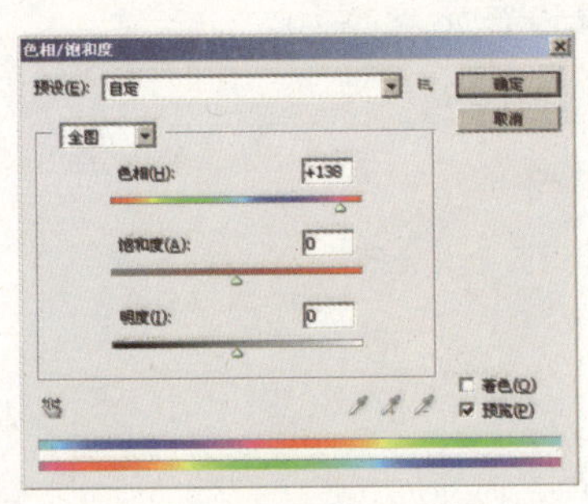

图36-86

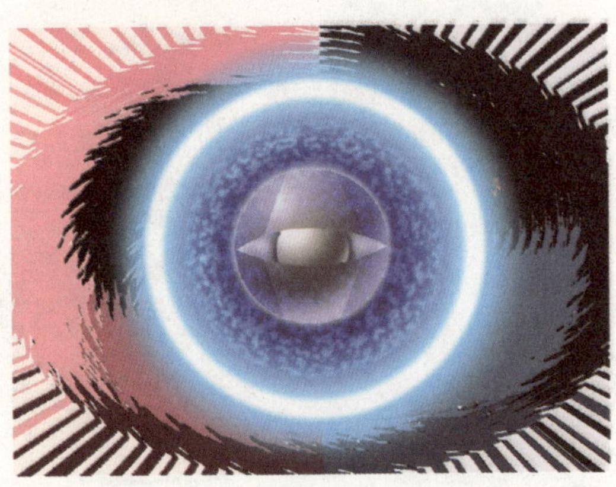

图36-87

37 制作凸出效果。选择菜单“滤镜”|“风格化”|“凸出”命令，对话框设置如图36-88所示，单击“确定”按钮，得到如图36-89所示的效果。

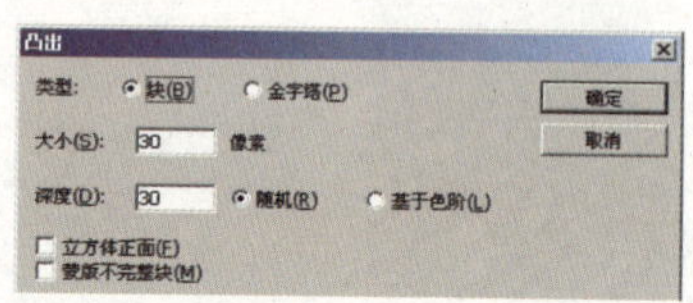
图36-88

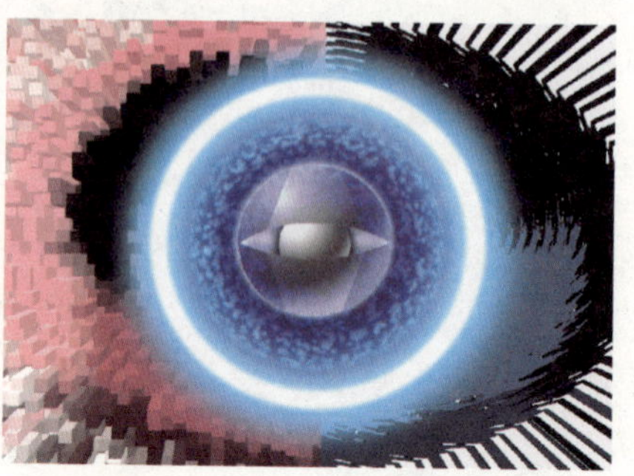
图36-89

38 制作半调图案效果。在“图层”面板中选择“06”图层，如图36-90所示。选择菜单“滤镜”|“素描”|“半调图案”命令，对话框设置如图36-91所示。

图36-90

图36-91

39 调整图像的色相和饱和度。使用“矩形选框工具”在图形中框选出一个矩形选区，选择菜单“图像”|“调整”|“色相/饱和度”命令，对话框设置如图36-92所示。

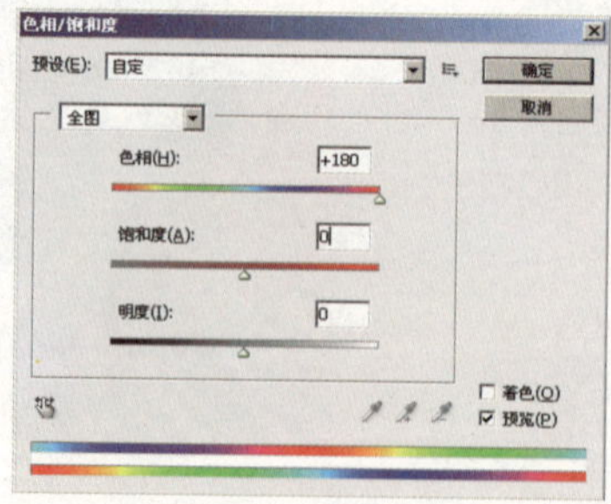
图36-92

40 调整所选图像的色相和饱和度。在“图层”面板中选择“图层1”图层，如图36-93所示。使用“矩形选框工具”在图形中框选出一个矩形选区，再选择菜单“图像”|“调整”|“色相/饱和度”命令，对话框设置如图36-94所示。

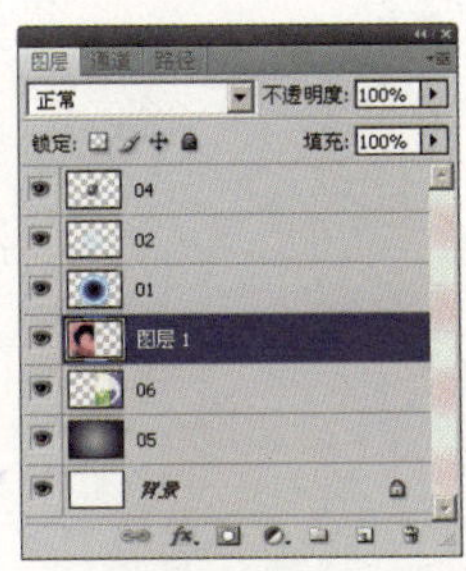

图36-93

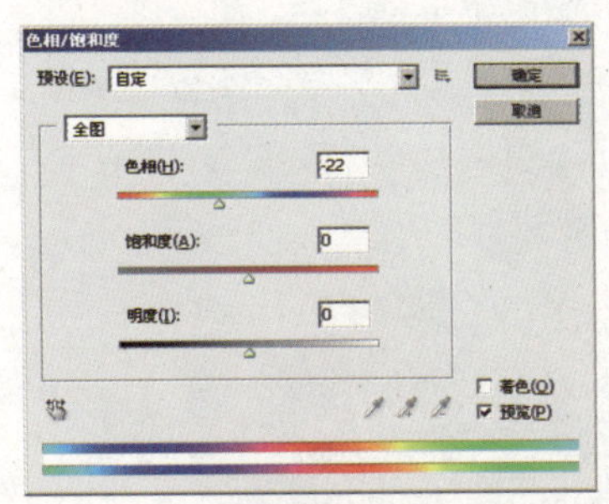

图36-94

41 更改图层的混合模式。在“图层”面板中选择“01”图层，更改图层的混合模式为“正片叠底”，如图36-95所示，效果如图36-96所示。

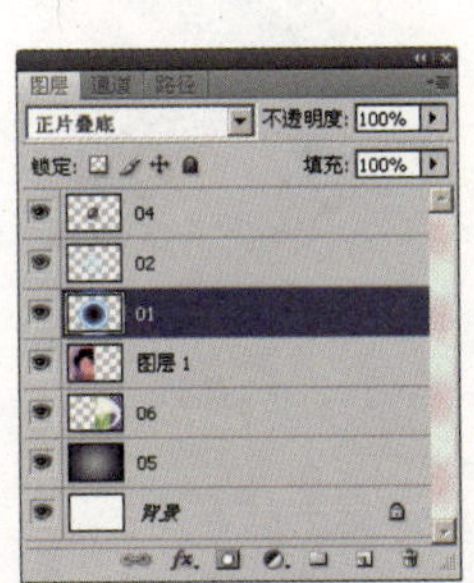

图36-95

图36-96

42 将图形旋转扭曲处理。在“图层”面板中选择“05”图层，如图36-97所示。选择菜单“滤镜”|“扭曲”|“旋转扭曲”命令，对话框设置如图36-98所示，单击“确定”按钮，得到如图36-99所示的效果。

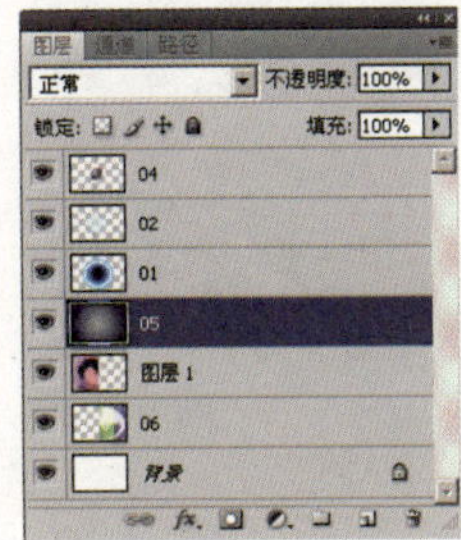

图36-97

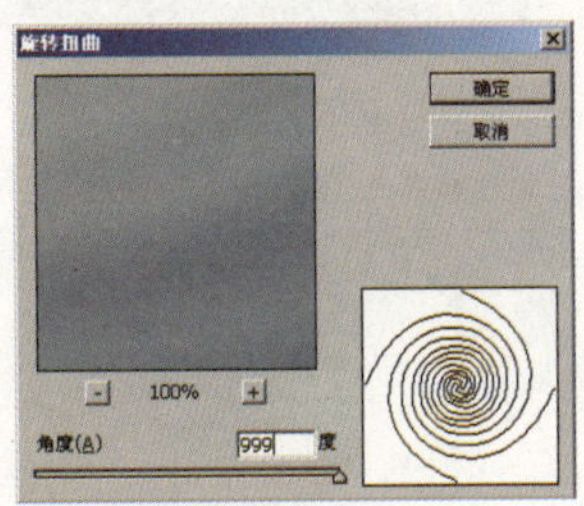

图36-98

43 更改图层的混合模式。选择“05”图层，更改图层的混合模式为“差值”，如图 36-100 所示。

图 36-99

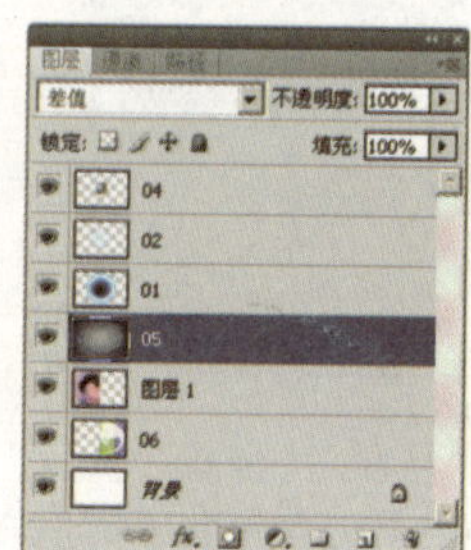

图 36-100

最终效果如图 36-101 所示。

图 36-101

37 光与火的开拓

历经千辛万苦的磨炼，不灭的斗志在烈火中得到永生，尤如涅槃之火凤凰，又似开荒之牛，本特效就是在此意境中创意设计的，具有进取和奋进的精神。

操作步骤如下：

01 创建新文件。启动Photoshop CS4，选择菜单“文件”|“新建”命令（或按Ctrl+N组合键），在弹出的对话框中将“宽度”设置为15 厘米，“高度”设置为10.5 厘米，如图37-1 所示，单击“确定”按钮，创建一个新文件。

新建
名称(N): 未标题-1
预设(P): 自定
大小(I):
宽度(W): 15 厘米
高度(H): 10.5 厘米
分辨率(R): 300 像素/英寸
颜色模式(M): RGB 颜色 8 位
背景内容(C): 白色
高级
确定
取消
存储预设(S)...
删除预设(D)...
Device Central(E)...
图像大小:
6.29M

图37-1

02 新建图层并框选选区。单击“图层”面板下方的“创建新图层”按钮，新建一个图层并命名为“01”，如图37－2所示。使用“矩形选框工具”在图层中框选出矩形选区，如图37-3所示。

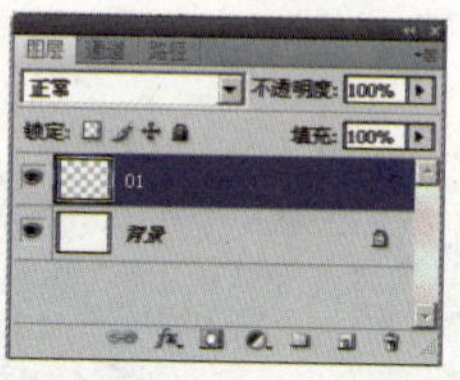
图37-2

图37-3

03 将选区反选并填充颜色。选择菜单“选择”|“反向”命令，如图37－4所示，将矩形选区反选并填充灰色，如图37-5所示。

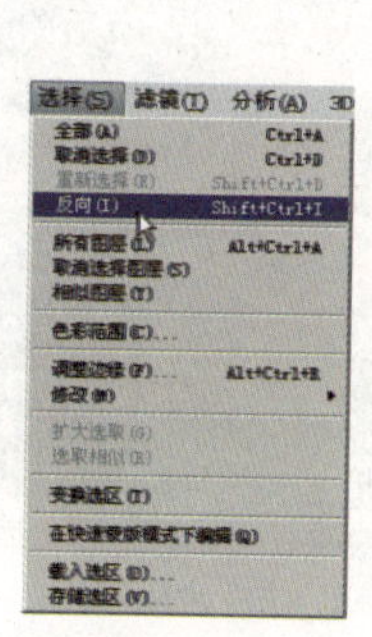
图37-4

图37-5

04 为图形制作投影效果。单击“图层”面板下方的 fx “添加图层样式”按钮，在弹出的下拉菜单中选择“投影”命令，对话框设置如图37-6所示，单击“确定”按钮，得到如图37-7所示的效果。

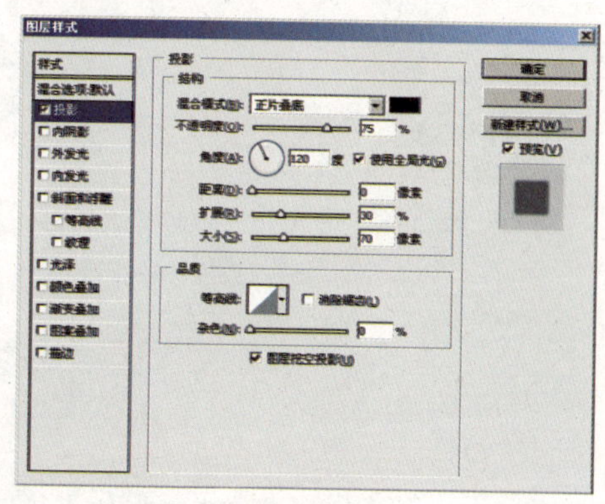
图37-6

图37-7

05 制作长条矩形。在“图层”面板中新建一个图层并命名为“02”，如图 37－8 所示。使用“矩形选框工具”框选出一个长条矩形并填充为灰色，如图 37－9 所示。

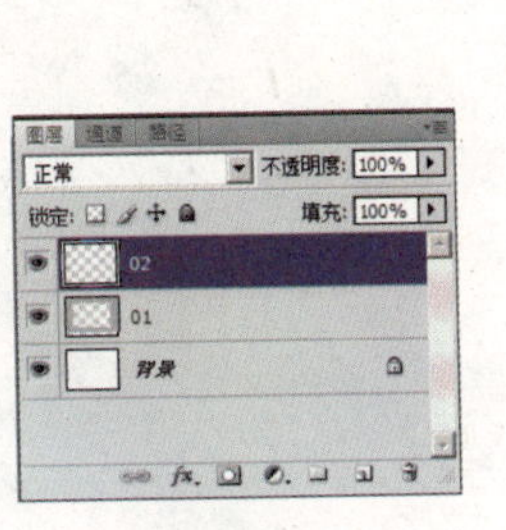

图 37–8

图 37–9

06 将图形波纹扭曲变形。选择菜单“滤镜”|“扭曲”|“波纹”命令，对话框设置如图 37–10 所示，单击“确定”按钮，得到如图 37–11 所示的效果。

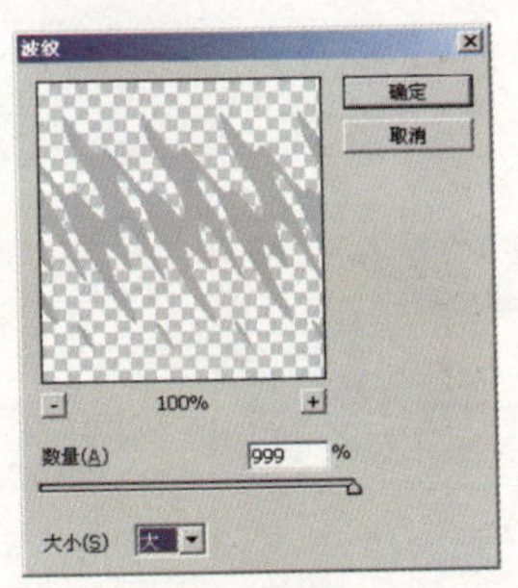

图 37–10

图 37–11

07 将图形极坐标扭曲变形。选择菜单“滤镜”|“扭曲”|“极坐标”命令，对话框设置如图 37－12 所示，单击“确定”按钮，得到如图 37－13 所示的效果。

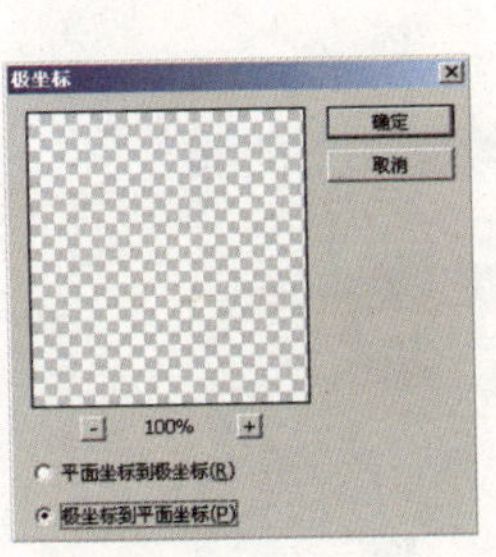

图 37–12

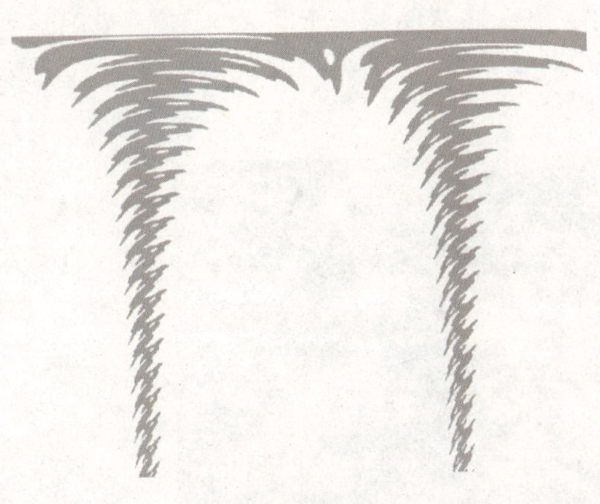

图 37–13

08 为图像制作投影效果。单击“图层”面板下方的 fx.“添加图层样式”按钮，在弹出的下拉菜单中选择“投影”命令，对话框设置如图 37-14 所示，单击“确定”按钮，得到如图 37-15 所示的效果。

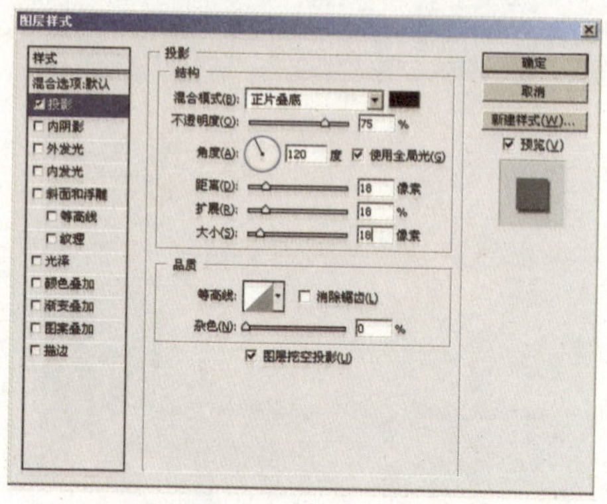

图 37-14

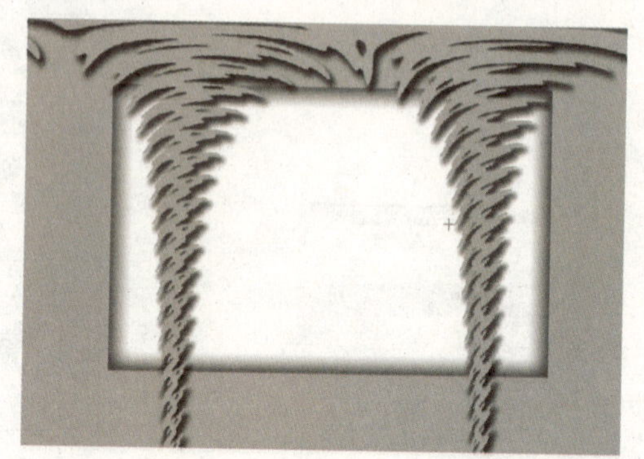

图 37-15

09 载入图像并更改图层的混合模式。打开随书光盘中“外用图\3701.tif”的文件，将此图像拖入制作文件中，得到“图层 1”，如图 37-16 所示。选择“图层 1”，更改图层的混合模式为“排除”，如图 37-17 所示，效果如图 37-18 所示。

图 37-16

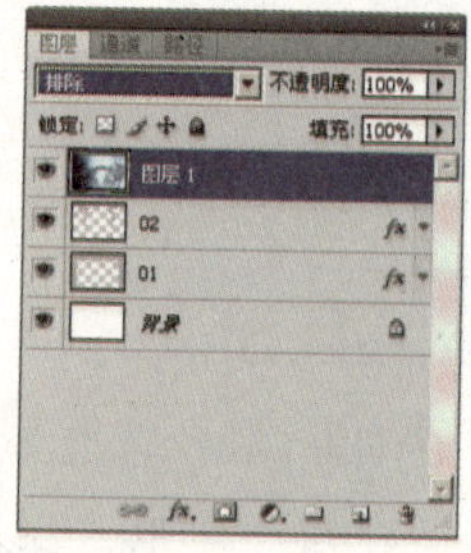

图 37-17

10 绘制牛角。在“图层”面板中新建一个图层并命名为“03”，如图 37-19 所示。选择“钢笔工具”，工具栏设置如图 37-20 所示，在图层中绘出一个牛角，如图 37-21 所示。

图 37-18

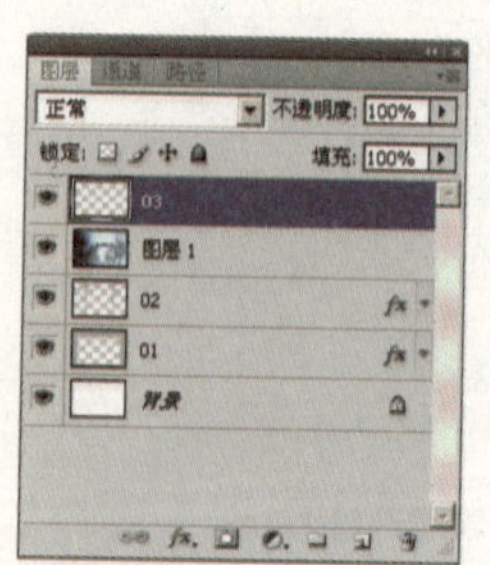

图 37-19

图37-20

图37-21

11 绘制半个牛头。在“图层”面板中新建一个图层并命名为“04”，如图37－22所示，参照如图37-23所示绘出半个牛头。单击工具栏中的“从形状区域减去”按钮，如图37-24所示，参照如图37-25所示绘出减选选区。半个牛头绘制完成，如图37-26所示。

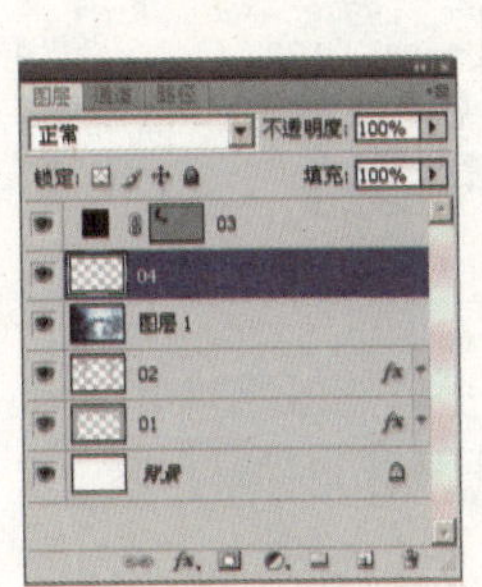

图37-22

图37-23

图37-24

图37-25

图37-26

12 栅格化图层。在“图层”面板中选择“03”图层，单击鼠标右键，在弹出的快捷菜单中选择“栅格化图层”命令，如图37-27所示。用同样的方法将“04”图层也栅格化，如图37-28所示。

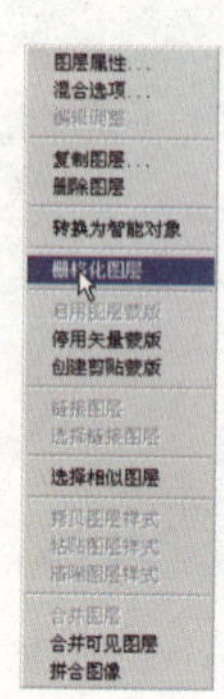

图 37-27

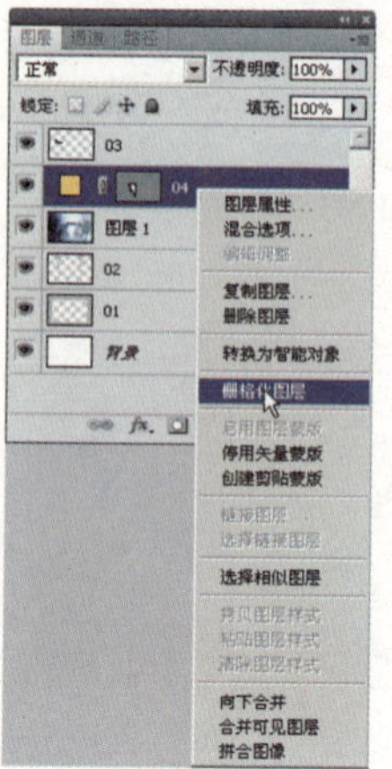

图 37-28

13 合并图层。在“图层”面板中选择“03”图层，如图 37-29 所示。单击面板右侧的小三角按钮，在弹出的菜单中选择“向下合并”命令，如图 37-30 所示，将“03”和“04”图层合并为一个图层。

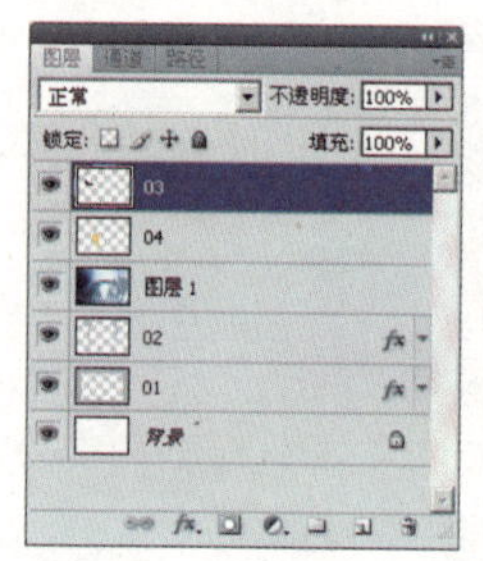

图 37-29

图 37-30

14 复制选区并水平翻转形成整个牛头。在“图层”面板中选择并载入合并后的图层选区并复制图形，如图 37-31 所示。选择菜单“编辑”|“变换”|“水平翻转”命令，如图 37-32 所示。将两个图形对在一起形成整个牛头图形，如图 37-33 所示。

图 37-31

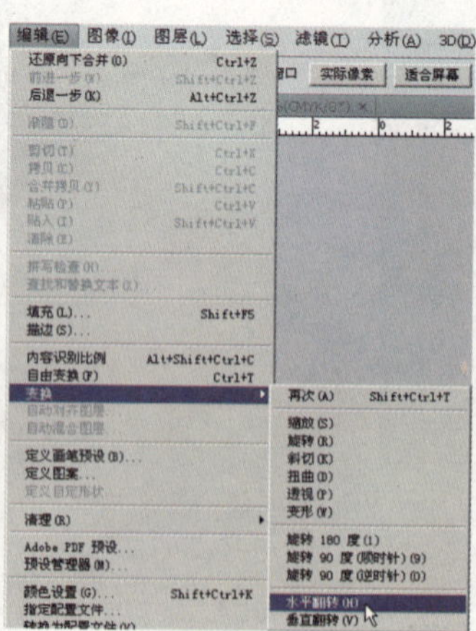

图 37-32

图 37-33

15 绘制牛头的立体感。选择"加深工具"，工具栏设置如图 37-34 所示，在图形中涂抹出暗色调，如图 37-35 所示。再选择"减淡工具"，工具栏设置如图 37-36 所示，参照如图 37-37 所示涂抹出牛头的亮色调。

图 37-34

图 37-35

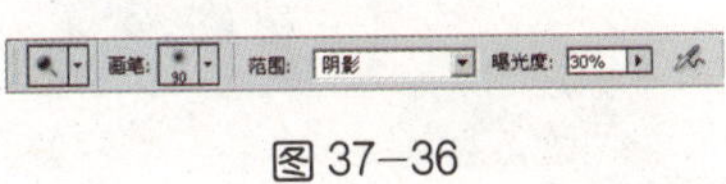

图 37-36

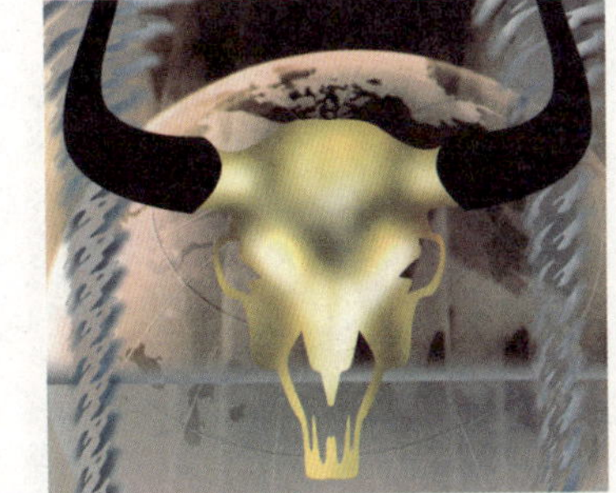

图 37-37

16 制作绘画涂抹艺术效果。选择菜单"滤镜"|"艺术效果"|"绘画涂抹"命令，对话框设置如图 37-38 所示，单击"确定"按钮，得到如图 37-39 所示的效果。

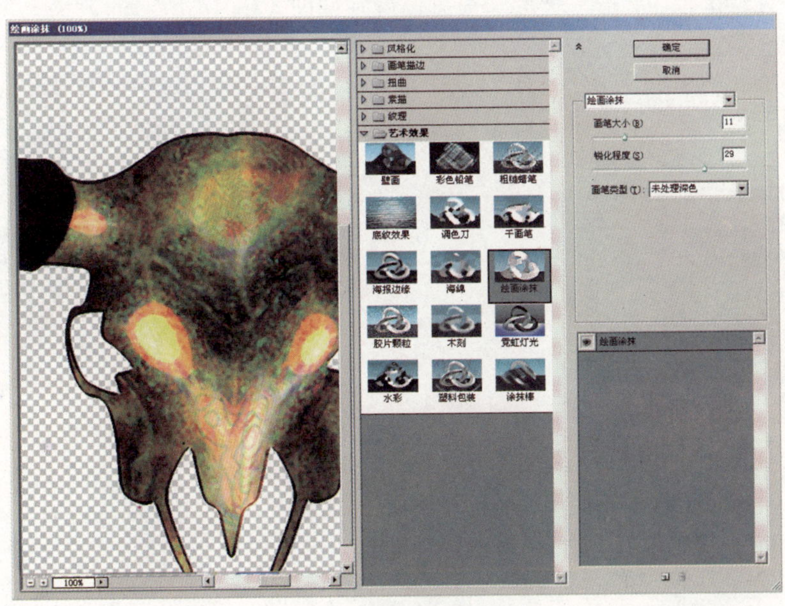

图 37-38

17 复制并放大图形。复制"04"图层，得到"04副本"，如图37-40所示。按Ctrl+T组合键调出自由变换控制框，将图形成比例放大，如图37-41所示，并将该图层填充为米黄色，如图37-42所示。

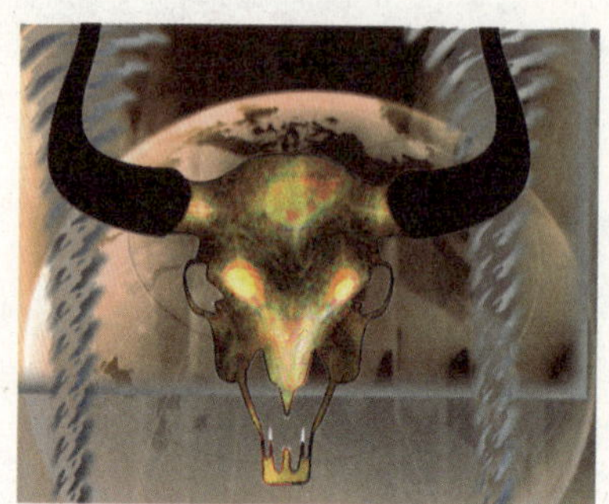
图37-39

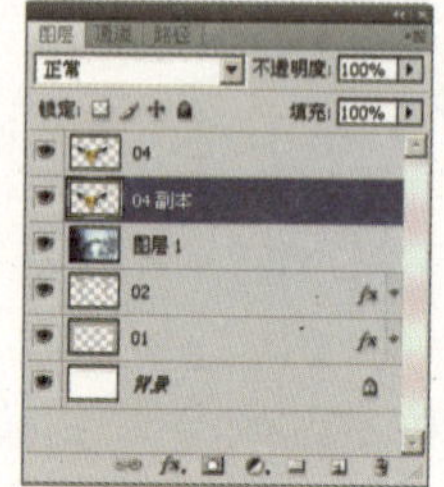
图37-40

图37-41

图37-42

18 将图形径向模糊处理。选择菜单"滤镜"|"模糊"|"径向模糊"命令，对话框设置如图37-43所示，单击"确定"按钮，得到如图37-44所示的效果。

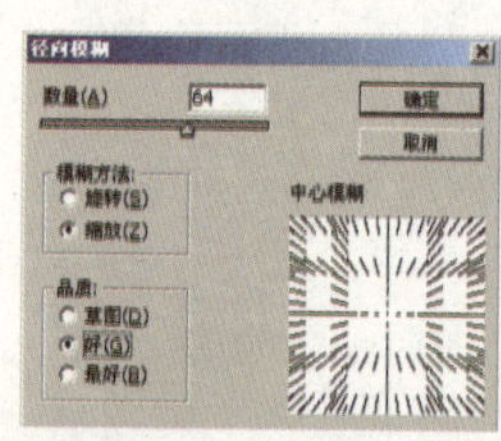
图37-43

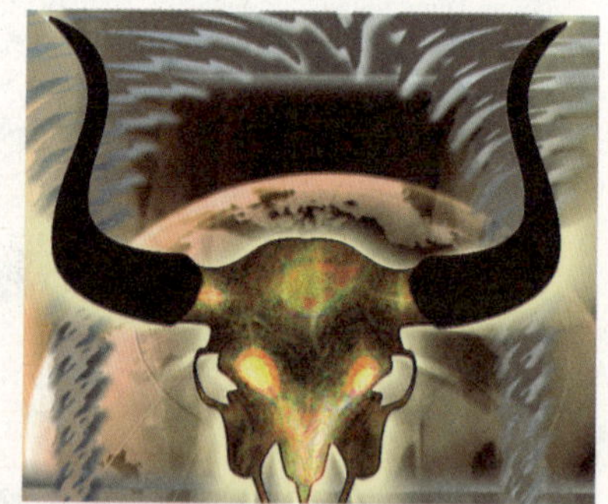
图37-44

19 复制图层并更改图层的混合模式。在"图层"面板中选择"04"图层，如图37-45所示。复制"04"图层，得到"04副本2"图层。再选择"04"图层，如图37-46所示，将图形拉大，如图37-47所示。更改"04"图层的混合模式为"柔光"，如图37-48所示，效果如图37-49所示。

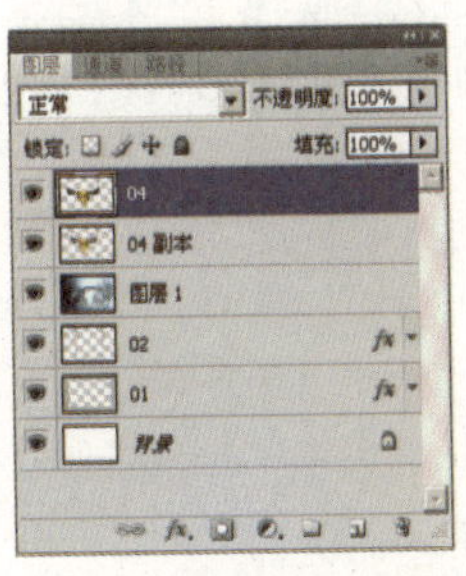

图37-45

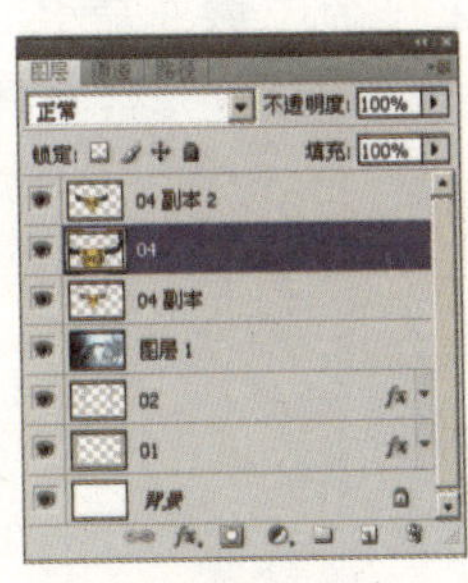

图37-46

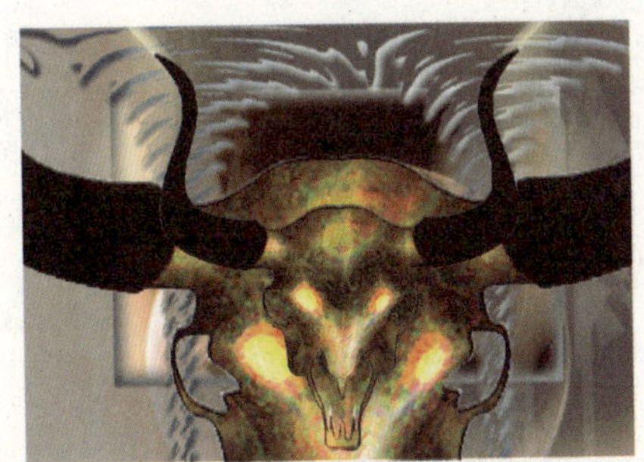

图37-47

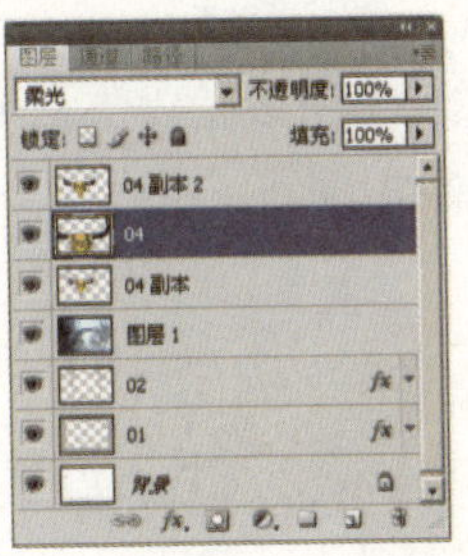

图37-48

图37-49

20 将图形模糊处理。选择菜单“滤镜”|“模糊”|“高斯模糊”命令，对话框设置如图37-50所示，单击“确定”按钮，得到如图37-51所示的效果。

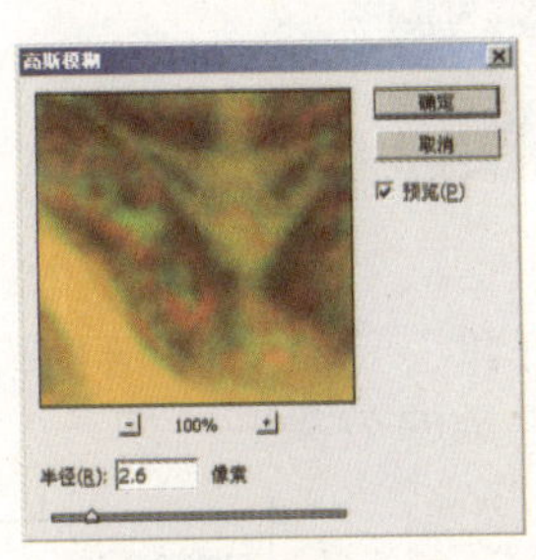

图37-50

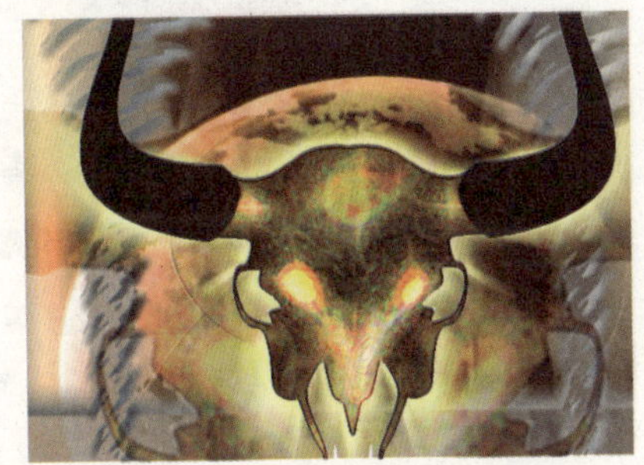

图37-51

21 将图形径向模糊处理形成光的效果。在“图层”面板中选择“04 副本 2”图层，如图37-52所示。选择菜单“滤镜”|“模糊”|“径向模糊”命令，对话框设置如图37-53所示，单击“确定”按钮，得到如图37-54所示的效果。

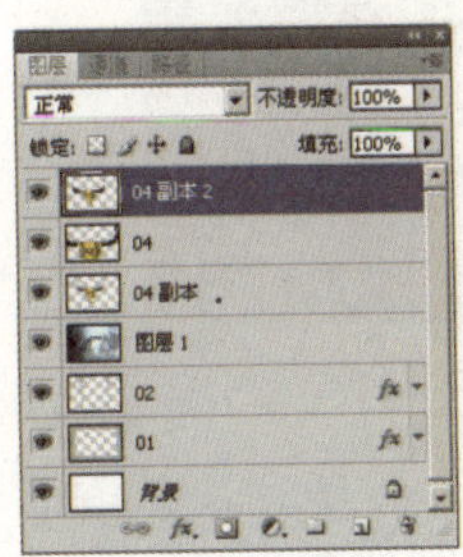

图37-52

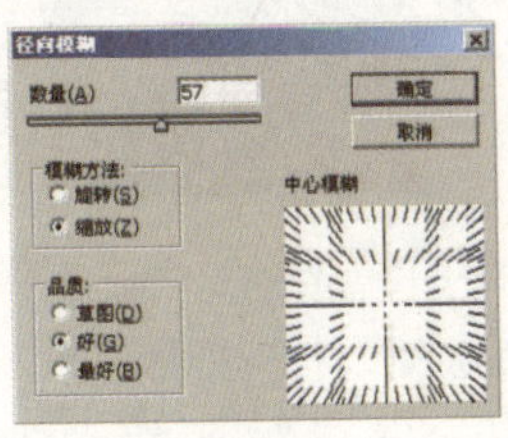

图37-53

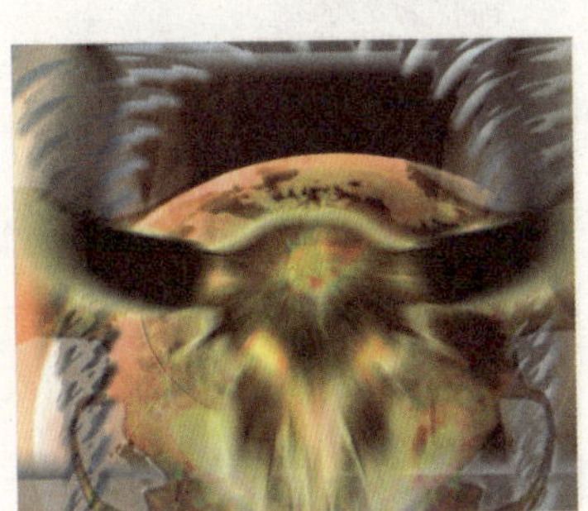

图37-54

22 制作渐变效果。在“图层”面板中新建一个图层并命名为“05”，放在“04副本”图层的下方，如图37-55所示。选择“渐变工具”，设置渐变颜色由黄色到深红色，如图37-56所示，在图层中由上到下拖拽出渐变效果，如图37-57所示。

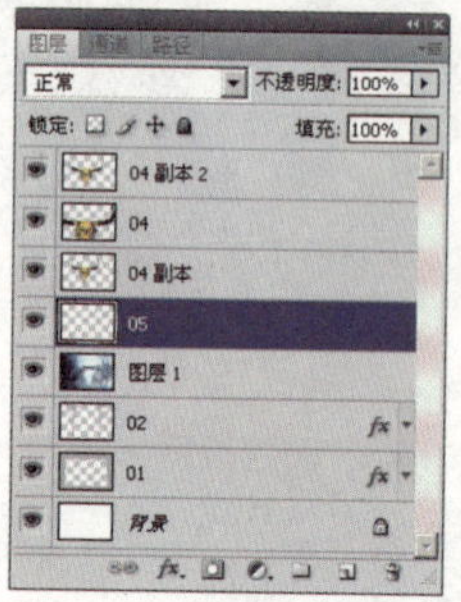

图37-55

图37-56

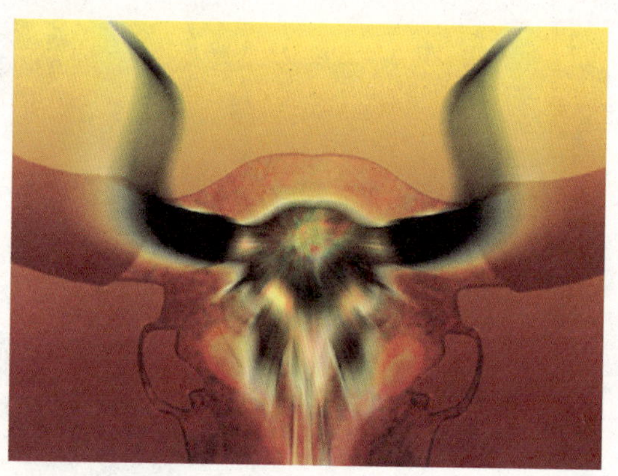

图37-57

23 制作光与火的效果。选择菜单“滤镜”|“渲染”|“纤维”命令，对话框设置如图37-58所示，单击“确定”按钮，得到如图37-59所示的效果。

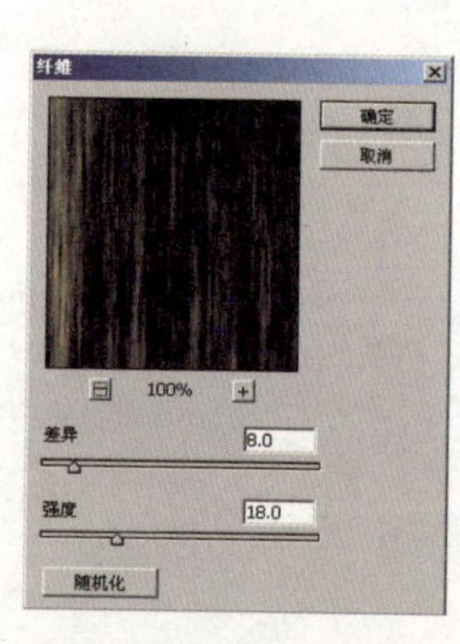

图37-58

图37-59

24 将图形极坐标扭曲变形。选择菜单“滤镜”|“扭曲”|“极坐标”命令，对话框设置如图37-60所示，单击“确定”按钮，得到如图37-61所示的效果。

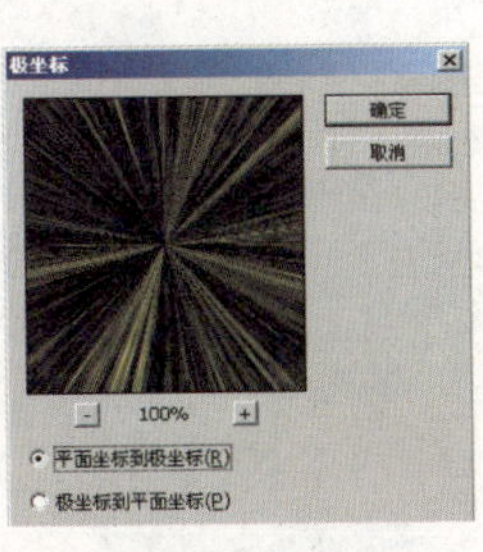

图 37-60

图 37-61

25 更改图层的混合模式。在“图层”面板中选择“05”图层并更改图层的混合模式为“叠加”，如图 37-62 所示，效果如图 37-63 所示。

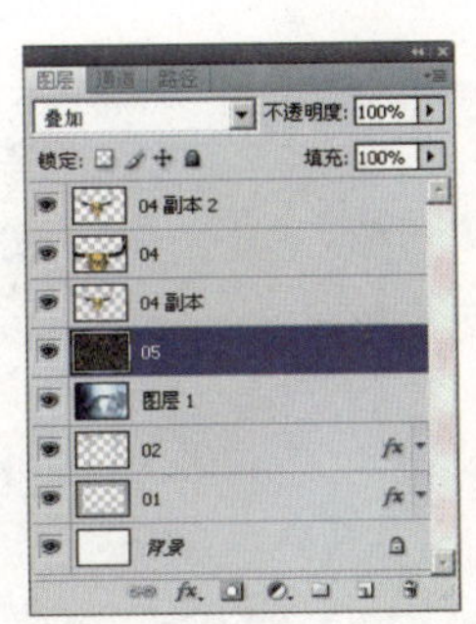

图 37-62

图 37-63

26 制作羽化圆形选区并反选选区。选择“椭圆选框工具”，工具栏设置如图 37-64 所示，在图形中央框选出一个正圆选区，如图 37-65 所示。选择菜单“选择”|“反向”命令，如图 37-66 所示，将正圆选区反选。

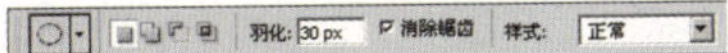

图 37-64

图 37-65

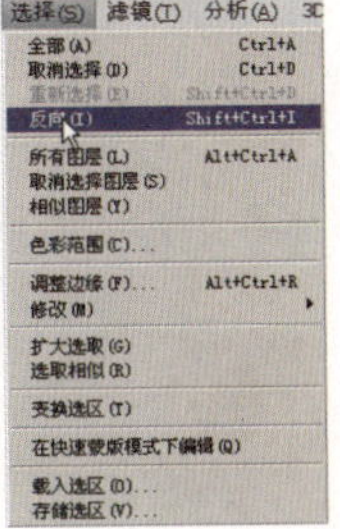

图 37-66

27 调整图像的亮度和对比度。选择菜单“图像”|“调整”|“亮度/对比度”命令，对话框设置如图 37-67 所示，单击“确定”按钮，得到如图 37-68 所示的效果。

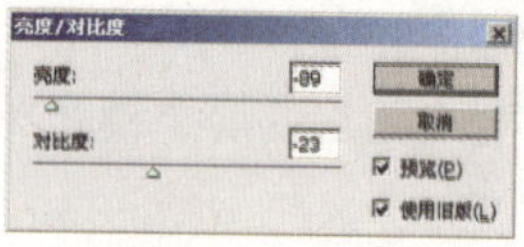

亮度/对比度
亮度: -89
对比度: -23
确定
取消
预览(P)
使用旧版(L)

图37-67

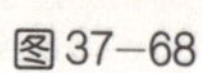

图37-68

最终效果如图 37-69 所示。

图37-69